高等学校教材

地貌学及第四纪地质学

曹伯勋 主编

中国地质大学出版社

内容提要

本书较系统地介绍了第四纪地质、地貌和地球环境变化动因的全球观点,并重点论述了地表各主要动力环境的地貌和第四纪沉积物的形成与特征;较全面地阐述了第四纪气候与海平面变化、生物与古人类形成发展、沉积物年龄测量与古环境参数研究、地层、新构造运动和工作方法。本书重视知识更新和理论联系实际,反映了地貌学及第四纪地质学所涉及的主要学科的新成就。

本书可作为大专院校地质、水文地质和工程地质、环境与工程、遥感地质等专业的教材,亦可供水利电力、农业和土壤等专业教学使用,还可供区域调查、第四纪地质与环境科技工作者参考。

图书在版编目(CIP)数据

地貌学及第四纪地质学/曹伯勋主编.—武汉:中国地质大学出版社 1995.10(2022.8 重印)
ISBN 978-7-5625-1060-4

Ⅰ.地…
Ⅱ.曹…
Ⅲ.①地貌学-高等学校-教材 ②第四纪地质-高等学校-教材
Ⅳ.①P931 ②P534.63

中国版本图书馆 CIP 数据核字(2007)第 067025 号

| 地貌学及第四纪地质学 | 曹伯勋　主编 |

| 责任编辑:张华瑛　余 薇 | 责任校对:胡义珍 |

出版发行:　中国地质大学出版社(武汉市洪山区鲁磨路31号)　　邮编:430074
　　　　　　电话:(027)87483101　传真:87481537　　E-mail:cbo@cug.edu.cn
经　　销:　全国新华书店

开本:787毫米×1092毫米　1/16	字数:470千字　印张:18.375
版次:1995年10月第1版	印次:2022年8月第23次印刷
印刷:湖北睿智印务有限公司	印数:69101—71100册

| ISBN 978-7-5625-1060-4 | 定价:25.00元 |

如有印装质量问题请与印刷厂联系调换

前　言

《地貌学及第四纪地质学》是讲授地貌与第四纪基本知识的综合性课程。地貌与第四纪地质研究除在国民经济中的多种实际价值外，近些年来在环境、灾害与全球变化研究中的重要性与日俱增。为此，在编写本教材时对1980年版教材的章节和内容作了较大的调整与补充，设置了"第四纪、地貌和地球环境变化动因概述"、"第四纪气候变化与海平面变化"、"第四纪沉积物年代测量与古环境参数测量方法概述"等新的章节，合并了一些有联系的章节，对各章都不同程度地进行了知识更新，并分别与资源、工程、灾害或环境相联系，使学生在学习基本知识时得到有关启迪。

本书按教学体系编写，一书多用。在教学中，可以根据专业需要与地区特点对章节和内容进行调整与补充。另外，编写时也考虑到函授教学的需要。

本书由曹伯勋任主编，分工为：第一、二、九、十、十一章及第四章部分，曹伯勋；第六章，赵良政；第八章、第四章部分，林秀伦；第三、十二、十四章，曾克锋；第五、七、十三章及第十四章部分，李长安；最后由曹伯勋修改统编。

在此，对我国"地貌学及第四纪地质学"的学科奠基人袁复礼教授与长期从事本课教学和教材编写的陈华慧、杜恒俭教授致以敬意。本书图件由中国地质大学（武汉）绘图室徐晓玲、彭泥泥、何建华、文丽丽、潘莉和张红波等绘制。对在本教材编写与出版过程中给予支持和帮助的所有领导和同志表示衷心的感谢。

由于编写者的水平有限，本书错误和疏漏之处在所难免，衷心希望读者不吝赐教！

编者
1995.5

目 录

第一章 绪论 ……………………………………………………………………… (1)
　一、课程的性质与任务 ………………………………………………………… (1)
　二、课程的内容 ………………………………………………………………… (1)
　三、本课程主要学科发展概况 ………………………………………………… (1)
　四、课程知识的应用价值 ……………………………………………………… (2)

第二章 第四纪、地貌和地球环境变化动因概述 ……………………………… (5)
　一、第四纪与第四纪分期 ……………………………………………………… (5)
　二、第四纪沉积物 ……………………………………………………………… (6)
　三、地貌 ………………………………………………………………………… (17)
　四、第四纪地球环境变化动因概述 …………………………………………… (25)

第三章 风化和重力地貌与堆积物 ……………………………………………… (31)
　一、风化作用和残积物 ………………………………………………………… (31)
　二、土壤与古土壤 ……………………………………………………………… (35)
　三、重力地貌及堆积物 ………………………………………………………… (37)
　四、风化、重力地貌和堆积物研究的实际意义 ……………………………… (45)

第四章 流水、湖泊和沼泽地貌与沉积物 ……………………………………… (47)
　一、河流地貌和沉积物 ………………………………………………………… (47)
　二、暂时性流水沉积物与地貌 ………………………………………………… (70)
　三、湖泊与沼泽沉积物 ………………………………………………………… (75)
　四、流水、湖泊和沼泽堆积物研究的实际意义 ……………………………… (80)

第五章 岩溶地貌及岩溶堆积物 ………………………………………………… (82)
　一、岩溶形成条件及溶蚀基准面 ……………………………………………… (82)
　二、岩溶地貌 …………………………………………………………………… (86)
　三、岩溶堆积物 ………………………………………………………………… (91)
　四、岩溶旋回 …………………………………………………………………… (92)
　五、岩溶研究的实际意义 ……………………………………………………… (94)

第六章 冰川和冻土地貌与堆积物 ……………………………………………… (96)
　一、冰川地貌和堆积物 ………………………………………………………… (96)
　二、冻土地貌和沉积物 ………………………………………………………… (106)
　三、冰川、冻土研究的实际意义 ……………………………………………… (111)

第七章 风力地貌和堆积物与黄土 ……………………………………………… (113)
　一、风力地貌和堆积物 ………………………………………………………… (113)
　二、黄土 ………………………………………………………………………… (120)
　三、风力和黄土地貌与堆积物研究的实际意义 ……………………………… (129)

第八章　海洋和海陆交替带地貌和沉积物 ……………………………………………… (131)
　　一、海洋环境地貌和沉积物 ……………………………………………………… (131)
　　二、海陆作用交替带的地貌和堆积物 ……………………………………………… (143)
　　三、海洋和海陆交替带研究的实际意义 …………………………………………… (148)

第九章　第四纪沉积物年龄测定与古环境参数研究方法概述 ………………………… (150)
　　一、第四纪沉积物年龄测量方法 …………………………………………………… (150)
　　二、古环境参数研究方法 …………………………………………………………… (161)

第十章　第四纪气候变化和海平面变化 ………………………………………………… (168)
　　一、前第四纪气候变化概述 ………………………………………………………… (168)
　　二、第四纪气候变化 ………………………………………………………………… (169)
　　三、第四纪海平面变化 ……………………………………………………………… (184)
　　四、中国第四纪气候变化概况 ……………………………………………………… (193)
　　五、气候变化原因和未来气候与环境变化趋势问题探讨 ………………………… (203)

第十一章　第四纪生物、古人类与生物地理区 ………………………………………… (209)
　　一、第四纪生物界的一般特征 ……………………………………………………… (209)
　　二、第四纪哺乳动物 ………………………………………………………………… (209)
　　三、第四纪植物群及其气候意义 …………………………………………………… (215)
　　四、第四纪软体动物和微体化石的气候与环境意义 ……………………………… (220)
　　五、古人类与古文化期 ……………………………………………………………… (223)
　　六、中国第四纪生物地理区 ………………………………………………………… (228)

第十二章　第四纪地层 …………………………………………………………………… (233)
　　一、第四纪地层划分对比方法 ……………………………………………………… (233)
　　二、第四纪下限问题与第四纪地层分期方案 ……………………………………… (236)
　　三、中国第四纪地层 ………………………………………………………………… (240)

第十三章　新构造运动 …………………………………………………………………… (254)
　　一、新构造运动的概念 ……………………………………………………………… (254)
　　二、新构造运动的表现 ……………………………………………………………… (255)
　　三、新构造运动的类型和强度 ……………………………………………………… (262)
　　四、新构造 …………………………………………………………………………… (263)
　　五、中国新构造运动特征与分区 …………………………………………………… (266)
　　六、新构造运动的研究方法 ………………………………………………………… (272)

第十四章　地貌和第四纪地质工作方法 ………………………………………………… (274)
　　一、航空、卫星照片的应用 ………………………………………………………… (274)
　　二、野外观察研究 …………………………………………………………………… (275)
　　三、室内实验室工作的选择 ………………………………………………………… (279)
　　四、第四纪地质图的编制 …………………………………………………………… (280)
　　五、地貌图的编制 …………………………………………………………………… (281)

参考文献 …………………………………………………………………………………… (286)

第一章 绪 论

一、课程的性质与任务

《地貌学及第四纪地质学》是以第四纪地质学和地貌学基本知识为主体,并吸收沉积学、自然地理学、古气候学、古生物学、新构造学和地质年代学等有关知识组成的一门综合性课程。第四纪地质学是研究距今二三百万年内第四纪的沉积物、生物、气候、地层、构造运动和地壳发展历史规律的学科。地貌学是研究地表地貌形态特征、成因、分布和形成发展规律的学科。两者都以地表自然环境的重要组成部分及其演变历史为研究对象,都是研究地表环境的重要学科,常从不同的角度研究同一问题,研究结果互相补充,关系十分密切,具有多种理论与应用实际价值。但是,近些年来,由于普遍认识到自然环境的复杂,环境相对平衡受到人为活动加剧的影响,使人类承受到环境、生态、人口和资源的压力。为使今后人类与自然之间能够保持和谐持续发展,从古今结合观点出发,利用多学科交叉方法,积极、慎重研究人类生存环境的发展趋势与潜在重大灾害,已成为世界科学界关注的重大问题。因此,《地貌学与第四纪地质学》课程在有限学时内,除讲授其主体学科最重要的基本知识与应用价值外,近年来,根据现代地球环境是从第四纪环境演变而来,未来环境将是现代环境在自然因素与人为因素影响下的发展的观点,对第四纪全球和区域(主要是中国)气候与环境演变的主要方面作了扼要介绍。本教材反映了近十多年来本课程教学实践的变化。

《地貌学及第四纪地质学》的教学目的是使学生在掌握与多种实践活动(如矿产、地下水、工程基础与工程灾害等)有关的第四纪地质和地貌基本知识的同时,对第四纪自然环境的主要方面(如气候变化、海平面变化、动植物群的演变与人类发展和新构造运动等)的情况有一定程度地了解,以利于提高学生对环境研究的意识与能力,这是环境终身教育中重要的一环。

二、课程的内容

课程内容包括两个方面:一方面是第四纪和地貌研究的基本知识及其在多种国民经济中应用的实际价值;另一方面是第四纪地球自然环境变化的重要方面,即第四纪气候、海平面、生物与古人类和新构造运动等的基本情况。第一方面的内容是后一方面内容的基础,后者是前者的拓宽应用。上述内容均是按教学体系进行安排的。

三、本课程主要学科发展概况

本课程主要学科第四纪地质学与地貌学都是从地质学和地理学中发展起来的。

19世纪末到20世纪初,探险、区域考察、运河、水坝建筑和建材与砂矿开采等活动推动了地貌学和第四纪地质学的发展。这一阶段提出了河流侵蚀理论,并为冰川地质学打下了基础。1928年建立了国际性第四纪学术研究机构——国际第四纪研究联合会(INQUA)。

20世纪初到60年代,为满足工业化社会的多种需求,第四纪地质学在沉积物成因、砂矿、动植物群、古气候、海平面及新构造运动等方面的研究和地貌学在河流、冰川、岩溶、海岸、荒漠及冻土等方面的研究都取得重要的理论与应用研究成果,在许多方面形成相对独立的部分。

20世纪60年代以来,在第四纪地质学与地貌学研究的深化过程中,气候地貌和构造地貌研究取得了明显进展。由于新技术、新方法的应用,第四纪海洋地质研究取得了重大突破。根据对深海沉积物钻孔岩芯试样的氧同位素研究,提出了与传统陆地冰期方案不同的气候多波动模式。黄土和冰岩芯的研究也取得了类似的结果。这些研究成果为全球气候与环境变化研究打下了新的基础。现代第四纪研究日益向多学科交叉的综合性第四纪地球学科(Quaternary Geoscience)方向发展,成为近30年来环境、资源与应用研究并重,研究内容最丰富和发展速度最快的地球科学分支学科之一。

中国在第四纪哺乳动物与古人类、黄土、地震和青藏高原隆升等方面的研究成果为世界瞩目。河流、沙漠、岩溶、冰川、冻土、平原堆积物和泥石流研究成果卓有实效。第四纪海洋沉积物、海平面变化、植物孢粉、地质灾害、环境研究和新技术方法的应用正蓬勃发展并取得若干重要成果。1991年8月在北京召开了国际第四纪研究联合会(INQUA)第十三届大会,刘东生院士当选为第十四届大会主席,表明中国第四纪研究水平已为世界所公认。

四、课程知识的应用价值

第四纪地质和地貌的研究,是开发利用第四纪资源和水文地质及工程地质工作的基础,也是水利、水电、水运、地上和地下交通与管线工程勘查的重要组成部分,还是灾害与地球环境变化和预测研究的重要环节。

1. **第四纪资源开发利用与区域地质研究**　第四纪矿产资源有:砂矿(砂金、金刚石、锡石、独居石、金红石等)、化学矿产(盐矿、硼矿、钾矿等)、有机矿产(泥炭、沼气)和建材(砂、砾、土)。各种第四纪矿产赋存在不同时期和不同成因类型的第四纪沉积物中,位于一定地貌单元内,开发利用这些矿产必须应用第四纪地质和地貌知识。

地下水是工农业和生活必须的重要资源,大量浅层地下水储集在不同地貌单元内的时代不同与成因多样化的松散第四纪沉积物中。地下水的含水层数目、储量、埋深、水质、流向、空间分布和形成时代,取决于该区第四纪沉积物、地貌和新构造运动等的特征与演化历史。第四纪地质与地貌研究是水文地质与工程地质工作的基础,在山前、河谷、平原和岩溶区尤为重要。

地球上尚存为数不多未遭破坏的地质、地理原始景观、珍稀动植物生息地、古人类古文化遗址、岩溶洞穴、奇山秀水等等,是具有科学价值的保护地和旅游资源。

我国1:5万区域地质调查和广大平原(或盆地)区的第四纪地质研究应该加强,这一工作可以为环境、农业、城市地质和土地资源规划利用等提供科学基础资源。

2. **工程建筑**　水利、水电、交通、建筑和水运等工程勘察都必须研究与工程有关的有利和不利的第四纪沉积物、地貌、新构造运动和现代动力作用。对大型长效和安全性要求高的现代工程，如大型水库、水坝、主航道、核电站、地铁、隧道和高层建筑等，不仅要研究可利用的地质、地貌条件，还应该研究工程后由于局部地质、地貌条件变化对工程可能产生的影响。许多大工程都修建在山前、平原、河谷和海（湖）岸，这些地貌单元的第四纪松散沉积物厚度较大，岩性和成因复杂，地层时代、风化程度和形成过程各异，新构造运动和现代动力作用强弱不等，对工程设计、施工和工程的安全性等的影响也就不同。本书对上述问题研究有重要的应用价值。

3. **自然灾害与环境变化研究**　自然灾害是对人类经济和生命财产能造成重大损失的恶性事件，大都具有突发性。中国是一个自然灾害较多的国家，对自然灾害的形成发展、时间与空间和强度演化规律，监测、预测和防治，对减灾和救灾的研究，是我国许多学科与部门共同的重要任务。自然灾害的发生与天、地、生三大系统的变化有关。"天"的变化即宇宙因素如太阳辐射变化、黑子与耀斑爆发、陨石与小行星对地球的冲击等都可能不同程度地引起灾害。"地"的变化即地球内部物质运动引起的地壳运动，如地震、火山爆发、断层活动与壳内物质外泄；地表多种多样外动力的剥蚀、搬运与堆积作用，产生洪涝、泥石流、崩滑、水库淤塞、水土流失与荒漠化等。"生"的变化即生物界和人类造成的灾害，前者如红潮、农林业生物灾害及动物传播疾病等；后者为人类 2ka BP① 以来从土地利用、砍伐森林到大量使用化石燃料和各种污染造成多种人为灾害。比较而言，自然灾害中地球系统的变化，尤其是第四纪以来气候变化和新构造运动造成的自然灾害多而常见，人类活动速度与强度的加剧对现在和未来发生的灾害有重要的影响。因此应该研究灾害尤其是地球系统灾害的多种特性（表1-1）。本门课程有关知识对研究诸如现代和第四纪气候敏感带、不同气候-生物组合交界带、地壳活动带、外动力高强度作用带（江、河、湖、海带与边坡）、第四纪堆积区和人为活动强烈频繁地带等灾害易发区带和探讨自然灾害发生、发展和演化规律等方面具有科学的意义。

表 1-1　灾害的特性

灾害类型			
地球系统	内力型	地壳活动，断裂活动，地震，火山活动，地内有毒物外泄，地磁、地电变化等
	外力型	气候（气温、降水量、蒸发量）变化，海面上升，重力失衡，水、土、冰川均衡运动，各种外动力剥蚀、搬运和堆积过程等
人-生物系统	污染型	大气、水、土污染，采矿等
	生态型	毁林，过度利用土地，狩猎，生物作用等
	物理干扰型	噪声，振动，电波与射线等
宇宙系统		太阳活动变化，陨石、小行星冲击
发灾过程		急剧的（多数），渐变的，急剧与渐变交替的
致灾性质		单一灾害，灾害群发，古灾复活
致灾范围		局部的，区域性的，全球性的
灾害可控性		人力可抗的：可预测、防治或抑制。人力不可抗的：可预测与部分防治；难预测，难防治但可减灾的
灾区社会条件		人口密度，工商业价值，交通位置，核设施，洪灾、地震易发区

人类生存的自然环境，从广义而言，包括大气圈、水圈、冰雪圈、岩石圈和生物圈。各圈层在地表附近相互作用最明显，如地-气系统、海-气系统、水-冰雪系统、壳-幔系统、生-地

---

① 沉积物年龄："距今"用代号"BP"，"公元前"用"B.C."，"公元"用"A.D."表示。

系统的作用与这些系统之间的相互作用所构成的全球性表层环境是按全球性自然规律变化的。狭义而言,一个地区的自然环境包括该区空气、水、土壤、岩石、动植物、地形、内外动力、矿产及所处气候带(或类型)与地质构造位置。人类长期对自然的改造活动和发展经济,一方面创造出种种有利于人类进步发展的城市、工矿区、填(江、湖、海)土区、大型库坝、河堤和农场等人为环境,同时由于人为过度活动不同程度地破坏了当地自然环境的相对平衡,造成种种人为灾害(或人为活动激化的自然灾害)和污染,这是当代最令人忧虑的问题,是现代环境保护、治理与防治的主要对象之一;另一方面人类活动的负面影响具有超地区、全球性、长期性的特点,对全球性重大自然灾害有激化作用,如近百年来工业发达的北半球城市造成的大气污染可能正导致全球气候变暖与海面上升。总之,人类现代生存环境在自然力和人为活动影响下发生着变化,而人类对其变化原因、机理、趋势和种种深远影响知之尚少。"在预测未来全球种种变化时,我们面对的许多问题只有通过较好地认识过去才能作出回答"[1]。所以,对第四纪全球、区域环境变化历史研究和参与对未来环境变化趋势预测与对策研究,是第四纪地球科学的一项重要任务。

4. 其他 遥感、测量、土地规划利用、农业与土壤、航运、军事、物探、环境保护和旅游业等都需要有关的地貌、第四纪知识。

---

[1] 引自国际科学联合会理事会(ICSU)的"国际地圈-生物圈计划(IGBP)"即全球变化研究计划。

第二章 第四纪、地貌和地球环境变化动因概述

一、第四纪与第四纪分期

(一) 第四纪

第四纪一词（Quaternary）是1829年法国地质学家德努尼尔（Desnyers）所创。他按当时的科学水平把地球历史分为4个时期，第四纪是地球发展最近的一个时期。1839年莱伊尔（C. Lyell）把海相地层中含无脊椎动物化石现生种类达90%和陆相地层有人类活动遗迹的沉积物划归第四纪，并把第四纪分为更新世（Pleistocene）和近代（Recent）。1869年基尔瓦斯（Gerivais）提出全新世（Holocene）一词。1881年第二届国际地质学会正式采用第四纪一词。由于更新世地球上发生过多次大规模冰川活动，故又有"冰河期"或"冰期更新世"之称。也有的研究者鉴于第四纪是人类的出现与发展时代，建议把第四纪称为"人类纪"。上述各种意见反映不同研究者试图从不同角度定义第四纪。

现代第四纪的概念是综合性的，第四纪是指约2.4Ma BP以来地球发展的最新阶段。第四纪的特点是：在短暂的地质时期内发生过多次急剧的寒暖气候变化和大规模冰川活动；人类及其物质文明的形成发展；显著的地壳运动；广泛堆积陆相沉积物和矿产；急剧和缓慢发生的各种灾害不断改变人类生存环境；人类活动的范围和强度与日俱增。所有上述一切成为第四纪的综合特征。第四纪是自然与人类相互作用的时代，它的过去、现在和未来变化都与人类的生存与发展息息相关。因此，第四纪研究在科学的理论和实践中有特殊重要的地位。

(二) 第四纪分期

按照第四纪生物演变和气候变化，通常把第四纪分为4个时间尺度不等时期：早更新世（Q_1）、中更新世（Q_2）、晚更新世（Q_3）和全新世（Q_4）。相应的地层分别称为下更新统（Q_1）、中更新统（Q_2）、上更新统（Q_3）和全新统（Q_4）。中国传统上把第四纪（系）二分，只分为更新世（统）（Q_p）和全新世（统）（Q_h），目前正在往四分变化①。第四纪分期如表2-1所列。有关第四纪下限年龄有几种意见（见第十二章），本书采用距今243万年（简写为2.43Ma BP，以下同），与古地磁极性的松山/高斯两极性时的分界年龄相近。第四纪内部分期年龄也没有统一意见，本书采用大多数研究的意见，把古地磁极性布容/松山两极性时的分界年龄0.73Ma BP作为中、早更新世分界年

表2-1 第四纪分期与分界年龄

地质时代	极性时	分期及分界年龄 (ka BP)
第四纪 (Q)	布容	全新世（Q_4）
		11
		晚更新世（Q_3）
		130
	松山	中更新世（Q_2）
		730
		早更新世（Q_1）
		2 400
第三纪	高斯	上新世（N_2）
	吉尔伯特	

---

① 中国有下、中、上更新统和全新统代号分别记为Q_p^1、Q_p^2、Q_p^3和Q_h意见。

龄;晚更新世则以末次间冰期开始(相当于大洋 $\delta^{18}O$ 第 5 阶段始期)为界,其年龄约为 130ka BP(或 150ka BP)。全新世一般都以 11ka BP 或 12ka BP 为始期,中国目前用三分法:全新世早期(Q_4^1)(12~7.5ka BP)、全新世中期(Q_4^2)(7.5~2.5ka BP)和全新世晚期(Q_4^3)(2.5ka BP~现在)。国际上常用七分的布列特方案(第十章图 10-14),也有人将全新世四分[①]。第四纪分期研究有利于地层划分对比,其年龄的测定除具地层学意义外,对环境研究也很重要。

二、第四纪沉积物

第四纪沉积物是人类赖以生存的基础之一。农业植根于各种松散第四纪沉积物表部发育的土壤;许多工业设施(地表与地下)和民用建筑都以第四纪沉积物为基础;大量的地下水赋存在第四纪沉积物中;部分重要矿产(砂金、金刚石、锡、盐和硼等)和建筑材料(土、砂、砾石)产于第四纪沉积物中。人类过去、现在和将来都离不开第四纪沉积物。

(一) 第四纪沉积物基本特征

第四纪形成的松散岩石一般称为"堆积物"、"沉积物"或"沉积层",如河流形成的"冲积物"或"冲积层",洪流形成的"洪积物"或"洪积层"等等。有的研究者认为对无明显外动力搬运、分选和成层构造者才称为"堆积物",如"残积物"、"重力堆积物"、"地震堆积物"、"人工堆积物"等等。第四纪沉积物特征如下:

1. **岩性松散** 第四纪沉积物一般形成不久或正在形成,成岩作用微弱,绝大部分岩性松散,少数半固结,绝少硬结成岩。这一特点有利于将反映形成时的古气候古环境信息保存下来,并易于进入沉积物内研究,采矿、施工易于进行,但也因此易于发生灾害。对第四纪沉积物露头要及时摄影、测剖面和采样。

2. **成因多样** 由于第四纪气候、外动力和地貌多种多样,由此而形成多种多样成因的大陆沉积物和海洋沉积物。各种成因沉积物具有不同的岩性、岩相、结构、构造和物理化学性质与地震效应。因此,要求尽可能在野外对开挖出的原始剖面进行详细描述,并统计分析各种成因的堆积物。

3. **岩性岩相变化快** 即使同一种成因的陆相第四纪沉积物,由于形成时动力和地貌环境变化大,因此沉积物的岩性岩相结构变化也大。这就要求在野外要尽可能沿岩层(或标志层)多追索研究,不能以点代面。第四纪海相沉积物则远较陆相沉积物岩性、岩相稳定。

4. **厚度差异大** 剥蚀区第四纪陆相沉积物厚度一般小,从几十厘米到十几米,堆积区(山前、盆地、平原、断裂谷地)可达几十米、一百多米或几百米。沉积厚度大的、沉积连续的地区,采用钻探(或物探)可以获得丰富的第四纪资料。

5. **不同程度地风化** 陆相沉积物大多出露在地表,受到冷暖气候交替变化的影响,时代越老风化越深。研究地表不同时代沉积物的风化程度,对地层划分对比和工程建筑都有好处。但要注意同一时代沉积物地表和地下掩埋部分的风化程度不同。

6. **含有化石及古文化遗存** 在有的第四纪陆相堆积物中,含有大型和小型哺乳动物化石、古人类化石、石器和陶器、用火遗迹(如灰烬和炭屑)及村舍遗址等。要特别注意在洞穴堆积、河湖相堆积的研究中寻找上述材料,并对产地加以保护。

---

① M. W. 涅依什托将全新世分为:始全新世(12~9.8ka BP)、早全新世(9.8~7.7ka BP)、中全新世(7.7~2.5ka BP)和晚全新世(2.5ka BP~现在)。

（二）第四纪沉积物岩性

第四纪沉积物岩性有：碎屑沉积物、化学沉积物、生物沉积物、火山堆积物和人工堆积物。其中碎屑沉积物在大陆上和浅海地带分布极广，是工作中经常研究的对象，要求野外观察与室内分析结合。

第四纪碎屑沉积物的粒级划分可参考表 2-2，该表粒级划分适用于沉积物成因和工程建筑研究，而研究砂矿、建筑材料还应满足有关部门的特殊要求。

表 2-2 碎屑粒级分类（温德华分类）与 ϕ 值关系

粒级名称		粒径（mm）	对应的 ϕ 值
砾石	巨砾	256	−8
	粗砾	64	−6
	中砾	4	−2
	细砾	2	−1
砂	极粗砂	1	0
	粗砂	0.5	1
	中砂	0.25	2
	细砂	0.125	3
	极细砂	0.0625	4
粉砂	粗粉砂	0.031	5
	中粉砂	0.0156	6
	细粉砂	0.0078	7
	极细粉砂	0.0039	8
粘土	粘土	0.002	9
		0.001	10
		0.0005	11

$\phi = -\log_2 D$ 或 $\phi = -(\log_{10} D/\log_{10}^2)$ （D 为粒径，单位为 mm）

第四纪碎屑沉积物的命名用二元命名法和三元命名法。砂砾沉积物二元命名法以砂（0.02~2mm）、砾（>2mm）的含量（%）为依据（表 2-3）命名。三元命名以砂粒（0.02~2mm）、粉砂粒（0.002~0.02mm）、粘粒[①]（<0.002mm）的含量（%）为依据，按表 2-4 分类命名；或以砂粒、粉砂粒和粘粒 100% 含量为端元，制成三角图，样品按上述 3 个粒级含量的（%）投到三角图上的各区命名（图 2-1）。

表 2-3 第四纪沉积物的二元命名

含量\名称	砾石	含砂砾 砂质砾（一般称砂砾）	砾质砂	含砾砂	砂
砾石（%）	>95	75~95	50~75	25~50	5~25	<5
砂（%）	<5	5~25	25~50	50~75	75~95	>95

第四纪有机沉积物、化学沉积物和火山堆积物依据沉积岩石学方法命名。人工堆积物以堆积物性质命名，如回填砂土、垃圾、碎石、金属物等。地震堆积直接以地震命名。

（三）第四纪沉积物成因研究

第四纪沉积物的成因研究对水文地质、工程建筑、砂矿和环境分析都很重要。沉积成因

---

① 粘粒大小尚无统一方案，有<0.001mm、<0.002mm、<0.005mm 三种意见。粘土是不同细粒的混合物，不等于粘粒。

研究从成因标志入手，同时要考虑物质来源和沉积环境。应该对典型剖面详细研究，不应随意走马观花。

表 2-4 中国制土壤颗粒分级及质地分类表

土壤颗粒分级		土壤质地分类标准			
颗粒直径(mm)	粒组名称	质地名称	所含各粒组的百分数		
			砂粒 1~0.05	粗粉粒 0.05~0.01	粘粒<0.001
>10	石块	砂土类 粗砂土	>70	—	<30
10~3	粗砾	细砂土	60~70		
3~1	细砾	面砂土	50~60		
1~0.25	粗砂粒	壤土类 粉砂土	>20	>40	<30
		粉土	<20		
0.25~0.05	细砂粒	粉壤土	>20	<40	<30
		粘壤土	<20		
		砂粘土	>50		>30
0.05~0.01	粗粉粒	粘土类 粉粘土		—	30~35
0.01~0.005	细粉粒	壤粘土			35~40
0.005~0.001	粗粘粒	粘土			>40
<0.001	细粘粒				

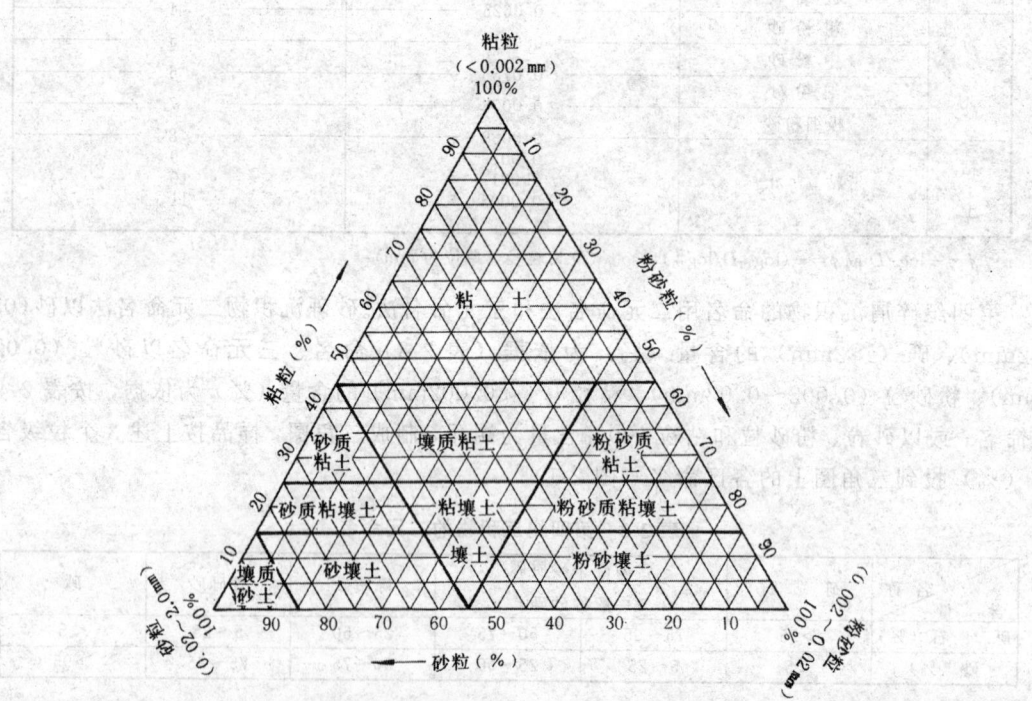

图 2-1 国际制土壤质地分类三角图

1. 第四纪沉积物成因标志　第四纪沉积物的形成受地质营力、地貌和环境的影响，因此沉积物的成因标志有三类：沉积学标志、地貌标志和环境标志。

1) 沉积学标志　第四纪沉积物的岩性、结构、构造、产状和沉积体形状等特征属于沉积学标志，这一类标志能提供沉积物形成过程的外动力类型与沉积环境方面的许多重要信息。

(1) 岩性　第四纪碎屑沉积物的岩性研究，除运用沉积岩石学的方法和经验外，针对第四纪沉积物松散、成熟度低、易风化和成岩作用微弱等特点，应注意下列几方面的综合研究。

Ⅰ.砾石 对大于2mm的砾石（或角砾，下同）应尽量在野外统计研究其砾性、砾径、砾向、砾态、表面特征和风化程度，并根据统计数据制成相应图件（图2-2），这些资料能提供许多重要的宏观沉积学与环境特征。统计工作一般选在重要层位或重要地点进行，在大约1m²面积新鲜露头上挂一10cm×10cm线网，按网格逐个以下列顺序测量每个砾石的砾向、砾径、表面特征，最后打碎砾石研究其岩性和风化程度。在砾石统计研究中注意以下几点：

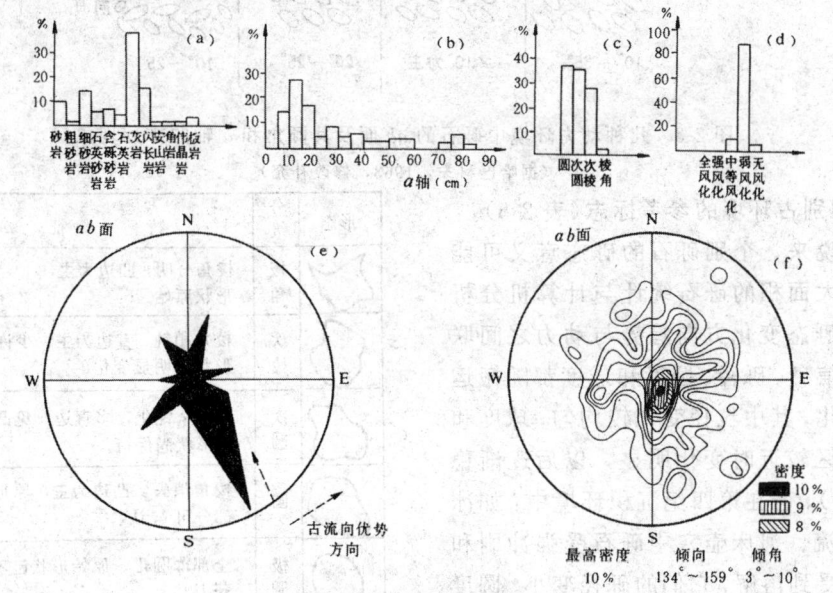

图2-2 砾石特征图
(a).砾性；(b).砾径；(c).砾态；(d).风化；(e).古流向；(f).砾向（ab面）密度图

a. 砾性 注意研究组成砂砾层砾石岩性的单一性与复杂性、可溶性岩的数量、抗蚀岩性的比例及近源和远源岩石等等。

b. 砾径 要测量其长轴（a轴）、中等轴（b轴）和短轴（c轴）（三轴大小以mm为单位）。可以等球体直径D（$D=\sqrt[3]{a \cdot b \cdot c}$）或$a$轴大小表示砾石大小。测量时少数巨砾可不计在内，巨砾间充填的细砾也不统计。

c. 砾向 包括砾石扁平面（ab面）和长轴（a轴）的产状要素（砾石组构）。砾石扁平面的叠瓦式排列是一种较普遍的现象，大多数情况下ab面的优势倾向与流动介质（河流、洪流、泥石流、冰川、海（湖）浪）运动方向相反（图2-3），其倾角值则是区别不同运动介质的一个重要参数。砾石长轴在河流主流区顺流排列，在海（湖）岸则顺岸线排列。

d. 砾态 指砾石的圆度、球度和扁平度。

砾石圆度 砾石圆度是一个常用指标，它是砾石的磨圆程度。一般野外定性分五级：棱角、次棱、次圆、圆和极圆（图2-4）。按上述分级可计算平均圆度（P）

$$P = \frac{(n_3 \cdot 3) + (n_2 \cdot 2) + (n_1 \cdot 1) + (n_0 \cdot 0)}{\Sigma N \cdot 3} \tag{2-1}$$

式中n_3、n_2、n_1、n_0分别是圆加极圆、次圆、次棱和棱角的测量颗粒数，ΣN为所测颗粒总数。

球度 按克鲁姆（Krumbein）球度为$\sqrt[3]{\dfrac{b \cdot c}{a^2}}$。球度变化在0～1间。

扁平度 按凯越（Cayeux）扁平度为$(a+b)/c$。他计算出不同环境下碳酸盐岩砾石的扁平

河流
海(湖)浪
冰川
三角洲
河流
海浪
平面
(a 轴排列)
剖面
向陆
向海
10°～35°
∠10°为主
20°～25°
10°～25°

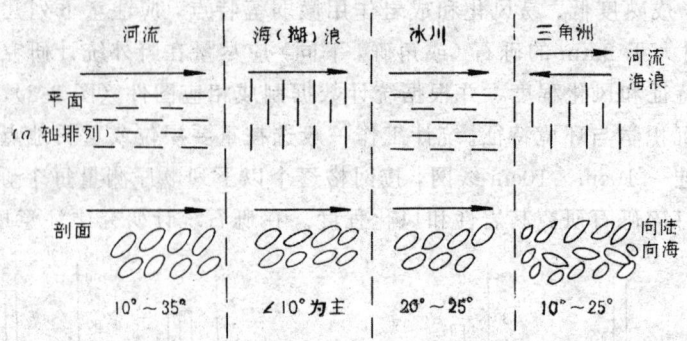

图 2-3　几种动力环境中砾石的 ab 面及其倾角和 a 轴的排列现象

（据哈巴科夫，1963，修改补充）

度，提供判别古环境的参考标志（表 2-5）。

一般说来，个别砾石的砾态意义可能不大，但大面积的砾石统计与计算机分析则能提供砾态变化方向趋势与动力之间联系的重要信息。砾径、圆度和球度都随搬运距离而变化，其中粒径变化较均匀，球度和圆度离源区较近时变化明显，以后逐渐稳定（图 2-5）。但在第四纪沉积环境中，如冰下强制水流、河床壶穴中砾石受强冲刷和灰岩砾石受到溶解，它们的砾径变小、圆度和球度提高与搬运距离关系不大。此外，冰川作用使砾石趋向熨斗化，洪流作用使砾石趋向球形化，河流和海（湖）浪则使砾石趋于扁平化。但砾态也受原始岩块形状影响。

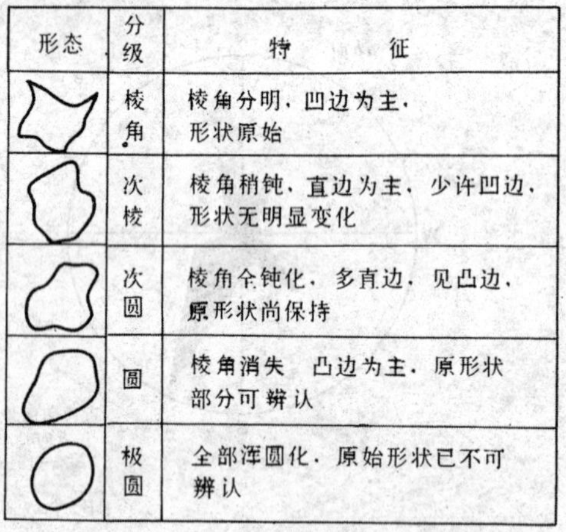

形态
分级
特　征
棱角
棱角分明，凹边为主，
形状原始
次棱
棱角稍钝，直边为主，少许凹边，
形状无明显变化
次圆
棱角全钝化，多直边，见凸边，
原形状尚保持
圆
棱角消失　凸边为主，原形状
部分可辨认
极圆
全部浑圆化，原始形状已不可
辨认

图 2-4　砾石的圆度定性分级特征

表 2-5　不同环境碳酸盐砾石扁平度

环　境	扁平度 $(a+b)/c$
河道残留砾石	1.2～1.6
冰川底碛砾石	1.6～1.8
冰水砾石	1.7～2.0
海滩砾石	2.3～3.8
湖岸（日内瓦湖）砾石	2.0～3.1
冻裂块砾	2.3～4.4
温带河流砾石	2.5～3.5

Cayeux，1952

平均磨圆度
平均球度
平均粒度
沉积物的性质
搬运距离

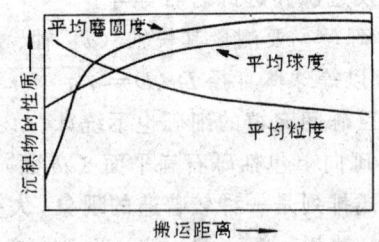

图 2-5　砾态在搬运过程中的变化特征

（据 Krumbein，1959）

e. 表面特征　冰川作用在砾石表面有时留下多组细长冰川擦痕及新月形擦口和圆形压坑，而泥石流中砾石相碰产生纺缍状撞痕，崩塌岩块上则有砸痕。

f. 风化程度　砾石风化程度定性分三级：全风化（一击即碎）、半风化（中心未风化）和未风化。应选择相似岩性（最好是含铁或铁质胶结）的砾石比较风化程度，也可选用含铁岩石的砾石（30 个左右）锯开统计其风化皮厚度平均值与标准差作风化程度比较。

Ⅱ. 砂和粘土　小于 2mm 砂土在野外根据其外貌和物理性质可分为砂、亚砂土、亚粘土和粘土（或含砾的各种上述土）。应采集部分标本，通过室内粒度分析对野外命名补充修正。

用粒度分析资料作出正态概率、频率和累积曲线（图2-6）。

a. 粒度特征研究　第四纪沉积物一般搬运距离短，成熟低，分选差，其正态概率曲线多种多样。据希斯（Sheas，1974）对1 100个粒度分析资料指出正态概率曲线有4ϕ、3ϕ和0ϕ三个切点，他认为曲线斜率和切点是受母岩物质的粒度分布及物质经受长期磨损效应的方式所控制。因此笔者可以3ϕ（粒径$d=0.125mm$，细砂的下限）为分界，正态概率曲线第一个切点所对应粒径小于3ϕ且砂砾含量大于50%的称粗粒型，有粗一段、粗二段和粗三段型；第一切点大于3ϕ且以粉砂粘土为主的称细粒型，有细一段、细二段型；此外还有多段型（图2-7）。粗三段型是河流成因，粗二段型是河流、洪流、风力或海浪成因，细一段和细二段型一般为片流成因，多段型成因比较复杂。

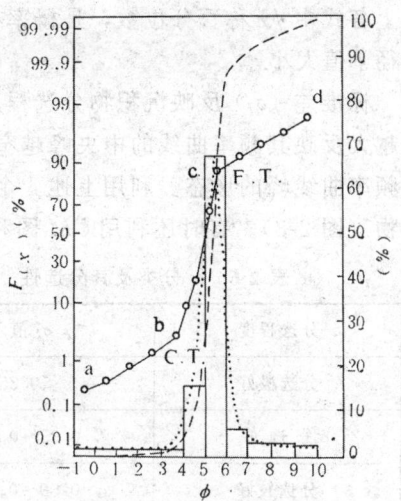

图2-6　样品粒度分布曲线图

正态概率曲线（圆圈线）和粗（C.T）、细（F.T）切点；索引总体（a～b）、跃移总体（b～c）、悬移总体（c～d）。频率曲线（点线）。累积曲线（段线）。左纵标为概率值，右纵标为算术值。横标为粒径（ϕ值）。长方柱为粒级直方图

根据正态概率曲线用福克和沃德方法从图上计算出的粒度参数，在沉积物成因和形成环境研究中有一定价值：

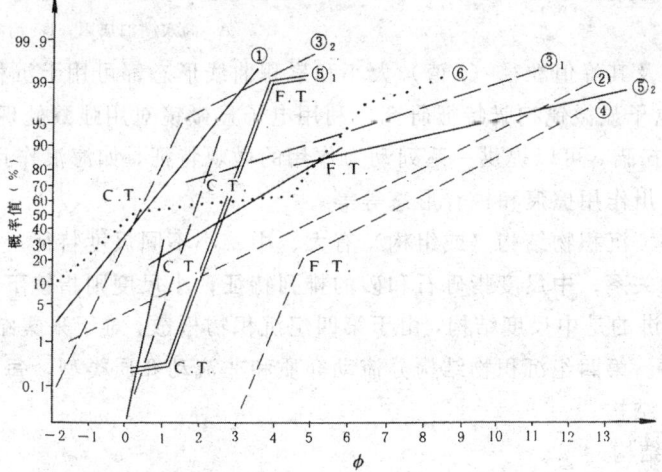

图2-7　第四纪沉积物的几种主要正态概率曲线图

①粗一段型；②细一段型；③$_1$及③$_2$粗二段型；④细二段型；⑤$_1$及⑤$_2$粗三段型；⑥多段型；（⑤$_1$据成都地质学院"沉积岩石学原理"，1980；①～④、⑤$_2$据谢又予资料，1985）。

$$平均值(M_Z) = \frac{\phi_{16} + \phi_{50} + \phi_{84}}{3} \tag{2-2}$$

$$标准差(\sigma_I) = \frac{\phi_{84} - \phi_{16}}{4} + \frac{\phi_{95} - \phi_5}{6.6} \tag{2-3}$$

$$偏\quad 态(S_K) = \frac{(\phi_{84} + \phi_{16} - 2\phi_{50})}{2(\phi_{84} - \phi\phi_{16})} + \frac{(\phi_{95} + \phi_5 - 2\phi_{50})}{2(\phi_{95} - \phi_5)} \tag{2-4}$$

$$峰\quad 态(K_G) = \frac{\phi_{95} - \phi_5}{2.11(\phi_{..} - \phi_{..})} \tag{2-5}$$

以上各式中 ϕx 称百分位数，是概率在 $x\%$ 处所对的粒径（ϕ 值），如 ϕ_{50} 指概率 50% 所对应的粒径 ϕ 值大小。

标准差（σ_I）反映沉积物分选程度（表 2-6）。峰态（K_G）变化在 $0.67\sim3$（或大于 3），数值越大反映其频率曲线的中央峰越窄。偏态（S_K）有正偏（偏粗）、正常、负偏（偏细），反映频率曲线峰的形态。利用上述 4 个粒度参数的两两相关性可以帮助区别不同成因与环境堆积物（图 2-8）。有时还利用 CM 图和罗辛概率曲线区别如泥石流和冰川堆积物等。

表 2-6 σ_I 分类及其分选性

分选程度	σ_I 值
分选极好	<0.35
分选好	$0.35\sim0.50$
分选较好	$0.50\sim0.71$
分选中等	$0.71\sim1.00$
分选差	$1.00\sim2.00$
分选很差	$2.00\sim4.00$
分选极差	>4.00

据福克和沃德，1957

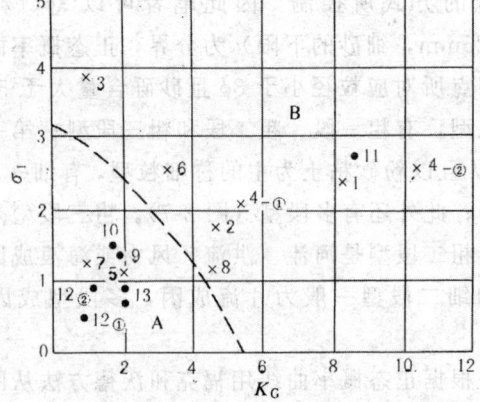

图 2-8 两类 14 个样品的 σ_I 与 K_G 相关图
A. 洞穴湖泊成因；B. 沟谷和片流成因

频率曲线形态及其峰值粒径（ϕ 值）大小和累积曲线形态都可用于沉积物成因分析[①]。

b. 颗粒表面电子显微镜扫瞄特征研究　利用电子显微镜对用强酸处理过的石英砂（有时用石榴石、锆石）扫瞄，可以提供一系列动力作用的微观特征，如海浪作用的"V"形坑、风力吹蚀圆形洼、冰川作用擦痕和锐脊形态等等。

（2）沉积结构　沉积物结构（或组构）有大、中、小不同尺度特征。大尺度结构指沉积物变形变位和接触关系；中尺度指砾石和砂的排列特征；小尺度则指镜下沉积颗粒的排列和粒间关系等。本节讲的是中尺度结构，由于第四纪沉积物松散，难于采集结构、构造标本，故野外研究尤为重要。第四纪沉积物结构分流动介质和非流动介质类型，每一类型中又可分为定向结构和非定向结构。

Ⅰ. 流动营力结构

a. 定向结构　叠瓦式排列（图 2-9（a）），即前述砾石扁平面（ab 面）的逆指上游的叠瓦式排列，不再赘述。

b. 非定向结构　离散式（图 2-9（b）），砾石扁平面在砂土中无优势方位，ab 面倾角大小不一，属急流快速堆积。

弥散式（图 2-9（c））　无数细小角砾弥散分布在砂土中，如片流沉积物。

充填式（图 2-9（d））　巨砾间充填无数后续水流的细砾，多见于洪流和河流堆积物中。

Ⅱ. 非流动营力结构

---

① 利用累积曲线求特拉斯克粒度参数：分选系数（S_o）＝$\sqrt{Q_1/Q_3}$，偏度（S_K）＝$\dfrac{Q_1\times Q_3}{Ma^2}$，$Q_2$＝平均值（$Ma$）＝$\phi_{50}$，$\phi_{50}$ 为相当于 50% 处的粒径大小，Q_1 第一四分位数相当 25% 处粒径大小，Q_3 第三四分位数相当于 75% 处粒径大小。

a. 定向结构

冰楔式（图2-9（e））　砾石排列在楔状体两壁或a轴直插在楔体沉积物中，为永久冻土中古冰楔沉积物受冻融作用挤压形成。

多边形式（图2-9（f））　平面上砾石排列成多边形或环形，为永久冻土区因冻融作用的上升与水平挤压作用形成。多边形结构有时与冰楔结构一致。

b. 非定向结构

架堆式（图2-9（g））　重力崩塌的岩块以点接触，彼此重叠不规则堆积，多空隙或部分空隙为细粒充填。

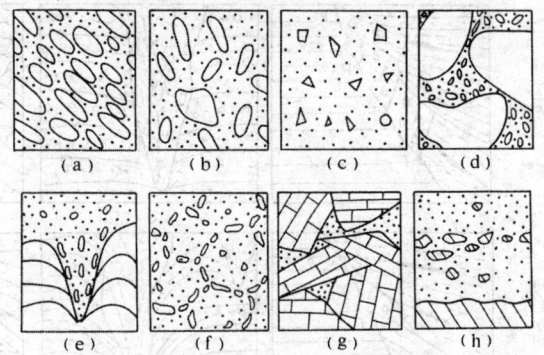

图2-9　第四纪沉积物中主要结构图
（说明见正文）

层间式（假层理）（图2-9（h））　残积物的上部细土被风或水冲走后，露出的粗粒再风化成细粒，部分难风化粗角砾夹存在细粒间形成的结构。

(3) 沉积构造　第四纪沉积构造有原生的也有次生的。

Ⅰ．层理　各种动力环境下形成的原生层理（图2-10）。测量统计斜层理的二维或三维产状要素，可以获得古流向资料。

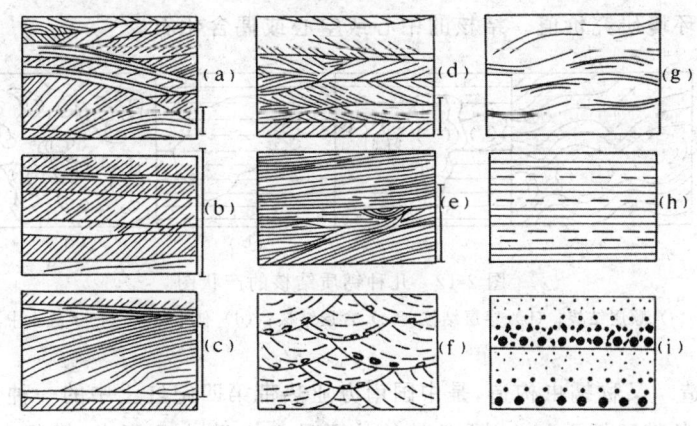

图2-10　第四纪沉积物的不同成因层理图

（(a)、(b)、(c)、(d)、(e) 及 (g) 据 Л.Н.波特维金娜，1957）

(a) 沙丘沙层理；(b) 周期性洪流的砂砾斜层理与水平砂土层理；(c) 大河流砂砾的斜层理；(d) 三角洲砂层斜层理；(e) 滨海砂缓倾斜层理；(f) 辫状河的砂、砾槽状层理；(g) 波状层理；(h) 粉细砂与粘土交互平行层理（g，h多见于河漫滩相和湖相）；(i) 粒序层（上部有混入物、下部无混入物）

Ⅱ．楔状体　第四纪沉积物中保存有多种原因形成的楔状体沉积，如古冰楔、古泥裂、地震楔、重力楔、侵蚀楔、溶蚀楔等等，它们可以提供沉积物成因、古气候和古环境信息（图2-11）。

Ⅲ．结核　结核是第四纪沉积物常见的构造，多为次生，如黄土中的钙质结核。按结核与层的关系分别有顺层结核、穿层结核、含层结核和他形结核等（图2-12）。前两种反映地下水沿层间或垂直裂隙流动而沉淀CaO_3，含层结核则是碳酸钙溶液不均匀浸泡沉积物的结果，他

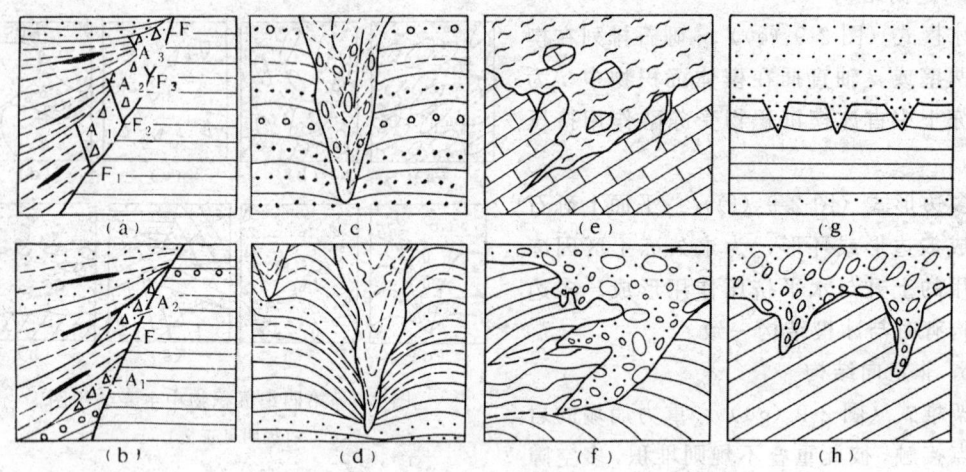

图 2-11 第四纪沉积物中几种主要楔状体沉积图

(a) 古地震楔 (F_1, F_2, F_3 为小断层，A_1、A_2、A_3 为断层角砾)；(b) 断层崩积楔；(c) 古冰楔 (发育在砂砾层中)；(d) 古冰楔 (发育在粉砂粘土层中)；(e) 溶蚀楔 (灰岩中，填有红土)；(f) 冰川犁楔 (据赵良政，箭头示冰川运动方向，楔体前方有小褶曲、断层)；(g) 泥裂 (中填风成沙)；(h) 流水侵蚀楔，中填冲积砂砾；

(a)、(b) 图中黑色透镜体为泥炭，可供 ^{14}C 测定年龄

形结核则是土层中饱和的碳酸钙水溶液凝结而成。钙质结核的化学成分和矿物成分及其结晶特征具有一定的环境研究价值。结核的中心或空心或偶含化石。

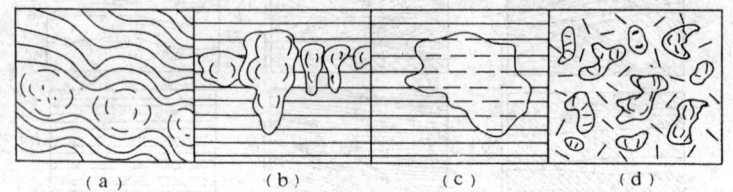

图 2-12 几种钙质结核的产状图

(a) 顺层结核；(b) 穿层结核；(c) 含层结核；(d) 他形结核 (产于红土中)

Ⅳ. 网纹构造 又称蠕虫构造，是中国南方亚热带第四纪红土中的一种普遍次生构造。其特征是白色粘土条带穿插于红土中，条带长从不足 1cm 到十几厘米，横径小于 1~2cm 左右，呈无定向或陡倾斜排列，剖面上有大小疏密变化。网纹红土 (蠕虫状红土) 是亚热带湿热气候 (间冰期) 条件下强氧化的湿热化作用形成的 (详情不清)。其母岩一般早于网纹形成。

2) 地貌标志 地质营力在剥蚀的同时在其附近又形成堆积物，地貌学在某种意义上，就是研究地表的剥蚀与堆积关系的科学。所以剥蚀和堆积地貌是第四纪沉积物成因研究的一种特有标志。

(1) 直接地貌标志 根据堆积地貌的形态可以判别堆积物的成因，如洪积扇、河流阶地分别指示其组成物属于洪流成因和河流成因。但若堆积地貌破坏严重，则要先恢复其形态特征。

(2) 间接地貌标志 利用剥蚀地貌推断其相关沉积物的成因和时代。相关沉积物是指外力作用在剥蚀区塑造剥蚀地貌的同时，将破坏下来的岩屑搬运到相邻地区堆积，这种堆积物就是剥蚀区地貌 (或作用) 的相关沉积物。相关沉积一词指出地貌与堆积物的时、空联系，两者成因相关，同时形成。在很小范围内，如沟口冲出锥是冲沟的相关沉积物；较大范围内，谷

冰碛、冰水沉积物是山地冰川剥蚀地形相关沉积物。广而言之，平原（或盆地）堆积物是山地剥蚀地形的相关沉积物。在后一种情况下判定相关沉积物，必须研究平原区地下松散沉积物成分与剥蚀（物源）区基岩的联系，以及松散沉积物粒度垂向上从粗→细的韵律性变化所反应的山地从陡峻强烈切割到逐渐夷平的过程（图2-13）。

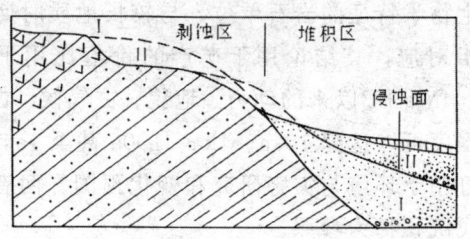

图2-13 相关沉积分析图示

Ⅰ、Ⅱ代表山区剥蚀地形（如古冰川地形、夷平面等）形成的两个阶段。Ⅰ′、Ⅱ′代表山前（或盆地）分别与Ⅰ和Ⅱ时代相同、成因有关的相关沉积物（呈从粗→细粒度变化，反映山地的夷平过程）

3）环境标志 环境标志有物理、化学和生物三类环境标志。

（1）物理环境标志 包括对沉积形成有重要影响的气温、降水、外动力作用类型、强度及其方向、古地磁环境等参数。

（2）化学环境标志 指与沉积物有关的水体、大气、土壤和地下水等的化学成分与区域地球化学性质。

（3）生物环境标志 指与沉积物形成有关的指示性动植物化石和遗迹。

对上述各类沉积物成因标志进行综合分析，并根据实际情况有所侧重，是研究第四纪沉积物成因的基本要求。

2. 第四纪沉积成因类型及其分类

（1）第四纪沉积物成因类型分析 沉积物成因类型是地质营力形成的堆积物。一种地质营力可以出现在不同的气候带或地貌单元。以河流为例，按气候带有寒带、温带、干旱带、亚热带和热带河流；按大型地貌单元有山地河流和平原河流；按形态单元则有曲流河、辫状河等等。沉积物成因类型分析以研究某一地质营力在不同环境所形成沉积物的共同特征为主，并以这种共同特征指导区域和单元形态的沉积物成因研究。但应注意地质过程的复杂性，如温带平原曲流河所形成的冲积物，被视为河流沉积物的典型，而其亚型则多种多样。

第四纪沉积物成因类型分析贯穿在从野外到室内工作的全过程，其分析步骤如下所示。

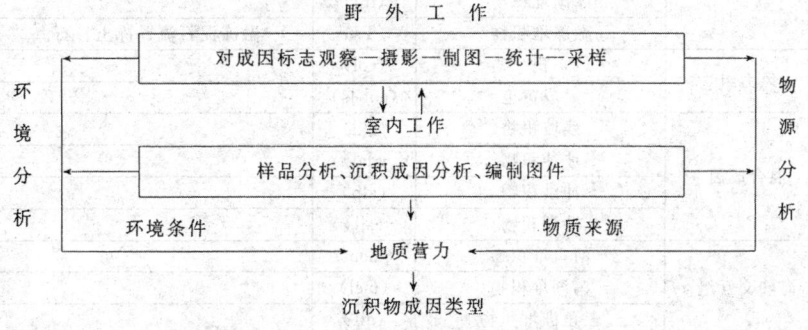

凡以一种地质营力为主形成的沉积物划分为单一沉积物成因类型，如河流冲积层、湖积层、洪积层等等。以2种地质营力为主形成的沉积物为混合成因类型，如洪冲积层（冲积为主），冲洪积层（洪积为主）等等。不应划分出多于2种以上地质营力的混合类型，以免增加成因类型的模糊性。普遍常见的成因类型是残积物、坡积物、洪积物、冲积物、湖积物及它们组成的有关混合类型。其他成因堆积物有地带性。

第四纪沉积物成因类型与岩相两者含义有联系，又有区别。岩相是具有相同岩石学和古生物学特征的岩石单位，与较长地质时期（一般大于1Ma）内地质作用平均总和的沉积环境相对应，其结论用于矿产的价值比用于环境的价值大。第四纪沉积物成因类型研究是以2.4Ma BP以来的动力、地貌、古气候、古环境和灾害形成的沉积物为主要研究对象，其解析程度可以达到10ka、1ka、100a甚至1a，其结论除用于第四纪矿产和水文、工程地质外，还可用于环境与灾害研究和变化预测。两者的共同点在于方法学上有若干相似之处，如都以现代沉积物为参照。

（2）第四纪沉积物成因类型分类　本书所推荐的分类如表2-7所列，首先按大陆、海洋和过渡环境分出三大类沉积物系统。陆地沉积物系统又按地质营力的类同和沉积物在剖面上的组合又分若干沉积物成因组。在成因组之下按地质营力的个别特征分为若干沉积物成因类型。在成因类型按岩性结构特征或亚环境中营力特点又可分为亚类。

表2-7　第四纪沉积物成因分类

大类	成因组	成因类型		成因亚类举例
大陆沉积系统	残积组	残积物	(el)	各种风化壳
		土　壤	(pd)	现代土壤、古土壤
	斜坡（重力）组	崩积物	(col)	
		滑积物	(dp)	
		土流堆积物	(sl)	
		坡积物	(dl)	
	流水组	洪积物	(pl)	扇顶相、扇形相、边缘相
		冲积物	(al)	河床相、河漫相、牛轭湖相等
		泥石流堆积物	(df)	
	地下水组	溶洞堆积物	(ca)	化学堆积、角砾、骨化石、角砾等
		泉华	(cas)	
		地下河堆积物	(call)	
		地下湖堆积物	(cal)	
	湖沼组	湖积物	(l)	淡水湖积物，咸水湖积物
		沼泽堆积物	(fl)	
	冰川-冻土组	冰川堆积物	(gl)	终碛、侧碛、底碛等等
		冰水堆积物	(gfl)	
		冰湖堆积物	(lgl)	
		融冻堆积物	(Ts)	融冻泥石流、冻土、石海
	风力组	风积物	(eol)	
		风成黄土	(eol-ls)	
	混合成因	残坡积物	(eld)	
		坡冲积物	(dal)	
		冲洪积物	(alp)	
		冲湖积物	(all)	
海陆过渡沉积系统	海陆交互组	河口堆积物	(mcm)	
		泻湖堆积物	(mcl)	
		三角洲堆积物	(dlt)	
海洋沉积系统	海洋沉积组	滨岸堆积物	(mc)	
		海岸生物堆积物	(mr)	
		浅海堆积物	(ms)	
		深海堆积物	(md)	
其他		成因不明堆积物　(pr)　　　　　　　　　　　　　　　　　　　内力作用堆积物（火山作用（vl）、古地震等堆积物）　　　　　　人工堆积物（s），生物堆积物（b），化学堆积物（ch）		

据E.B.桑泽尔，1957；修改补充

在不同气候带和不同的新构造单元,外力作用的组合不同(图 2-14),因而有不同的沉积物成因类型组合。如上升区发育重力堆积、冰川堆积;断块山前发育大规模洪积物;下降区湖相河流相很厚。因此沉积物成因类型组合可以反映古气候带变化与新构造运动状况。

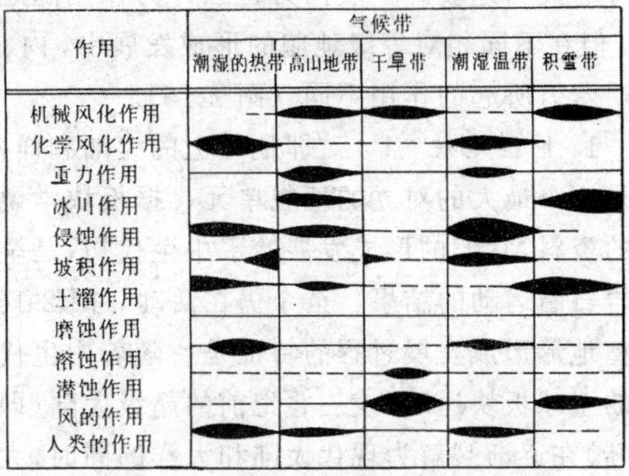

图 2-14 不同气候带的外营力组合
(据 Н.И. 尼古拉耶夫,1957;修改)

三、地 貌

地貌(或地形)千姿百态,规模大小不等,成因复杂,并在地表处于不同发展阶段。

(一)地貌形态

1. 地貌形态特征 地貌形态主要是由形状和坡度不同的地形面、地形线(地形面相交)和地形点等形态基本要素构成一定几何形态特征的地表高低起伏。小者如扇形地、阶地、斜坡、垅岗、岭脊、洞、坑等等,称为地貌基本形态;大者如山岳、盆地、平原、沙漠,称地貌组合形态。凡高于周围的形态称正形态,反之称负形态,正、负形态是相对的。有的地貌形态易于识别,有的因自然和人为破坏而比较模糊。在野外和航空照片、卫星照片上识别和分析是研究地貌的主要定性方法。既要研究不同地貌形态的成因,也要注意相似形态的成因区别。

2. 地貌形态测量指标 地貌形态测量是用数值表示地貌特征的一种定量方法。主要形态测量指标有:

(1)高度 分海拔高度和相对高度。海拔高度(一般由地形图提供)差别越大,地貌形成作用和形态特征差别越大。海拔高度是山岳和平原一类大地貌的分类主要依据。相对高度是 2 种地貌形态之间的高差,如阶地面与河床平水位间高差,溶洞底部与河床高差等等。相对高度应在野外测量(常用气压计测量)。相对高度一般可以提供不同地形形态形成的先后顺序(如河流高阶地形成早于低阶地)及其所受到的新构造运动影响等重要资料。

(2)坡度 指地貌形态某一部分地形面的倾斜度,如夷平面、阶地面和斜坡的坡度等等,一般也应在野外测量,对研究坡地重力灾害有实用价值。

(3)地面破坏程度 常用的有地面刻切密度(水道长度/单位面积)、地面切割深度(分水岭与邻近平原的高差)和地面破坏程度数据等。

在地貌形态观察研究中,要求对地貌形态定性特征与形态测量研究并重(尤其是高度、坡度)。专门的形态测量图在土地利用、工程和交通中有应用价值。

(二)地貌成因

地貌是内、外地质营力相互作用的结果。内力地质作用是地球内部深处物质运动引起的地壳水平运动、垂直运动、断裂活动和岩浆活动,它们是造成地表主要地形起伏的动因,其发展趋势是向增强地势起伏方向发展,如山岳平原的形成及其相对高度的增大变化。外力地质作用是太阳能引起的流水、冰川和风力等对地表的剥蚀与堆积作用,其作用趋势是"削高填低"向减小地势起伏,使其往接近海洋水准面的方向发展,这一过程塑造成多种多样的地表外力成因地貌。一般内力越强外力作用随之增强，但在不同相对等级地貌的形成发展中，内、外地质营力所起的作用不同（图 2-15）。

1. 巨型地貌（Ⅰ） 即地球上的大陆和洋盆，这是 2 个最大的对立的地貌单元，据板块学说提供的资料，它们的形成发展始于中生代初，是全球性岩石圈运动的结果，至今仍在活动（图 2-16）。巨型地形形成发展过程的特征是：随着中生代以来的全球板块运动，使三叠纪前的超级大陆（即泛大陆）在逐渐裂解为现代大陆和大洋的同时，大陆

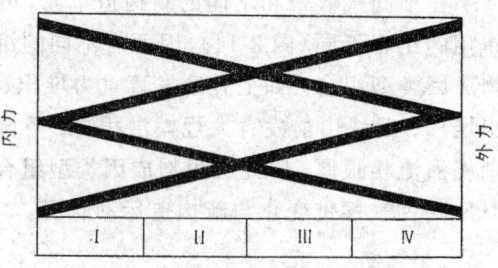

图 2-15 内、外地质营力在不同相对等级地貌形成发展中的意义
（说明见正文）

发生了明显往两极集中运动，对中生代以后极地冰盖形成有利并对第四纪气候有重要影响。

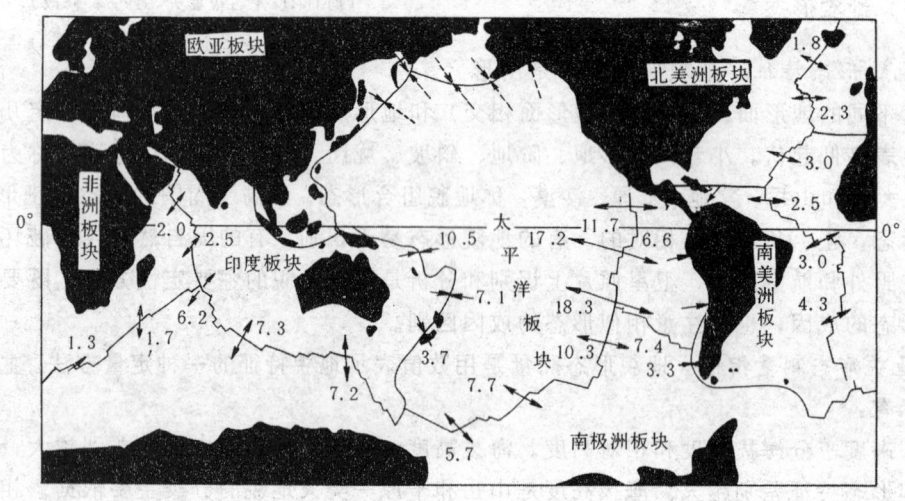

图 2-16 地球各主要板块运动方向与速度示意图
（据 D. P. Mckenzie 和 F. Richer，1976；改编）
→ 分离运动；→ 汇聚运动；→ 平错运动；黑色为陆地，白色为海洋，部分板块分界略去

大陆由具有硅铝层和硅镁层的大陆壳组成（图 2-17），平均海拔 875m。大陆地貌成因复杂多样，受到外力作用的改造与破坏，地貌年代越老，破坏程度越大，有时只剩下残迹片段。

洋盆是由单一硅镁层的大洋壳组成的，上面覆盖有厚度不等的松散沉积物，洋底平均深度 —3 794m，与大陆平均高差 4 670m。洋盆地貌成因与大陆不同，主要是地幔物质溢流和板块移动过程中形成的水下平原、山脉（洋脊）、裂谷和火山地貌，因受水体保护，形态较为原始。

大陆与洋盆间的过渡带为大陆边缘，包括地貌上的大陆架、大陆坡。大陆边缘是陆壳的延伸部分，具有与大陆相似的构造，是目前石油、天然气和煤的有很大开发潜力的地段。

2. 大型地貌（Ⅱ） 即大陆和洋盆中的山地和平原等主要大型地貌（本节只讲大陆部分）。山地和平原（含大盆地）的成因主要取决于其大地构造基础、新生代和新构造运动与外力作用之间的对比关系。

1）山地

（1）山地及其高度分类 山地是由山岭和山谷组成的形态组合，是新构造运动大于外力

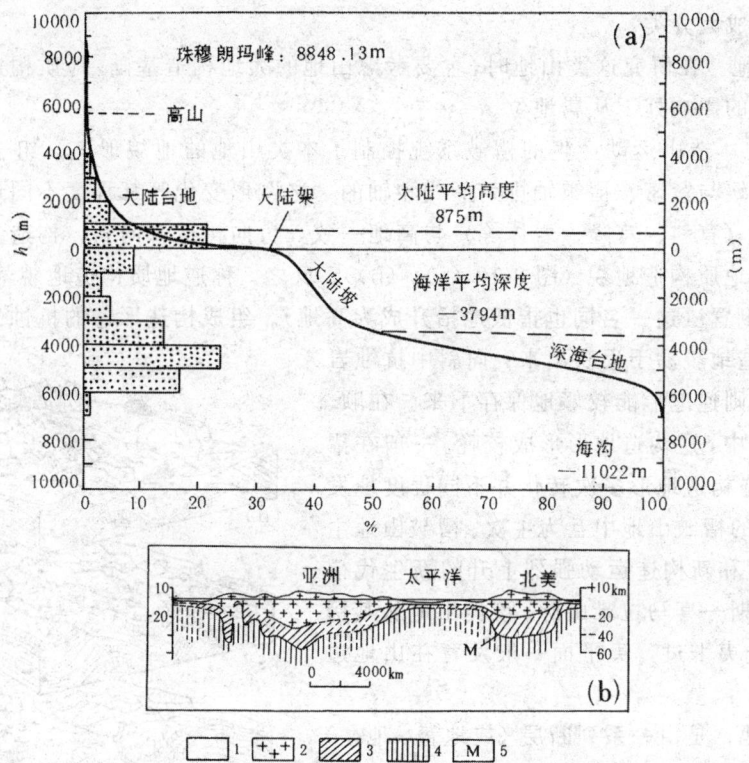

图 2-17 海陆起伏曲线与大陆壳、大洋壳的结构图
（引自杜恒俭、陈华慧等，《地貌学及第四纪地质学》，1981；修改）
(a) 海陆起伏曲线，点区为不同高度地形所占的面积比；(b) 大陆壳和大洋壳的结构
1. 海水；2. 花岗岩；3. 玄武岩；4. 上地幔；5. 莫霍面
（珠穆朗玛峰海拔高度经中国测量订正为 8 843.18m）

剥蚀作用且两者都很强烈的地带。一条或几条山岭组合构成山脉，山脉延伸几十到几百公里，有的达上千公里。山地地形崎岖起伏，海拔高度和相对高度与势能都很大，新构造运动对山地高差的增强起重要作用。山地的高度分类见表 2-8。

表 2-8 山地的高度分类

海拔高度（m）	①切割深度（m）	名 称	地质作用特征	
>5000		极高山	冰雪作用	重力作用大↓小
5 000~3 500	>1 000	高 山	冰雪作用 寒冻风化 雪线	
	1 000~500	中高山		
3 500~1 000	>1 000	高中山	流水作用	
	1 000~500	中 山		
	<500	低中山		
1 000~500	1 000~500	中低山	流水作用	
	<500	低 山		
<500		丘 陵	风化作用	

①切割深度，从分水岭附近平原（或大河谷区）的高差计算。
（据中国科学院地理研究所，1962；略补充）

丘陵是海拔 500m 以下的走向明显或不明显的高地与洼地相间排列的地貌组合，成因上与山地有联系。

重力作用贯穿整个山地，包括极高山和高山的冰崩、雪崩、山崩与中低山、丘陵的岩崩、地滑和泥石流等，这些重力作用与冰雪和流水作用一起塑造了山地的陡峭外貌，并产生严重的灾害。但山地不但是许多矿产、水利电力的产地，也是一些有价值的旅游资源和珍稀动植物所在地。

(2) 山地的成因分类

Ⅰ. 构造山地 在研究这类山地时，主要考虑山地的大地构造基础、地质构造和新构造运动，而剥蚀作用的影响处于从属地位。

a. 褶皱山地 造山运动产生的褶皱系统控制了本类山地的地貌形态、组合及其空间展布，如褶皱的舒缓与紧密、褶皱轴排列形式和轴的"之"形变化等都程度不同地反映在地貌上。凡正向构造（背斜、穹隆、岩体等）与高地一致，负向构造（向斜、构造盆地等）与低地一致，称为顺地质构造地貌（图2-18(a)、(b)）；反之，称逆地质构造地貌（图2-18(c)、(d)）或称地形倒置（这一名词也指低地抬升成为高地）。组成构造形态的抗蚀岩石构成地面保护壳时，顺构造地貌易于反映出来；向斜中抗蚀岩石厚度占优势，则逆地形能较好地保存下来。在顺、逆构造地形转化中，逆构造地形形成较晚。一般在褶皱山地中，顺、逆构造地形多次转化并不同程度地发育，在不同时代的褶皱山地中互为主次。褶皱山地主要发育在新生代和新构造运动强烈上升的新生代褶皱带，如阿尔卑斯—喜马拉雅山脉。该类山地从其褶皱以来未被完全夷平过，夷平面一般发育在山地边部。

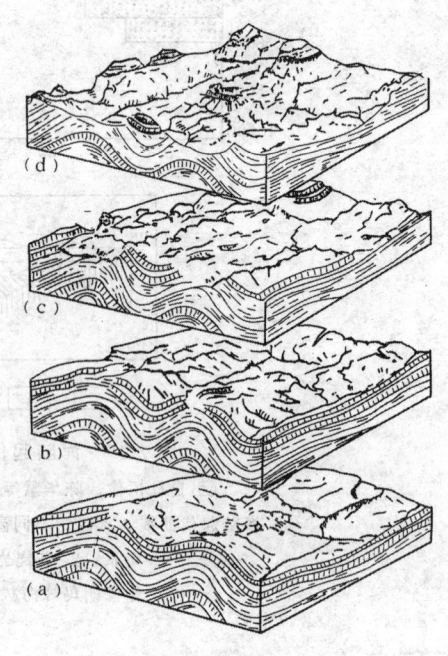

图2-18 顺构造地形向逆构造地形的转化
（说明见正文）
（引自北京地质学院《地貌学及第四地质学》，1959）

b. 断块山地 是由一系列断层（或地堑、地垒）构成的块状山与断陷盆地（或断层谷地）相间排列组成盆（谷）岭地貌格局的山地。断层系统控制山地的平面和空间展布，盆岭之间以明显的断层地形分开（图2-19）。断块山与褶皱山不同在于断块山除褶皱的地质意义小于地貌意义外，还在于断块山经受过长期多次整体夷平，夷平后的平缓地形在新生代和新构造时期由于断裂再活动和剥蚀而形成今日山地。因此断块山地的平坦分水岭保存有古代夷平面（或平缓剥蚀的残余古地形），山地两侧（或一侧）有明显的活动断层地貌（图2-20），山麓地带发育大规模洪积扇群。断块山一般发育在新构造运动强烈差异上升的前新生代褶皱带，如天山、祁连山，是在夷平的古生代褶皱基础上新构造时期强烈差异上升，经冰川和流水侵蚀，形成载雪高山与封闭的断陷堆积盆地相对峙的地貌格局。

图2-19 莱茵地堑谷与断块山
（引自邦达尔楚克，《地貌学原理》，1957）

断层-褶皱山和褶皱-断层山，是上述2种构造山地之间的过渡类型。

c. 火山地貌 火山喷出物可以形成锥状、盾状、丘状、垅状等火山地貌。熔岩流可形成熔岩高原、熔岩平原和充填谷地。我国东北的长白山、山西大同和云南腾冲等地有第四纪火山地貌。

Ⅱ. 剥蚀山地 剥蚀山地的形成与发展受到的外力作用超过古构造运动（或岩性构造）和

新构造运动对山地形态塑造的影响。如冰蚀山地、侵蚀山地和岩溶山地等类型（第四章—第七章）。

2) 平原

（1）平原及其高度分类 平原是目视距离（30~50km）范围内地势平坦，高差小（1~2m），或微有起伏的大面积地貌组合（包括大型盆地）。平原的高度分类见表2-9。

图2-20 山前断层面（F）与断块山
（引自北京地质学院《地貌学及第四纪地质学》，1959）

（2）平原成因分类

Ⅰ．构造平原 构造上升作用大于剥蚀作用，平原面与岩层面一致。如前第四纪水平（或缓倾斜）岩层和熔岩等的固结岩层形成的平原和高原。

Ⅱ．剥蚀平原 构造上升作用与剥蚀作用大致相等，平原面切过岩层面，地面微有起伏。

表2-9 平原的高度分类表

海拔高度（m）	名 称	例 子	地质作用特征
>600	高 原	云贵高原、伊朗高原、蒙古高原	剥蚀、侵蚀、谷地重力作用
600~200	高平原	中法兰西平原、巴西中部平原	
200~0	低平原	华北平原、杭嘉沪平原	外力堆积作用、洪泛、河岸侵蚀、海蚀和海积。
海平面以下	洼 地	吐鲁番低地、死海低地	

据中国科学院地理研究所，1962

Ⅲ．堆积平原 新构造时期地壳下降大于堆积或两者接近，形成各种松散沉积物组成的堆积平原。有海成平原、冲积平原、洪积平原、风积平原和各种混合成因平原。平原面与松散沉积层一致。

各种平原往往因基底起伏（或断块凹凸）和后期构造运动的影响产生变形，成为缓倾斜平原或凹状、凸状、波状平原。

3．中型地貌（Ⅲ） 中型地貌是大型地貌的一部分，常常是观察研究的对象。

1) 山岭与谷地 山岭与谷地是山地的主要次级形态，主要由外力作用形成，但岩性、构造影响明显。

（1）山岭 山岭由山顶（或山脊）、山坡和山麓组成。

山顶 有尖顶、圆顶和平顶（图2-21）。

山坡 有直线坡、凸形坡、凹形坡和复合坡。

山麓 山坡与平地相交地带，或呈明显转折，或被松散沉积物覆盖。

各种形态的山顶与不同形状和坡度的山坡结合，形成多姿多彩的山岭形态，能反映出不同的动力作用类型与作用强度。

（2）谷地 谷地有断裂活动产生的断层谷，外力作用形成的侵蚀谷、冰蚀谷和溶蚀谷等（第四、六章）。

2) 地质构造和岩性对山地的影响 山岭受地质构造影响明显。

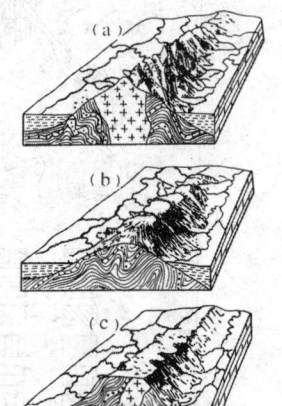

图2-21 山顶的类型
（据 И.С.舒金，1964）
(a)尖山顶，表现为矛状、尖顶、齿形和圆锥形等；(b)圆山顶，为凸起的斜坡所围绕的穹隆形山顶；(c)平山顶，山顶呈平坦状水平岩层常形成塔状山、桌状山和方山。单斜（或褶曲一翼）岩层倾角小于30°时形成顺向坡缓和逆向坡陡的单面山；倾角大于30°且夹有抗蚀性高的夹层时形成"猪背岭"（图2-22）。单斜岩层地区多直线坡，水平岩层地区多阶状山坡。断层和构造软弱带（破碎带、节理密集带）有利于沟谷的形成与发展。

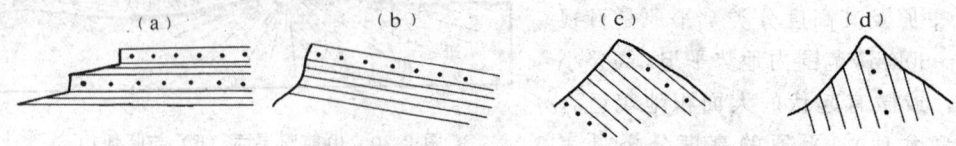

图 2-22　构造台阶 (a)、单面山 (b)、猪背岭 (c、d)

矿物和岩石的颜色、成分、结构和构造不同，其抗风化剥蚀的性能也不同。同一种岩石在不同气候带表现的地貌特征不尽相同。当岩石对山地形态的影响超过其他因素时便形成岩石地形，如黄山的花岗岩地形、广东北部的丹霞地形（砂岩）、湖南张家界的砂岩地形和桂林石灰岩区的岩溶地形等等。在岩石地形发育过程中，垂直节理和不同岩石的差异风化起着重要的作用。

3）平原次级形态　平原区的河谷地带和河间地区与平原中形成时代和成因不同的部分都属平原次级形态（图2-23）。由于平原地势低平，切割不深，天然露头少，研究难度大，对

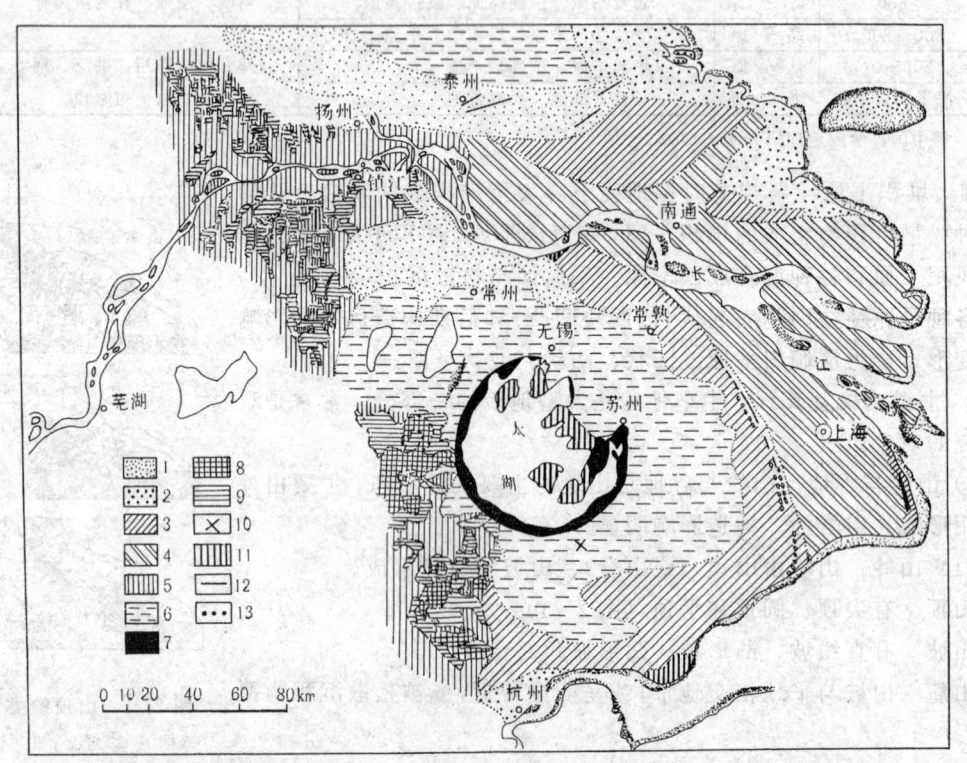

图 2-23　长江三角洲及其邻近地区地貌成因类型图
（引自杜恒俭、陈华慧等，《地貌学及第四纪地质学》，1981，据陈吉余等）

1.古代海积平原或掩埋海积平原；2.新海相沉积平原；3.海相-河相沉积平原；4.河相-海相沉积平原及沙洲；
5.河相沉积平原及沙洲；6.泻湖相沉积平原；7.湖相沉积平原；8.第三纪剥蚀面；9.第四纪阶地；
10.掩埋古代丛生牡蛎；11.陆屿；12.沙堤；13.贝壳堤

平原研究（包括大型盆地）必须采取地表观察与钻探、物探方法相结合。充分利用钻孔岩芯，选择多种地层与沉积物成因的宏观、微观标志，从地层划分对比入手，搞清楚组成平原各部分地层形成时代、成因、河道变迁、海（湖）侵历史与新构造运动等等，才能使平原研究具有理论和实用价值。

4. 小型地貌（Ⅳ） 主要是各种外动力作用形成的多种多样的小型剥蚀地貌和堆积地貌（第三章—第八章）。也有很少一部分是内力作用形成的，如活动断层崖、地震裂缝和火山等。小地貌形态是野外观察研究的主要对象。

上述各级地貌从形成时代来说，小地貌形态绝大多数形成于第四纪，其中全新世以来形成的地貌与现代动力和现代环境基本适应，可称现代地貌。而全新世以前各地质历史时期形成的各级地貌，时代越老受后期改造越强烈，程度不同地保存的原始形态，可称残留地貌或古地貌。地表就是由不同等级、不同成因、不同形成时代和发展阶段与完整性不同的地貌叠置构成的复杂系统，在研究时要善于把握整体与局部的关系。

（三）地貌发展的旋回性

研究地貌发展即研究地貌的形成和演变过程，是在研究地貌静态的特征基础上，阐明地貌的动态变化过程。如河谷形态从"V"形谷→河漫滩河谷→成型河谷；冲沟从切沟→冲沟→坳谷；都反映了地貌形态演变发展的过程。小地貌形态（如冲沟、曲流、滑坡、土溜、黄土冲沟和黄土陷穴等）的发展速度较快，测定这些小地貌形态的发展速度对工程与环境研究有重要价值。大型地貌发展的时间长，常以地质时期尺度计。由于塑造大型地貌的内外营力强弱的周期性变化，使大型地貌的发展表现出多次渐进变化与急剧变化的交替，这就是地貌发展的旋回性。美国地貌学家W.M.戴维斯最早提出地貌发展的理论即"地理循环说"（图2-23），他认为地貌的形成发展受地壳运动、外力作用和时间三因素的影响。假定一分布有河流的平坦地块被地壳运动抬升到一定高度后即行停止，在河流作用适应侵蚀基准面下降过程中，地块将循地表较快深切的幼年期→地形逐渐复杂多样化的壮年期→漫长的准平原化的老年期等阶段发展。老年期地形塑造的时间比幼年期和壮年期之和还长，最终将蚀去地表一定厚度的岩石（图2-24a）。若上述过程完结后地块再度抬升，则上述过程又周而复始地进行，故称"侵蚀循环"。但是地块再次上升也可以在发展过程中的某一阶段出现，则循环终止于该阶段。考虑到每个循环中地壳运动的变化及气候与外力作用强度的变化，再现的各阶段不可能完全相同，因此"侵蚀循环"一词可用"侵蚀旋回"代替。

地貌形成发展的多旋回性是一种普遍现象，表现为许多层状地貌，如多级河流阶地，石灰岩区多层溶洞，山岳地区多层夷平面等等。

山岳地区不同高度的平缓地形层层排列的现象称山岳多层地形（图2-25）。每层地形由一级夷平面和其下陡坎组成。夷平面可能保存完整，分布广，也可能被切割破坏，只能从高度相近的峰顶联线反映出来。夷平面是规模较大的残留地貌，它是在地壳处于长期相对稳定和气候比较湿润条件下，风化剥蚀作用的结果，致使岩性地质构造的地貌差异逐渐缩小，形成向海洋水准面趋近的平缓（或波状）地形。夷平面形成时代，可由其切割的下伏最年轻的地层和夷平面上堆积的最老沉积物时代之间的年代间隔决定，间隔越短越有意义；也可由夷平的相关沉积物推断。夷平面可以由河流、岩溶、海（湖）浪和风化作用中的一种为主形成，也可以由几种作用共同塑造形成。以河流作用为主形成的夷平面，可能是准平原，也可能是尚未达到准平原化的老年期宽谷地形，所以夷平面与准平原不能完全等同。剥蚀面是指内、外

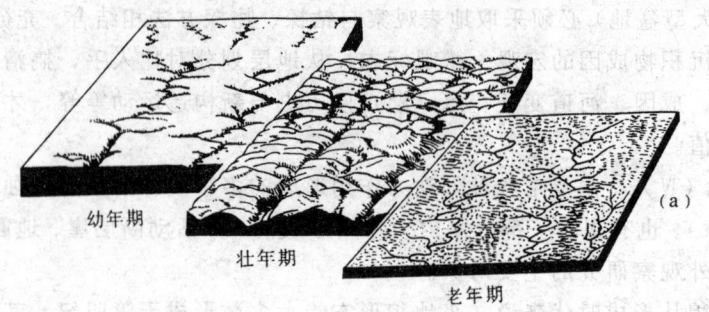

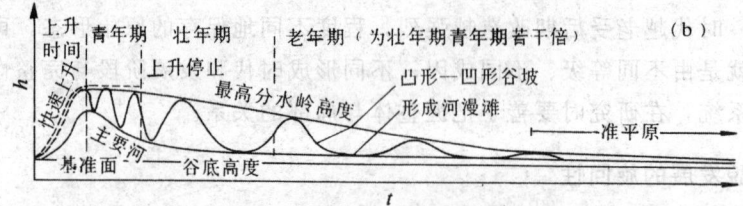

图 2-24 W.M. 戴维斯地貌发展阶段模式图

(据 W.M. 戴维斯，1899年)

(a) 模式立体图；(b) 模式解析图

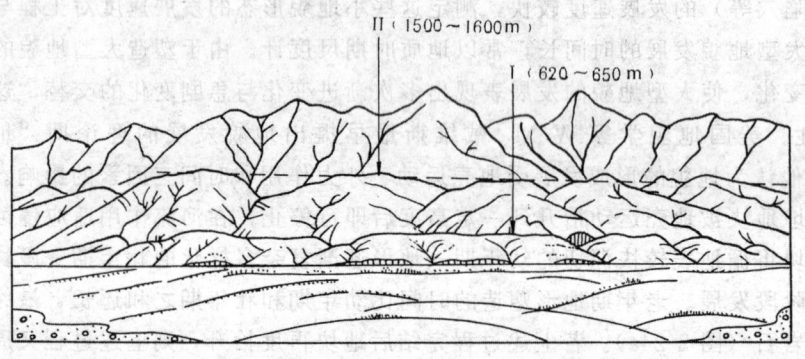

图 2-25 山岳多层地形现象图

Ⅰ. 晚期夷平面；Ⅱ. 早期夷平面

营力相近条件下外力剥蚀削平的有限地面，如山足剥蚀面、冻融剥蚀面等。夷平面下陡坎是地壳运动从相对稳定转入上升时河流切割而成，常常是峡谷地段。

同一级夷平面由于岩性和构造的差异及外力作用的不均匀，高度可以在一个较小范围内变化。断裂作用可使同一时期大致同一高度的夷平面产生变位而处于不同的高度。排除这种情况后，不同高度夷平面才能反映地壳间歇性上升过程。山岳多层地形和夷平面的抬升变形、变位可以为研究新构造运动的性质和运动幅度提供重要资料，也可为寻找风化矿床和深部矿体分布规律提供重要信息。

1903 年维里斯第在研究中国华北地区第四纪时提出一个以侵蚀期和堆积期交替出现的华北地区地貌地文期发展模式（表 2-10），每个旋回包括一个侵蚀期和一个堆积期，并分别以典型地点命名。地文期是地貌发展旋回性在中国地貌研究的一个实例。但地文期有一定的区域性，中国南北方地文期对比仍有困难。

表 2-10 华北地文期特征表

时代	侵蚀期	堆积期	地质、地貌特征
全新世	板桥期	皋兰期	现代河漫滩沉积物（Q_4） 黄土被侵蚀，形成10m左右黄土阶地
上更新世	清水期	马兰期	黄土沉积（Q_3） 红色土C带被侵蚀，形成30余米阶地
中更新世	湟水期	周口店期	周口店第一地点洞穴堆积，洞外红色土堆积（Q_2） 与汾河期河谷形成谷中谷
下更新世	汾河期	泥河湾期	河湖相沉积（Q_1） 华北地区规模最大的侵蚀，形成现代河谷之上的宽谷
上新世	X期	静乐期	堆积在小盆地中之红色土（N_2^2） 在"保德红土"沉积之后的侵蚀
	唐县期	保德期	堆积残积为主的"三趾马"红土层（N_2^1） 华北区的高夷平面，其上有古宽谷地形

四、第四纪地球环境变化动因概述

在第三纪末期，地球现代海陆轮廓和气候基本格局业已形成，但进入第四纪后地球的自然环境面貌在上述基础上又发生过多次显著变化。引起第四纪地球环境变化的主要动因是气候变化和地壳新构造运动，而人类活动加剧对现在和未来环境有重要影响。不同时间与强度尺度的气候变化和地壳新构造运动导致地表各地物理要素（气温、降水、蒸发、地形（包括海湖面）及其高度、外动力、沉积作用、地应力、重力、地下流体和地磁要素等等）、化学要素（大气、地表水、地下水、土壤水和沉积物化学成分等等）和生态要素（动植物种类、生物产量等）发生不同程度的相应变化，使地表物理、化学和生态环境的相对平衡受到破坏与再造，从而使地表自然环境不断改变，并不同程度地引发渐进的和急剧的自然灾害。人类在第四纪形成演化过程中经历过多次相对极端的严寒和高温（或干冷与暖温）的环境互变，并通过自身的改变（如身高、四肢长度和脑量变化等）和适应环境的能力，承受过多次环境转换带来的冲击，才发展成今天的人类。现代人类社会今后要保持与生存环境和谐并持续发展，必须了解过去，尤其是第四纪自然环境变化的历史规律与古环境和现代自然环境的特点，并对未来自然环境的演化趋势进行预测研究。现代环境在自然力和人类活动加剧的负面影响叠加作用下，未来的发展趋势及其可能发生的潜在的超级灾害已成为全球关心的重大问题。

（一）第四纪气候变化

气候是自然环境形成发展的主要动因之一。气候是在太阳辐射、大气环流和下垫层（山岳、平原、海洋）的相互影响下形成的长期天气状况的综合。此外，现代人类活动造成的大气污染对现代和未来气候变化有重要的影响。太阳辐射传热给地球是气候变化的主因。大气环流把水和热输送到地球不同部分（图2-26），两者都随纬度和高度不同而变化。下垫层性质不同使同一纬度带的气候类型也不相同。季风使水、热分布和气候的地区差异更为明显。现代地球气候在上述自然因素影响下呈现纬度、高度与区域地带性和多种气候类型（图2-27及表2-11）。全球南北极圈内是寒带，南北回归线之间为热带，寒带与热带之间是温带。通常把寒带与温带之间的过渡带称为亚寒带,温带和热带之间的过渡带称亚热带。由于影响气候的因素的多样性,因此各纬向气候带并不完全与纬度平行。山地海拔 5 000m 以上的气候为相当于寒带极地气候的高山气候,以下依次相当于亚寒带、温带、亚热带气候……其下部基带气候取决于山地所在的纬度气候带。北半球欧亚大陆和北美大陆东部季风区与西部气候有显著的差异。上述现代地球气候格局是研究第四纪气候变化的参照系统。在地球历史上,引起太阳辐射、大气环流结构和下垫层性质改变的因素多次出现,都曾

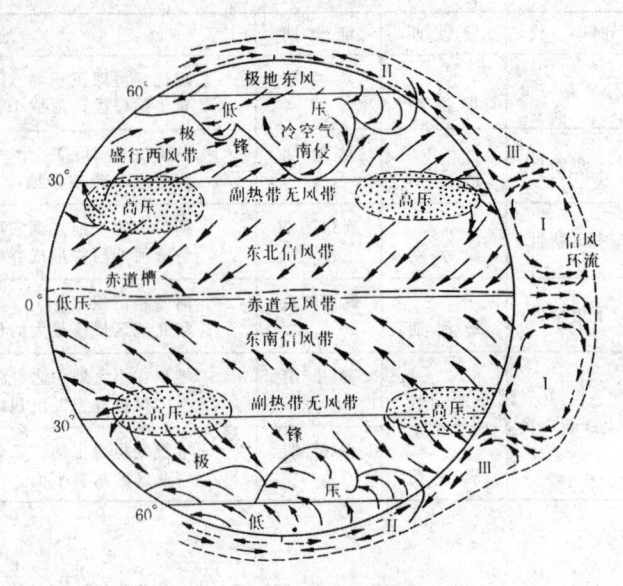

图 2-26 全球大气环流示意图
(引自中山大学等,《自然地理学》,1978 年)

导致出现过不同的气候格局。第四纪、现在和未来的气候格局变化对人类影响最大。

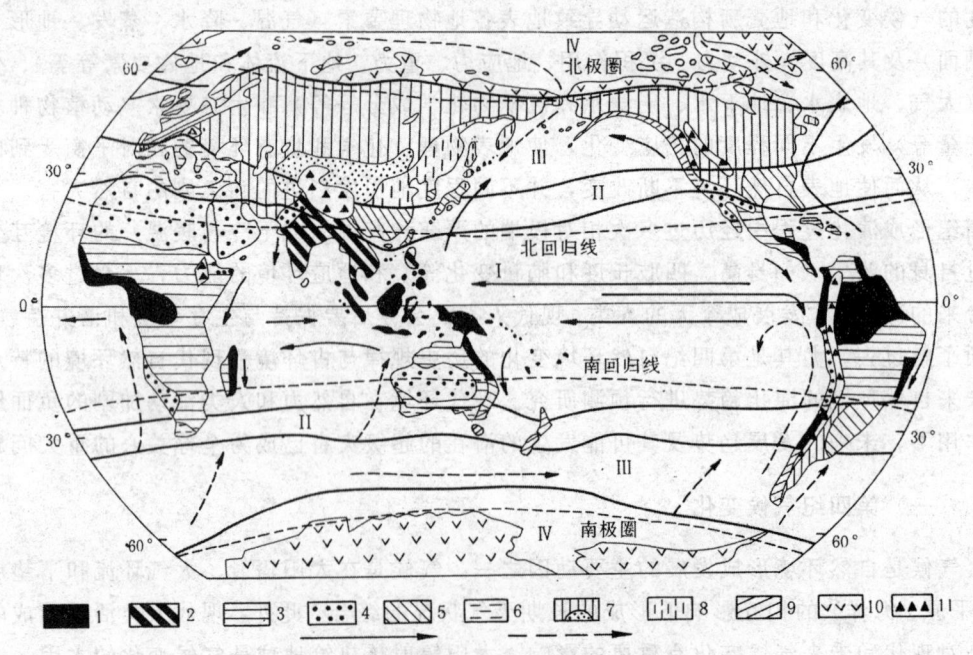

图 2-27 地球现代自然带、气候和洋流略图
1.热带雨林气候;2.热带季风气候;3.热带草原气候;4.热带沙漠气候;5.亚热带季风气候;6.地中海式气候;
7.温带大陆性气候(包括亚寒带针叶林气候和内陆沙漠气候);8.温带季风气候;9.温带海洋气候;10.极地气候;
11.高山气候;实箭头.主要暖流;虚箭头.主要寒流;Ⅰ.热带;Ⅱ.亚热带;Ⅲ.温带;Ⅳ.寒带

表 2-11 现代地球自然带与主要气候类型

	纬度	自然带	气候类型及其基本特征	年平均温度（°C）	年降水量（mm）	最冷月均温（°C）	最热月均温（°C）	积温①（°C）
按温度的气候分类	高纬 60°N 55°N	寒带	极地（冰原）气候：终年酷冷，各月均温在0°C以下，地面冰雪覆盖	<0	100～200	—	0	—
			苔原（冰缘）气候：全年严寒，仅有1～3个月气温在0°C以上，发育永久冻土	0±			10	
		亚寒带	亚寒带针叶林气候：夏季温和，冬冷积雪厚，湿度大	<5	300～600			
	中纬 35°N	温带	温带荒漠气候：夏热干燥，日气温变化剧烈，冬季寒冷，蒸发强盛	5～15	<200			寒温带 <1 600 中温带 1 600～3 400 暖温带 3 400～4 500
			温带草原气候：夏暖冬寒，最大降水量在夏季，蒸发强盛。气候大陆度大②		<250			
			温带海洋性气候：冬暖夏凉，气温年较差小，全年降水均匀		700～1 000			
			温带季风气候：夏季高温多雨，冬季寒冷干燥		500～600	0		
	25°N	亚热带	亚热带季风性湿润气候：夏季高温多雨，冬季气温较低和降水较少	15～20	750～1 000	≥10		4 500～8 000
			地中海式气候：夏季干热，冬季暖湿多雨		700±	18		
	低纬 0°N	热带	热带沙漠气候：夏季炎热，冬季温暖，气温的日、年较差大，气候很干燥	>20	<125			>8 000
			热带草原气候：终年高温，干燥，一年中有相对的干、湿季节变化		500～1 000			
			热带季风气候：终年气温较高，有明显的旱季和雨季		1 000～1 500			
			热带雨林气候：终年高温多雨，森林高大茂密，植物四季常青		1 500～3 000			
按降水量的气候分类			干旱气候（亚热带下沉气流带）		<200	③A>4～2.5		
			半干旱气候（西风带、干旱带边缘）		400±	A=1.5～2.5		
			半湿润气候（信风带及中纬多雨带）		>400			
			湿润气候（赤道上升气流带）		>800			

* ①积温：植物生长期内每天的日平均气温累加起来得到的温度；②气候大陆度 = $\frac{\text{气温的年较差（°C）}}{\sin\phi}$，式中 ϕ 为地理纬度。大陆度>50°C 为大陆性气候；③干燥度（A）= $0.16\Sigma t/r$，式中 Σt 为 10°C 以上的积温，r 为同时期降水量

地球气候变化是由不同原因引起的不同时间尺度变化叠加的复杂变化系统（图2-28）①。据多学科研究，它包括1Ga～1a时间尺度变化，其中1Ga～10Ma的气候变化记录保存在前第四纪地层中，如元古代、古生代冰期，主要属于地史学研究范围。1Ma～1ka级的最近气候变化历史主要记录在第四纪沉积物和相关地貌中，属于第四纪研究范围。最近 10^2a 级以下的气候变化历史主要保存在历史记载、物候和仪器记录档案中，是气候学研究的主要对象。不同时间尺度的气候变化研究可以相互补充与验证。

第四纪气候变化的基本特征是冰川性冷暖交替及与其相关的干湿交替变化。其中10Ma～10ka级的气候变化在高纬高山区表现为冰期与间冰期交替，冰流周期性规模不等的扩大与缩小；在广大的中低纬区则主要表现为受高纬冰期和间冰期气候影响的干（冷）湿（暖）气候交替变化。这一时间尺度气候变化的环境效应十分明显，主要是引起全球性大规模的气候

---

① 气候变化曲线常反映出非线性变化特征。

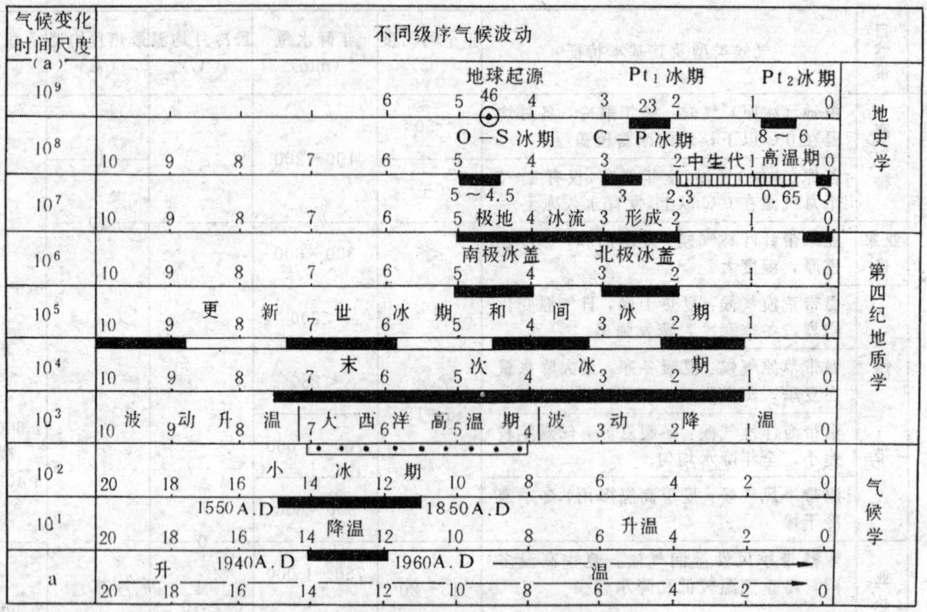

气候变化时间尺度(a)	不同级序气候波动	
10^9	地球起源　　　　Pt₁冰期　　Pt₂冰期 6　5　46　4　　3　23　2　　1　0	地史学
10^8	O－S冰期　　C－P冰期　　8～6高温期 10　9　8　7　6　5　4　3　2中生代1　0	地史学
10^7	5～4.5　　　　　　　2.3　　0.65 Q 10　9　8　7　极地6　冰流5　形成4　3　2　1　0	第四纪地质学
10^6	南极冰盖　　　　北极冰盖 10　9　8　7　6　5　4　3　2　1　0	第四纪地质学
10^5	更　新　世　冰　期　和　间　冰　期	第四纪地质学
10^4	末　　　次　　　冰　　　期 10　9　8　7　6　5　4　3　2　1　0	第四纪地质学
10^3	10波9动升8温7大6西5洋高4温期3波2动1降0温	第四纪地质学
10^2	20　18　16小14冰12期10　8　6　4　2　0	气候学
10^1	1550A.D　　　　1850A.D　　　升温 20　18　16　14降温12　10　8　6　4　2　0	气候学
a	升　1940A.D　　1960A.D　　　　温→ 20　18　16　14　12　10　8　6　4　2　0	气候学

图 2-28 地球气候变化的时间级序图
(部分据 H.H.Lamb，1977 简化)
A.D. 为公元

带的纬向（南北）与垂向（上、下）往返移动和宽窄变化、气温和降水大幅度增减、海平面大幅度升降、动植物群的极向和赤向迁移（或山地上下迁移）与改组，以及沉积物和地貌形态的明显转变等等。上述各种变化中除海平面变化外，其他的变化都从高纬（或高山）往赤道（或山下）方向趋于变小，且也存在地区差异。$10^3 \sim 10^2$a 级的气候变化主要表现为较小规模的冰川进退与气温和降水量变化，其环境效应主要反映在气候的干冷与暖湿交替、较小幅度的海平面升降、植物演替、动物迁移、土壤类型变化、地下水面升降等等。10a 级以下的气候变化对气温、降水量、冰雪线与林线位置、冻土边界和地下水位等的变化有重要影响，由此引发的重力与旱涝风雪灾害频率与强度变化对工农业生产有重要影响。气候变化的方式既有周期性的长期渐进的变化，也有短期的急剧变化。寒暖（或干湿）气候互变的阶段和短期急剧的变化对生物界产生的环境冲击最大，这在全球或区域的相对立的气候类型频繁交替变化的气候敏感带尤为明显。

(二) 新构造运动

从新第三纪（中新世开始）以来发生的地壳运动称新构造运动，相应的时代称新构造时期。新构造运动是引起第四纪自然环境变化的另一个主要因素，这一内力作用也引起一系列环境效应并影响地壳稳定性。新构造运动有水平运动（板块运动）、垂直运动、断裂活动、火山活动和地震等。新构造运动的时间尺度为 10Ma～s。10～0.1Ma 级的新构造运动的作用积累效应造成大面积和大幅度地壳升降，可以改变部分下垫层性质，并对大气环流产生影响，对气候和环境变化有重要作用。如青藏高原由于印度板块向欧亚板块俯冲，使该区地壳从新第三纪以来加速隆升，发展成世界屋脊（称为世界第三级），破坏了中国西部气候的纬向分带而代之以垂直分带,成为影响中国和东亚气候与环境的重要因素。10～1ka级新构造运动造成较小地区和幅度的地壳升降、活动断层和水系变化等。但是小区域的频繁而强烈的垂直运动或水平运动,对该区地壳稳定性影响很大。10^2a级以下的新构造运动除活动断层外,还表现为地应力、地形变、地倾斜、地下流体与气体、地电、地热变化、构造性地面沉降、地裂缝、火山活动和地震等(地震活动以秒(s)计),这些(尤其为活动断层、地震和火山活动)是影响区域和局部地壳稳定性和激发地灾的重要原因。地震危害仅次于洪灾。一般说来,短时间尺度(尤其是50ka BP以来)地壳运动是在该区长时间尺度地壳运动基础上发展而来的,所以评价地区地壳稳定性后者是前者的背景,前者对大型地上、地下工程和地质灾害有直接影响。非构造性地壳活动,如冰盖区消冰后地壳的均衡补偿上升,岩溶引起的地陷;人为活动如水库蓄水诱发地震,抽水和地下施工引起地面沉降等,虽成因与新构造运动不同,但对工程的危害相当显著(图2-29)。

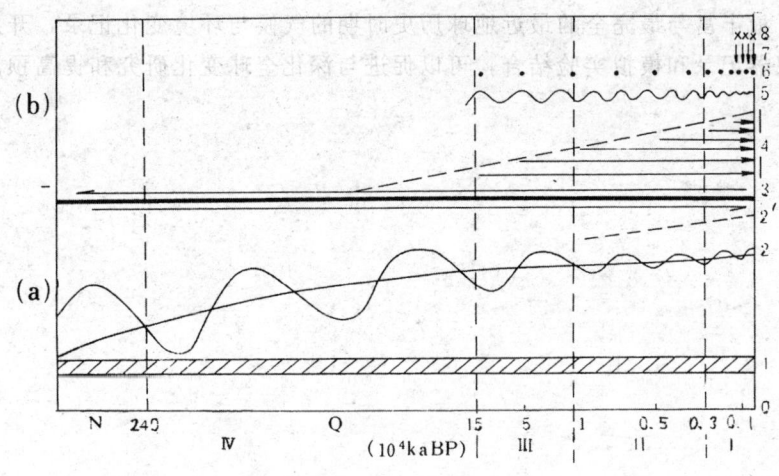

图2-29 不同成因和时间尺度的地壳活动

(a)对全球和大区域环境有重要影响的地壳活动:1. 板块活动;2. 新第三纪以来大陆上升及叠加其上的次级升降运动;2′. 大陆冰盖区冰消后的地壳均衡补偿上升;3. 大型走滑断层(或深大断裂)。(b)对区域或局部地壳稳定有重要影响的地壳活动:4. 不同规模和活动时间尺度的活动断裂(包括发震断层);5. 古地震与现代地震;6. 古火山活动和现代火山活动;7. 自然和人为地陷(或地面沉降);8. 近代构造性或人为地裂缝;(b)类是由(a)类引起的。Ⅰ. 历史和现代地壳活动,危害性最大;Ⅱ. 全新世地壳活动,危害性大;Ⅲ. 晚更新世(尤其50ka BP来)地壳活动,有危害性;Ⅳ. 晚更新世以前的新构造运动,是评价前三类危害性背景

(三)人类活动影响

人类社会在短短的3ka内,从原始社会发展到农业社会、工业社会,在取得重大物质文明成就的同时,也逐渐形成对环境的压力,尤其是在1760年前后的工业革命以来,由于经济发展、人口增加和人为活动加剧,在地球各圈已出现了严重问题:

大气圈 空气污染,酸雨,臭氧层出现空洞、CO_2等温室效应气体增加使全球气候变暖,不时出现旱、涝和风雪灾害,尤以洪灾损失最大。

水圈 淡水资源馈缺,江河湖海水质污染严重,海平面有所上升,地下水面不断下降。

生物圈 毁林和物种消失的趋势在发展,人口不断高速增长,生态环境恶化。

岩石圈　能源（石油、煤、天然气）日益消耗减少，人为激发的地灾不断，荒漠化和草原退化趋势在发展，水土流失严重，土地资源不断丧失。

所有上述人为活动造成的地球各圈层恶化趋势，既在一定程度上干扰和破坏了自然变化过程，又对人类社会构成环境、生态、资源和人口压力。为求得今后人类社会与环境的协调持续发展，必须研究未来全球气候与环境变化发展的趋势对人类产生的影响和对策。

现代环境是第四纪环境演变而来，将来的环境是现代环境在自然力和人为活动共同影响下的发展。鉴古知今，古今结合论未来是研究环境发展的重要思路。所以在全球变化研究的多学科交叉的"地圈与生物圈计划（IGBP）"及其核心计划之一的"古全球变化（PAGES）计划"，要求对 2ka BP、10ka BP 和 0.13Ma BP 及第四纪乃至上新世末的古气候与古环境进行研究。把古气候历史和古环境再造研究与建立气候预测模型结合起来，探讨和预测未来全球与区域气候及环境变化趋势，是一个重要途径。南北极与青藏高原地区、深海、大湖沼、冰岩钻孔岩芯、黄土、岩溶洞穴堆积物、孢粉组合、古树、珊瑚和历史考古资料等从不同地区与角度提供了最丰富与最完全的最近地球历史时期的气候与环境变化记录，开发和利用这些自然记录与仪器记录和模拟实验结合，可以促进与深化全球变化研究和提高预测的可信度。

第三章 风化和重力地貌与堆积物

风化作用和重力作用是地貌和第四纪松散堆积物形成的重要营力。由于岩石不断受到风化和重力作用破坏,为其他营力塑造地貌创造了前提,也为各种第四纪松散堆积物提供了物源。风化和重力作用还不断改变地表环境面貌,是造成地质灾害和地方性疾病的重要原因之一,但风化作用也形成有一定价值的矿产。

一、风化作用和残积物

岩石和矿物在地表(或接近地表)环境中,受物理、化学和生物作用,发生体积破坏和化学成分变化的过程,称为风化作用。风化作用受气候、岩石成分、结构构造、植被、地形和时间等因素影响。

(一)风化作用阶段及其产物

风化作用主要有物理风化和化学风化2种类型(后者包括生物化学风化),在自然界,这2种风化往往同时进行,相互影响,互相促进。风化阶段是根据风化作用进行的强度和性质来划分的,不同风化作用阶段,物理风化与化学风化所起的作用不同,形成的产物也各具特点。

1. 碎屑残积阶段及其产物 在风化的初期以物理风化为主。温差风化、冰劈作用、盐类结晶等,使岩石在原地发生体积崩解,形成残留于原地的从块砾到粉砂级岩屑,岩石化学成分基本不变,故称碎屑残积阶段。化学风化居次要地位,仅能形成少量的蛭石、伊利石、绿泥石等风化程度较低的粘土矿物。

2. 钙质残积阶段及其产物 这一阶段是在物理风化作用基础上发生化学风化作用的早期阶段。除卤族元素(I、F、Cl、Br)容易析出流失外,铝硅酸盐矿物中的 K^+、Na^+、Ca^{2+}、Mg^{2+} 等碱金属和碱土金属阳离子逐步被极化水分子溶液中的 H^+ 离子置换,从矿物的晶格中析离出来,使溶液呈碱性反应。部分金属阳离子与溶液中的 Cl^-、CO_3^{2-} 和 SO_4^{2-} 离子结合形成氯化物、碳酸盐和硫酸盐。氯化物(KCl、NaCl)易溶于水,呈离子状态,随水流失而迁离风化地。但地表形成的碳酸盐和硫酸盐难于溶解,以含钙矿物如方解石($CaCO_3$)、石膏($CaSO_4 \cdot 2H_2O$)形式残留在风化层中,使 Ca 相对富集。故称这一阶段为钙质残积阶段或富钙阶段。

3. 硅铝残积阶段及其产物 在化学风化作用深入进行下,硅酸盐矿物晶体破坏,部分硅和铝从矿物中析出,溶液呈酸性反应。二氧化硅溶于水中形成硅酸真溶液或胶体溶液。硅酸胶粒带负电荷,不易凝聚沉淀,部分随水流失。但若与带正电荷胶体(如氢氧化铁)相遇产生电性中和,胶体微粒发生凝聚沉淀,形成凝胶,堆积在原地。纯二氧化硅的含水凝胶称为蛋白石($SiO_2 \cdot nH_2O$),它是含水非晶质胶体矿物。蛋白石在地表条件下,经过脱水转变为玉髓(SiO_2)或粉末状二氧化硅(称粉石英)。

$$SiO_2 + H_2O \rightleftharpoons H_2SiO_3$$

$$H_2SiO_3 \rightleftharpoons 2H^+ + SiO_3^{2-}$$

铝硅酸盐矿物分解出的另一部分硅和铝在地表结合形成各种粘土矿物,其化学通式为 $Al_2O_3 \cdot mSiO_2 \cdot nH_2O$。随着水介质环境由弱碱性→酸性,在地表分别形成伊利石(水云母)、蒙脱石(胶岭石)与高岭石等粘土矿物。通常高岭石、蒙脱石形成于湿润气候条件,而伊利石则是较干冷气候条件的产物。这一阶段通过硅酸和地表次生粘土矿物的形成,使硅、铝在风化碎屑中相对富集,故又称为富硅铝阶段或粘土形成阶段。

4. 铁铝残积阶段及其产物 长时间的化学风化作用进行到最后阶段,不但硅酸盐矿物全部被分解,且上一阶段表生粘土矿物也可分解,可以迁移的元素均已析出。风化碎屑中主要形成大量铁、铝和 SiO_2 胶体矿物,主要有水铝石(铝土矿)($Al_2O_3 \cdot nH_2O$)(或有 Fe、Mn 混入)、褐铁矿($Fe_2O_3 \cdot 3H_2O$)、水赤铁矿(Fe_2O_3)、针铁矿等。这些矿物在地表条件下稳定,并大量残留在原地,使风化产物中铁、铝相对富集。形成富含高价铁的粘土,即红土。故此阶段又称为富铁铝阶段或红土形成阶段。

在表 3-1 中,以花岗岩为例概括表示了岩石在化学风化不同阶段中的元素、矿物和产物等的基本特征,反映了风化作用的脱硅富铝过程。

表 3-1 花岗岩在化学风化各阶段的基本特征表

基本特征		钙质残积阶段	硅铝残积阶段	铁铝残积阶段
元素迁移与累积	元素迁移顺序	Cl、S 开始到大部分迁移,故含量逐步减少。Na、Ca、Mg、K 部分迁移,故含量相对增加	Cl、S 基本上全部迁移 Na、Ca、Mg、K 大部分至全部迁移,含量减少 Si 部分迁移,Si、Al 含量相对增加	R^+、R^{2+} 含量减少到 $0.n\%\sim 0.0n\%$ Si 大量迁移,Al 相对富集
	元素含量比值	硅碱比值 $\dfrac{SiO_2}{K_2O+Na_2O}$ 由小增大 → 硅铝比值 $\dfrac{SiO_2}{Al_2O_3}$ 由大减小 → $\dfrac{SiO_2}{Al_2O_3}\geq 4$ ； $\dfrac{SiO_2}{Al_2O_3}\geq 2$ ； $\dfrac{SiO_2}{Al_2O_3}<2$		
溶液性质		由碱性逐渐转为酸性 → 基本为碱性—中性并转为酸性 →		
原生矿物分解与次生矿物形成		长石开始到大部分分解;形成碳酸盐、蛋白石和胶岭石	长石分解基本完成,碳酸盐矿物分解 蛋白石继续形成,高岭石形成,并部分分解,水铝石形成	高岭石分解 蛋白石、水铝石形成
风化产物中的矿物组合		原生矿物:石英、锆英石,还有轻度风化的长石。原生矿物的相对含量较高,并逐渐减少 次生矿物:碳酸盐矿物如方解石、菱镁矿、菱铁矿等,还有少量的蛋白石、胶岭石等,可能有褐铁矿	原生矿物:石英、锆英石等,长石基本上全部分解,原生矿物的绝对量和相对量大减 次生矿物:极少量的碳酸盐矿物,以胶岭石、高岭石、蛋白石等为主,少量水铝石,可能有褐铁矿。次生矿物含量大增,在风化产物中占主要地位	原生矿物:石英、锆英石等在岩石风化矿物中仅占次要地位 次生矿物:以水铝石为主,其次为蛋白石、高岭石,可能有褐铁矿等,在风化产物中占绝对优势地位
风化产物		碳酸盐粘土,胶岭石粘土	高岭石粘土(高岭土)	水铝石粘土(铝土矿) 若含少量褐铁矿,被染成红色称为砖红土
形成环境		温带　　暖温带　　亚热带　　热带 温度、湿度增加 →		

据北京大学等,《地貌学》,1978

(二)残积物与风化壳

地表岩石经受风化作用发生物理破坏和化学成分改变后,残留在原地的堆积物,称为残积物。具多层结构的残积物剖面称风化壳,所以风化壳和残积物是同义语。残积物主要特征如下。

1. **残积物岩性** 残积物的岩性由原岩岩屑、残余矿物及地表新生矿物组成。

(1)原岩岩屑 包括岩块、角砾到粉砂级颗粒。风化越深,细粒越多,物理风化达到粉砂为止。颗粒在宏观上和微观(电镜下)上都呈棱角状。树枝状自然金和硫化矿物的晶体及其连生体多保存完好,破坏程度比其在坡积物中轻微。

(2)风化残余矿物 矿物按成分的抗风化能力,一般是氧化物>硅酸盐>碳酸盐和硫酸盐>卤化物,矿物的生成环境与地表环境的差异越大,其抗风化能力越低。从矿物看,常见造岩矿物的溶解度从大→小顺序是:食盐、石膏、方解石、橄榄石、辉石、角闪石、滑石、蛇纹石、绿帘石、正长石、黑云母、白云母及石英。因此残积物中保存的风化残余矿物,以抗风化能力强的和溶解度较小的矿物为主。具体残留情况与原岩、地表环境、矿物大小和遭受风化时间长短有关。

(3)地表新生矿物 包括原生矿物风化过程的中间产物和最终产物,一般为在地表稳定或较稳定的次生含水氧化物,主要是粘土矿物和胶体矿物。主要硅酸盐造岩矿物在风化过程中的变化为:

钾长石→绢云母→水云母(伊利石)→高岭石。

辉石、角闪石→绿泥石→水绿泥石→蒙脱石→多水高岭石→高岭石。

黑云母→蛭石→蒙脱石→高岭石。

白云母→伊利石→贝得石→蒙脱石→多水高岭石→变水高岭石→高岭石。

石英(部分)→硅酸(胶体)→蛋白石→石髓→次生石英。

在适宜气候条件下,高岭石可进一步分解为铝土矿(水铝石);角闪石、黑云母还可分解成褐铁矿、针铁矿。一般说来,石英、高岭石、氧化铁和铝土矿是湿热气候条件下长期化学风化的最终稳定矿物。地表次生矿物除呈细脉状、皮壳状者外,大多难以肉眼识别,常要借助于矿物差热分析和X衍射分析等手段鉴别粘土矿物。

2. **残积物的结构构造** 由于风化作用具有从地表往下(潜水面附近)随深度增加而减弱,近地表风化强烈,物质迁移流失多,原岩改变明显等特征,使残积物显示分层(带)现象,各层之间呈逐渐过渡状态,无明显分

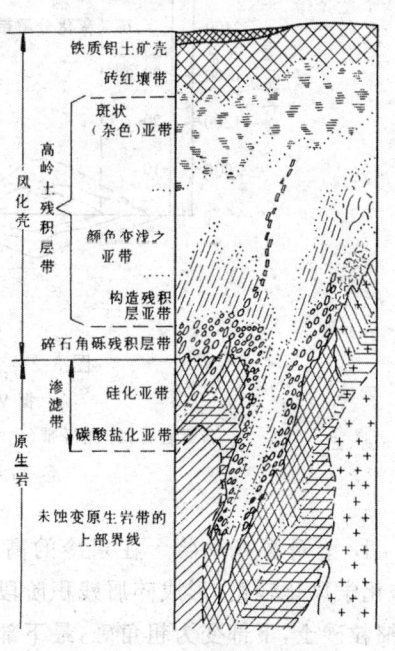

图 3-1 砖红土高岭土型风化壳构造示意图

(据 E.B. 桑泽尔,1957)

界,更无沉积层理。以典型的热带砖红土剖面为例,残积物一般分三部分(图3-1)。

(1)全风化带 主要是原岩全风化为高价铁染红的粘土(图3-1从铁质铝土矿壳、砖红壤带到构造残积层亚带),通常以高岭土为主。按土层颜色的深浅、均匀程度、矿物和化学成分、结构、原岩残留的结构构造及氧化铁锰沉淀物形态等又可进一步详细分层。所谓构造残积亚带,即保存原岩结构、构造的风化粘土层(如保存原砾石外形的已风化成土的砾石)是风化残积物未经搬运的良好标志。

(2)半风化基岩带(又称腐岩) 是地下水通过裂隙进入岩石一定深度,使岩石沿裂隙风化成泥质产物,裂隙间原生母岩的外观呈"块"、"砾"状(图 3-1 之碎石角砾残积层带),仅"块"、"砾"表面有轻度风化。

(3)未风化基岩带 保存原岩岩性、结构、构造特征,但上部有从风化淋滤下来的碳酸盐、硫酸盐和硅质的渗滤物(图 3-1 之渗滤带),是次生富集矿形成地带。

3. 残积物厚度和产状 残积物一般保存在平坦分水岭和缓坡上。其顶部平坦,下界起伏不平,厚度变化大,产状极不规则,在破裂带和易风化岩层位置上风化壳厚度最大,产状也最复杂。在大型工程建筑中,往往要利用钻探和物探手段才能弄清楚软弱风化壳的厚度和产状变化规律,为工程处理提供基本资料。

(三)残积物(风化壳)类型

气候是影响风化作用的主要因素,不同气候下残积物(风化壳)的类型、分层结构和厚度不同(图 3-2)。

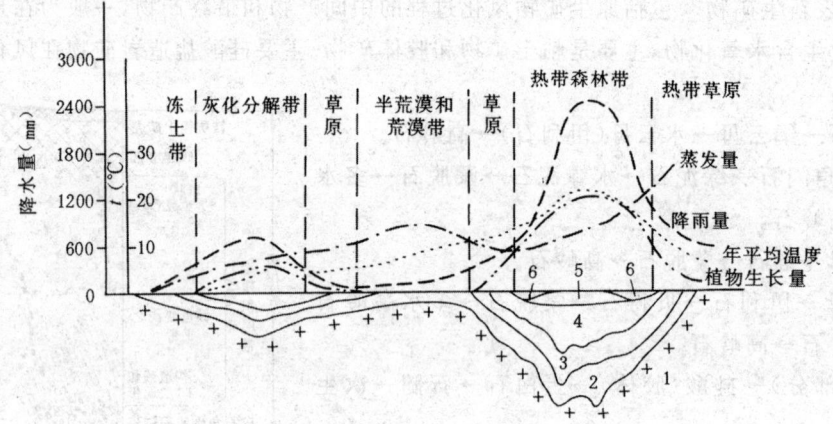

图 3-2 各气候带风化壳发育情况示意图
(据 W.K.Hamblin,1981,黎彤修改)
1. 新鲜岩石;2. 角砾带(化学变化少);3. 水云母-蒙脱石-贝得石带;4. 高岭石带;
5. 铝土(Al_2O_3)带;6. $Fe_2O_3+Al_2O_3$ 带

1. 岩屑型残积物 在寒冷的高纬、高山冻原带,以冻融风化为主,岩石物理风化速度较快,化学风化轻微,形成碎屑残积阶段型岩屑风化壳。它以岩屑为主,上部强烈风化成含砾砂土或细粒砂土,下部变为粗角砾,最下部过渡为风化裂隙发育的基岩。粒间混生少许低级风化矿物。

2. 硅铝-碳酸盐(或硫酸盐)型残积物 干旱区(荒漠)或温带半干旱区(草原),以温差(热胀冷缩)风化为主,岩石破碎成土状,化学风化早期析出的碱金属等元素与酸根结合,形成钙质残积阶段型残积物。这种残积物以含细角砾的细粒土为主,颗粒周围聚集薄膜状或分散状碳酸钙(方解石),或在表层聚集碳酸钙、石膏和卤化物(干旱区)。整个残积物呈灰黄—黄色,又称黄土状风化壳。分层不清楚,厚度不大。

3. 硅铝粘土型残积物 湿润气候条件下,以化学风化为主,形成硅铝残积阶段型残积物。这一类残积物以形成多种粘土矿物为特征,并形成少量次生氧化铁和氢氧化铁矿物。以高岭土矿物为主,蒙脱石次之,被高价铁染成红色剖面,称红色高岭土风化壳,分层不很清楚,若含氢氧化铁（褐铁矿）多时呈褐色、灰色。

4. 铁铝型残积物（砖红土风化壳）　湿热气候条件下，化学风化较彻底，硅酸盐矿物全部分解，转变为以次生铁、铝矿物和高岭石粘土矿物为主的砖红土风化壳。化学元素析出后除部分易迁移元素（K、Na、Ca、Mg）流失外，Fe、Al 及部分 Si 则形成氧化物、含水氧化物（水铝石、赤铁矿、褐铁矿等），呈皮壳状、豆状、透镜状、似薄层状和分散状等方式沉淀在风化产物中，形成铁铝残积阶段型红土残积物。这一类风化壳因高价铁染而呈红色—砖红色，厚度几十米到百米，风化时间长（可达几十万年），分层清楚（见图 3-1）。SiO_2 含量从原岩的 45%～50% 降至 1%～2%；Al_2O_3、Fe_2O_3 则从原岩的 15%～20% 增至 80%～90%，反映明显的脱硅富铝特征。因湿热气候带旱季引起地下水面下降，毛细作用把 Al_2O_3 和 Fe_2O_3 带到地表，常在顶部形成铁质铝土矿壳。

上述各种残积物除岩性结构特征不同外，<0.001mm 粘粒的硅—铝比值（SiO_2/Al_2O_3）是其又一重要区别（表 3-1[①]）。

在相同气候条件下，基岩性质对残积物有重要影响。可溶性岩石（石灰岩、白云岩、大理岩、石膏及其他生物化学岩类等）风化时，钙质残积阶段较长，溶解物大部分被水介质搬运走，岩石中原有的粘土、铁、铝等杂质聚集成残积粘土层，通常经高价铁染红，称为赭土，它不同于完全由次生粘土组成的红土。花岗岩含有较多的硅铝，但含钙少，风化时可较快达到硅铝阶段，形成富含石英、高岭石的残积物。玄武岩含钙多，其富钙阶段比花岗岩长，残积物中含较多碳酸钙白色薄膜。橄榄岩等超基性岩含铁量高，在硅铝化阶段就能生成含褐铁矿、针铁矿和水赤铁矿的残积层。砂岩、片麻岩与花岗岩相似。页岩、板岩、千枚岩等缺乏钙质，一开始就进入硅铝阶段，形成粘土残积层。而石英岩抗化学风化能力极强，一般只受物理风化而形成石英砂。

风化壳经受长期剥蚀之后，有时只留下半风化基岩或沿裂隙发育的"风化壳根部"。

二、土壤与古土壤

（一）土壤

土壤是以各种风化产物或松散堆积物为母质层，经过生物化学作用为主的成土作用改造而成的。土壤具有植物生长所需有机质组分（腐殖质）和无机组分（N、P、K 的化合物）、微量元素和水分与孔隙，这是土壤与风化残积物和松散堆积物的主要区别。土壤位于残积物顶部，呈灰色—灰黑色，一般厚度 0.5～2.5m。土壤形成时间比风化壳形成时间短得多，大约只需 200～500a。

1. 土壤结构　土壤剖面呈现成层结构，自上而下为：

A 层（腐殖层）　位于土壤顶部，颜色较深。植物分解产生大量腐殖质，在有机酸作用下，矿物被分解。以富含有机质（含量 6%～12%，25%）为本层特征，具有团粒、孔隙和细小裂隙等土壤结构。

B 层（淋溶层）　位于 A 层之下，颜色较浅。被分解物、微粒矿物和有机质在淋滤作用和淋溶作用（细小颗粒被下渗水流悬移过程）下，从本层往下移动，故本层几乎缺少腐殖质。

[①] 计算法：例如粘粒全化学分析结果中 SiO_2 占 44.4%；Al_2O_3 占 29.04%。SiO_2 分子量＝60，Al_2O_3 分子量＝102。则 SiO_2/Al_2O_3 比值＝(44.4/60)/(29.04/102)＝2.64。

C层(淀积层):位于土壤下部,由母质层组成,颜色和下伏成土母岩相近,但淀积从上部淋滤下来的成分(Ca_2CO_3、SiO_2等),故称淀积层。本层以下为成土母岩。

土壤成层结构的发育状况,取决于土壤类型。

2. 土壤类型　土壤类型主要取决于气候(决定水热条件)和植被(有机质来源),而植被的发育程度又受气候控制。因此,当气候条件发生变化时,土壤也会为适应新的气候条件而改变土壤类型,故土壤呈现可逆性变化,这是它与风化壳的重要区别。气候分布具有地带性,所以土壤的类型在地球上也呈地带性分布。如我国主要土壤类型的分布,就具有十分明显的地带性特征(表3-2)。

表3-2　气候类型与土壤类型及中国的土壤分布表

自然带	气候类型	土壤类型	中国分布区
热带	热带雨林气候	砖红壤	华南南部和南海诸岛
	热带季风气候	砖红壤型红壤*	
	热带草原气候	燥红壤(热带草原土)	
	热带沙漠气候	荒漠土	内蒙和西北内陆区
亚热带	地中海式气候	褐土	长江以北各省丘陵山地
	亚热带季风性湿润气候	红壤、黄壤	长江以南各省及喜马拉雅山南麓
温带	温带季风气候	棕壤、褐土	东北区东部、华北区、江淮地区,泰岭山地
	温带海洋气候		
	温带大陆性气候	黑钙土、黑土	东北区北部
	温带大陆性气候	荒漠土、盐碱土	西北区
寒带	亚寒带气候	灰化土	大兴安岭以北
	寒带苔原气候	冰沿土	
	寒带冰原气候	未发育土壤	

* 砖红壤型红壤是砖红壤和红壤之间的过渡类型

(二)古土壤

在地质时期形成的土壤称古土壤;因其往往被后期地层所埋藏,故又称埋藏土壤(也有的露出地表)。古土壤上层的腐殖层因遭冲刷、淋滤和炭化,不易保存下来。土壤被埋藏在地下以后,受到上覆地层的压力,导致土壤结构发生改变。而地下水的作用则使原来不含$CaCO_3$的层也会沿裂隙形成次生$CaCO_3$细脉或形成钙质皮壳等。古土壤的时代越老,上述各种次生变化程度就越深,越不易辩认。目前,只有形成于第四纪的古土壤才较有把握识别。

第四纪地层中的古土壤是通过与现代土壤结构对比,以及对古土壤层的颜色、岩性、化学成分、矿物成分、微结构、孢粉组合和粘土矿物等的综合研究确定的。第四纪黄土中古土壤发育较好,常由几个时代形成的古土壤组成古土壤系。以黄土中的褐土型古土壤为例,其结构虽有改变,但仍可分为2层(图3-3):顶部粘化层,呈棕红色,粘性重,腐殖层往往不显著,含Fe_2O_3较高,极少$CaCO_3$,孢粉中有木本植物花粉,高岭土矿物多,裂隙发育,相当于现代土壤的

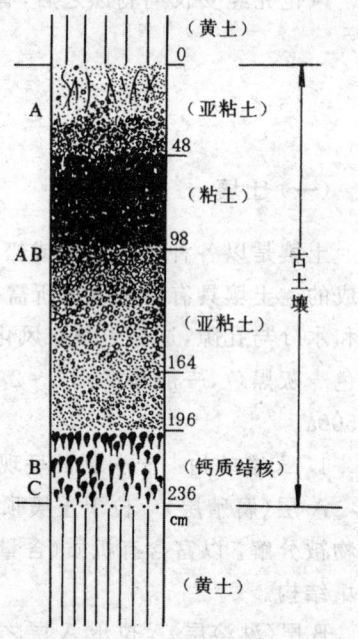

图3-3　古土壤结构示意图
(引自杜恒俭、陈华慧等,《地貌学及第四纪地质学》,1981)

A层或AB层。其下为灰黄色淀积层(C层),聚集大量碳酸钙,形成大小不一和形态变化多样的钙质结核群,有时连结成板状。再往下为黄土(成土母岩)。古土壤形成在黄土区气候相对暖湿,氧化作用强,黄土沉积大量减少,植物生长较繁茂时期。土壤形成于地表,故埋藏土壤的起伏反映了古地形变化(图3-4)。

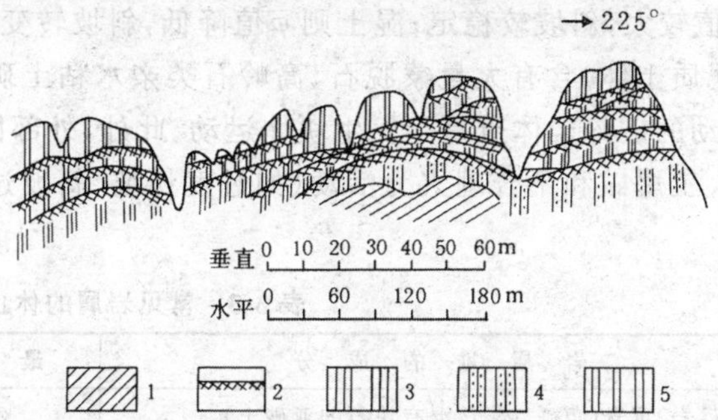

三、重力地貌及堆积物

斜坡是地表分布最广泛的地貌基本形态,包括山坡和岸坡。有凸形

图 3-4 陕西铜川漆水河附近黄土中的古土壤层系图
(引自杜恒俭、陈华慧等,《地貌学及第四纪地质学》,1981)
1.前第四纪岩石;2.埋藏土;3.离石黄土下部;
4.午城黄土;5.离石黄土上部

坡、凹形坡、直线坡和复合(凸-凹形)坡(图3-5)。斜坡成因有侵蚀坡、剥蚀坡、堆积坡和人工截坡。斜坡受重力作用影响其稳定性与工农业、交通、水利、建筑工程和地质灾害研究有密切联系。

(一) 斜坡重力作用及其分类

1. **斜坡块体运动** 斜坡上的岩体或松散土体,统称块体,块体在重力作用下沿斜坡往下运动的过程称块体运动,块体运动是引起斜坡不稳定的主要原因。块体运动取决于块体下滑力(T)与抗滑力(τ)之比,衡量斜坡稳定性用稳定系数(K)表示:

$$K = \frac{抗滑力(\tau)}{下滑力(T)} = \frac{N \cdot \mathrm{tg}\varphi + C \cdot A}{T}$$
$$= \frac{(G \cdot \cos\theta \cdot \mathrm{tg}\varphi) + C \cdot A}{G \cdot \sin\theta} \quad (3\text{-}1)$$

式中 θ 为斜坡坡度,G 为块体所受重力,N 为斜坡所受压力,φ 为块体内摩擦角,亦即块体处于极限平衡状态下临界坡角 θ(在松散土体中,它等于颗粒休止角),C 为块体粘结力,A 为块体与坡面接触面积(图3-6)。

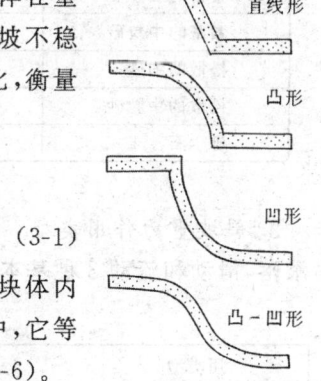

图 3-5 斜坡的形态类型图

$K>1$ 时块体稳定,$K=1$ 时块体处于极限平衡状态,$K<1$ 时块体不稳定。

若把式(3-1)中下滑力(T)改写成:

$$T = \rho g h \sin\theta \quad (3\text{-}2)$$

式中 ρ 为土体密度,g 为重力加速度,h 为坡高,θ 为斜度。则从式(3-1)及式(3-2)可知斜坡上块体的稳定性取决于坡度(θ)、土体内摩擦角(φ)、土体粘结力(C)和坡高(h)诸因素。其中 θ 与 φ 的对比关系起重要作用。若 $\theta<\varphi$,下滑力小,不管坡高如何,坡面总是比较稳定。$\theta>\varphi$,则下滑力大(岩石坡内的层理和节理倾向与坡面倾向一致,且倾角达到并超过块体间内摩擦角

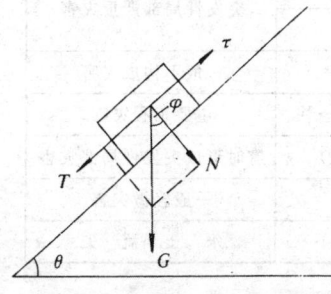

图 3-6 斜坡上块体的受力状态示意图

时与此相似),斜坡不稳定,高坡尤其不稳定。$\theta=\varphi$ 则斜坡处临界稳定状态。松散土体颗粒的 φ

角(休止角)值与颗粒的大小、形状和含水量有关(表 3-3 及表 3-4),在粒径和粒形相同条件下,干土 φ 值较大,斜坡较稳定;湿土则 φ 值降低,斜坡转变为不稳定。尤其是由粘土岩类组成的斜坡(或泥质土体)含有大量蒙脱石、高岭石类亲水粘土矿物,在吸水饱和后极易发生滑动;黄腊石和松动的破碎岩体也易于发生块体运动。此外,外部因素如河流侵蚀和掏蚀岸坡,大量降雨、地震、人工爆破和不合理人为活动(如过度切坡、斜坡过度负重)都会影响斜坡稳定,诱发地质灾害。

表 3-3 常见岩屑的休止角表

岩屑堆的成分	最 小	最 大	平 均
砂岩、页岩(角砾、碎石、混有块石的亚砂土)	25°	42°	35°
砂岩(块石、碎石、角砾)	26°	40°	32°
砂岩(块石、碎石)	27°	39°	33°
页岩(角砾、碎石、亚砂土)	36°	43°	38°
石灰岩(碎石、亚砂土)	27°	45°	34°

表 3-4 含水量不同时泥砂的休止角表

泥砂种类	干	很 湿	水 分 饱 和
泥	49°	25°	15°
松软砂质粘土	40°	27°	20°
洁净细砂	40°	27°	22°
紧密的细砂	45°	30°	25°
紧密的中粒砂	45°	33°	27°
松散的细砂	37°	30°	22°
松散的中粒砂	37°	33°	25°
砾 石 土	37°	33°	27°

2. 斜坡重力作用类型　按斜坡上块体运动方式、运动速度和灾害性质,斜坡重力作用分为滚落、滑动和流动 3 种基本类型(表 3-5)。

表 3-5 斜坡重力作用分类表

作用类型		运动方式	运动速度	灾害性质
滚落	崩塌(塌方)	块体快速坠落并翻滚旋转	$(n\sim 200)$m/s	突发性局部严重灾害
	错 落	块体垂直下坐大于水平移动	快	
	撒 落	碎石在大面积上单个均匀滚落	慢 长	一般不构成灾害
滑动	滑坡(地滑)	块体沿滑动面下滑或旋转运动	$(n\sim$ 几十$)$m/min 慢→快	主要工程灾害
流动	泥 流	在水或冰参予下土体流动	慢→快 (有时很快)	有时形成突发性局部灾害
	土层蠕动	土石屑层在斜坡上的缓慢蠕动	$(nmm\sim ncm)$/a	一般轻微灾害
	片 流	片状洗刷和重力共同作用		水 土 流 失

(二)斜坡重力作用及其地貌和堆积物

1. 崩塌及崩塌堆积物　陡坡(大于 50°)上的岩体或土体在重力作用下,突然发生急剧的向下崩落、滚落和翻转运动的过程,称为崩塌。发生在山地的大规模崩塌称山崩,在岸坡称塌岸,岩溶洞穴崩塌称塌陷,在土石体中称坍方,在冰雪中则称冰崩和雪崩。崩塌借助近地压缩空气滑行,速度很快,一般为5~200m/s,有时达到自由落体的速度。崩塌规模因地而异,其体积从小于$1m^3$到几亿米^3。崩塌是一种局部的但为严重的地质灾害。

崩塌的形成与发展和致灾过程。最初,陡坡岩(土)体由于近临空面释重应力产生与边坡平行的张性垂直裂隙,地下水浸入裂隙(包括岩石原有裂隙),使隙内风化加深,削弱岩(土)体与边坡联结力,长期风化使裂隙的宽和深与日俱增,终使岩(土)体处于临界稳定的危岩状态。一旦遭受地震、暴雨、融雪、人工不当截坡和爆破等触发,导致岩(土)体突然发生崩塌。崩塌摧毁建筑物、农田、森林、交通路线,堵塞江流,造成堰塞湖,并造成生命财产损失。

大规模岩坡崩塌发生在坡度>50°或60°和坡高>50m的断裂或裂隙发育的陡坡地段;松散堆积坡则需坡度大于颗粒休止角(>45°),坡高>45m情况下才能发生大型崩塌。比上述坡高和坡度小的斜坡地段发生小规模崩塌。西北地区日、年温差变化较大,物理风化强烈;东北和青藏地区冻融作用强烈,都是崩塌多发区,主要发生在初冬和早春季节。

崩塌在陡坡上形成的围椅状的剥蚀地貌,称崩塌陡坎(新的基岩陡坡壁);坡下为崩塌堆积地貌(图3-7),称倒石堆。倒石堆沉积无分选,由巨大落石或巨砾与砸碎的角砾和岩粉混合堆积,岩块上有撞砸刻痕。

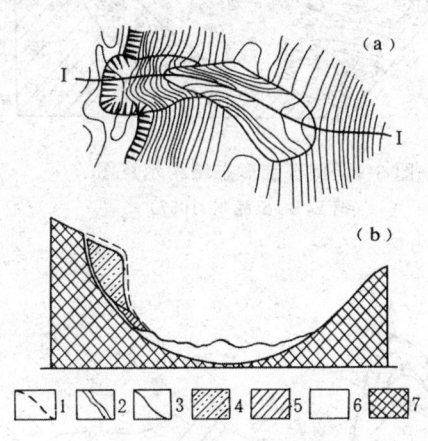

图 3-7 崩塌地貌示意图
(据 E.B. 桑泽尔,1957)
(a)平面图;(b)横剖面图

1. 最初的山坡;2. 崩塌壁;3. 削平的沟底;4. 崩塌岩块;5. 崩塌时削平的岩石;6. 崩塌堆积;7. 基岩

2. 错落　错落是岩体沿陡坡、陡崖上平行发育的一些近于垂直(45°~70°)的破裂面(断裂、节理密集带和交叉带)发生整体下坐位移,其垂直位移大于水平位移。移动岩体基本上保持原岩结构和产状(图3-8)。错落与崩塌区别在于错落岩体是沿一定近垂直的滑动面整体下坐,而无破碎和翻滚,基部有挤压现象,有时坡顶坡度相当平缓(<40°)。错落也构成严重灾害。

3. 撒落和倒石锥堆积物　撒落是山坡上的风化碎石在重力作用下,长期不断往坡下坠落的现象。撒落常大面积发生在坡度50°~30°的斜坡上(图3-9),对斜坡改造起重要作用,但不造成重大灾害。撒落作用形成的剥蚀地貌,称剥蚀坡。

倒石锥是撒落的堆积地貌。呈上尖下圆锥状,锥面坡角约30°,与砂砾(或倾倒废石堆)的天然休止角相当。有时成倒石锥群贴在陡坡下或坡麓地带。倒石锥堆积物有一定分选和岩性变化:碎石撒落时大砾随惯性远移到坡脚下,细砾滞留在坡上,细土充填空隙,显示下粗上细的粗略分选。季节变化和物理风化的影响,也反应在粒径大小上。倒石锥沉

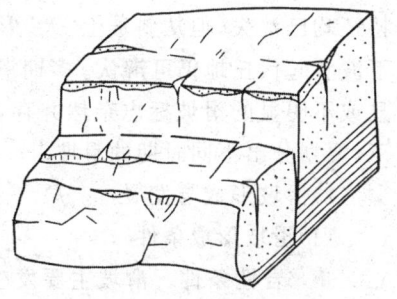

图 3-8 错落示意图
(据北京大学等,《地貌学》,1978)

积最厚在斜坡由陡变缓处。正在形成发展中的倒石锥,表面碎石新鲜裸露;停止发展时表面丛生植被,沉积物被风化或被钙质胶结。

4.滑坡及滑坡堆积物 斜坡上岩体或土体在重力作用及水的参予下,沿着一定的滑动面或滑动带作整体下滑的现象称滑坡,又称地滑(图 3-10),是一种重要的工程灾害。

1)滑坡的特征

(1)滑坡要素

Ⅰ.滑坡体 滑动的岩(土)体称为滑坡体,它以滑动面与下伏滑床分割开来。在滑动时滑坡体两侧、前缘及表面会发生局部崩塌及土石翻滚现象,其主体可保持整体或分裂成几块。滑坡体可成一台阶或多级台阶,台面常向坡倾斜,台面上树木倾斜(醉汉林)。滑坡体的规模大小不一,可从十几米^{3}到几亿米^3。

Ⅱ.滑动面和滑动带 滑坡体移动所经过的面称滑动面。在均质土体中,滑动面近似圆弧形,受构造软弱面控制的滑动面形态则依软弱面产状而定,沿滑动面上有时可见擦痕及磨光面。滑动面有时只有一个,有时可为一组,后者可分为主滑动面和分支滑动面。在滑动面上下,常可见到明显的扰动和拖曳褶皱现象,构成滑动带。其厚度自数厘米至数米不等。

Ⅲ.滑床 在滑动面之下,支持滑体而本身未经移动的斜坡组成部分称滑床,又叫滑坡基座。

滑坡体与滑床之间在平面上的分界线,即在平面上所圈定的滑动面范围称为滑坡周界。

(2)滑坡特征 滑坡的各种鉴别特征见图 3-10。年青滑坡特征清楚易识,老滑坡的许多特征均已消失,但从斜坡上"人"形冲沟系和其下波状起伏丘地仍可辨认。多期滑坡地段则明显或不明显的滑坡标志杂然并存,在这种情况下,要划分出不同时期的滑坡。

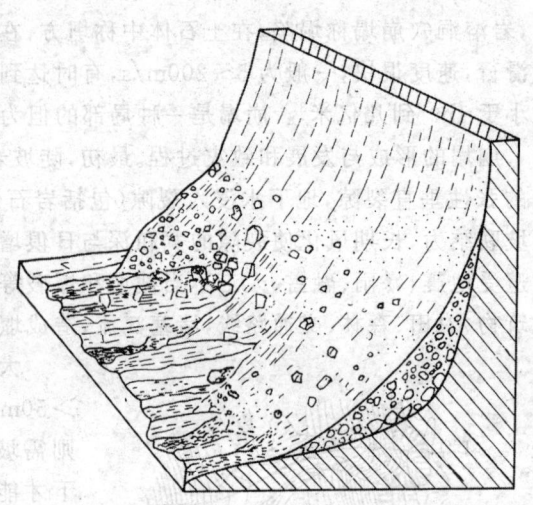

图 3-9 倒石锥形态结构示意图
(据 E.B.桑泽尔,1957)

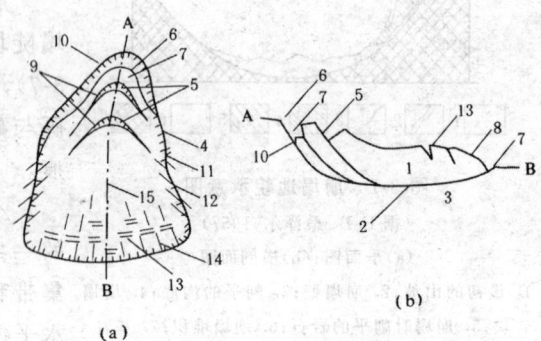

图 3-10 滑坡要素及滑坡形态特征示意图
(引自"滑坡防治",1976)
(a)平面图;(b)纵剖面图;1.滑体;2.滑动面(带);3.滑床;4.滑坡周界;5.滑坡台阶;6.滑坡陡壁;7.滑坡洼地;8.滑坡舌(或鼓丘);9.拉张裂缝;10.主裂缝;
11.剪切裂缝;12.羽毛状裂缝;13.鼓张裂缝;
14.扇状裂缝;15.主滑线

2)滑坡形成与发展

(1)滑坡形成条件

Ⅰ.岩性条件 滑坡主要发生在粘土岩、页岩、泥灰岩、千枚岩、板岩、片岩、风化岩浆岩、黄土及多裂隙破碎松动岩石和各种松散沉积物分布区。上述各种岩石的共同特点是:含有亲水性粘土矿物,如蒙脱石、伊利石和高岭石,易于吸水加重岩体负荷,可塑性强,使岩(土)体易于变形滑动。

Ⅱ.地质构造条件 滑动面常沿层理、节理面、断裂面、不整合面、劈理面和透水层与不透水层界面发生,尤其这些构造面斜向河谷,且特别是天然或人工截坡坡度(θ)大于岩层(或土

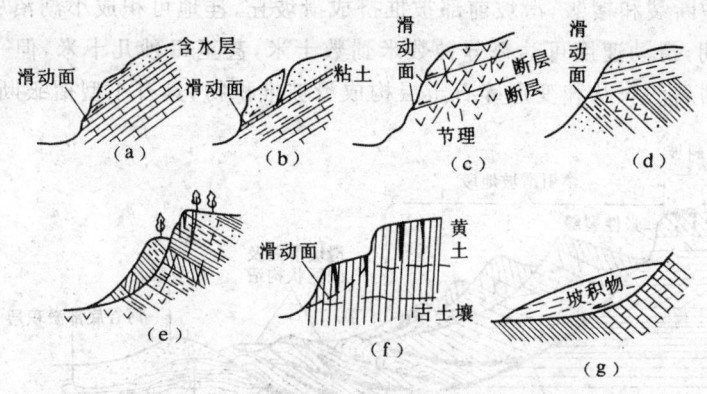

图 3-11 滑坡滑动面与地质构造关系示意图
(引自北京地质学院,《地貌学及第四纪地质学》,1959)
(a)含水底板;(b)粘土层;(c)断裂和节理面;(d)不整合面;(e)风化裂隙与节理;(f)黄土节理;(g)残、坡积层底部

层)内摩擦角(φ)时,下滑力大于抗滑力,沿上述构造软弱面易于发生滑坡(图 3-11)。

Ⅲ. 地貌条件 一切具有效临空面的天然和人工斜坡,坡度在 20°～40°间,坡脚下有河流(或海、湖浪)掏蚀地段,使岩(土)体失去支持,极易发生滑坡。

Ⅳ. 气候和水分条件 雨季大量地表和地下水渗入滑体和滑动面,前者加重土体负荷,后者削弱岩(土)体抗滑力并增加滑动面润滑作用,易于引发滑坡,故有"大雨大滑、小雨小滑"之说。寒冷气候区的冻融作用也是引起滑坡的原因之一。河流水位上涨侵润岸坡滑动面也易产生滑坡。

Ⅴ. 地震 地震引起土体内部结构变化,震动使老滑动面松动,使土层液化,这些都能诱发滑坡发生和老滑坡再活动。强烈地震区和震中区诱发滑坡密度最大,其灾害性有时超过地震本身,故滑坡(还有崩塌)是地震致灾的重要过程。

Ⅵ. 人工活动 开挖边坡,使岩(土)体失去支持;坡上堆卸废石,加重岩(土)体负荷,均使岩(土)体下滑力增大,导致滑坡发生。

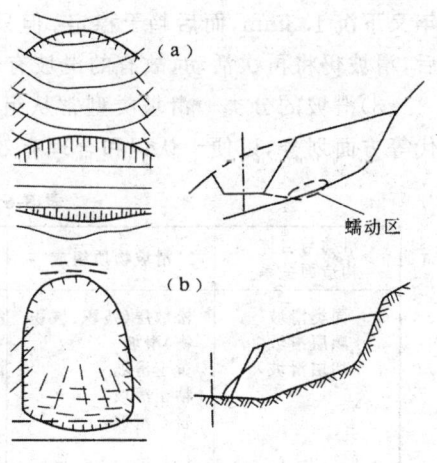

图 3-12 滑动阶段变形示意图
(引自"滑坡防治",1976)
(a)蠕动挤压阶段变形;(b)滑动阶段变形

(2)滑坡发生过程

Ⅰ. 蠕动变形阶段 在重力负荷长期作用下,岩(土)体松驰,发生微小剪切位移、扭转和岩层弯曲等非弹性变形,滑体后部产生断续的张裂缝。中部开始微微蠕动向前挤压,两侧开始出现羽状裂隙,这时仅沿中部滑体蠕动区底部局部出现滑动面位移,运动速度缓慢(图 3-12)。

Ⅱ. 滑动阶段 在上一阶之后可能几天、几周或几年不等,才进入滑动阶段。首先蠕动区的后上部(牵引或主动滑坡段)在重力牵引下形成滑动面(此时从滑坡中流出浑浊水流),不断向前下部推挤,使前下部(推动或被动滑坡段)抗滑力减少和出现新的滑动面。当上、下部滑动面同时滑动且后部与边部裂隙贯通时,滑坡即进入滑动阶段。滑动时牵引滑坡段因失去后缘支撑呈阶梯状下落,形成完整的或不完整的阶状滑坡;后缘出现一系列张性裂隙。被动滑坡段则形成一系列小型逆冲断裂和褶皱,滑坡前部被推挤成滑坡丘,洼地可积成小湖沼(图 3-13)。这一阶段中的速滑时期,滑动速度可达每分钟数米到数十米,甚至每秒几十米,但一般是速滑与稳定交替出现。滑动后的块状和变形碎石土层构成滑坡堆积物,具有小型褶皱断裂构造。

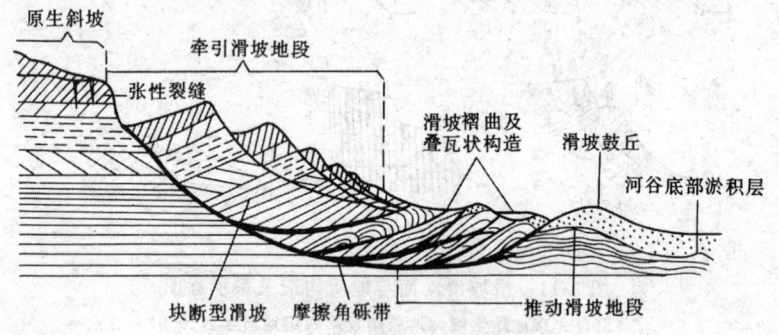

图 3-13 复杂地滑构造示意图
(据 E.B. 桑泽尔,1957)

Ⅲ. 稳定阶段 滑动停止后,滑体重心降低,滑坡系统内能量耗尽,因挤压使土体固结性提高和水分减少,土体自重压实和裂隙消失等,使滑坡经过调整进入稳定阶段。如中国著名的陕西宝鸡卧龙寺滑坡,1955 年滑动后,1959 年压实下沉 25.9mm,1960 年再下沉 7.4mm,1961 年又下沉 1.3mm,而后趋于稳定。但只要引起滑坡的各种因素继续存在,一旦滑坡再蓄能量之后,滑坡仍将再次活动,故有的滑坡有长期滑动历史。

3) 滑坡的分类 滑坡类型常从组成滑坡岩性、滑动面类型、滑坡厚度、滑坡成因和滑坡年代等方面划分,以便于认识和合理有效防治滑坡(表 3-6)。

表 3-6 常见滑坡分类方案原则表

滑动与岩体构造面关系	滑坡物质组成	滑坡厚度(或深度)	按滑坡形成年代	按滑坡发生原因
同类滑坡 顺层滑坡 切层滑坡	松散层(残积、坡积物)滑坡 黄土滑坡 粘土滑坡 岩石滑坡	浅层滑坡(几米) 中层滑坡(几米至20m) 深层滑坡(20m 以上)	新滑坡(在活动的) 老滑坡(可再活动的) 古滑坡(石化的)	冲刷滑坡 超载滑坡 饱水滑坡 震动滑坡 潜蚀滑坡 采空滑坡 人工切割滑坡

5. 泥流 泥流是斜坡上的厚层风化土石(或黄土、红土)被水浸润饱和后,在重力作用下,往斜坡下缓慢(有时迅速)流动的现象。在热带和温带,泥流多发生在暴雨中心区,并随暴雨中心转移而改变。斜坡在 20°～40°间适合泥流发育,有时大片发生,称热带(或温带)泥流。坡度＞40°时水易流失,土层不易浸润饱和,不利于泥流形成。泥流在坡下构成局部泥流阶地,易与冲积阶地混淆。泥流堆积物主要是泥土与碎石混杂堆积,无分选和层理。流入沟谷的泥流是稀性泥石流的重要物源。在寒冷气候区,甚至＜20°的斜坡上,由于冻土融化,碎石土层被水侵润饱和,也会发生泥流,称融冻泥流,常在斜坡上形成大片小型舌状泥流阶地群。

6. 土层蠕动 斜坡上的表层岩屑,受温差或冻胀影响,在重力作用下发生顺坡缓慢移动的现象,称土层蠕动(或土爬)。其运动速度每年几毫米到几十厘米,但长期积累,也会引起墙、栅、电杆歪斜和因石块下滑而引起建筑物破坏。

土层蠕动是通过个别岩屑的运动体现的。以颗粒受冻融作用为例(图 3-14 之右上),当地面含水岩屑冻结膨胀时,颗粒从 a_1 垂直地面被上举到位置 a_2,解冻时颗粒受重力作用下落到 a_3 的位置(不会回到 a_1 的位置),于是使颗粒顺坡往下移动一小段距离。地表长期的冻结和融化交替,使土石层呈现往坡下逐渐移动,且运动颗粒位移量随深度加大而减小(图 3-14 左下),其结果发生表土蠕动。在干温气候条件,颗粒受热膨胀时,彼此挤压,往坡下移动位移大于往坡上的;遇冷收缩时,形成空隙,在重力作用下,岩屑也会往坡下移动,如此反复进行,同样产生表土蠕动。在坡度>20°、<30°的斜坡上,含水土石易于发生土爬,>30°斜坡水分易流失,不宜于土爬发生。由于土爬可使基岩露头发生塑性变形,使斜坡上的基岩露头发生向坡下弯曲的假构造现象。

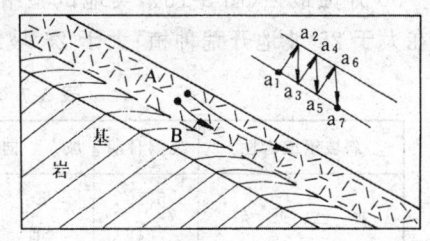

图 3-14 土层蠕动
左下:土层蠕动时,上部岩屑混合(A),下部岩层弯曲(B)
右上:表土冻融时颗粒往坡下移动过程

7. 斜坡片流作用和坡积物

1) 斜坡的洗刷(片蚀)作用 降雨或冰雪融化后在斜坡表面上形成的面状流水称片流。它实质上是由无数条无固定流路的细小股流泛滥成的面状流水,沿坡受重力作用往下流动,可以带走雨滴激溅起来的泥沙,对坡面上松散的土层产生较均匀的破坏作用,即面状洗刷作用,它是水土流失的重要原因之一。

斜坡洗刷带可划分为 3 个亚带(图 3-13)。

(1) 微洗刷亚带 斜坡上近分水岭地段(无冲刷带)坡度小汇水量有限,洗刷能力弱,坡面泥沙基本不外移(图 3-15A_1)。

(2) 弱洗刷亚带 此带坡度逐渐变陡,网状股流可以洗刷掉坡面上的松散物质,形成深约数厘米的树枝状沟槽(图 3-15A_2)。

(3) 强洗刷亚带 在斜坡中段,坡度较陡,冲刷强度最大。形成平行于坡面的侵蚀切沟,其深度不超过 50cm,横剖面呈 V 形(图 3-15A_3)。

斜坡的下部坡度较缓,片流活力减弱,片流沿坡携带的碎屑物堆积于此带,形成坡积物(图 3-15 中 B—D)。

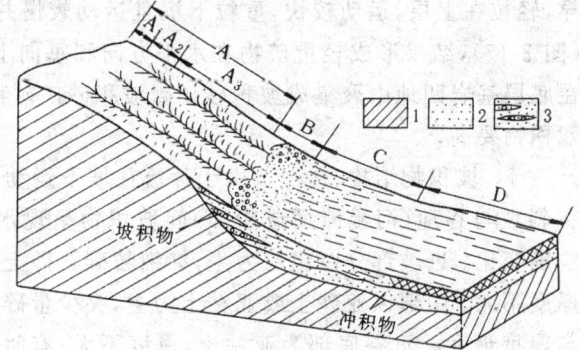

图 3-15 斜坡的剥蚀、堆积结构示意图
(据 E.B. 桑泽尔,1957)
1. 基岩;2. 冲积层;3. 坡积层
A. 洗刷带;A_1. 微洗刷亚带;A_2. 弱洗刷亚带;
A_3. 强洗刷亚带;B. 过渡带;C、D. 堆积带及坡积裾边缘带

斜坡洗刷强度是水土保持研究的重要课题,它受坡度、坡长、降雨强度、降雨量、岩性、坡形、坡向、植被和人为活动等因素影响。在其他因素不变条件下,斜坡洗刷强度与坡度大小和降水强度关系很大。如把片流作为稳定、均匀二元条件下的紊流运动,其计算式(曼宁式)为:

$$v_x = \frac{1}{n} h_x^{\frac{2}{3}} \cdot j^{\frac{1}{2}} \tag{3-3}$$

式中 v_x 为斜坡上离分水岭距离 x 点的流速(冲刷强度),h_x 为该点坡面水层厚度(mm),j 为该点斜坡坡度,n 为测量次数。由于 $h_x^{\frac{2}{3}}$ 数值影响小,故 v_x 主要与 j 有关。系统观察证明坡度 40°

~50°片蚀最强(图 3-16),实地试验结果也如表 3-7 所列,洗刷量与坡度关系密切。因此不宜于在大于 25°坡地开荒种植;大于 25°坡地上耕地最好退耕还林、还草,有利于水土保持。

表 3-7 某地斜坡洗刷量的观测记录表

斜坡组成岩性	观测日期	坡 向	坡 度	降 雨 量	平均降水强度	洗 刷 量
紫 色 页 岩	5.19	E	27°	43.9mm	8.1mm/h	71.5t/km²
	5.19	SE	23°	43.9mm	8.1mm/h	58.9t/km²

2)坡积物和坡积裙

(1)坡积物 坡积物是片流和重力共同作用下,在斜坡地带堆积的沉积物,其中有时夹有冲沟和重力的粗粒堆积物。

Ⅰ. 岩性 坡积物岩性以片流搬运的砂、粉砂和亚粘土为主,其正态概率曲率为细一段式(第二章图 2-7)。通常基岩斜坡的坡积物中含有短距离搬运的角砾(甚至含有坡上老的阶地冲积砾石),角砾以棱角—次棱角为主,岩性与斜坡上基岩一致。坡积物往坡下移动,使岩屑在混合过程中,角砾被磨损、风化和破碎,可再次释出重矿物。混合移动中轻重矿物在重力与介质阻力作用下分异,轻粒在上层,运动较快,重粒下沉且运动较慢并滞后

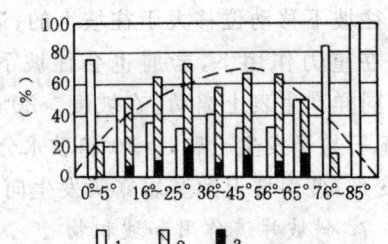

图 3-16 洗刷程度与坡度的关系
(引自北京大学等,《地貌学》,1978,据 G. Renner)
横坐标示坡度;纵坐标为洗刷百分比;
1. 无侵蚀;2. 坡面洗刷;3. 沟壑冲刷

(图 3-17),结果形成轻重矿物在水平方向和垂向上的分异,即重矿物沉底滞后现象,使重矿物在底层基岩凹地中聚集成坡积砂矿。坡积砂矿矿物中连生体(如含锡石的石英脉)破坏程度比残积物要高。

Ⅱ. 坡积物结构、构造 由于片流往坡下运动速度逐渐变慢,在斜坡与谷地(河漫滩面或阶面)间坡积物呈现水平与垂直方向粒度变化。近坡部分以粗粒为主,夹细粒碎石砂土透镜体,宽度和厚度不大。中部以亚砂土或亚粘土为主,夹少量碎石透镜体,宽度与厚度最大。近谷底部为亚粘土,厚度不大;有时过渡为坡积-冲积层。由于片流作用强度随季节和年变化,各带位置时有变化,在剖面中下部形成由碎石→亚砂土→亚粘土构成的韵律层。坡积物层理与坡面倾向倾角大体一致,岩屑扁平面多顺坡向排列,长轴与坡向近垂直。片流作用间隙期长时,坡积物表面发育古土壤层。随坡度降低,洗刷带上移,坡积物分布上限不断往坡上移动,并常过渡为残积-坡积层。

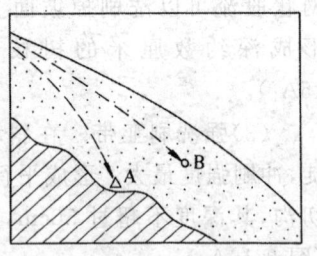

图 3-17 坡积物移动中的轻重矿物轨迹示意图
(引自张成喜,《外生金矿床地质学》,1985,修改)
A. 重矿物;B. 轻矿物;
细点为坡积物,斜线为基岩

Ⅲ. 坡积物厚度 坡积物厚度与斜坡形态和坡面流速有关(图 3-18),在找坡积砂矿和开挖工程时应予注意。

(2)坡积裙 坡积裙是坡积物围绕山坡下部形成的裙边状堆积地形。其宽度在山坡较陡处窄,缓坡地带则较宽。在平缓丘陵区坡积裙规模较大。要注意从坡面坡度、沉积物成因等方面把坡积裙与倒石锥群区别开来。

斜坡经过一系列重力作用后,从高而陡的不稳定坡逐渐演化成低而缓的稳定坡。关于斜坡

上述演化过程有 2 种基本观点:W.M. 戴维斯平行下降说(图 3-19(a)),此说认为在坡面流水作用下,斜坡按下凹形剖面平行降低其高度与坡度,最终形成有圆顶残丘的和缓地形。W. 彭克则认为改造斜坡的动力为重力作用,在斜坡演化过程中上部重力作用不断进行,使陡坡不断平行后退,最终形成有尖顶残丘和山足剥蚀面的和缓地形,称平行后退说(图 3-19(b)),按 W. 彭克的观点斜坡即使发展到晚期仍有崩塌、错落之类的重力作用发生。实际情况斜坡演化受岩性、地质构造、气候、植被和人为活动影响,演变过程复杂,既有平行下降为主地区(湿润气候区),也有平行后退为主地区(干燥区),甚至同一地区平行下降和平行后退交替进行。

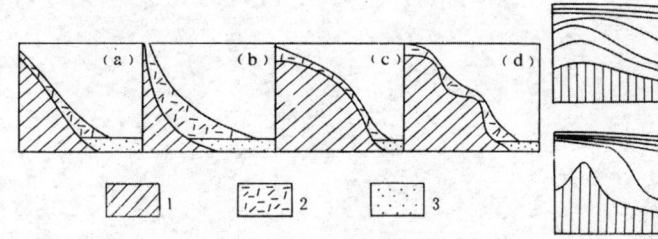

图 3-18 不同形态斜坡与坡积物厚度关系图
(据 Ю.A. 毕利宾,1956)
(a)直线坡;(b)凹形坡;(c)凸形坡;(d)复合(凸-凹形)坡;
1. 基岩;2. 坡积物;3. 冲积物

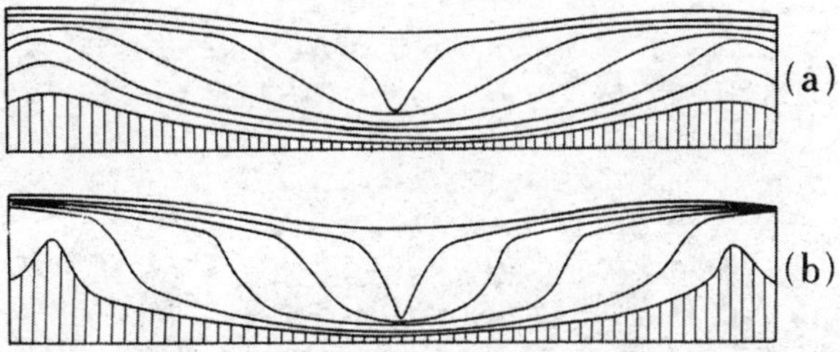

图 3-19 关于斜坡演化 2 种观点的示意图
(a)W.M. 戴维斯平行下降说(1899);
(b)W. 彭克平行后退说(1924)

四、风化、重力地貌和堆积物研究的实际意义

1. **地灾与环境** 斜坡上不同性质和危害程度的重力作用造成不同的地质灾害,片流对水土流失影响深远,崩塌对工程交通影响最大。我国 24.4% 地区有发生崩滑的危险,西部多于东部。主要河流及其支流(如长江支流乌江)的峡谷段是崩、滑地灾的高发区,由于崩、滑发生常导致航道狭缩,甚至堵塞,给航运交通造成重大经济损失。一些大型水库、水坝岸坡危岩和潜在崩滑对其威胁很大,巨大的崩、滑很可能危及库坝安全,造成水库淤塞,引发突发洪灾。对坡地重力作用类型、成因、发生发展和诱发条件的研究,与定位测量和治理结合,可以把地灾损失减少到最小程度。如 1985 年 6 月 12 日湖北西陵峡新滩镇发生了 $3\times10^6 m^3$ 大规模崩滑,由于预报及时,损失轻微。长江三峡地区的黄腊石滑坡和链子崖危岩是中国境内最大的崩滑整治工程,前者已挖水沟 12 条,总长 6 800 多米;后者拟通过深部锚固、采空区回填及地表喷锚、排水、减载、支挡、拦石坝和抗滑链等手段防止近 $3\times10^6 m^3$ 危岩崩塌。

风化作用在剥蚀区使有益于人体的微量元素易于流失(如 I、B、Se、Cu 等),而有害于人体某些元素(如 Al、Mn、F、As、Pb 等)易于聚集在风化物中或转移到水、植物和土壤中,以及堆积区某些有害元素的过量沉积,都会造成地方性疾病,如缺碘病、克山病(缺 Se)和牙病等。此外,风化作用对古建筑和石雕文物的破坏也很严重,研究物理、化学和生物风化对保护文物有重要价值。

2. **矿产资源** 风化作用在原生矿体表部有利条件下可以形成中、小型风化残积矿、风化残余矿或风化淋滤矿床(如金、铂、钴、镍、铜及铀矿等)。这一类风化矿中矿物晶体或矿物与脉石的连生体由于未经搬运破坏而占有较高比例。风化矿平面形状与下伏原生矿形状相似,但范围可大于(高地上)或小于(低洼地)原生矿,品位高低与原生矿有关。一般产于地形平缓坡地或夷平面上。

坡积砂矿（砂金、锡石等）由于经片流或流水短程搬运和含矿岩屑再风化，使有用矿物受到破坏和沉积，多聚积在坡积物下部基岩低洼处，平面上坡积砂矿则与原生矿在斜坡上的露头和坡形有关，多成扇形、梯形分布。由于搬运磨损，坡积砂矿有用矿物晶体和矿物连生体数量少于残积砂矿。一般多为小型砂矿。残积砂矿、坡积砂矿或残坡积砂矿均可以作为找原生矿标志，也可为冲积砂矿提供矿源。

岩石的差异风化作用可以形成规模不等的风化景观，亦为有价值的旅游资源。

第四章 流水、湖泊和沼泽地貌与沉积物

河流、湖泊和沼泽三者关系密切，成因上有联系，空间上常相伴出现于沉降堆积平原，历史上有时互相转化，因而沉积剖面上有时交替出现。

流水包括河流和暂时性沟谷水流。

一、河流地貌和沉积物

（一）河流作用特征

在河流的侵蚀、搬运和堆积作用过程中，河流以其动能和不同大小尺度的水流运动，在长期洪水位与平水位交替变化环境中，在河床岩石和地质构造基础上塑造了流水地貌，并形成沉积物。

1. 河流动能 河流动能是河流地质作用的水力能量，河流动能的大小可以综合反映河流地质作用的强弱和特征。河流动能用下式表示：

$$动能(E) = \frac{1}{2}mv^2 \tag{4-1}$$

式中 m 为河水流量（m³/s），v 为流速（m/s）。欲求某一河段动能则以 $(\frac{v_A+v_B}{2})^2$ 代替 v^2，其中 v_A、v_B 分别为通过该河段上下两个垂直于主流线的过水断面上的平均流速。

从上式可知，山地河流（或河流上游）汇水少、流量小，但河床坡度陡、流速高、推力大，河流搬运的颗粒少而粗，一般有利于砂矿形成。平原河流（或河流下游）汇水多、流量大，但河床坡度小、流速低，河流负载大，搬运的颗粒细而多，易发生曲流，一般不能形成大型砂矿，但易引发洪灾。

2. 水流运动状态

（1）水质点运动状态 河流中水质点的运动状态有层流与紊流（图4-1）[①]。层流是低速流，水质点运动时各点流速大小和流向相同，上下互不干扰，平行流动，与总流向一致。紊流是高速流，相邻水质点的运动速度和方向各异，互相干扰，与总流向偏离。层流主要存在于水流与河岸和河底摩擦使流速降低处。紊流随水深变化，下部低速高紊流、中部中速中紊流、上部高速低紊流。当紊流流过河床上砂砾时，由于流过砂砾表面流速大于下部，上下流速差产生紊流上升

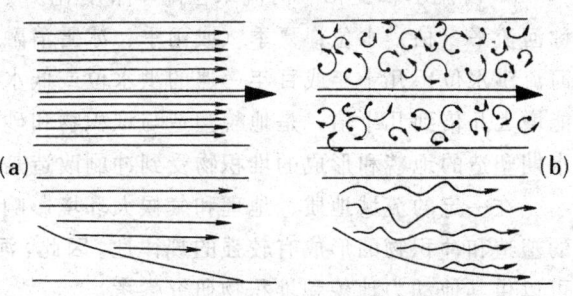

图 4-1 水流中水质点运动状态示意图
(a) 层流，上为平面；下为纵剖面
(b) 紊流，上为平面；下为纵剖面

---

① 以雷诺数（惯性力/粘滞力）Re 表示：层流 $Re<500$，紊流 $Re>2\,300$，其间为过渡型。

力，可以把砂砾从河床上攫起，这是流水侵蚀河床的基本过程。从微观角度看，紊流是水流破坏河床和搬运碎屑的基本因素，层流则有利颗粒沉积。

(2) 环流　环流是河流中的中—大尺度的水流运动，有2种环流：①环流轴平行水流方向的永久性环流，称横向环流（图4-2a），它是由于水流受经常性物理力如弯道离心力、科里奥尼力（科氏效应）[①]和冲淤变化引起的常年性水流运动，由表流和底流的螺旋状水流运动构成，有单向、双向和多向环流；②环流轴轴向垂直水面的环流即旋涡流，它是由河岸突角和河床粗糙所引起的半永久性水流运动（图4-2b），随河岸突角和河床粗糙度变化而变化，不及横向环流持久和有规律。此外，化学溶解在石灰岩河床也很重要。

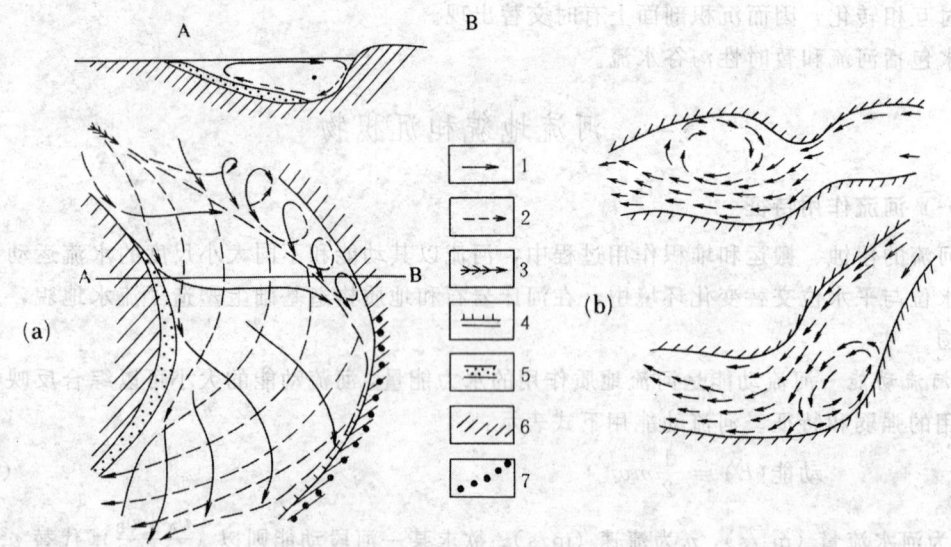

图 4-2　河流中的环流和旋涡流
(a) 弯道横向环流（据 E.B. 桑泽尔，1957），稍补充；　(b) 河道中半永久性旋涡流（据 B O Elliott, 1932）
1. 表流；2. 底流；3. 主流线；4. 侵蚀区；5. 堆积区；　　上：吸水旋涡流（右旋），
6. 基岩；7. 主流顶冲与易塌岸区；上横剖面；下平面　　下：吸水及压力旋涡流（左旋）；

3. 河流水位变化　河流水位随季节变化。冬季（或旱季）水位下降，其常年低水位高度称河流平（枯）水位；夏季（或雨季、冰雪消融季节）水位迅速上涨，其常年洪水位高度称河流洪水位；几十年或百年一遇的洪水位或低水位称超洪水位或超低水位。洪水期河流的动能增大几倍到几十倍，是地貌塑造与堆积物和砂矿形成的主要时期或急进时期，平水期使洪水期塑造的地貌和形成的堆积物受到冲刷改造是地貌和堆物形成的渐进时期。

在一定的流域地质、地理和气候大环境影响下，上述河流作用的种种特征，使河流地貌的塑造和冲积物的形成有较强的规律性。因此，河流地貌和冲积物可以用来研究流域环境，也可以供其他动力地貌和堆积物研究参考。

(二) 河谷

1. 河谷形态　河谷是河流挟带着砂砾在地表侵蚀塑造的线型洼地，是一种形态组合。

---

① 弯道离心力 $F = \dfrac{Mv^2}{R}$。M. 水的质量；v. 流速；R. 弯道曲率半径。F. 在水深3/10处最大。
科氏力 $= 1.49 \times 10^{-9} G \cdot \sin\varphi \cdot v$。$G$. 水量；$v$. 流速；$\varphi$. 纬度。科氏力使北半球经向河流向右（面对河流下游）偏转，形成环流，侵蚀右岸；南半球则相反。

(1) 河谷横剖面形态　由谷底、谷坡和谷缘（或谷肩）形态组成（图4-3）。谷底包括河水占据的河床和洪水能淹没的河漫滩，其中常年洪水能淹的谷底部分称低河漫滩，特大洪水能淹没的部分称高河漫滩；谷底变化很大，可有河床而无河漫滩，或河床和河漫滩都很发育。谷坡是由河流侵蚀形成的岸坡，它可能是单纯的侵蚀坡，也可能发育有河流阶地，谷坡常受重力作用改造。谷缘是谷坡上的转折点（或带），它是计算河谷宽度、深度和河谷制图的标志。

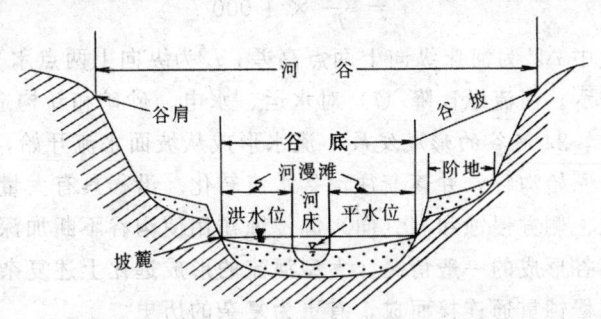

图4-3　河谷横剖面形态图

（据杜恒俭、陈华慧等，《地貌学及第四纪地质学》，1981）

(2) 河谷纵剖面（即河流纵剖面）　河谷纵剖面是从河源到河口沿主流线所作剖面，只要把足够数量的垂直主流线过水断面上的最低高程（或平均高程）连接起来就得到河谷纵剖面。河谷纵剖面有凹形、凸形和凹凸形（图4-4），小河比较简单，大河比较复杂。如长江纵剖面呈下凹多阶状（图4-5）：四川宜宾以上、宜宾到湖北监利和监利以下呈3个一级阶域，反映了流经地区的大地构造、新构造运动和区域地貌等的明显差异。每个一级阶域内又由于区域地质构造和新构造运动的不同而包含若干次级阶梯。按控制河流作用局部因素，如岩性、断裂、大型曲流、支流汇入和冲淤作用等又可以分出更次一级阶梯。长江在九江以下纵剖面多位于黄海海平面以下，这与末次冰期海平面大幅度下降有关，不是现代长江水流塑造形成的。

河流纵剖面坡度是反映各级阶梯的基本形态测

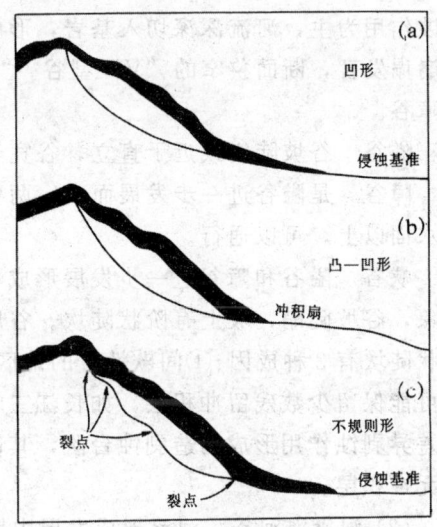

图4-4　河谷纵剖面图

（引自杜恒俭、陈华慧，《地貌学及第四纪地质学》，1981，据K.W.布泽）

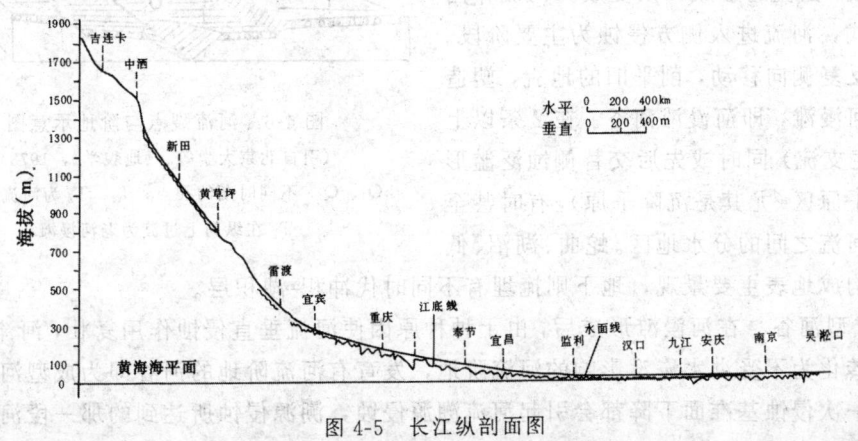

图4-5　长江纵剖面图

（据长江水利电力科学研究院，1971）

量指标（间接反应势能大小）常以纵比降（i）表示：

$$i = \frac{\Delta Z}{L} \times 1\,000 \tag{4-2}$$

式中 ΔZ 为河床纵向上两点高差，L 为纵向上两点水平距离，常以 1/100、1/1 000、1/10 000 表示。河流纵比降（i）对水运、水电、砂矿和新构造运动研究有实用价值。

2. 河谷的形成发展　流水形成从坡面水流开始，沿地面（或岩层面）倾斜方向汇入集中于原始沟谷，并逐渐往沟谷水流转化。沿程具有大量补给来源的挟沙沟谷水流通过其垂直侵蚀、侧方侵蚀和溯（向）源侵蚀作用使沟谷不断加深、展宽和加长，就逐渐形成河谷，这是河谷形成的一般情况。大型河流的形成远比上述复杂，有些是由沿程几个汇水盆彼此通过溯源侵蚀贯通连接而成，有更为复杂的历史。

河谷的发展过程在基岩山地河谷的横剖面发展过程中最为清楚，经历了"V"型谷、河漫滩河谷和成型河谷阶段；每个阶段纵剖面也相应变化。

(1)"V"型谷　在河流形成早期（或河谷上游或坚硬岩石或新构造运动上升区）以垂直侵蚀作用为主，河流深深切入基岩，形成河身直，河床坡度陡，急流险滩多，水流湍急，两岸崩塌发育，断面狭窄的"V"型谷。"V"型河谷在不同发育阶段有不同特征，最初为隘谷与障谷。

隘谷　谷坡陡峭或近于直立，谷宽与谷底几近一致，河谷极窄，谷底全部为河床占据。

障谷　是隘谷进一步发展而成，两壁仍很陡峭，但谷底比隘谷宽，常有基岩或砾石滩露出水面以上，可以通行。

峡谷　隘谷和障谷进一步发展形成峡谷。峡谷横剖面呈明显的"V"字形，有时呈谷中谷现象，谷坡陡峭，坡上有阶状陡坎。谷底出现岩滩及砂砾滩，但后者不稳定。峡谷谷坡上的阶状陡坎有2种成因：①间歇性上升地区河流短暂侧方侵蚀作用在基岩中形成的侵蚀阶地，其上可能保留少数残留冲积层，如长江三峡至少有五级阶地；②受水平岩层控制，软硬岩层遭受差异剥蚀作用形成构造剥蚀台阶，其高度和分布比侵蚀阶地变化大，其上主要为风化角砾而无冲积层。

(2)河漫滩河谷　河流形成发展中期（或河流下游、沉降区和软岩区等），河流纵剖面通过溯源侵蚀、瀑布后退和岩坎蚀低等过程已变得较为平缓，曲流的形成和演变成为河流作用重要的方式，河流进入侧方侵蚀为主要阶段。通过曲流反复侧向移动，削平旧的地貌，塑造出宽广的河漫滩，即河漫滩河谷。在2条以上河流（或主支流）同时或先后交替侧蚀泛滥形成的冲积平原区（尤其是沉降平原），有时甚至难于分出河流之间的分水地区。蛇曲、湖沼、低丘和岗地构成地表主要景观，地下则掩埋有不同时代冲积-湖积层。

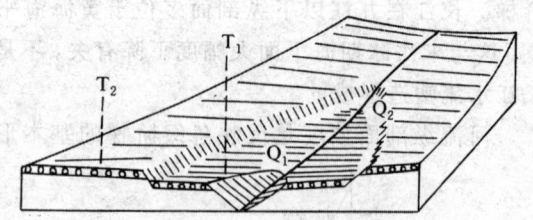

图 4-6　河流裂点与阶地示意图
（引自北京大学等，《地貌学》，1978）
Q_1、Q_2. 不同时期的裂点；T_1、T_2 为河流阶地。
T_2 在纵向上过渡为老河漫滩

(3)成型河谷　在河漫滩形成后，由于种种原因使河流垂直侵蚀作用复壮，河流下切，于是河漫滩转化为不受洪水淹没影响的河流阶地，发育有河流阶地的河谷即为成型河谷。成型河谷中每一次侵蚀基准面下降都会引起河流溯源侵蚀，溯源侵蚀所达到的那一段河床纵向陡坎（坡折）称为裂点（图4-6），一系列裂点与一系列河流阶地对应。裂点不同于河床上硬岩形成的岩坎，裂点不受岩性控制，在软、硬岩层中都可以形成，它代表一次侵蚀旋回。

成型河中的阶地系列反映了河流形成过程中气候、环境和新构造运动的多期变化历史。

3．河流侵蚀基准面与河流均衡剖面

（1）河流侵蚀基准面　河流侵蚀基准面是限制河流侵蚀作用的下限水体面，在侵蚀基准面以下河流不发生大规模侵蚀作用。

百川归海，海平面是控制入海河流的侵蚀基准面，又称终极侵蚀基准面。在一条河流上有若干对其上游河段有一定控制作用的局部侵蚀基准面，如河床上的岩坎、大型河曲、主流水面对汇入的支流和人工库坝等，对其一定距离上游河段都有控制作用，称地方性侵蚀基准面。侵蚀基准面变动，引起河流的侵蚀与堆积作用（也即冲淤关系）调整：侵蚀基准下降，河流坡度变陡，流速加快，动能增大，使河流侵蚀加强，堆积减弱，河谷加深，沿河地下水面下降；上述过程对水能利用和砂矿形成与提高品位有利。侵蚀基准面上升，使河流流速减慢，动能变小，堆积旺盛（称加积作用），侵蚀减弱；该过程使河道中水下堆积体增多、变大，对航运不利；使砂矿品位降低，但含矿层厚度变大、分布展宽；沿河地下水面上升。

（2）河流均衡剖面　侵蚀与堆积达到平衡的河流称均夷河流，这种河流的纵剖面即河流均衡剖面，形态上呈圆滑下凹抛物线型。河流均衡剖面是河流发展总趋势的概括，即河流经长时期发展和演变之后，其纵剖面形态和坡度调整到产生的流速仅足以搬运通过床面的水沙而无力侵蚀河床，河流按水力作用规律总是力求往这一方向发展。但是，由于河流各段的冲淤状态受主流线摆动、流量、来沙量、流速和河床边界条件等的中、小尺度时距变化的影响而敏感多变，以及流域气候、地貌和新构造运动等大尺度时距变化的影响叠加，从而使河流达到的平衡遭到破坏，所以平衡是相对的。但河流通过不同规模的冲淤转化自动调节，可以重建新的平衡。如在一条相对平衡的河流上筑坝蓄水，使地方性侵蚀基准抬升，旧的平衡受到破坏，于是河流通过在坝址以上加积作用形成往上游变薄的楔状沉积体；坝址以下因泥沙减少而加强深切；通过上述自动调节以达到新的平衡。人工泄洪排沙可以延迟重建平衡的时间并可保障水库有效蓄水。在长江纵剖面上既可以看到往均衡方向发展的下凹形剖面趋势，又可以看到叠置其上的不同时间尺度与规模的若干平衡遭受破坏形成的阶梯和深槽（图4-5）。

4．河谷类型　河谷按成因有侵蚀谷、构造谷和多成因谷三类。

（1）侵蚀谷　河流沿岩层倾向凭藉其侵蚀能力开拓的河谷即侵蚀谷。在软、硬岩层交替地区，侵蚀谷的特点是：在软弱岩石中河流深切快，易展宽，河床坡度缓，河道弯曲；在坚硬岩层中深切慢，河谷窄，河身较直，河床坡度陡，形成一系列沿流程与软、硬岩层相应的宽谷与窄谷交替分布。

（2）构造谷　河流经构造洼地（向斜、断层、地堑、构造盆）或顺应构造软弱带（节理密集带、断层带、背斜轴部）所塑造的河谷称构造谷，其走向与构造轴走向叠合。各种构造谷及其与地下水关系和重力作用发育条件见图4-7，有单斜谷、背斜谷、向斜谷、断层谷等等。

除小河较单一外，较长的河流总是侵蚀谷与构造谷交杂出现。

（3）多成因谷　有些地区谷地受冰川、河流影响有冰前期河谷、冰川谷和冰后期河谷历史；有些受湖泊影响有河湖转化历史，这些都属于多成因谷地。

（三）河床

1．河床类型　河床是河道中流水占据的部分谷底。河床按形态和弯曲度分类。河道弯曲度（s）为：

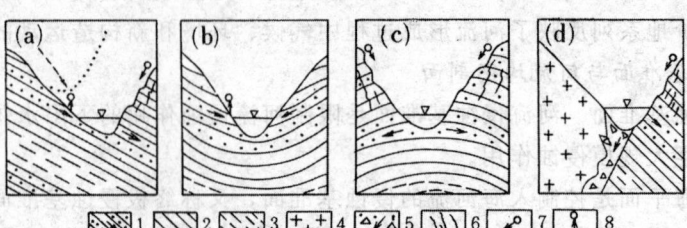

图 4-7 构造谷类型及河流与地下水补给关系图
(a) 单斜谷（河谷沿软岩层产状下移）；(b) 向斜谷；(c) 背斜谷；(d) 断层谷
1. 砂岩及地下水与河水补给关系；2. 页岩；3. 粘土岩；4. 花岗岩；
5. 断层角砾（未固结或松动的）及地下水流向；6. 节理；7. 重力作用；8. 泉

$$\text{两点间河道弯曲度}(s) = \frac{\text{河道长度}(l)}{\text{河谷长度}(L)} \quad (4-3)$$

(1) 顺直河床　河床沿岸平直，平水期，深槽浅滩交错出现，两侧的边滩犬牙交错，沿河两相邻浅滩间10倍于宽度距离内其弯曲度(s)可以不计。若河床曲折率（弯曲河段的长度与该段曲率半径之比）大于1.5时，则为顺直微弯河床（图4-8）。

(2) 弯曲河床　河床弯段（深水区或深泓区）与过渡段（浅滩）相间，任意两相邻浅滩之间的距离约为河宽的5～7倍，河道弯曲度大于1.5，如下荆江河道近200a河道弯曲度达2.01～3.57。主流线（又称主动力轴线）顶冲点移向弯段下端时，形成鹅头形河道，从而加强对顶冲岸的冲刷使岸崩加剧（图4-9）。

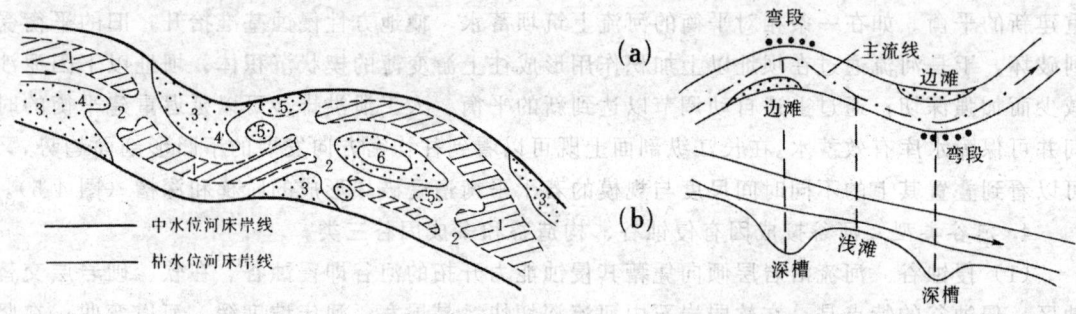

图 4-8　顺直微弯河平面形态与河床地貌形态图　　图 4-9　弯曲型河床平面(a)与剖面(b)形态图
　（引自中山大学等，《自然地理学》，1978）　　　　（引自北京大学等，《地貌学》，1978，补充）
　　1. 深槽；2. 浅滩；3. 边滩；4. 沙嘴；　　　　　　　粗黑点为主流线顶冲带
　　　5. 心滩；6. 沙洲（江心洲）

(3) 汊河型河床　河身宽窄变化，窄处为单一河槽，宽段河槽中发育沙洲、心滩，水流被洲、滩分成两支或多支，汊河、沙洲发展与消亡不断更替，洲岸时分时合。随着主流线移动和冲刷，常伴生规模不等的岸崩，会危及河堤安全和造成重大灾害，汛期尤为严重。沙洲形成从心滩开始，一旦洲、滩发展便使过水断面缩小，从而使流速增大，促使两岸或一岸冲刷后退（图4-10）。根据沙洲、沙堤形状和分布可以分析洲、滩发展和预测河岸未来的变化。

(4) 游荡型河床　河宽水浅，河道极不稳定。有时河床不断淤高而成地上悬河。平水期沙滩众多，水流离散，甚至有时主、汊河道难分（图4-11）；洪水期一片汪洋波涛汹涌，河床微地貌易于变化，甚至发生溢洪导致水灾发生；而久旱则造成河床断流。其动态变化取决于

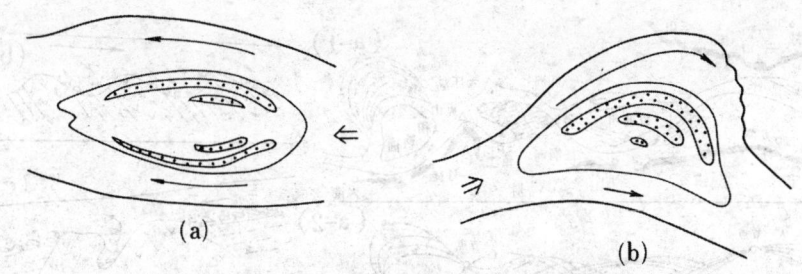

图 4-10 汊河型河床及洲、滩发展与汊河对河岸的侵蚀示意图
(引自北京大学等,《地貌学》,1978,略修改)
(a) 洲、滩向两侧扩大; (b) 洲、滩向一边扩大,主流顶冲处易岸崩,呈锯齿状岸

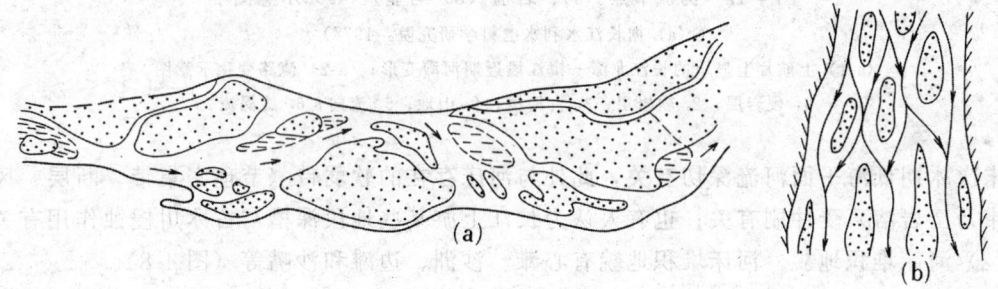

图 4-11 游荡型河床示意图
(引自北京大学等,《地貌学》,1978)
(a) 黄河下游游荡型河床; (b) 辫状河床

上游来水、来沙和河床边界条件。

以上各种河床类型,可在一条河流出现,形成宽窄不同形态河段,不同类型河段连结处(或过渡段)为节点(矶头),节点上下河床相对稳定,一旦节点破坏,会引起节点以下一个或多个河床段冲淤平衡发生变化(图 4-12 (a))。河床类型研究对水运、港口码头、沿河城市安全十分重要,为此应研究河床演变历史、认识现状和研究引起河床未来演变种种因素及河床边界条件。

2. 河床地貌

(1) 河床侵蚀地貌　河床基岩经流水侵蚀形成的地貌有:

岩槛　岩槛是横卧于河床上的坚硬岩石被侵蚀形成的陡坎(图 4-12 (b))。岩槛高度大于水深时形成瀑布,其下的冲蚀坑称为潭。岩槛被破坏后残余基岩略高于床底构成险滩。高出洪水位的基岩则成河中岛。瀑布和岩槛在溯源侵蚀中一般往上游徐徐后退,后退速度在美国与加拿大间的尼亚加拉大瀑布为 130cm/a,黄河壶口瀑布为 5cm/a。若河底基岩倾向下游且上游端坚硬岩石之下的软弱岩石被蚀空时,岩槛因崩塌而可微移向下游一侧。

壶穴　河底旋涡流携带着砂砾旋转磨蚀河床基岩,久之在河床基岩中形成的圆坑,即壶穴(图 4-12 (c)),壶穴直径从 1m 到六七米,深 1m 到十几米深,瀑布下冲处,坑深可达 20余米。在河流强冲刷地带(或时期),壶穴成群出现。

深(冲)槽　河床中除凹岸常发育深槽外,有的地方发育深达几十米深的槽形坑,如长江西陵峡、湖北黄石与武穴之间、江西马当及安徽马鞍山等处都有江底冲槽发育,深度一般在海平面以下 40~50m(图 4-5),大渡河铜街子深槽深达 70m。一般认为入海河流冲槽的形

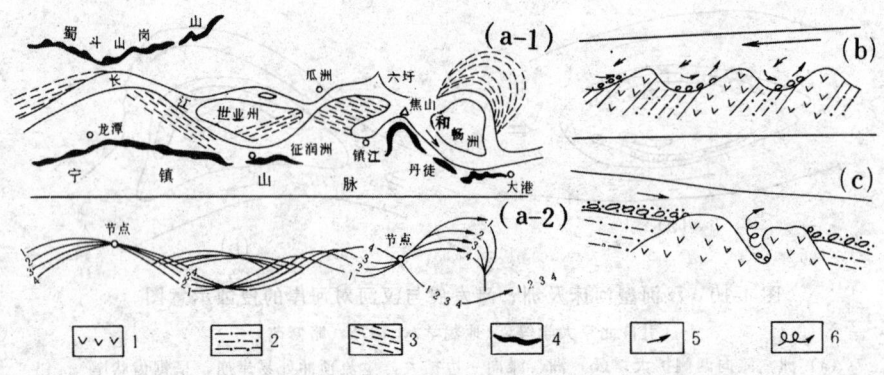

图 4-12　河流节点 (a)、岩槛 (b) 与壶穴 (c) 示意图

((a) 据长江水利水电科学研究院，1978)

(a-1) 上航片上显示的长江龙潭—镇江段近期河漕变形；(a-2) 流路变化示意图

1. 硬岩层；2. 软岩层；3. 古河槽；4. 山地；5. 流向；6. 旋涡流

成与末次冰期低海平面河流深切有关，此外与河床存在的软弱带（节理密集带、断层、风化岩石带乃至岩溶）受冲刷有关；也有人认为长江上游某些地段深槽与古冰川侵蚀作用有关。

(2) 河床堆积地貌　河床堆积地貌有心滩、沙洲、边滩和沙嘴等（图 4-8）。

边滩　边滩是河床中常见堆积地貌，又称点坝或滨河床浅滩。边滩发育于河床凸岸，在曲流侧移过程中，横向环流的底流侵蚀凹岸的同时，将砂砾横向搬运到凸岸堆积而成（图 4-13 及图 4-8）。边滩在平水期，以枯水位岸线与河床分开，而洪水期被淹没并形成一道道沙堤，洪水位与平水位交替，加上河曲往下游蠕移，在凸岸形成一系列向上游张开、往下游收敛的弓形堤，称迂回扇（图 4-13(c)）。有时在航空照片和卫星照片上显现得很清楚。

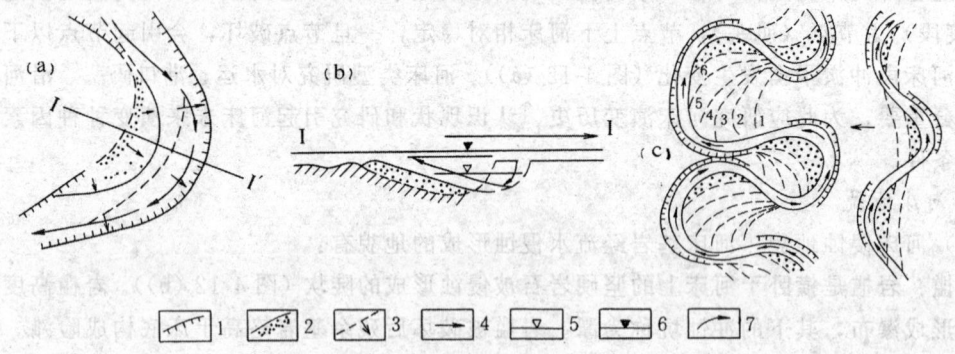

图 4-13　曲流侧向移动及滨河床浅滩形成 ((a) 及 (b)) 和迂回扇 (c)

(据 E.B. 桑泽尔，1957)

1. 冲蚀岸；2. 滨河床浅滩；3. 原河床位置及移动方向；4. 主流线；5. 平水位；6. 洪水位；
7. 主流线。(c) 图中所标 1～6 为沙堤形成从早→晚相对顺序

心滩与沙洲　心滩是河床中水流遇阻形成的水下不稳定沙质堆积体，平水期也不露出水面，洪水期可徐徐往下游移动（图 4-14 (b)、(c)）。稳定下来并露出水面的心滩便转化为沙洲（图 4-14 (d)）。

河流主流线（主动力轴线）摆动、洪水流量大小与沿岸岩性、地貌和人为活动（筑堤或

河道中建筑物）对河床中的洲、滩和汊河形成发展有重要影响。河床不稳定，即洲、滩、汊河受冲淤转化而变化快，反之，在人工堤坝约束内河床与周边条件逐渐适应而达到一种相对平衡则河床相对稳定，不至造成大的灾害，一旦平衡破坏就会导致灾害发生。

（四）河漫滩

河漫滩按形态特征分为平坦河漫滩与凸形河漫滩；从物质组成分有堆积河漫滩和石质河漫滩，后者有时发育在山地河谷少数地段。

1. 河漫滩的形成　河漫滩形成分3个阶段（图4-15）。

雏形河漫滩　河漫滩形成早期，谷窄，洪水占据整个谷底，水层厚，流速高，只有少量砂砾在河床微凸处能堆积下来，形成雏形河漫滩（图4-15（a）），但不稳定，易被后续洪水冲走。

原始河漫滩　随着曲流侧移，河谷不断展宽，使洪水期水层厚度变薄，主河槽与砂砾堆积体上流速发生差异，有更多的砂砾在凸岸堆积下来，成为稳定堆积体，即原始河漫滩（图4-15（b））。

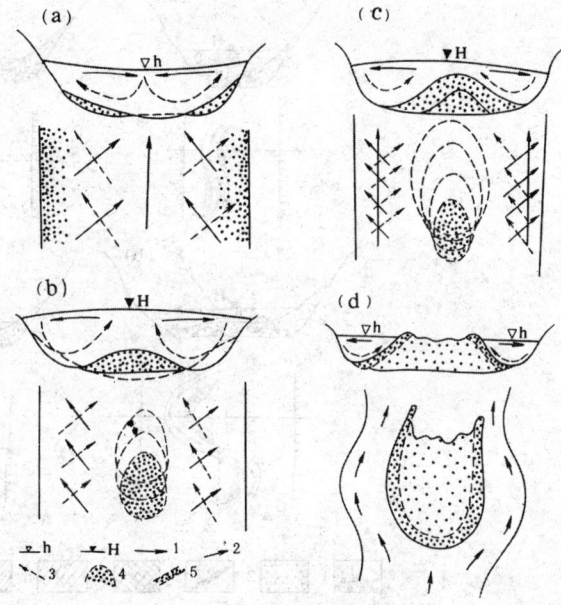

图 4-14　心滩与沙洲形成示意图
（据 E.B. 桑泽尔，1957）

(a) 顺直河段平水期形成底流幅散式对称环流，侵蚀河床底部；(b) 洪水期形成底流幅聚式对称环流，并形成心滩；(c) 心滩逐渐增高，使河流主流线分为两股；(d) 心滩露出水面，形成沙洲、环绕沙洲形成沙坝，在尾端形成小沙嘴，并形成汊河。h. 平水期水位；H. 洪水期水位；1. 主流线；2. 表流；3. 底流；4. 浅滩及心滩；5. 滨河床砂坝

河漫滩　当曲流侧移，使河谷展宽若干倍于早期河谷。洪水期主河槽内与原始河漫滩砂砾堆积体上的水层厚度和流速差异很大，洪水仅足以把细粒悬移质带到展宽的砂砾体上沉积下来，形成具有下部为河床相砂砾、上部为河漫滩相细粒亚粘土冲积层的二元结构时，河漫滩形成即告完成（图4-15（c））。

河漫滩上曲流（河曲）　是在河流因堆积而发生主流线弯曲与水流总的向前运动和横向环流叠置作用下发展的，沿岸岩性和崩塌也有一定影响，曲流变化是影响沿岸城镇和河道环境变化的重要因素。一旦河床弯道形成，主流对顶冲区的冲蚀和松散岩石的崩塌等环境作用就会使凹岸因冲刷、崩塌、后退而愈亦凹弯，凸岸则不断堆积而越突出，形成对称或不对称弯曲相连的河道，称蛇曲或自由河曲。在曲流蠕移发展中，由于"S"形扩展，一个曲流环因凹岸撤凹和凸岸增长使其弯道弯曲度达到最大和曲率半径达到最小时，曲流颈（曲流环上下游端）就会变得很窄，一到汛期较大洪水便会产生曲流颈部贯穿，使河道裁弯取直（图4-15（d））。上述曲流蠕移和河道裁弯取直现象是全新世以来河道变化主要特征之一，可以反复出现。如长江下荆江河段近200a来发生河道自然裁弯取直十余起；尺八口和城陵矶以东簰洲曲流蠕移的"S"形扩展很明显（图4-16）；美国密西西河一般100a内河道自然裁弯取直13～15起。这一过程有时很快，如下荆江河段石首附近六合院曲流在1958—1971年凹岸后退基础上，于1972年7月19日发生曲流颈部贯穿。河道裁弯取直虽可缩短航距，但由于冲淤变化也可

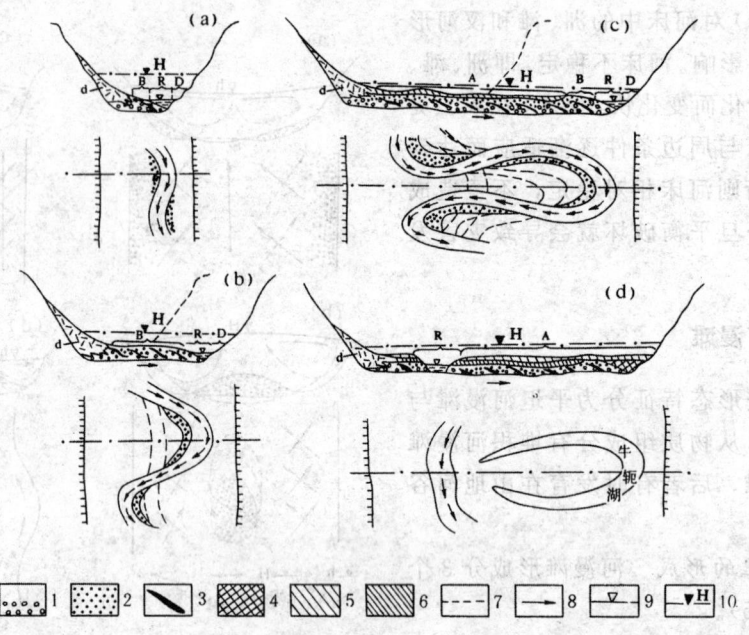

图 4-15 河漫滩形成过程示意图

(据 E.B. 桑泽尔, 1957)

(a) 雏形河漫滩; (b) 原始河漫滩; (c) 河漫滩; (d) 牛轭湖

1~3. 河床相冲积物; 1. 砾石和卵石, 2. 砂, 3. 淤泥夹层; 4. 牛轭湖相冲积物; 5~6. 河漫滩相冲积物(顺序堆积); 7. 先期冲刷岸的位置; 8. 河床移动方向; 9. 平水位; 10. 洪水位; R. 河床; A. 河漫滩; B. 滨河床浅滩; D. 基岩浅滩(平水期出露基岩河岸的狭窄地带); d. 坡积物; L. 牛轭湖

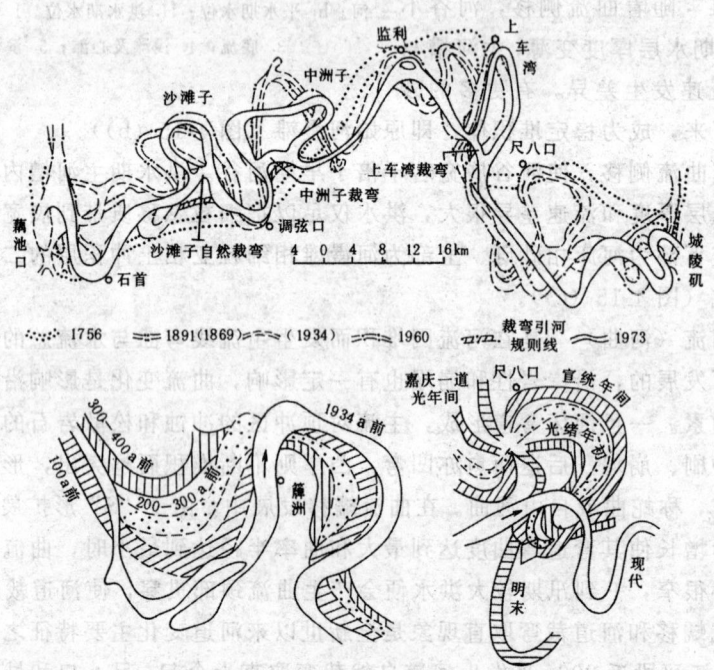

图 4-16 长江下荆江河段河道变迁及曲流"S"形扩展示意图

(据《中国自然地理》(地貌), 1980);

(a) 1756—1973 下荆江河道变迁; (b) 簰洲湾曲流变化(据钱宁等, 1987); 尺八口曲流变化(据林承坤, 1965)

发生航道淤沙堵塞现象。曲流的"S"形蠕移扩展与曲流颈贯穿对沿岸城镇安危有重要影响。

河道裁弯取直后遗留下的弓形废河道称牛轭湖（图 4-15（d））。受新构造运动抬升影响下切的曲流称深切河曲（图 4-17（b））；其新旧河道之间的丘形高地称为离堆山（图 4-17（c））。

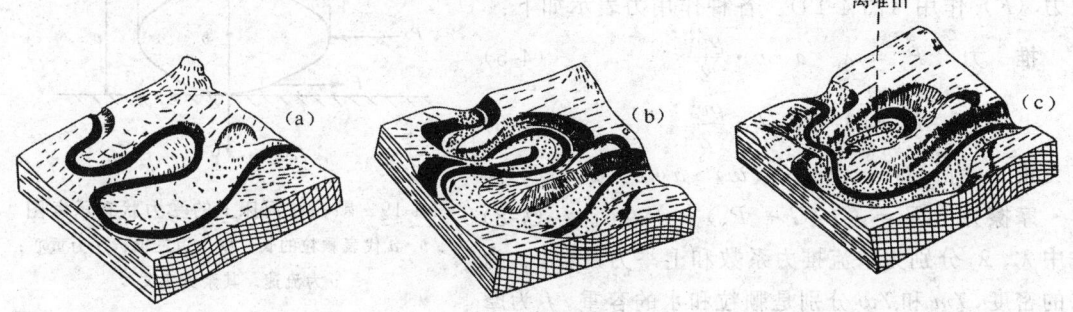

图 4-17 河曲与离堆山示意图
（引自杜恒俭、陈华慧等，《地貌学及第四纪地质学》，1981，王素据 R.Kettner 修改绘）
（a）自由河曲；（b）深切河曲；（c）曲流裁弯取直形成离堆山

2. 河漫滩形态

（1）平坦河漫滩 河漫滩表面平坦或微向河床倾斜。其上有牛轭湖、沿河沙坝、湖泊和小河等微有起伏。这类河漫滩发育在推力较大的河流沿岸，是常见形态。

（2）凸形河漫滩 凸形河漫滩发育在平原区负载大、推力小的地上悬河地带，上游来沙特别多，河床不断淤高，两岸形成天然堤；一旦有较大洪流，洪水易于漫溢，甚至发生河堤溃决和河流改道。历史上多次改道的黄河下游，含沙量最大时高达 1 500kg/m³，少时也有 224kg/m³，使河床逐年淤高达 7～8m，目前床底比堤外地面高 3～6m（图 4-18），使黄河凸形河漫滩成为华北平原与黄淮平原分水岭。长江中游荆江河段自宋朝筑堤以来至今约 800a，因河床淤高和地壳下降影响，洪水位相对上升了 11m（本世纪前 60a 中大约就上升了 1.8m）。地上悬河的形成除河床淤高外，地壳下降（如松辽、黄淮和江汉三大平原）和海平面上升对入海河流的顶托也都有影响，使之成为易发洪灾的环境脆弱地带。从河谷到河间洼地，岩性结构和成因复杂多样，地表水下渗和翻沙鼓水与管涌并存①，土层力学性质差异大，是复杂的环境地质地段。

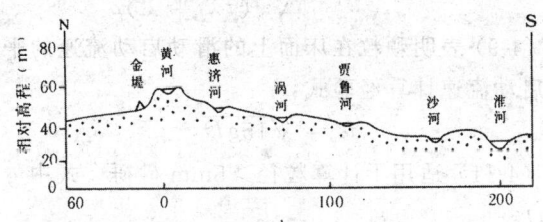

图 4-18 黄河下游河谷大断面图
（据钱宁等，1987 修改）

（五）冲积物

冲积物（或冲积层）是河流在河床中或溢出河床的堆积物。冲积物碎屑来自上游集水区、河底及河岸基岩、谷坡上的重力堆积物、坡积物、老冲积物和冰碛物等，在研究砂矿时，要重视后几种松散堆积物的传递作用，并可通过它们追索原生矿。陆地上大规模工业砂矿床大都产于冲积物，冲积物也是平原区地下主要含水层系和工程建筑基础。

---

① 管涌：是洪水期时高位洪水在静压力作用下，沿堤坝结构薄弱处（如裂隙、古河道、古决口段、蚁穴、鼠洞、坝土层间光滑接触面、透水层等等）往堤外渗漏并作管状上涌现象，发展迅猛，如不及时发现和处理，对河堤安危影响极大。

1. 冲积物在河床中的运动

1）砂砾的起动和续动 河床上颗粒在运动前受推力（P_x）、紊流上举力（p_y）、重力（G）和河床摩擦力（F）作用（图4-19）。各种作用力表示如下：

推 力　$P_x = \lambda_x \cdot a \cdot b \cdot \dfrac{\rho v^2}{2}$　　　（4-5）

上举力　$P_y = \lambda_y \cdot a \cdot b \cdot \dfrac{\rho v^2}{2}$　　　（4-6）

重 力　$G = (\gamma_m - \gamma_w) \cdot a \cdot b \cdot d$　　　（4-7）

摩擦力　$F = f \cdot (G - P_y)$　　　（4-8）

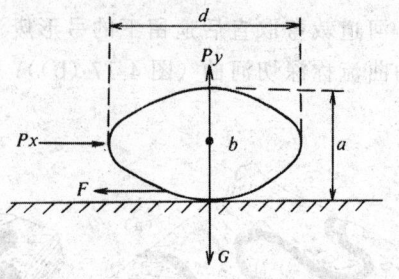

图4-19 颗粒在河床上的受力状态示意图
d、b、a 代表颗粒的长、中、短三轴；·为重心；v为流速。其余见正文

式中 λ_x、λ_y 分别为水流推力系数和上举力系数，ρ 为水的密度，γ_m 和 γ_w 分别是颗粒和水的容重，f 为摩擦系数。

河床上颗粒滑动的启动条件应满足下式：

$$f \cdot (G - P_y) \geqslant P_x \quad (4-9)$$

将式（4-5）、（4-6）和（4-7）代入（4-8），整理后得启动（滑动）流速（v_s）：

$$v_s = k_1 \cdot \sqrt{d}，k_1 \text{为滑动系数} \quad (4-9)$$

$$k_1 = \sqrt{\dfrac{2f(\gamma_m - \gamma_w)}{(f\lambda_y + \lambda_x)\rho}} \quad (4-10)$$

式（4-9）表明颗粒在床面上的滑动启动流速的平方与粒径成正比：$d \propto v_s^2$。维列卡诺夫提出下列启动流速计算经验式：

$$v_s = \sqrt{15gD} \quad (4-11)$$

式（4-11）适用于计算粒径>5mm砂砾。式中 g 为重力加速度（9.8m/s²），D 为颗粒的长轴（m）。

又据水力学的爱里定律，流水在河底搬运的砂砾的质量（G）与启动流速（v）关系为：

$$G = Cv^6 \quad (C \text{ 为常数}) \quad (4-12)$$

得流水中被搬运砂砾的重量（或体积）与其流速有 $G \propto v^6$ 正比关系。爱里定律指出流水的推力与颗粒的粒径呈非线性高次方关系，如流速从1m/s增到3m/s，则流水搬运的砂砾重量约增大729倍，故洪水期流速增大，河流的搬运能力比平水期大若干倍，这对相对密度大的重矿物富集成砂矿有利，而对堤坝安全有威胁。砾石长轴300～500mm砾石的启动流速与1.23mm～2.18mm砂金的启动流速接近，故砂砾层中含有上述砾径砾石的层位的砂金品位较高，而砂层中不会富集同粒砂金。

一旦砂砾在河床上启动，维持其在水中的续动流速约低于启动流速20%左右。

2）砂砾的运动方式 砂砾启动后，在河流中的运动方式取决于所受的重力（G）与紊流上举力（P_y）的对比关系（图4-20）。

（1）推移 当 $G > P_y$ 时，砂砾沿河床滑动或滚动，称推移。推移的颗粒称推移质，以>2mm砾石为主，位于近床面低速高紊流环境中。砂砾在推移中被磨圆并趋于扁平化。除洪水期外推移质大部分时间内在河床上处于相对静止状态。

（2）跃移 当 $G > P_y$ 与 $G < P_y$ 交替发生时，砂粒在 $G < P_y$ 时被紊流上举力瞬间抬举到水中一定高度，在水流中获得动能，沿流向成弧形滑行下冲，碰击床面砂砾后又反弹跃起，如此反复直到动能消耗为止，此时 $G > P_y$。由于紊流运动的脉动性，P_y 时大时小，于是砂粒在

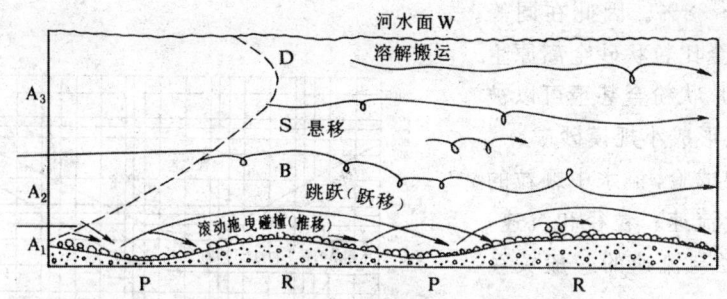

图 4-20 河流搬运方式示意图
(引自杜恒俭、陈华慧等,《地貌学及第四纪地质学》, 1981, 据 K.W. 布泽)
A_1. 低速高紊流区; A_2. 中速中紊流区; A_3. 高速低紊流区; P. 深槽; R. 浅滩; 虚线示流速大小变化

中速紊流环境中不断向前跳跃运动,称跃移。跃移的颗粒称跃移质,以砂为主,由于受到冲击,砂粒表面有"V"形坑、光面或断口。

推、跃移质是山地河流、河流上游、支流和峡谷段的冲积物的主要部分,是冲积砂矿形成及赋存的主要沉积物和冲积平原区主要含水层。

(3) 悬移 当 $G<P_y$ 且水流的平均流速大于颗粒沉降速度(简称为沉速)13倍时,细粒的粉砂和粘粒被紊流上举力或涡流上升力从河床扬起,进入上部高速低紊流环境,若颗粒的沉速远小于河流平均流速,则细粒物质可以在河流中长时间悬浮搬运,称悬移。悬移的细粒物质称悬移质,以粉砂粘土为主,沿河往下游其百分含量趋于增大。悬移质是推力小、负载大的河流或河流下游和冲积平原冲积物的重要组成部分,但不能形成大规模冲积砂矿。

推移、跃移和悬移颗粒的大小随洪水流速而变化,当河流的平均流速远大于颗粒沉速时,较小的砾石也能悬移。

在河床上平水期处于相对静止的砂砾,洪水期流速增大时其上部再次卷入运动,即活动层,活动层以下砂砾仍处于静止状态。活动层深度取决于洪水流速大小,流速大,震撼深,活动层厚度大。活动层内砂砾运动的强度从上往下减弱。活动层对砂矿矿物的搬运富集有利。

2. 冲积物在河流中的沉积 颗粒在河流中的沉积主要取决于颗粒的沉积学特征和河床地形。

(1) 颗粒的沉积特征 颗粒在河流中的沉积特征复杂,仅就静水环境中颗粒沉积特征和实验情况作一些了解。

颗粒在静水中受重力 (G) 作用下沉,其沉降速度取决于粒径。以球形颗粒为例:

$$G = (\gamma_m - \gamma_w) \frac{\pi \rho d^3}{6} \tag{4-13}$$

下沉过程中水的阻力 (F) 为:

$$F = \lambda_x \cdot \frac{\pi d^2}{4} \cdot \frac{\rho v_o^2}{2} \tag{4-14}$$

两式中 λ_x 为阻力系数, d 为颗粒半径, v_o 为颗粒沉速, ρ 为介质密度, γ_m 和 γ_w 分别为颗粒和水的容重。当颗粒下沉过程中达到等速下降时 ($G=F$),即可求得在达到等速运动后颗粒的沉速 (v_o):

$$v_o = \sqrt{\frac{4}{3} \cdot \frac{1}{\lambda_x} \cdot \frac{\gamma_m - \gamma_w}{\rho} \cdot d} \tag{4-15}$$

H·魏德尔以球体沉速为100,比较得出:椭圆体为其61%~81%,立方体为其50%,片状体为其30%～38%。因此在同等条件下，片状砂金比粒状砂金离原生矿要更远一些；片状粉金甚至可以被搬运到河漫滩上形成小规模砂矿。

又根据水槽试验，流水中颗粒的沉积特征取决于流速、粒径和沉速，石英颗粒的粒径与流速的一般关系如下（图4-21）。

流速＞10m/s时，床面上各种大小颗粒被侵蚀，流速＜0.18m/s时，床面上各种大小颗粒沉积。在这两者之间：

2～1000mm砾石 启动流速要求大，临界沉速也较大，但两者之间相差不大，故砾石的沉积特征是难动易沉。

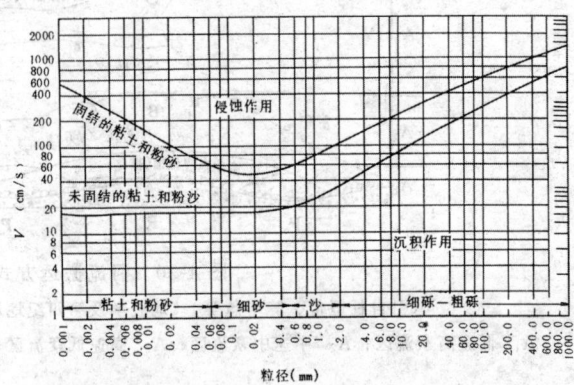

图4-21 颗粒的侵蚀、搬运、沉积与流速关系图
（据Sundborg修改的尤尔斯特隆图件，1956）

0.05～2mm砂粒 所需启动流速最小，启动流速与临界沉速间相差不大，故砂级的沉积特征是易动易沉，在水流中最活跃。

＜0.05mm的粉砂与粘粒 情况复杂，松散粉砂、粘土要求启动流速不大，启动流速与临界沉速之间的差值很大，故其沉积特征是易动难沉，在水中能保持长时间悬浮，但当颗粒沉速大于平均流速8%时，悬浮粘粒即可沉积下来。固结的粉砂粘土，因其孔隙度降低，更难于被侵蚀，所以粘土质河床与引水槽能抗侵蚀，前者还对砂矿富集有利。

河流是一条天然起伏的超级水槽，比任何实验都复杂，如河流的流量、流速、含沙量、粒径、水质点运动基态、水的粘度和密度等都随时在变化，但前述实验为了解颗粒在河流中的侵蚀、搬运和沉积打下了基础。如计算得知：1mm砂砾的启动流速为0.45m/s，同粒砂金则为1.49m/s，二者相

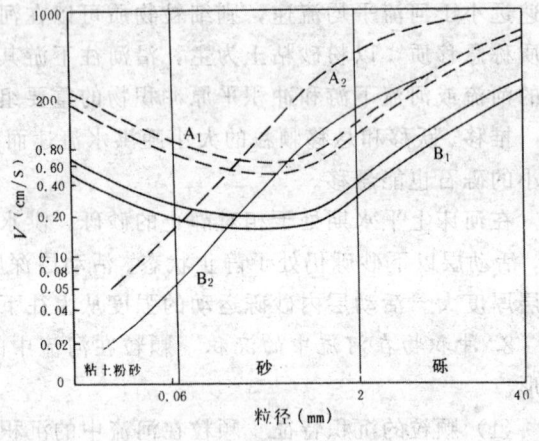

图4-22 砂砾与金粒的启动流速和沉速曲线图
（据朱祖成，1981，简化）
A_1.金粒启动流速曲线；A_2.金粒沉速曲线；B_1.砂砾启动流速曲线；B_2.砂砾沉速曲线

差3倍多；1mm砂砾的沉速为0.008m/s，同粒径砂金为0.87m/s，后者为前者的10倍多。在启动流速-沉速与粒径关系图上（图4-22）砂砾曲线和金粒曲线平行，表明粒径相同、相对密度不同的颗粒在流水中具有相似规律，但其启动流速和沉速差若干倍。因此，与石英等粒的金粒不会富集在同粒径砂层中；与砂金等粒径但相对密度较小的重矿物富集层应高于砂金富集层位；粒径和相对密度不同的各种重矿物只要启动流速和沉速接近就可能共同沉积。

3. 冲积物类型和组合

1）冲积物类型 按前述，冲积物是河流在河床中和溢出河床的沉积物，则冲积物主要有

7种类型：河床堆积物、河漫滩沉积物、牛轭湖沉积物、天然堤沉积物、河间洼地沉积物、心滩（或沙洲）及辫状河床沉积物、决口扇堆积物。其中河床、河漫滩和牛轭湖沉积物是冲积物主体，其他几类可视为这三者在一定环境条件下的变异（图4-23）。

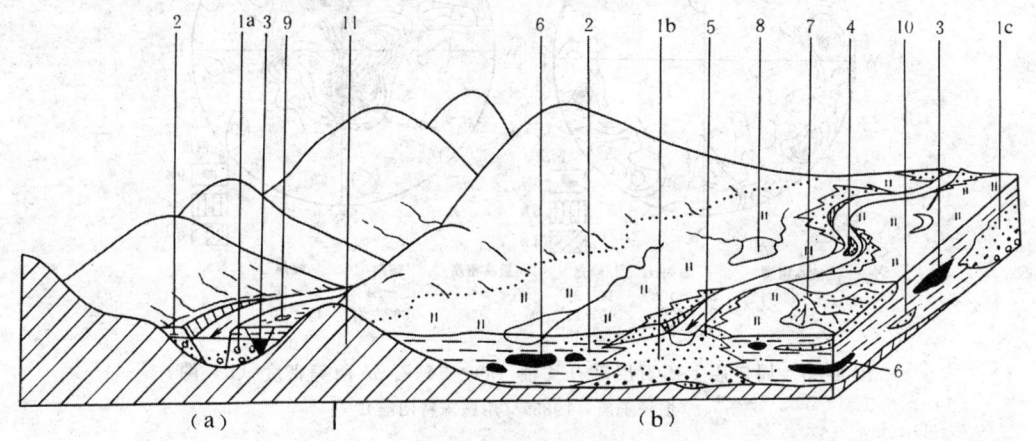

图4-23 河流冲积物类型图
(a) 山地河流；(b) 平原河流

1. 河床堆积物；1a. 山地河流河床堆积物；1b. 平原地上河河床堆积物；1c. 平原曲流河堆积物；2. 河漫滩及泛滥洼地堆积物；3. 牛轭湖及其堆积物；4. 心滩、沙洲、辫状河床堆积物；5. 天然堤堆积物；6. 河间洼地、泄洪洼地堆积物；7. 决口扇堆积物；8、9. 河漫滩上湖沼堆积物及小河；10. 小河堆积物；11. 早期岩石

（1）河床沉积物 沉床沉积物形成在流速高、紊流强和流动强度变化大的河床范围内，平水期大部分在水下。据横向沉积环境的不同可分：蚀余堆积物、滨主流线堆积物和滨河床浅滩堆积物（图4-24）。以弯曲河道为例：

Ⅰ．蚀余堆积物 形成在主流线高速深水区，细粒不断冲走，以粗砾为主，重矿物多，成透镜状位于砂砾层底部。

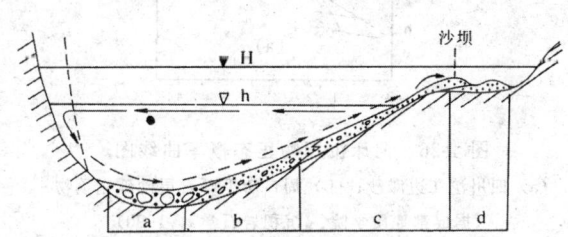

图4-24 曲流河河床堆积物图
(a) 蚀余堆积物；(b) 滨主流线堆积物；(c) 滨河床浅滩堆积物；(d) 滨河床沙坝堆积物；(H) 高洪水位；(h) 平水位；黑点为主流线断面；实箭头为横向环流的表流；虚箭头为横向环流的底流

Ⅱ．滨主流线堆积物 形成在主流线与滨河床浅滩间过渡带，这里河床坡度较陡，流速较大，流动强度变化大，冲淤变化频繁，是一个不稳定地带。堆积以推移和跃移砂砾为主，砂砾和沙质透镜体交错组成不规则大型交错层理或斜层理。砾石ab面逆指上游叠瓦式排列明显，具有一个优势方向（图4-25(b)），ab面倾角在10°～35°间，流速高，倾角陡。充分冲刷砂砾的砾石ab面，倾角在10°左右，且其下有砂层者对砂金富集有利[①]。a轴在近主流线部分顺流向排列（图4-25(a)）。砾石以次圆和圆为主，扁平砾石占优势。砾石岩性一般能反映流路上的基岩组成，但长时期搬运磨损后（如接近均夷状态的河流）抗蚀性岩石（脉石英、燧石和石英岩）的比例提高。

Ⅲ．滨河床浅滩（边滩）堆积物 形成在底流流速较低，水流较稳定地带，以跃移的沙质

[①] 张成喜，1985，《外生金矿床地质学》。

最高密度	倾向	倾角	最高密度	倾向	倾角
5～6(%)	104°～108°	16°～21°	9%	15°～24°	22°～26°
	277°～28°	18°～22°	8%	180°左右	15°～25°
	236°～240°	12°～18°			

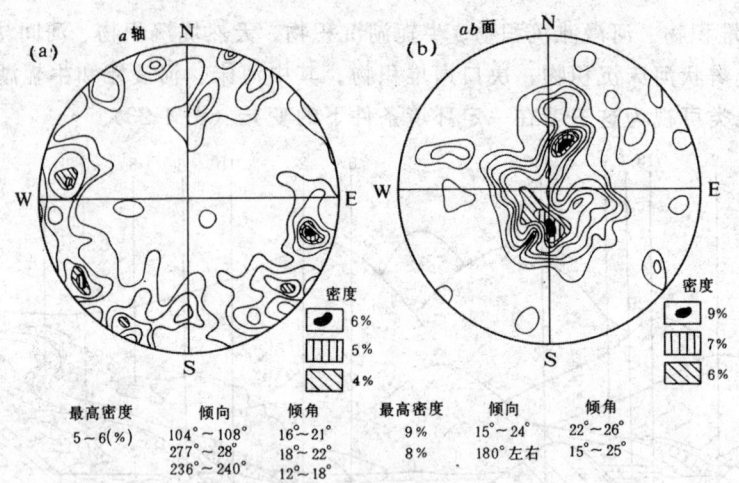

图 4-25　周口店上砾石层砾石长轴（a）与砾石 *ab* 面等密度（b）图

（据杨子庚，1985）（用施米特网绘）

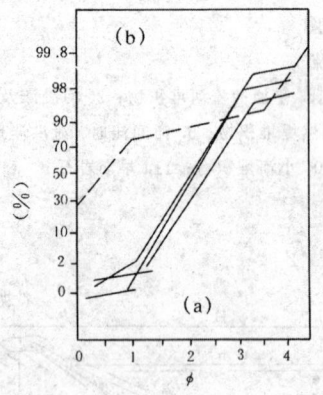

图 4-26　河床沉积物正态概率曲线图

（a）四川沱江边滩沙；（b）周口店下砾石层砂砾充填物

（据成都地质学院，《沉积岩石学》，1980）

图 4-27　冲积物层理

（据 Л.Н. 波特维金娜，1951，简化）

左：河床沉积物：(a) 冲刷面与大型斜层理；(b) 水平层理与楔状层理；(c) 斜层理及交错层；(G) 基岩

右：河漫滩沉积物：(d) 缓波状层理；(e) 细斜层理；(f) 细波状层理；(g) 小楔状层理；(h) 细小水平层理

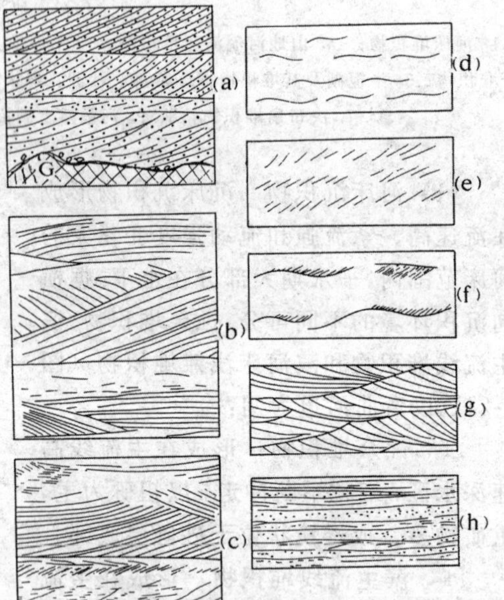

堆积为主，分选较好，正态概率曲线一般呈粗三段型（图 4-26）。沙沿河床成片分布，在流水驱动下形成一系列往下游移动的脊线与底流方向垂直的小型水下沙丘，由于沙丘受到冲刷和叠置形成大型板状交错层或倾向下游方向的斜层理（图 4-27）。斜层理或水平层的形成与水深和流速有关，流速、水深与床沙形态之间的关系用弗劳德系数（F_r）表示：

$$F_r = \sqrt{\frac{v^2}{gD}} \qquad (4\text{-}16)$$

式中 v 为流速，g 为重力加速度，D 为水深。F_r 的临界值等于 1，即作用于颗粒的惯性力与重力之比近于 1。$Fr<1$ 为缓流，床面形成沙浪或沙波；$Fr>1$（但小于 2）为急流，床面沙波受冲刷，形成水平层。因此在沉积剖面中可以看到如图 4-28 中的因流态变化而可能出现的由斜层（或交错层）理和水平层理组成的几种相序组合。在流速很大的情况下床面形成冲槽或逆行沙坡（图 4-29），后者产生在波浪迎水流一面破裂处，形成往上游倾斜的斜层理。

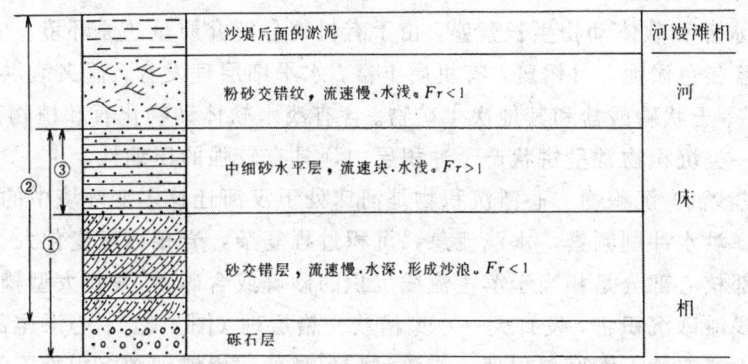

图 4-28　冲积物中斜层与水平层组成的相序图
（据许靖华，1980，补充）
①、②、③为可能的三种组合方式

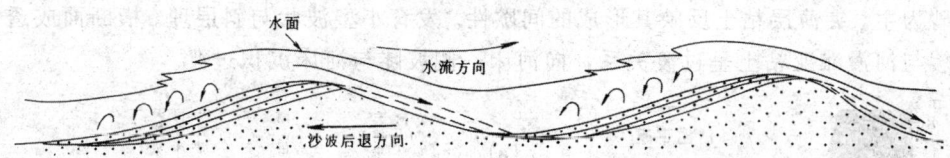

图 4-29　逆行沙坡形成示意图
（引自杜恒俭、陈华慧等，《地貌学及第四纪地质学》，1981）

（2）河漫滩沉积物　洪水漫出河床在宽广的河漫滩（又称泛滥平原）沉积大量悬移细粒沉积物，即河漫滩沉积物。从近河床到谷坡，河漫滩沉积从粉、细砂→亚粘土→粘土，厚度也随之变薄。可分 3 个沉积带：

Ⅰ．滨河床砂坝带（图 4-24（d））　为洪水溢出河床后的沙坝形成带，沉积物主要为细、粉砂，与滨河床浅滩上部细砂呈过渡，发育小型波状层理。

Ⅱ．河漫滩沿河带　位于滨河床沙坝之外，是洪水悬移质主要沉积带，以亚粘土与亚砂土互层为主，发育细小水平层理。

Ⅲ．河漫滩内部带　远离河床，靠近坡麓，以粘土沉积为主，具水平细微层理或隐层理。由于沉积缓慢，成土作用明显，故其夹有薄层褐色腐植土或有机质沉积物。

以上各带在水平方向上呈过渡关系。由于每次洪泛范围不同，各带沉积有时垂向上相互叠置，具有不同形态的细微层理（图 4-27 右）。

随着曲流侧移不断进行，河床各类堆积物和河漫滩堆积物的不同岩相平移叠

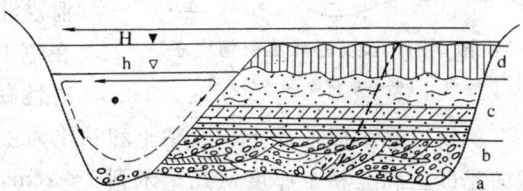

图 4-30　曲流侧移与冲积层穿时岩性体形成
(a) 蚀余堆积物；(b) 滨主流线堆积物；(c) 滨河床浅滩堆积物；(d) 河漫滩堆积物；斜虚线为等时线；
各岩性分界线为穿时线

置，构成一个从下往上由粗粒大型斜层理往上逐渐转变为细粒细小层理组成的穿时性岩性体（图4-30）。

（3）牛轭湖沉积物　包括河漫滩上因曲流变化而废弃的河道和汊河被堵塞发展而成的湖沼沉积物，这一类沉积物位于河床沉积物之上。较大规模的牛轭湖沉积环境安宁（偶而有泄洪干扰），植物、水藻和软体动物生长繁盛，由于有机物分解介质呈还原环境。牛轭湖沉积物一般为灰黑色—蓝灰色淤泥，具锈斑，有机质丰富，水平细层理发育，偶夹泄洪砂质透镜体，含蓝铁矿、菱铁矿、土状磷酸盐和其他次生矿物。含有淡水软体动物化石和植物残骸碎片，孢子花粉丰富。这一类沉积物常呈饼状产于冲积层中，具有较强的压缩性。

（4）心滩（或沙洲）沉积物　心滩沉积物是河床处于汊河迁移多变环境中的河床沉积物。心滩、汊河多变，洪水冲刷频繁，水浅流急，沉积过程复杂，岩相纵横变化大。其总的特点是心滩沉积物头部核心部分是相当于滨主流线沉积的砂砾或含砾砂，发育大型槽状交错层，往上过渡为滨河床浅滩砂沉积物，发育大→小型槽状交错层理（图4-31）；心滩尾部受洪水冲刷并往下游移动，发育有往下游倾斜层理。心滩沉积顶部的河漫滩细粒沉积物不及沙洲沉积物发育。

浅滩堆积物与心滩相似，常遭受冲刷难以完整保持下来。

（5）天然堤堆积物　这是洪水溢出河床流速锐减在河岸边形成的堤状堆积物（图4-32），以粉细砂为主，夹薄层粘土反映其形成的间歇性。发育小型波状与斜层理。横断面成透镜状，外侧坡缓与河漫滩亚粘土呈过渡关系，向河床一侧坡陡与河床沉积过渡。

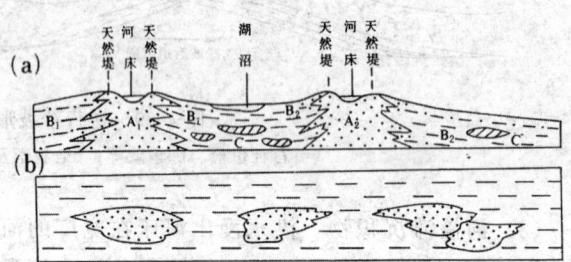

图4-32　天然堤和河间洼地堆积物（a）与平原区高弯度河流地下埋藏河谷形态横断面（b）图

A_1、A_2. 两条地上悬河的天然堤和河床堆积物；
B_1、B_2. 河漫滩堆积物；C. 河间洼地堆积物

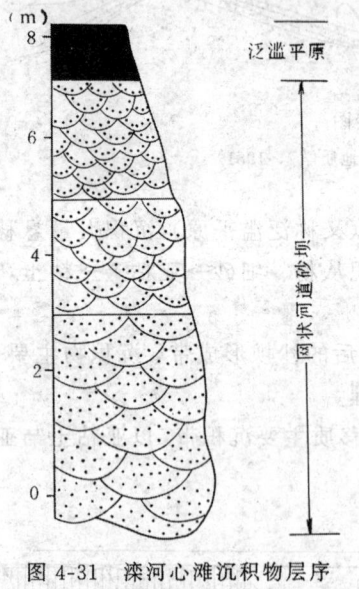

图4-31　滦河心滩沉积物层序
（据孙永传等，1989）

（6）河间洼地堆积物　包括两河之间和平原区泄洪洼地沉积物（图4-23、图4-32）。洪水溢出河床，在地上悬河间洼地与低处积水形成半永久性或临时性湖沼，沉积环境具有河漫滩沿河带与牛轭湖性质。沉积物以悬移质亚砂土、亚粘土和粘土为主，具有细微"纹泥状"水平层理，每次汛期沉积的亚砂土和亚粘土厚度从几毫米到1～2cm，以亚粘土为主沉积时层理不显著。湖沼有机沉积物厚几十厘米到数米，气候干燥时可发育盐渍土夹层。

（7）决口扇堆积物　洪水冲破河堤（天然堤或人工堤）沿缺口突然向外分流，甚至改道，并迅速堆积成决口扇形堆积物。扇形堆积物泄流方向与主流方向偏离显著，向平原低地倾斜，扇面发育网状细流（图4-23）。沉积物以含砾砂、细砂为主，有时发育有急流交错层，上覆不

厚的洪峰期后的悬移亚粘土层。

除上述7种冲积物外，冲积平原冲积物系统中还夹有小河、河漫滩上积水洼地等小规模沉积物。

关于冲积物厚度问题：在堆积平原（或断陷区）常以冲积层厚度来估算地壳沉降量。但应注意：在没有地壳下降背景时，冲积物的厚度值大约相当于河流洪水高程与深水区高程差值，称为正常厚度冲积层。若地壳强烈沉降，冲积物厚度很大，则应从中减去正常厚度后再用余值估算沉降量。一般因地壳沉降产生的超常厚度冲积物中，夹有代表地面环境沉积的牛轭湖沉积物、古土壤和风化层等标志沉积物。

2) 冲积物组合　　冲积物在不同气候带和地貌环境中有不同组合特征。主要的冲积物地貌组合如下：

(1) 山地河流冲积层组合　　山地和剥蚀丘陵区河流冲积物以河床堆积物和河漫滩堆积为主。河床堆积物厚度较大，砂砾为主；河漫滩沉积物厚度小。对砂矿形成有利。

(2) 冲积平原(含大型沉降盆地)河流冲积层组合　　以河床、河漫滩、河间洼地和牛轭湖型沉积物为主，夹天然堤和决口扇及小河与河漫滩湖沼沉积物。这里河漫滩亚粘土、粘土沉积厚，河床沉积粒度比山地河流细，以含砾砂或砂为主。沿河流纵向，从上游往下游，河床顶、底板高程降低，平均粒径变小，悬移质含量增大；横向上从河床轴线往两侧河床沉积厚度变薄，平均粒径变小，粉沙与粘土含量增大。依据上述变化趋势，配合结构、构造研究，以钻孔岩芯提供的上述变化作变量，用统计分析方法可划分地下不同时代和深度的古河道系统。

(3) 辫状河沉积物　　主要为心滩（或沙洲）沉积物与河漫滩沉积物组合，可见于平原或山地河流部分地段与冰川末端网状河流地段。

另外，热带因化学风化作用和岩溶区溶解作用盛行，冲积物河床沉积厚度不大，砾石也较少。干旱区沟谷发洪时水浅流急，不厚的冲积物中平行层理发育。

(六) 河流阶地

1. 河流阶地形态要素与结构　　河流阶地由阶面、阶坡（侵蚀陡坎）、前缘、后缘等要素组成（图4-33）。河流阶地阶面高出河流平水位的高度，称阶地河拔高度。在阶地系列中常从低阶地往高阶地依次称第Ⅰ阶地、第Ⅱ阶地……等。在阶地规模小时阶地高度以阶面中段河拔高程为准，阶地很宽时，应取近岸、中部和阶地后缘3个河拔高程平均值代之。

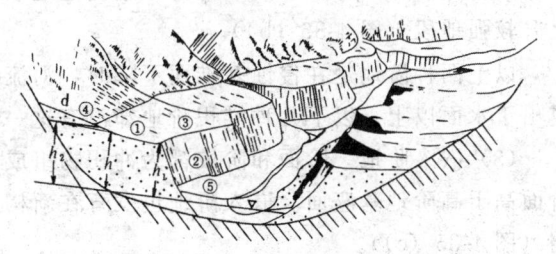

图 4-33　阶地形态要素示意图
(据杜恒俭、陈华慧等，《地貌学及第四纪地质学》，1981)
①阶地面；②阶坡（陡坎）；③前缘；④后缘；⑤坡脚；h_1.前缘高度；h_2.后缘高度；h.阶地平均高度；d.坡积裙

河流阶地结构　　指阶地横向上冲积物与其他沉积物的关系（图4-34），由于阶地形成过程中谷坡上的片流和重力作用同时进行，因此来自谷坡上的坡积物、重力堆积物（乃至老冲积物）在阶地后缘部分与冲积物犬牙交错（有时也覆于阶地面上）。这些沉积物不仅使得阶地后缘高度变高，也引起冲积砂矿品位降低和工程水文地质条件变化。

2. 河流阶地形态类型　　河流阶地形态类型是据阶面与阶坡组成物质、阶地基座高度和阶地冲积层时代与接触关系划分的。分为侵蚀阶地、堆积阶地和两者过渡的基座阶地三类六种（图4-35）。

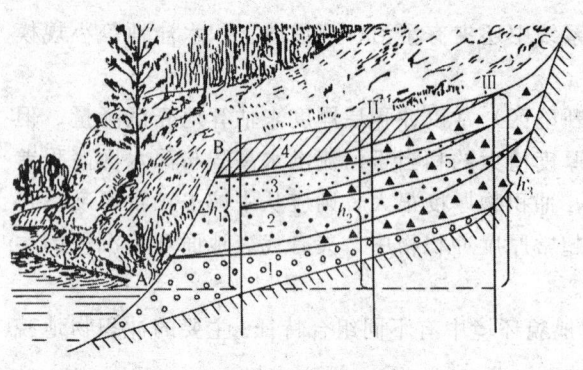

图 4-34 河流阶地的结构图
(据阿布拉多夫,1954)
A—B—C 为切开的剖面线;1、2、3. 河床沉积物;4. 河漫滩沉积物;5. 重力和片流堆积物;Ⅰ、Ⅱ、Ⅲ. 断面或钻孔位置;h_1、h_2、h_3. 河面以上不同钻孔中岩性长度;ABC. 地形线

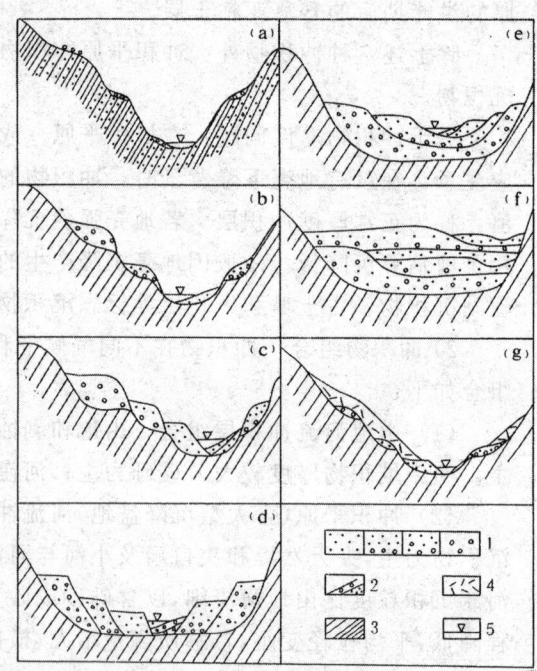

图 4-35 阶地类型示意图
(据杜恒俭、陈华慧等,《地貌学及第四纪地质学》,1981)
1. 不同时代冲积层;2. 现代河漫滩;3. 基岩;4. 坡积物;5. 河水位;(a) 侵蚀阶地;(b) 基座阶地;(c) 嵌入阶地;(d) 内叠阶地;(e) 上叠阶地;(f) 掩埋阶地;(g) 坡下阶地(为斜坡堆积物所掩埋)

(1) 侵蚀阶地 阶地的阶面和阶坡由基岩组成,阶面上保存有不厚的冲积层或残余冲积砾石。侵蚀阶地发育在河流上游和新构造运动强烈上升地段(图4-35(a))。

(2) 基座阶地 阶面和阶坡上部为冲积物组成,阶坡下半部露出基座。基座可以是基岩,也可以是比冲积层老的松散堆积物,两者间有侵蚀面分开。基座阶地发育在河流中上游和新构造运动上升较强地段(图4-35(b))。

以上两种阶地是在侵蚀基准面下降时,河流都深切到河床冲积层以下的基岩中,并使其露出于水面以上。以下几种堆积阶地却没有这一特征。

(3) 嵌入阶地 阶面和阶坡都为冲积物组成,不同时代冲积物呈嵌入切割接触,低阶地阶面高于高阶地基座面。嵌入阶地也发育在新构造上升区,但上升强度比前两种阶地形成时弱(图4-35(c))。

(4) 内叠阶地 阶面和阶坡亦为冲积物组成,新、老阶地冲积层呈切割关系,但各阶地基座近于同一水平,反映河流每次下切到基座为止。此种阶地也发育在新构造上升为主的地区(图4-35(d))。

(5) 上叠阶地 阶地由不同时代冲积物上叠组成,新阶地叠置于老阶地之上,且分布于老阶地内。这种阶地发育在新构造运动升降过渡带,下降期沉积较厚冲积层,上升时河流未切穿老冲积层(图4-35(e))。

(6) 掩埋阶地 前期河流阶地被后期冲积层掩埋(图4-35(f)),这种阶地与掩埋河谷的区别在于后者是在地壳连续沉降时,被后期冲积层掩埋的河谷。至于坡下阶地则是指由于斜坡重力作用,使下滑重力堆积或坡积物所掩埋的河流阶地(图4-35(g))。

在河谷横剖面上,不同时期阶地组成的河流阶地系列,很少是单一类型的阶地,常为不同类型阶地组合。沿河床两侧,河流阶地可以对称或不对称分布,阶地的不对称分布(或河谷不对称）与下列因素有关：曲流往一方摆动、不均匀的地壳掀斜运动、原始地面倾斜和经向河流的科里奥尼效应等使河流阶地沿岸比另一岸发育。

3. 河流阶地研究　首先要识别和排除地滑、洪积扇和冲出锥阶地、构造剥蚀台阶和人工陡坎等非河流成因阶地。沿河流阶地发育地段（如曲流地段）作若干河谷-阶地横剖面，同时详细研究各级阶地的冲积物岩性、结构、构造、沉积物成因和时代，所含化石及历史文物，阶地类型，河拔高程和含矿含水性等等。根据若干横剖面资料作阶地纵剖面（阶地位相图）用以研究新构造运动。编制阶地位相图首先要根据各横剖面上河床平水位高程编制河谷纵剖面（图 4-36 的斜线部分），其垂直比例尺应大于水平比例尺。然后按比例把各阶地河拔高程画在

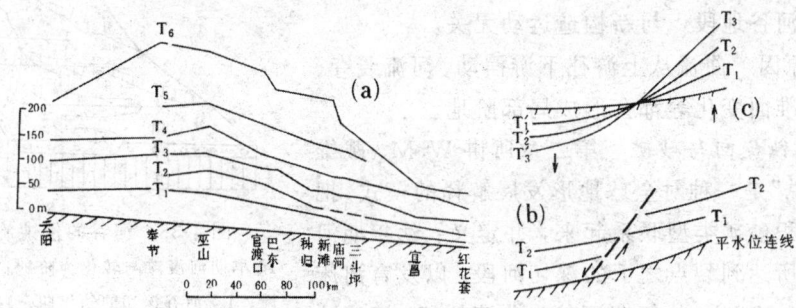

图 4-36　河流阶地位相图及其反映的新构造变形变位图
(a)长江三峡地区的新构造隆升（引自成都地质学院,《地貌学及第四纪地质学》,1978）；(b)新断裂或活动断裂；
(c)升降差异运动,上升区阶地间距往上游增大,下降区为掩埋河谷

各横剖面所在处的河谷纵剖面之上，最后用直尺把同一时代河流阶地的阶面连接起来，即得河流阶地位相图。图上可以反映出新构造运动的隆升、差异运动和断裂活动等（图 4-36），用河流阶地位相图研究新构造运动是一种比较成熟有效的方法。若河流某段形成在地壳隆升之前，在隆升过程中其流路不变而只下切，河漫滩和阶地发生背斜状变形，称为先成河谷地段（图 4-37(a) 及图 4-36(a)），这是一种重要的局部新构造运动上升的地貌标志。若在地壳上升过程中河流切穿不厚的松散盖层，下切到其下早已形成的褶皱中，称后成谷（或叠置谷），无局部新构造运动隆升意义（图 4-37(b)、(c)中）。

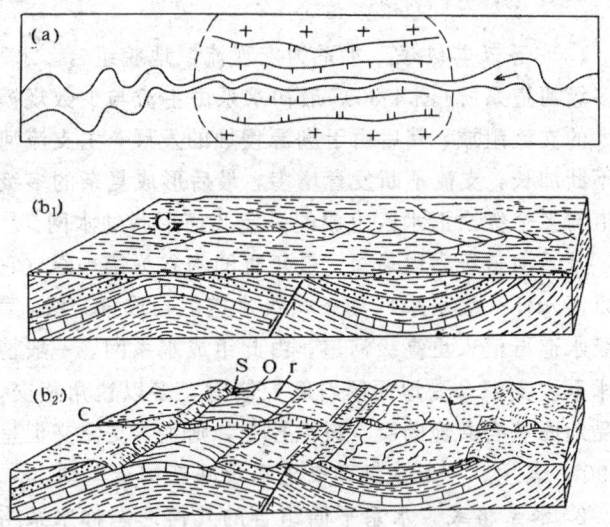

图 4-37　先成河谷与后成谷和河流类型图
(a) 先成河谷地段，有"十"者为局部隆起（平面）；(b_1) 发育在不厚的松散覆盖层上的顺向河（C）；(b_2) 河流切穿盖层，顺向河横切入其下早期构造中，称后成谷（或叠置谷）；S. 次成河；r. 再顺向河；O. 逆向河
((b)、(c)，引自北京大学,《航空地质调查方法》,1979)

4. 河流阶地成因　形成河流阶地的原因主要有:

(1) 间歇性新构造运动　地壳相对稳定阶段河流以侧蚀为主,形成河漫滩和冲积层;地壳上升阶段则河流以深切为主,使河漫滩转化为河流阶地。穿越山地和平原(或盆地)的河流因山地与平原的相对间歇性升降运动都会引起其侵蚀基准面变动,导致河流阶地沿主流和支流同时发展,故间歇性新构造运动是河流阶地形成的重要原因。

(2) 气候变化　冰期与间冰期的交替,导致入海河流的侵蚀基准面(海平面)的升降,是入海河流阶地形成的原因。在山岳冰川地区,由于冰期强烈的物理风化作用,使大量碎屑进入并滞留谷中;间冰期(或温润期)河流动能增大,切入沉积物,形成阶面微向上凸的弓形阶地,此类阶地多见于山地部分河谷地段,与新构造运动无关。

(3) 其他原因　曲流从上游往下游摆动、河流袭夺、地方性侵蚀基准面变化等都会形成局部阶地。

5. 河谷侵蚀旋回与砂矿　第二章所讲 W.M. 戴维斯"侵蚀循环说"是一种对全球地形发展解释的模式,把这一理论与冲积砂矿类型联系起来,并定义:幼年期河谷为溯源侵蚀所达到裂点之下的深切河段,以发育河床砂矿为主(图 4-38 Ⅰ);壮年期河谷为曲流侧移,河流阶地发育的河段(图 4-38 Ⅱ),以阶地砂矿和河谷(河漫滩)砂矿为主;老年期河谷为曲流和河漫滩极度发展,阶地破坏殆尽的河段,以新的河谷砂矿为主(图 4-38 Ⅲ)。据 Ю.A. 毕利宾(1956)研究在规模不大的多支流汇合地区,上述各种砂矿平面上呈扇形分布。

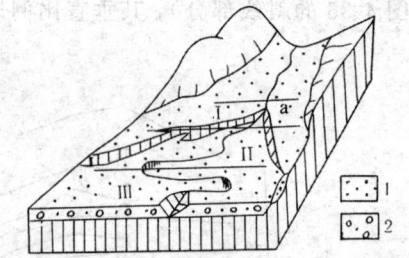

图 4-38　河谷的侵蚀旋回图

1. 早期河漫滩与转化为阶地;2. 晚期河漫滩;Ⅰ. 河谷深切的幼年期;Ⅱ. 河谷展宽与阶地形成的壮年期;Ⅲ. 河漫滩极其发育和河谷极度展宽的老年期;a 为裂点

(七) 水系

1. 水系及其级序　水系为宏观流域地貌组合。水系是由主(干)流及其支流组成的复杂的多级河道系统(图 4-39)。最初水系由主流与少数规模不大的支流组成,其后由于溯源侵蚀的发展,主支流河道不断加长,支流不断发育增多,最后形成复杂的多级河道与多个级次汇水区组成的一定几何形状的水网。

水系河道级序以最短、最年青的沟谷为第一级(它可以汇入任一级水系),两条一级水道汇合成第二级,第二级水道再汇入更高级河道,由此组成水系网。一般情况水系主支汇合受地面倾斜度控制时,多以锐角相交,若受地面基岩共轭断裂、裂隙控制,则主、支流交汇呈近 90°,若主、支流成钝角交汇可反映新构造运动。

2. 水系格式　水系平面组合的几何形态称水系格式,它受地面岩性、地质构造、地形和新构造运动的影响(图 4-40)。主要水系如下:

树枝状水系　水系无发育优势方位,呈均匀树枝状。发育在岩性均一、构造平缓、地形平坦地区。

格状水系　主、支流多呈近直角交汇成格状或菱形。发育在厚层有共轭节理的砂岩、花

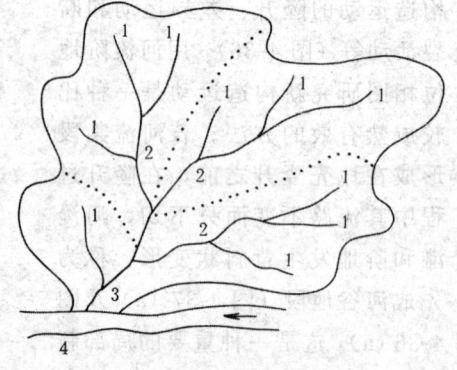

图 4-39　水系及河道级序图

1、2、3、4. 水系中河道级序,表示水系的发展;实封闭线为第三级水系汇水区;点线为二级水系汇水区

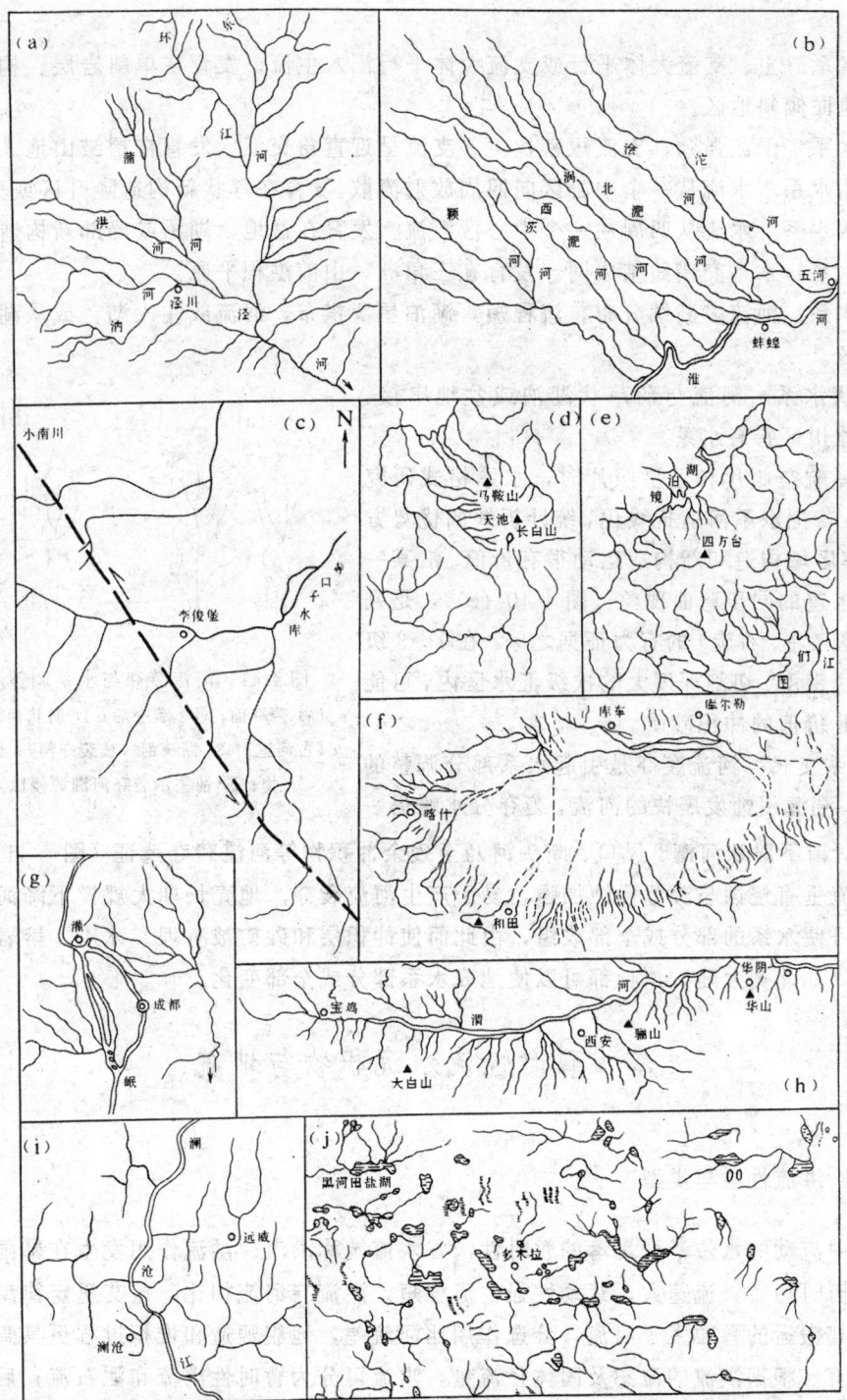

图 4-40 水系形成示意图

（据杜恒俭、陈华慧等，《地貌学及第四纪地质学》，1981，补充）

(a) 树枝状水系（陕西泾河流域）；(b) 平行状水系（淮河流域）；(c) 水系的同步弯曲现象（陇西海原断裂对水系的影响，左旋滑动）；(d) 放射状水系（长白山天池）；(e) 环状水系（牡丹江上游四方台附近）；(f) 幅合水系（塔里木盆地水系）；(g) 辫状水系（成都平原西部）；(h) 羽毛状水系（秦岭北坡渭河河谷）；(i) 格状水系（云南澜沧江及其支流）；(j) 星状水系（藏北高原）

岗岩地区。

平行水系 主、支流大体平行或支流大体平行汇入主流。发育在单斜岩层、构造掀斜运动或原始地面倾斜地区。

羽状水系 干流强劲,支流短密,主、支流呈近直角交汇。发育在褶皱山地。

放射状水系 水流从一个中心区向四周放射流散。发育在穹状新构造隆升区或火山地区。

向心状水系 水流从四周往一个中心区汇流。发育在盆地、湖沼或局部新构造沉降区。

辫状水系 水系交错纽结成网。发育在三角洲,山前洪积平原。

星状水系 河流多断续分布,流程短,湖泊星罗棋布,河流或注入湖,或从湖流出。发育在岩溶区。

串珠状水系 河流与葫芦状湖泊或盆地串接,构成山岳冰川区特有水系。

在解译航空照片和卫星照片时,水系格式研究极为重要。若把水系河道折线化,统计折线的优势方位,对了解区域构造和新构造运动很有价值。沿某一方向若干水道的同步弯曲现象(图4-40(c)),是判断活动断裂(左、右旋)的有力证据之一。在1~3级水道和刻切密度、切割深度大的次级汇水区内,可能形成有工业价值的冲积砂矿。

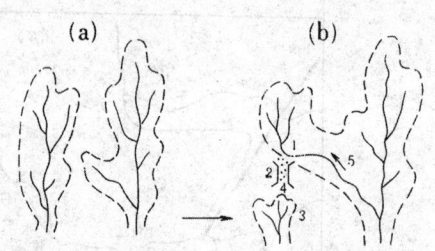

图4-41 河流袭夺与水系调整示意图
(a)袭夺前;(b)袭夺后;1.肘状河湾;2.风口(古河道);3.断头河(被袭夺河);4.残余冲积物;5.箭头示袭夺河溯源侵蚀方向

3.水系变化 河流袭夺是引起水系部分调整的重要原因,溯源侵蚀发展快的河流,袭夺分水岭另一侧河流后,留下肘状河湾、风口、断头河乃至残余冲积物等河流袭夺遗证(图4-41)。新构造上升,河流垂直侵蚀与溯源侵蚀加强,易于产生河流袭夺。地壳长期大规模下降河流加积作用增强,可使水系的部分或全部改组,由此而使冲积层和砂矿被淹埋。冰川、熔岩流入河谷和大冰盖(如北美大陆)消长都可以使地表水系部分或全部变化。

二、暂时性流水沉积物与地貌

(一)洪流性质与类型

沟谷中流动的水位暴涨暴落的暂时性沟谷水流统称洪流。洪流作用发生在暴雨或冰雪消融季节,历时短暂,流速大,紊动性强,流程短。洪流与河流相比,按艾里定律洪流具有更大推力,其搬运的颗粒大于河流,分选作用比河流差,地貌塑造和堆积过程更具急进性,并常伴生灾害。根据洪流的流态及固体径流量,洪流可分为暂时性洪流和泥石流;后者又可分为粘性泥石流与介于洪流和粘性泥石流之间的稀性泥石流(表4-1)。

(二)洪流堆积物和地貌

1.暂时性洪流堆积物和地貌

(1)洪积物 暴雨或冰雪消融季节,含有大量沙石高速运动的浊水流,从山地流出山口或流入主流谷地,由于河床纵剖面坡度骤降,流速锐减,又无河道约束,便分散成多股槽流;

通过泛滥，槽流连接成面状洪流，两者在上述地区共同堆积的扇形堆积物称洪积物。槽流主要分布于扇形堆积体轴部，发洪时水浅流急，碎屑按大小沿谷分异沉积，发育急流交错层理，称槽洪相沉积物。面状洪流水浅流缓，把细粒砂土从扇轴部往外运移成面状分异沉积，发育薄层层理，称漫洪相沉积物。槽洪砂砾与漫洪砂土组成粗细粒韵律层。洪流作用历时一长，扇形体轴部不断淤高，漫洪沉积物分布面积扩展，厚度增大。

表 4-1 洪流类型及洪积物类型关系表

根据流态及固态径流量划分的洪流类型	一般特点	根据水流形式划分的洪流类型	形成的沉积物	
			山谷内	洪积扇上
粘性泥石流	含固体物质（体积）40%~80%，粘度>0.3Pa·s 容重>1.5~1.6t/m³，介质为粘性泥石浆	主要形成面状洪流，少数形成河道洪流	泥石流残留层	泥流型洪积物
稀性泥石流	含固体物质10%~40%，粘度<0.3Pa·s，容重1.3~1.5t/m³ 介质为混浊泥浆状水流	形成面状洪流及河道洪流	在宽缓处形成泥石流残留层，有时形成冲-洪积物	泥流型洪积物或过渡型洪积物
暂时性洪流	含固体物质<10%~5%，粘度0.001Pa·s，容重<1.3t/m³，介质为水流	最高洪峰时可形成暂短的面状洪流，主要形成网状洪流	冲-洪积物	水流型洪积物

洪积物的穿时岩性扇形分相和扇面辐射状（或辫状）沟道粗粒沉积格局，是洪积物与其他扇形堆积物区别的基本特征（图 4-42）。洪积物扇形岩相有：

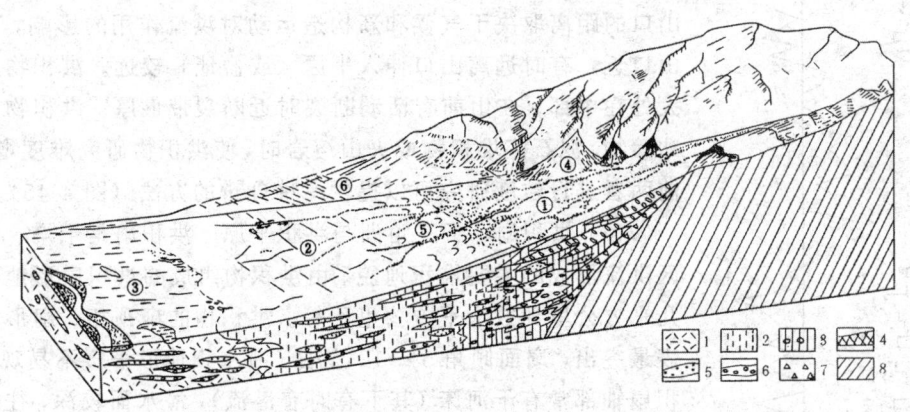

图 4-42 洪积扇岩相分带结构示意图
(据杨子庚，1981)

①扇顶相；②扇形相；③滞水相；④加叠冲出锥；⑤风力吹扬堆积；⑥扇间洼地。a. 冲积物；b. 坡积物，虚线为岩性分相界线；1. 粘土及亚粘土；2. 亚砂土；3. 含砾石粘土、沙土（泥流型洪积物）；4. 泥炭及沼泽土；5. 砂透镜体；6. 砾石透镜体；7. 坡积碎石；8. 基岩

扇顶相 以巨砾、砾石等粗粒沉积物为主，夹有细粒沉积透镜体，巨砾间为后续水流细

粒充填,发育急流交错层理。扇顶相主要由多次槽洪粗粒沉积物组成。

扇形相 为漫洪相砂土夹槽洪相砂砾组成。槽洪粗粒沉积物成条状由扇顶伸入,剖面上呈各种透镜状(又称填谷粗粒沉积物),常与细粒沉积物交互,呈现不连续层状,称"多元结构"(图4-43),洪积砾石 ab 面呈叠瓦式排列,从扇面各点向谷口倾斜。沿洪积扇轴部主河道厚层砾石透镜体的粒度变化可以获得水动力大小变化及有关气候与环境变化信息。如图4-44是周口店晚更新世洪扇轴部一厚约9m的砂砾透镜体,每隔10cm厚度测10个最大砾石,并算出其平均砾径,作直方图(图4-44左),再以每层平均砾径算出总平均砾径作砾径变化图(图4-44之右)。该图反映出砾径三

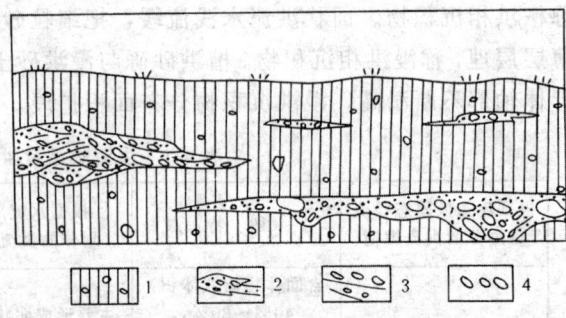

图4-43 洪积物的"多元结构"图
1.漫洪相含砾亚砂土、亚粘土,有细微层理;2.槽洪相砂砾透镜体,底部有冲坑;3.砂砾组成的斜层理或交错层;4.砾石盖瓦状排列

个级序的变化,表明洪流水动力变化与该区晚更新世不同时间级序的干湿气候和环境变化有一定联系;变化曲线呈不对称锯齿状,砾径由大→小的变化较为迅速,而由小→大则较为复杂缓慢;与 $\delta^{18}O$ 曲线变化形态有相似之处。

滞水相 又称边缘相,主要由漫洪相亚砂土、亚粘土组成,具有由粉砂与亚粘土组成的"纹泥状"薄层理。透水性差,有时夹薄层有机质沉积物。

以上各岩性带在平面和剖面上都呈过渡关系。洪积物岩相离山口的距离取决于气候和新构造运动对洪流作用的影响,有时离山口近,有时远离山口伸入平原(或盆地)较远。洪积物厚度最大处在中部;在山前有活动断裂时近断裂带最厚。洪积物中夹有冰碛物、泥石流堆积物或火山熔岩时,使洪积物研究难度增加,对前两者进行粒度研究可以提供一种分辨的方法(图4-45)。

(2)洪积扇、干三角洲与洪积平原 洪积扇是干旱、半干旱区洪流形成的主要堆积地貌。由洪积物组成的洪积扇形地面积从几平方公里到数十平方公里不等。洪积物的扇顶相、扇形相在地表最突出,扇面倾角5°~10°左右,滞水相地形平缓不易观察。洪积扇轴部常有干河床(其下有时有潜流),潜水面较深,往滞水相方向潜水面逐渐升高,在扇形相与滞水相交界带,有时潜水溢出地面成泉、河或形成沼地或盐渍地。文献中常用"冲积扇"一词,冲积扇与洪积扇的成因基本相同,区别在于前者扇面轴部有常年性河流并形成冲积物,后者轴部为间歇河主要形成洪积物。在干旱区由于降水少、蒸发强烈,河流沿程水量不断蒸发与渗漏,使其搬运能力不断变小,在河流下游地表形成扇形砂砾堆积体,称干三角洲堆积,是干旱平原(盆地)常见的地貌。

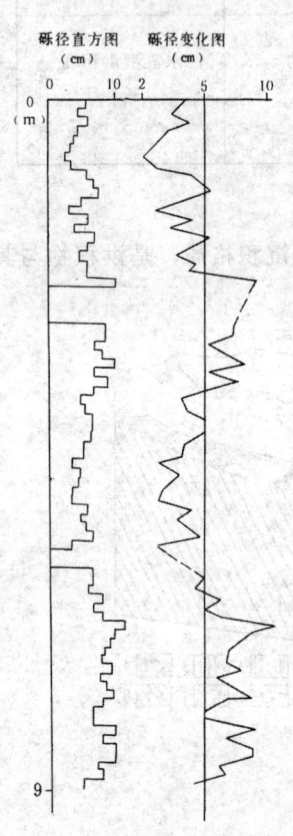

图4-44 洪积砾石砾径图
(a 轴)砾径直方图(左)
与砾径变化图(右)
(说明见正文)

洪积倾斜平原是山前若干洪积扇（或冲积扇）相连形成的中—大型组合形态，规模可达几十、几百甚至上千平方公里，是半干旱、干旱区重要的较好的生态环境。洪积平原纵向上往平原微倾斜，横向上波状起状，上凸处为洪积扇轴部，下凹处为扇间洼地，后者有时积水成沼地，或堆积不厚的泥炭，或盐渍化。对地下掩埋的洪积平原沉积物，可以根据地表洪积扇地貌和岩性分布格局，用研究冲积平原地下古河道系统的统计方法，处理钻孔岩芯资料，对地下不同时代的洪积物进行划分圈定。

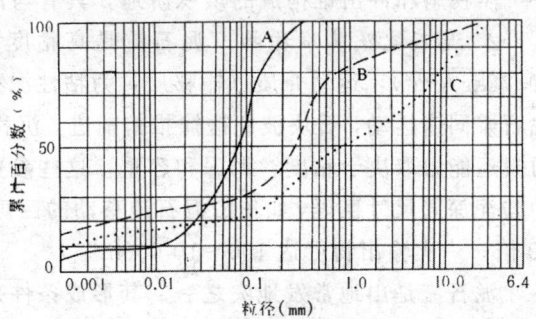

图 4-45 几种洪流沉积物的粒度累积曲线图
（据 W.B. 布尔，1963，简化）
A. 水流型洪积物；B. 泥石流型与水流型洪积物过渡型；
C. 泥石流型洪积物

（3）冲沟和冲出锥　冲沟又称侵蚀沟，是发育在坡地上的小型流水侵蚀沟谷，它与片流洗刷同样是强有力的造成水土流失作用的因素。冲沟形成发展如下：

细沟阶段　斜坡上小股水流顺坡往下流动，形成宽约 0.5m、深 0.1～0.4m、长数米到数十米的细沟（又称犁沟），其纵剖面与斜坡一致（图 4-46（a）），虽切割破坏土壤上部，但可填平，不致造成重大灾害。

切沟阶段　细沟进一步展宽加深都达 1m 左右，切穿土壤层（图 4-46（b）），纵剖面下段与斜坡不一致，沟床下蚀形成陡坎，有水时使溯源侵蚀加快。

冲沟阶段　切沟进一步发展使沟床纵剖面下凹与斜坡明显不一致（图 4-46（c）），沟缘、沟壁和沟头坡陡，常发生重力崩塌，加上溯源侵蚀，使冲沟展宽加长加速进行。冲沟是侵蚀沟发展最快、破坏性最大的发展阶段，在无植被覆盖的松散土（如黄土、松散红土）中活冲沟每年侵蚀可达几十米长，使地表支离破碎、草木稀疏，成为荒芜歹（劣）地。

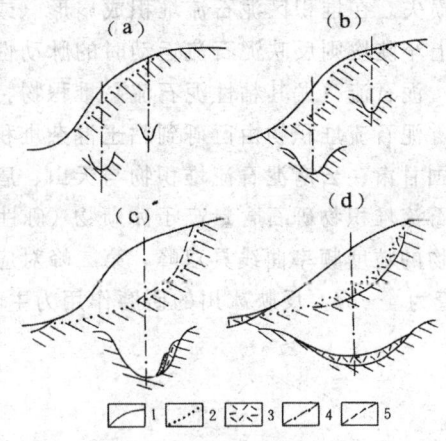

图 4-46 侵蚀沟发展阶段示意图
（据 C.C. 索波列夫修改，1957）
1. 坡面地形线；2. 沟底地形线；3. 堆积物；
4. 剖面线；5. 冲沟向源侵蚀部分；(a) 细沟；
(b) 切沟；(c) 冲沟；(d) 坳谷

坳谷阶段　冲沟进一步发展，沟头停止发展，谷缘圆化，纵剖面塑造成下凹形，并被砂土、植物覆盖，横剖面成浅"U"形，称坳谷（死冲沟），侵蚀沟进入衰亡阶段（图 4-46（d））。坳谷堆积物属于冲、坡积混合成因。

现代人类活动（如毁林、开荒和过度耕牧等）使片流和冲沟侵蚀加剧。据统计从第二次世界大战结束以来，由于人类活动已毁坏了地球上 10.5% 的肥沃耕地。以沙漠扩大、森林消失、水土流失和耕地退化构成的全球性荒漠化已成为全球性严重环境问题之一，可能将会危及下一个世纪人口增加到 80 亿时的粮食供给问题。

冲出锥　冲出锥是暂时性冲沟水流在沟口形成的小型洪积物形态，其分布无地带-气候意义，其面积大小仅几平方米到几十平方米。冲出锥坡角比洪积扇陡，可达 18° 左右。冲出锥洪积物以砂砾夹砂土为主，分选差，岩相分异不及洪积扇明显。

洪积扇和冲出锥构成的洪积阶地，具有与河流阶地相似的类型与意义。

2. 泥石流及其堆积物　泥石流是高粘度、高密度和高速运动的重力流，具有浮托力（$0.22kg/cm^2$），运动介质（输移质）为粘性泥石浆，被搬运物为石块。泥石流运动时石块与泥石浆同速运动，石块彼此碰撞推挤前进，沉积时保持其整体结构（结构性泥石流）。泥石流的搬运能力取决于粘度、泥深和容重，这些参数愈大搬运能力愈大。只要泥深大，就足以移动与泥深同尺寸巨砾，如华山泥石流移动的巨砾可达 1 万多吨。泥石流搬运能力是洪流的 5~50 倍，一次输出物可达 100~10 000m^3。

泥石流是山地常发地灾之一。其形成条件是源区要有足够数量岩屑（风化的、重力的和冰雪供给的）；通道区沟谷横断面窄而深，纵向坡陡多岩坎，有利于泥石流加速（图 4-47）。一旦松散碎屑物被水饱和，摩擦阻力减小，在重力和其他触发因素（包括人工活动）作用下即可爆发泥石流。在暴雨中心地带或冰雪融化季节，尤其持续小雨之后继之暴雨，最易触发泥石流（包括人工堆积物，如沙石堆和垃圾堆等只要超过其临界稳定条件，都可形成泥石流）。泥石流暴发历时短暂，响声雷鸣，来势迅猛，前部石块聚集成"龙头"，沿沟一泻而下，把前进道路上的农田、耕地、森林、道路、桥梁和建筑物一一摧毁，并可堵塞江河，造成财产、生命损失。在堆积区泥石流堆积成扇形（或舌形）地，运动时的前方"龙头"形成石坝，扇形地上小陡坎则反映泥石流运动时的脉动性。

泥石流（尤其粘性泥石流）堆积物特征如下：

泥石流堆积物由巨砾到粘土混杂堆积组成，分选极差（$s_0=10$），与冰碛物相似。但据对中国甘肃、云南泥石流堆积物与天山、唐古拉山冰碛物的粒度组成对比研究（表 4-2），显示泥石流堆积物砾石含量高于冰碛物（砾性来自发流沟谷），而粉砂含量低于冰碛物。泥石流堆积物的粒度频率曲线具双峰，第二峰对应 ϕ 值为 6~7ϕ（图 4-48），而冰碛物第二峰则对应的 ϕ 值为 4~6ϕ，反映冰川的研磨作用为主，泥石流中则含风化粘土。

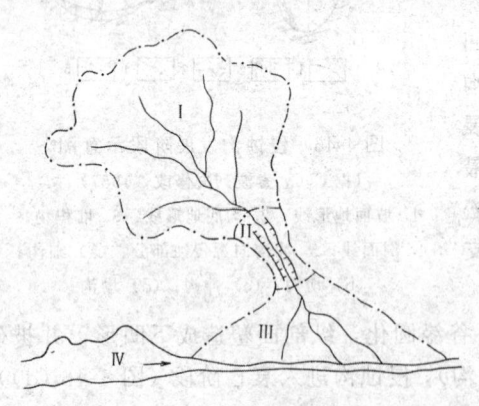

图 4-47　泥石流域示意图
（引自北京大学等，《地貌学》，1978）
Ⅰ. 形成区；Ⅱ. 流通区；Ⅲ. 堆积区；Ⅳ. 湖泊；
点划线为分区界线；锯齿线示峡谷

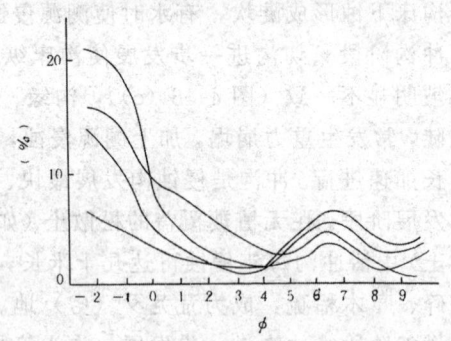

图 4-48　甘肃武都泥石流堆积物的粒度频率曲线图
（据张林源，牟均智，1982）

泥石流堆积物中 5~20cm 砾石砾向呈叠瓦式排列逆指上游趋势，巨砾及其间充填细粒则无组构意义。泥石流堆积物无明显层理，但剖面上可辨认出不同时期泥石流沉积物之间的界面，并常见有泥包砾结构，有时有泥球、压楔等构造，0.5m 以上砾石上有碰击纺缍状碰坑或擦痕。

泥石流成舌状或扇形，一般长 1~3km，最长可达 50~60km，粘性越大扇形愈完整；但

表 4-2　泥石流堆积物与冰碛物粒度组成表

沉积类型\粒级组成	砾 (%)	砂 (%)	粉砂 (%)	粘土 (%)
甘肃武都、云南东川泥石流堆积物	65.15~67.25	15.48~20.46	9.78~18.85	3.41~4.60
天山、唐古拉山冰碛物	37.27~60.7	22.10~48.62	10.70~12.10	3.41~5.75

（据张振栓，邓养鑫，1982）

其岩相分相不及洪积物明显。

稀性泥石流（紊流性泥石流）形成条件与粘性泥石流相似，其岩性结构特征则介于粘性泥石流（结构性泥石流）与暂时性洪流之间。研究泥石流暴发的临界条件，对防止泥石流灾害有重要的意义，是一个有待解决的问题。

三、湖泊与沼泽沉积物

湖泊是陆地上的积水洼地，规模大小悬殊，巨大的湖泊有的称为海（如黑海），但湖泊一般缺少潮汐作用，这是与海的最大不同之处。湖泊是大陆上的重要沉积场所，也具有调节气候与洪水的重要作用。湖沼堆积物是良好的第四纪气候与古环境变化记录之一。

（一）湖泊沉积物与地貌

湖泊遍及全球，分布面积270多万平方公里，占陆地面积的1.8%，我国湖泊面积达4万多平方公里。第四纪湖泊更多，分布面积更广。

1. **湖泊的成因**　湖泊成因有两类：内力成因湖泊和外力作用湖泊。前者有断陷湖、坳陷湖、构造倾没湖和火山口湖等；后者有冰蚀湖、岩溶湖、风蚀湖、河成湖、堰塞湖、残留湖（残余海）和人工湖泊。第四纪冷（干）、暖（湿）气候变化和新构造升降运动对湖泊的扩大与缩小和沉降中心转移有重要影响。大型断陷湖形成历史长，沉积物厚，其第四纪历史可与深海第四纪沉积钻孔岩芯 $\delta^{18}O$ 阶段变化历史对比，晚更新世以来的湖泊沉积物尤为重要，它们记录了距今十几万年以来各地的气候与环境变迁历史。

2. **湖泊沉积物**　湖泊按其含盐量有淡水湖（盐度<0.3‰）、微咸水湖（盐度0.3‰~24.7‰）和咸水湖（盐度>24.7‰）。湖泊的优势沉积物与其所处的自然地理环境有关。湖泊沉积物类型主要有淡水湖和盐湖沉积两大类（前者包括微咸水湖）。

1）**淡水湖沉积物**　淡水湖沉积物以碎屑沉积物为主，化学和有机沉积物次之。

（1）淡水湖碎屑沉积物　湖泊碎屑沉积受湖泊规模、湖浪冲蚀、波浪作用和湖水位变化影响。湖泊的动力与沉积环境分带（图4-49），导致湖泊沉积物的环带状分布。

Ⅰ．湖滨带　湖滨带是受湖浪冲蚀与波浪作用的动能较高地带，深度近于浪基

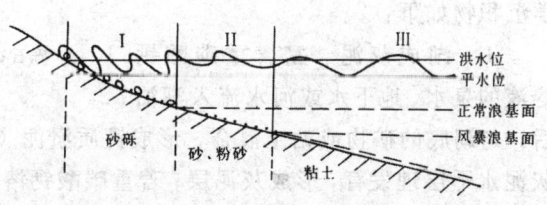

图4-49　湖泊动力与沉积环境分带
Ⅰ．湖滨带；Ⅱ．过渡带；Ⅲ．湖心带

面。如江西鄱阳湖最大波长15m，波高1.5m，浪基面深约20m。此带宽度取决于湖岸水下坡度。此带以粗粒堆积为主，在岩岸和河流入湖地段，主要为砂与砂砾堆积，有时为砾石层。砾径一般以2～5cm为主，砾性取决于入湖河流砾石与湖岸基岩。砾石圆度与分选良好，扁平面呈叠瓦式排列，倾向湖心方向，倾角以<10°为主，砂砾层理的倾向、倾角亦具有与砾石相似产状。在河流入湖地段，由于发洪时河水密度大于湖水，水下泥沙流以10～50cm/s（最大200cm/s）流速沿水下岸坡往湖心方向运动，在河流入湖稍远处形成水下扇三角洲砂质堆积体，具有与三角洲相似结构。沿岸无河地段的缓坡沙岸，以砂质堆积为主，受波浪影响发育有不对称波痕。浅水处形成浅滩、沙洲，较陡岩岸则有砾石堆积，隐蔽处有淤泥堆积。

Ⅱ．过渡带　位于湖滨带与湖心带之间，是受湖水位变化影响的主要地带。洪水季节此带近湖滨带一侧水流紊动强，细粒大部分被搬向湖心带，只有较粗的粉细砂或亚砂土沉积下来；平水期水流紊动弱，沉积物质较细，由此而组成粗、细粒沉积物构成的薄层水平层理，成为湖积物典型结构、构造特征。在强风浪时，此带亦受波浪扰动，形成具有波痕的砂层。

Ⅲ．湖心带　位于湖泊中心，水体波动微弱，沉积环境较为安宁。从前述两带悬移来的细粒物不断在此沉积下来，形成较厚的粘土与淤泥互层，或具有隐层理的厚层粘土层。习于静水的少量薄壳软体生物和蠕虫栖息于此，后者可以留下虫迹。

年层是湖积物特征之一。所谓年层是由颜色、粒度或化学沉积物构成的成对季节沉积物所组成，冰湖中的纹泥（季候泥）是其中之一（见第六章）。另一种湖积年层如瑞士苏黎世湖，夏季蒸发作用强，沉积白色碳酸钙薄层（含碳、氢、氧同位素和较多的锶）；冬季蒸发作用弱，沉积黑色粉砂与淤泥（含锶较少）；二者组合成一个年层。

大型湖泊水深、动力作用强，沉积环境的分带明显，平面上碎屑沉积物呈宽度不等的同心环带状分布（图4-50），而小型湖泊沉积分带较差。湖泊沉积物在剖面上呈湖进或湖退旋回变化，前者是湖滨带沉积物之上叠置湖心带沉积物，反映湖泊扩大，气候湿润；后者则是湖心带沉积物之上叠置湖滨带沉积物，反映湖泊缩小，气候相对干燥。湖退旋回是上新世以来湖泊发展的总趋势。

（2）淡水湖化学沉积物　淡水湖化学沉积物受气候影响，非卤化物化学沉积物如下：

Ⅰ．湖成灰泥　富含重碳酸钙溶液的泉水、地下水或河水流入湖泊

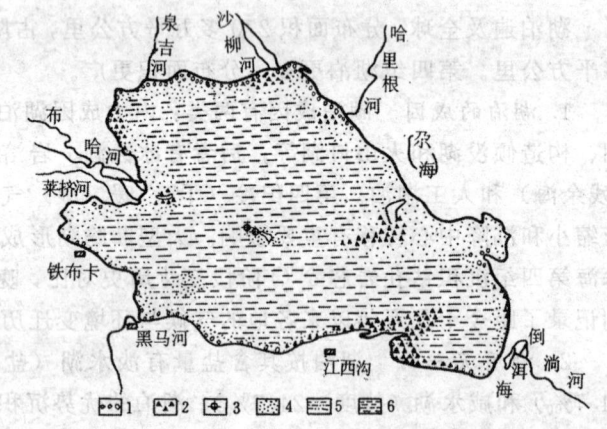

图4-50　青海湖的碎屑沉积物平面分布
（引自成都地质学院，《动力地质学》，1983）
1. 砾石；2. 砂砾；3. 暗礁；4. 砂；5. 粉砂与淤泥；6. 淤泥

后，与湖底的矿物或粘土混合，形成钙质淤泥（固结后即为泥灰岩），即称为湖成灰泥。湖成灰泥水平层理发育，形成灰泥层；若重碳酸钙溶液局部集中，则形成含钙质结核的淤泥层。中国第四纪湖积物中此类沉积物分布广泛。

Ⅱ．湖成铁矿　温湿气候带的低山丘陵区化学和生物风化作用较强，灰化土形成过程中，排出的低价铁——Fe(HCO$_3$)$_2$、FeSO$_4$和难溶元素Mn和Al等的胶体随水汇入泄流淡水湖，

这些胶体在氧化、还原和生物作用下与有机物混合形成鲕状、豆状、饼状或透镜状铁矿夹层。如：

$$4Fe(HCO_3)_2 + O_2 + 2H_2O \xrightarrow{\text{氧化}} 4Fe(OH)_3 \downarrow \text{(褐铁矿)} + 8CO_2 \uparrow$$

$$Fe(HCO_3)_2 + 2H_2S \xrightarrow{\text{还原}} FeS_2 \downarrow \text{(黄铁矿或白铁矿)} + 3H_2O + CO_2 \uparrow + CO \uparrow$$

$$Fe(HCO_3)_2 \xrightarrow{\text{细菌作用}} FeCO_3 \downarrow \text{(菱铁矿)} + H_2O + CO_2 \uparrow$$

湖成铁矿一般规模不大，不稳定，常含 Mn、P、S 等杂质。

(3) 有机质沉积物 湖泊中生长有大量植物、藻类和软体动物，这些生物死亡后，堆积在湖底还原环境中分解，并和粘土淤泥一起组成含有机质沉积物。湖泊的还原环境可以是水体长期流动不畅引起，也可以是由季节性水温变化引起，前者如长期处于窒息的湖泊（对石油生成有利），后者如温带湖泊，两者对有机物堆积都有重要影响。温带湖泊一年四季水温变化引起的水循环和水温分层最明显：春季（3月）湖水从冻结（低于4℃）向水温增高变化，表层水密度变大（4℃时水密度最大 $\rho=1.00g/cm^3$），与底部低温、低密度水形成上下增温对流（图4-51（a）），含氧水遍及湖区，有利于生物生长，但生物残骸很快氧化，不利有机质

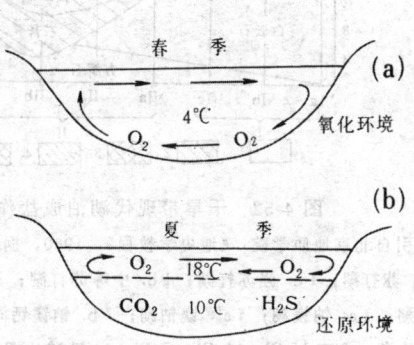

图 4-51 湖泊水体的上下对流与水温分层图
（据任美锷，1975）
(a) 氧化环境，上下对流；
(b) 还原环境，水温分层

堆积。夏季（7月）湖泊表层水温增高（大于4℃），水密度变小，底部水温较低、密度较大，从而出现水温上下分层（图4-51（b）），使上下对流终止，底部处于缺氧状态，引起生物死亡，并放出 CO_2 和 H_2S，有利于有机质堆积（长期窒息湖泊情况与此相似）。秋季和冬季的水温变化与分层分别相当于春季和夏季。热带和寒带湖的水温变化与分层现象不及温带湖明显，热带湖泊多为缺氧环境，亚热带湖泊可能有冬季水温分层。

湖泊有机堆积物按其含碳量有：有机质淤泥，含碳量<20%，其余为粉砂及粘土。腐泥含碳量为20%~50%，其余为碎屑或粘土或石灰质。碎屑质腐泥形成在生长有高等植物和硅藻的近岸地带；在较寒冷的气候条件下大量硅藻堆积形成硅藻土；粘土质及石灰质腐泥是由低等的水藻残体为主构成。泥炭，含碳量大于50%。在淡水湖沉积中，有机沉积物以夹层或薄层或透镜体产出，若湖泊发展到沼泽阶段则形成大规模泥炭。各种湖沼有机沉积物中含有一定数量的沥青"A"（饱和"A"——链烷烃、环烷烃及含苯的芳香烃）及 CH_4、H_2S、CO_2 和 CO 等易燃或有毒气体。

2) 盐湖沉积物 干旱气候区的湖泊多为湖水很少外流的闭口湖，湖水长期蒸发量大于补给量时，湖泊逐渐缩小，湖水含盐度不断增大，以至淡水湖转化微咸水湖，最后向咸水湖转变。图4-52的盐湖的成盐作用图解表明，不论何种矿化类型，成盐作用按矿物溶解度从小→大的发展顺序为：碳酸盐湖→硫酸盐湖→氯化物湖。

(1) 碳酸盐湖阶段 碳酸盐（或苏打）湖是淡水湖向盐湖演变的过渡类型，也是盐湖沉积的第一阶段。湖水含重碳酸钠和微量钾、镁、钙的碳酸盐。沉积中形成方解石、白云石、苏打（$Na_2CO_3 \cdot 10H_2O$）、水碱（$Na_2CO_3 \cdot H_2O$）和天然碱（$Na_2CO_3 \cdot NaHCO_3 \cdot 2H_2O$），这种

湖又称碱湖。内蒙古、吉林和黑龙江等省（区）有不少碱湖分布，如吉林省乾安县的大布苏碱泡子为著名碱湖，湖水很浅，冬季冻结时有天然碳酸钠晶体析出。

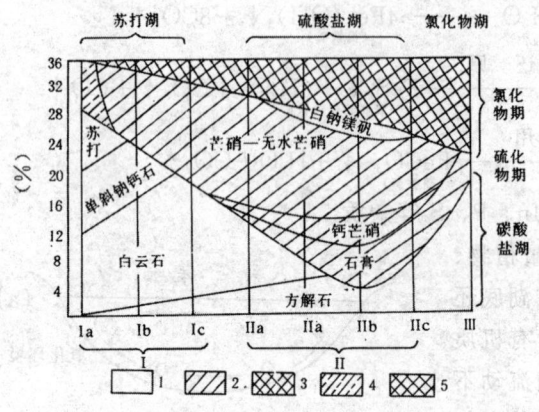

图 4-52　干旱带现代湖泊成盐作用图解
（引自北京地质学院，《地史学教程》，1960，据 H.M. 斯特拉霍夫）
Ⅰ. 苏打湖；Ⅰa. 强苏打湖；Ⅰb. 中等苏打湖；Ⅰc. 弱苏打湖；Ⅱ. 硫酸盐湖；Ⅱa. 钠镁湖；Ⅱa'. 钠钙湖；Ⅱb. 钠镁钙湖；Ⅱc. 镁钙湖；Ⅲ. 氯化物湖，含有 NaCl、MgCl、CaCl；1. 碳酸盐期；2. 硫酸盐期；
3. 氯化物期；4. 被苏打混入物强烈污染的硫酸盐沉积物；
5. 被硫酸盐混入物强烈污染的岩盐

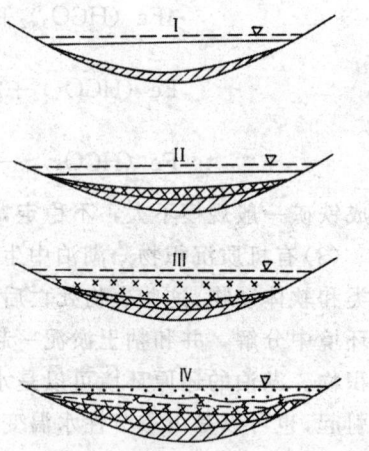

图 4-53　干旱区湖盆地发育示意图
（引自成都地质学院，《沉积相及古地理教程》，1961，据 M.T. 瓦良什科）
1. 碳酸盐；2. 硫酸盐；3. 氯化物；
4. 砂层；5. 冬季水位；6. 夏季水位
Ⅰ. 微咸湖；Ⅱ. 卤水湖；Ⅲ. 成盐干涸；Ⅳ. 沙漠掩埋盐湖

（2）硫酸盐湖阶段　继碳酸盐湖阶段之后，湖水进一步咸化，饱含硫酸盐的湖水遂发生石膏（$CaSO_4 \cdot 2H_2O$）、芒硝（$Na_2SO_4 \cdot 10H_2O$）、无水芒硝（Na_2SO_4）等硫酸盐的沉淀，常见石膏、芒硝与白云石和方解石等共生；这种湖又称苦湖，我国新疆和青海都有这一类湖泊。

（3）氯化物湖阶段　湖水蒸发浓缩到析出溶解度最大的氯化物，如食盐（$NaCl$）、杂卤石（$2CaSO_4 \cdot K_2SO_4 \cdot MgSO_4 \cdot 2H_2O$）、光卤石（$KCl \cdot MgCl_2 \cdot 6H_2O$）和钾盐（$KCl$）等，即狭义的盐湖沉积，代表盐湖沉积的最后阶段。我国青海柴达木盆地的茶卡盐池、柯柯盐池和察尔汗盐池等都属于这一阶段的盐湖。如湖水中含有硼酸盐，则可形成硼砂（$Na_2B_4O_7 \cdot 10H_2O$），青藏地区就有这一类硼砂湖，是硼矿的重要来源。

3. 湖泊地貌　湖泊形成的地貌主要有湖阶地与湖积平原。

湖阶地成环形或半环形绕湖分布，其成因与气候变化或构造运动有关。第四纪干（冷）、湿（暖）气候变化往往波及广大地区的湖群而不是个别湖泊。在温暖气候期，湖泊水位上升（高湖水位），面积扩大，或湖群合并，湖水淡化；干冷气候期，湖泊水位下降（低湖水位），面积缩小，湖水咸化或干涸，湖区有风砂或洪积物堆积。若湖泊底部由于不均匀的堆积，则可造成湖阶地的不对称耳状分布。新构造运动引起的湖阶地常发育在一些构造运动活跃地带，它们常掩盖了气候对湖阶地形成的影响。

湖积平原发育在大湖周围，是湖泊大规模发展时期的产物。我国的洞庭湖、鄱阳湖等大湖周围不同程度地发育湖积平原或湖河平原。

（二）沼泽堆积物

1. 沼泽的形成　沼泽是地表长期处于充分湿润，喜湿性植物丛生，并有大量泥炭和有机质淤泥堆积的地段。沼泽的形成主要由水体沼泽化和陆地沼泽化引起。水体沼泽化即湖泊发展的晚期阶段（图 4-54），湖水将干涸，表层含水量高，喜湿性植物大量生长形成的，大部分沼泽属于这种处于水体缩小状态下的湖区沼泽化而成，分布面积广。在平原和河谷地带，或由于土层粘性大，泄水不畅，或地表水体通过地表下透水层往低洼地带泄水，都会引起陆地沼泽化（图 4-55）。热带地区沼泽发展速度快，寒冷和高山高纬区沼泽发展较慢。晚更新世和全新世，我国东北地区、燕山南麓、江汉平原和长江中下游谷地都发育过较大规模的沼泽，东北沼泽沉积物是形成黑土的母岩。

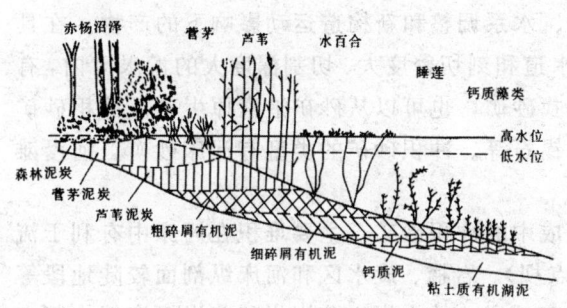

图 4-54 湖泊发展成沼泽和由不同类型的有机质淤泥和泥炭形成的剖面图
（据 Overbeck，1950，E Stach 修改）

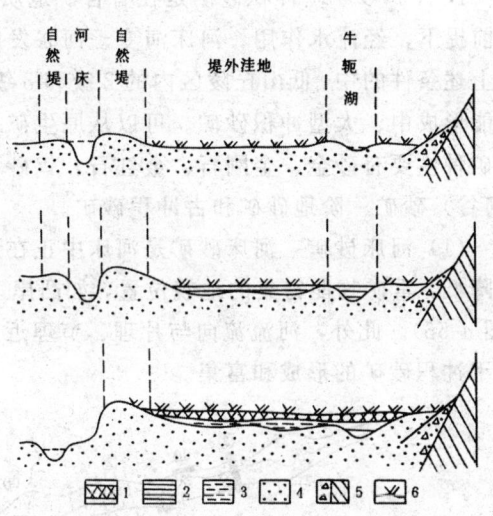

图 4-55 阶地、河漫滩沼泽化示意图
（引自杜恒俭、陈华慧等，《地貌学及第四纪地质学》，1981，据中国科学院南水北调调查队简化）
1. 苔草-蒿草泥炭；2. 淤泥；3. 腐泥；4. 冲积物；
5. 坡积物，基岩；6. 苔草植物

高位沼泽和低位沼泽 沼泽主要靠地下水供给水分，地下水中营养丰富，高等植物（乔木如檀木、落羽杉等）生长繁茂，植物死亡后分解快，沼泽表面几乎与地下水面相近或稍低，称低位沼泽。若沼泽主要靠大气降水补给水分，水中养料贫乏，只能生长苔、杂草，植物死亡后分解慢，沼泽表面高于地下水面，称高位沼泽。也有居于上述二者之间的过渡型沼泽。淡水和咸水水体都可以演化为沼泽。高山、高原和高纬区气候虽冷，但蒸发作用小，也易于形成沼泽。某些地段只是季节性地处于水饱和状态，则称为沼泽化地区。

2. **沼泽堆积物** 沼泽堆积物由泥炭、有机质淤泥和泥砂组成。它们是在氧气不足，细菌分解微弱，CH_4、CO_2、H_2S 等气体逸出，有机酸含量增加的环境中堆积而成。

泥炭是沼泽堆积中的主要部分。泥炭呈棕褐色，含水多，质地疏松，压缩性大，含有肉眼可见的植物残片，含碳量 $>50\%$。泥炭堆积速度 $4\sim5$cm/a，最大达 10cm/a，地壳长期缓慢沉降区可堆积巨厚泥炭层。从沿岸往沼泽中心，因生长的植物不同，堆积的泥炭性质也就不同（图 4-54），近岸浅水区泥炭由高等植物残体组成"森林泥炭"，往外为挺水草本植物残体组成的草本植物泥炭（如由芦苇堆积的泥炭），在更深处沉积低等植物组成的有机质淤泥。气候冷暖变化导致植物群变化，可以形成不同气候旋回的沼泽堆积物，并具有沉积旋回界线。埋藏在地层中的前第四纪泥炭经过炭化、脱水依次变成褐煤（含碳量 $60\%\sim70\%$）、烟煤（含碳量 $70\%\sim90\%$）和无烟煤（含碳量 $90\%\sim95\%$）。

四、流水、湖泊和沼泽堆积物研究的实际意义

流水、湖泊和沼泽堆积物和地貌在地球上广泛分布,它们是与人类生产和生活密切相关的沉积物和地貌。

(一) 矿产

1. 冲积砂矿 冲积砂矿是在有含矿地质体(包括原生矿、含矿岩石和含矿构造)提供物源前提下,经流水作用、河床演变、河谷发展、水系调整和新构造运动影响下的产物。在具备上述条件的中、低山丘陵区内的2级和3级水道和刻切密度大、切割深度大的汇水区内,有可能形成中、大型冲积砂矿。可以从原生矿寻找砂矿,也可以从砂矿追索原生矿。冲积砂矿的矿种主要有砂金、金刚石、金红石、钨砂和锡石等。冲积砂矿的类型有河床砂矿、河漫滩(河谷)砂矿、阶地砂矿和古冲积砂矿。

(1) **河床砂矿** 河床砂矿是河床中正在形成中的冲积砂矿,主要堆积在河床中有利于流速降低,重矿物能富集的地貌位置,如凸岸(点坝)、岩槛、旋水区和河床纵剖面较陡地段等(图4-56)。此外,河流流向与片理、节理近直交地段,粘土岩、花岗岩和灰岩河床等也都有利于冲积砂矿的形成和富集。

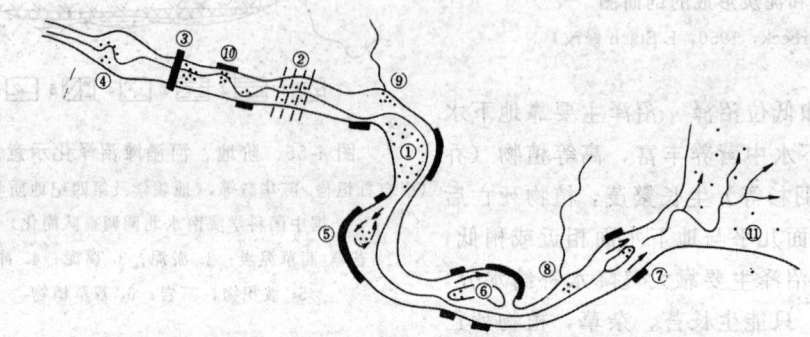

图 4-56 河床中砂矿富集地段和易侵蚀塌岸地段示意图

河床中砂矿富集地段:①凸岸边滩(点坝);②岩槛、壶穴、瀑布下方;③含矿岩脉下方或陡坡地段;④河谷由窄放宽处;⑤旋水区;⑥沙洲头部;⑦沙洲尾部(合流处);⑧支流与主流钝角(或直角)交汇处;⑨支流汇入主流(支流流速大于主流);⑩深水区;⑪三角洲。图上粗黑线段表示河流主流线顶冲和易崩塌段

(2) **河漫滩砂矿** 河漫滩砂矿是已经稳定下来赋存于河漫滩冲积层中的砂矿。河漫滩砂矿形成过程中曲流侧移使含矿砂砾层分布展宽,河流加积作用使含矿砂砾品位贫化。重矿物受重力作用随水往下运动过程中,遇到粘土夹层局部富集(粘土层称假底岩),大部分则运移到砂砾层底部,部分渗入河底基岩风化裂隙中。河漫滩细粒沉积物中,有时也富集少量细粒有用矿物。

(3) **阶地砂矿** 阶地砂矿是河漫滩砂矿转化而来,与阶地类型关系密切。在河流凸岸,河流侧向移动明显的堆积岸(如受科氏力和地壳掀斜运动等影响的不对称河谷)和早期上升为主,晚期沉降等地段,都分布有阶地砂矿。阶地砂矿受后期外力作用影响,可以使品位发生变化,如风化剥蚀使含矿层变薄,冲沟(或小河-细谷)切过含矿砂砾层,进行2次分选,都会使阶地砂矿工业品位相对提高;此外,高阶地砂矿在后期河流侵蚀旋回中,有用矿物颗粒

可以转移到以后的低阶地砂矿中。

(4) 古冲积砂矿 这一类砂矿与现代地表水系无直接关系。一种是古水文网砂矿，它是由于地壳上升使地形倒置，在高地上留下的古冲积砂矿（图4-57）。另一种则是石化的含有用矿物的第四纪以前的沉积岩，是第四纪冲积砂矿的供源之一。

2. 湖成矿 第四纪和现代盐湖沉积物是工业盐（NaCl）、硼和钾肥的重要资源。泥炭矿可用于能源、化工和农业。

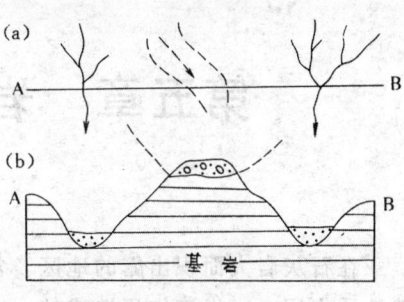

图 4-57 古水文网砂矿
(a) 平面，实线为现代水网，虚线为古代河道；
(b) 剖面，地形倒置现象

（二）地下水资源

冲积砂砾层是河谷地区和冲积平原的主要浅层地下含水层系。冲积砂砾的形成和分布与曲流移动、河谷形成发展、阶地类型、水系调整与地壳新构造运动密切相关。冲积层中地下水与基岩地下水、河水的补给及水力状况有联系。不同时代和深度的地下古河道系统纵横交错，既是良好的地下含水层系，也可用于贮水和引渗回灌。

洪积砂砾层是干旱区、半干旱区山前地带的主要含水层系。洪积物分布、厚度、埋藏深度和地下水补给，取决于气候、相邻山地新构造运动和冰雪状况。

（三）工程

大型水库和水坝工程要求地质基础稳固，蓄水不会渗漏，配套工程合理，易于施工和节省投资。为此要对河谷地貌、沉积物、地质构造、新构造运动、地震和重力作用等进行详细研究，峡谷与宽谷间的过渡地段，尤其是有河中小岛的地段是优选地貌、地质条件。如三门峡水库和正在施工的三峡大坝就利用了上述条件。

水运工程（港口、航道、运河等）要求工程地段河道具备一定的水深、河宽、边滩稳定、无心滩暗礁、无岸崩，上下游冲淤变化对水运的影响不大等等。防洪工程要求重视对河床形态、主流线移动、曲流移动、岸坡岩性、管涌、汊河洲滩演变和沿岸重力作用的研究。

第五章 岩溶地貌及岩溶堆积物

在石灰岩大面积出露的地区，常常是山水奇特，风光秀丽。这种奇丽的山川地貌是由特殊地质作用——岩溶作用造成的。

岩溶作用是指地表水和地下水对可溶性岩石进行以化学溶蚀作用为主，机械侵蚀和重力崩塌作用为辅，引起岩石的破坏及物质的带出、转移和再沉积的综合地质作用。由岩溶作用所形成的地表形态、地下洞穴系统和沉积物，称为岩溶地貌和岩溶堆积物。岩溶则是岩溶作用及由此所产生的现象的统称。有的岩溶区地表水贫乏，石山树少，土层薄，但地下水丰富。奇特景观是重要的旅游资源。

此外，发育在非可溶性岩层（碎屑岩等）中的类似岩溶的形态称假岩溶，如碳酸盐胶结的碎屑岩岩溶和黄土岩溶，冰川、冻土中的热溶现象亦视为岩溶。

岩溶也称喀斯特（Karst）。喀斯特原是南斯拉夫西北部石灰岩高原的地名，19世纪末，南斯拉夫学者J. Cvijic研究了喀斯特高原奇特的石灰岩地形，并把这种地貌叫做喀斯特，以后喀斯特一词便成为世界各国通用的专门术语。1966年我国第二次喀斯特学术会议决定将喀斯特一词改为岩溶。1981年在山西召开的"北方岩溶学术讨论会"上，议定"岩溶"和"喀斯特"二者皆可通用。

岩溶地貌在我国分布非常广泛。广西桂林峰林和云南路南石林皆闻名于世。全国碳酸盐类岩石的出露面积约125万余平方公里，其中广西、云南和贵州几省的石灰岩分布面积达55万多平方公里，是中国岩溶主要分布区。我国对岩溶现象远在晋代（265—420a A.D.）就有文字记载，在17世纪初，明代地理学家徐霞客（1587—1641a A.D.）考察了湖南、广西、贵州、云南一带的岩溶地貌，并详细记述了岩溶地区的地貌特征。现在我国桂林已有专门从事岩溶研究的研究所。

一、岩溶形成条件及溶蚀基准面

岩溶的形成必须具备以下条件。

（一）岩石的可溶性

岩石的可溶性主要取决于岩石成分和结构、构造。

1. 岩石成分对溶蚀率的影响　可溶性岩石有三类：碳酸盐类岩石（石灰岩、白云岩、硅质灰岩、泥质灰岩），硫酸盐类岩石（石膏、芒硝），卤盐类岩石（石盐和钾盐）。其相对溶解度依次为：卤素盐类＞硫酸盐类岩石＞碳酸盐类岩石。卤素盐类及硫酸盐类岩石在地表分布有限，碳酸盐类岩石分布很广，且岩体规模大，所以本章主要讲发育在碳酸盐类岩石中的岩溶。

碳酸盐类岩石的矿物成分主要是方解石（$CaCO_3$）或白云石（$Ca, Mg(CO_3)_2$），含有SiO_2、Fe_2O_3、Al_2O_3及粘土等杂质。石灰岩的成分以方解石为主，白云岩的成分以白云石为主，硅质灰岩是含有燧石结核或条带的石灰岩，泥灰岩则为粘土物质与$CaCO_3$的混合物。一般来说，碳酸盐类岩石溶解度，从大→小依次为：石灰岩＞白云岩＞硅质灰岩＞泥灰岩。在各种碳酸盐类岩石互层情况下，岩溶发育取决于优势易溶岩石的含量。

实验表明，碳酸盐类岩石的相对溶解度，与岩石中 CaO/MgO 比值密切相关。在含 CO_2 的水溶液中，若以纯方解石的溶解度为1，可溶岩石的相对溶解度随 CaO/MgO 比值增大而变大（图5-1）：当 CaO/MgO 比值在 1.2～2.2 之间（相当于白云岩），相对溶解度在 0.35～0.8 之间；CaO/MgO 比值在 2.2～10.0 间（相当于白云质灰岩），相对溶解度介于 0.80～0.99 之间；当 CaO/MgO 比值大于 10.00（相当于石灰岩）时，相对溶解度趋近于1。

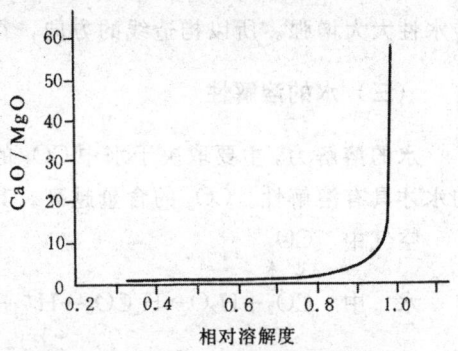

图 5-1 CaO/MgO 比值与相对溶解度关系曲线图

（引自杨景春，《地貌学教程》，1984，据张寿越）

上述关系仅仅是从宏观上来讲的，是一种近似的统计关系，随着溶蚀时间的延续，其相关性就越来越不明显。因为溶蚀实际包含了两个方面的内容，即溶解度与溶解速度。刚刚开始溶解时，溶液中溶质含量较少，浓度较低，对方解石和白云岩都是未饱和的，体现着溶解速度的差异和作用；随着溶液趋于饱和，溶解度将是控制溶液浓度的主要因素，而且还有结构、构造和其他成分的影响。因此，碳酸盐岩的成分与溶蚀率的相关性是复杂多变的。

2. 岩石结构对溶蚀率的影响　岩石结构对溶蚀率的影响主要体现在岩石结晶颗粒的大小、结构类型及原生孔隙性。

结晶岩石的晶粒愈小，相对溶解速度愈大，隐晶结构一般具有较高的溶蚀率。这是因为：小晶粒较之大晶粒的单位面积内有较多的边和角，非中和键的浓度则大；且很多微晶，是磨蚀的产物，它们的表面保持着残余的弹性应变，因此溶解度就大。

据对广西碳酸盐岩的试验表明，岩石的结构类型对溶解速度有较明显的影响，鲕状结构与隐晶—细晶质结构的石灰岩有较大的溶解速度；不等粒结构石灰岩比等粒结构石灰岩的相对溶解度要大。

岩石的原生孔隙度，对岩溶的影响甚大。孔隙度越高，愈有利于岩溶的发育。一般来说，原生的碳酸岩比变质的碳酸岩孔隙度大；盆地或大陆架深水区沉积生成的碳酸盐岩比过渡性沉积区生成的碳酸盐岩的孔隙度大。

（二）岩石的透水性

只有当岩石具有透水性时，含 CO_2 的水才能在岩石中流动，与岩石发生充分作用，进行溶蚀而不易饱和。岩石的透水性主要取决于岩石的孔隙度和裂隙度，后者比前者更为重要。

可溶性岩石的裂隙度与岩石的成分、结构和构造破裂程度有关。

（1）成分纯、刚性强的岩石透水性好，如纯灰岩刚性强，裂隙开扩，长而深，因而透水性好，可形成大型溶洞；而泥质灰岩刚性弱，节理比较紧闭，经溶蚀后又会残留很多粘土，常阻塞裂隙，因而透水性差。

（2）厚层的可溶性岩石较薄层可溶性岩石的透水性好，这是由于前者的隔水层较少，岩性均一，往往形成深而宽的裂隙。

（3）构造发育的地段岩溶作用强，褶皱和断裂作用使岩石的破裂程度加大，从而使岩石透水性大大增强。所以构造线的方向，往往控制了溶洞的延伸方向。

（三）水的溶解性

水的溶解力，主要取决于水中 CO_2 的含量[①]，纯水的溶蚀力是极其微弱的，只有含有 CO_2 的水才具有溶解性。CO_2 的含量越高，其溶解性越强，其作用过程如下：

```
空气中    CO₂
           ↓↑
水  中    CO₂+H₂O→H₂CO₃→H⁺+HCO₃⁻
                             ↓
岩石中                    H⁺+CaCO₃→HCO₃⁻+Ca²⁺
即         CO₂+H₂O+CaCO₃⇌Ca²⁺+2(HCO₃)⁻
```

由上式可以看出，水中 CO_2 含量越高，H^+ 也越多。由于 H^+ 是非常活跃的离子，当和石灰岩作用时，H^+ 就会与 $CaCO_3$ 中的 CO_3^{2-} 结合成 HCO_3^- 分离出 Ca^{2+}，从而使 $CaCO_3$ 溶解于水。上述反应是可逆的，正反应速度取决于 CO_2 的浓度。

表 5-1 $p_{CO_2}=0.0003atm$ 时水中 CO_2 含量及 $CaCO_3$ 溶解度表

t (℃)	CO_2 含量 (%)	$CaCO_3$ 的溶解度 (mg/l)
0	1.1	81
10	0.70	70
20	0.52	60
30	0.39	49

水中 CO_2 的含量受空气压力和温度的影响。据实验，大气中 CO_2 的局部气压与水中 CO_2 的含量成正比。一般空气中 CO_2 含量约占空气体积的 0.03%，因此在自由大气下，空气中 CO_2 的分压力 $p_{CO_2}=0.0003atm$[②]。此时渗流于碳酸盐中的水溶解力为 100～150mg/l；当水流向下渗透由于压力的增加，CO_2 浓度加大，水的溶解力可达 150～300mg/l。在 p_{CO_2} 不变的情况下水中 CO_2 的含量和 $CaCO_3$ 的溶解度均随温度升高而降低（表 5-1）。但是，温度高，水的电离度大，水中 H^+ 和 OH^- 增多，对溶蚀作用有利。同时由于温度升高，化学反应的速度也会加快。据实验，气温每增加 10℃，化学反应的速度增加一倍。此外，土壤中有机质的氧化与分解也可产生许多 CO_2，通常含量达 1%～2%，在高温区通过有机质氧化作用，CO_2 将大量增加，对促进 $CaCO_3$ 溶解起着重要作用，因此，亚热带和热带岩溶作用比寒冷区和干燥区发育。

（四）水的流动性

滞流的水，由于不能及时补给 CO_2，其溶解力是有限的，很容易被 $CaCO_3$ 所饱和。流动的水，由于水温、水量及气压条件的不断改变，可保持水的溶解性能。特别是不同 CO_2 浓度的地下水混合，会大大提高水的溶解力。

地下水的流动性，一方面取决于岩石的透水性，另一方面取决于降水量，而后者与气候相关。在湿热地区，雨量丰富，地表水不断渗入地下，地下水经常得到补充，使溶液不易饱和，常保持较高的溶蚀力。在干旱地区，降水很少，地下水常年得不到补充，流动缓慢，溶液容易饱和，溶蚀力较低。在寒冷区，由于以固体降水为主并发育冻土，阻碍了地下水的流动。

[①] 内生金属矿床中的硫酸盐溶液亦具溶蚀性。
[②] 1atm（标准大气压）=1.01325×10⁵Pa。

地下水的流动方式是多种多样的。在厚层的石灰岩区，沿主要河谷地区岩溶水的流动状态可分为4个带（图5-2）。

Ⅰ．垂直循环带 又称包气带。位于地表以下，最高岩溶水位之上。为雨雪水向地下垂直渗流地带，水流以垂直运动为主。当遇到局部隔水层时，形成局部上层滞水，当上层滞水在谷坡上出露时形成"悬挂泉"。垂直循环带的厚度决定于当地主要排水基面的位置。在地壳上升剧烈区，河谷下切深度大，此带厚度也大。如鄂西山区的垂直循环带厚度达数百米以上，而广西的岩溶平原区仅数十米。

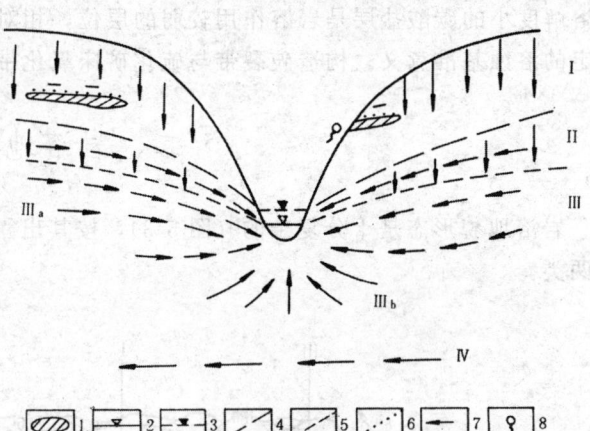

图5-2 岩溶水的垂直分带图
（引自北京地质学院，《地貌学及第四纪地质学》，1959，据Д.С.索科洛夫）
1．隔水层；2．平水位；3．洪水位；4．最高岩溶水位；
5．最低岩溶水位；6．上层滞水；7．水流方向；8．悬挂泉；
Ⅰ．包气带；Ⅱ．季节变化带；Ⅲ．饱水带；Ⅲₐ．水平流动亚带；
Ⅲᵦ．虹吸管式流动亚带；Ⅳ．深部循环带

Ⅱ．季节变化带 为最高岩溶水位及最低岩溶水位之间的地带。旱季时为包气带的一部分，而雨季时又成为饱水带的一部分。水流呈垂直运动及水平运动交替出现。其厚度在滨河岸地带受河流高、低水位控制。在分水岭地带，受岩溶化程度影响，如岩溶化程度较强，季节变化带厚度就很小，甚至缺失；反之则厚。

Ⅲ．饱水带 为在最低岩溶水位以下，受主要排水河道所控制的饱水层。根据水流方向不同可分2个亚带：上部为水平流动亚带（Ⅲₐ），地下水流向河谷方向，大致呈水平方向运动，水流以管流及脉流形式为主，水平岩溶通道发育；下部为虹吸管式流动亚带（Ⅲᵦ），大致位于河床以下，地下水具承压性质，水流以虹吸管式沿裂隙向谷底减压区排泄。两亚带之间没有明显界线。水平流动亚带的厚度，有的地区有从补给区向排泄区加大的现象，如贵州猫跳河两侧，此带厚度约5～10m，而近谷坡地段则厚达20～30m。虹吸管式亚带的深度受岩溶水位、水力坡度的影响，水力坡度越大，这一亚带的深度越大。因此，在弱岩溶化地区，此亚带深度较大，而强岩溶区情况则相反。

Ⅳ．深部循环带 此带地下水的流动方向不受附近水文网排水作用的直接影响，而是由地质构造决定。深部水流运动缓慢，岩溶作用一般微弱，但有时也强烈。

在上述各带中，地下水的流动方式、方向及强度不同，因此对浅层岩溶的意义也不同。其中岩溶作用最强烈的地方是地下水面附近，因此季节变化带（Ⅱ）及水平流动亚带（Ⅲₐ）是岩溶作用最强烈的地方。

（五）溶蚀基准面

岩溶作用的下限面称溶蚀基准面。在厚层均一的石灰岩区，大规模溶蚀作用的基准面与当地大型水体面（主要河流水面、大湖水面等）位置大体相当；但在有些地区河床以下10～80m（或更深）仍有溶洞发育。地壳上升，溶蚀基准面相应下降，岩溶化层加厚。在石灰岩与不透水岩层（页岩、粘土岩）互层地区，厚层无裂隙贯通的不透水层顶面成为当地溶蚀基准面。若地下水沿贯通不同性质岩层的断裂带下渗，岩溶可以在地下深处灰岩中沿张开的断裂带发育，直到断裂封闭处而止，称深部岩溶。在巨厚层不同岩溶化程度的碳酸盐岩系中，相对溶解度小的碳酸盐层是岩溶作用较弱的层位，相对于其上的岩溶化强烈的碳酸盐层也具有一定的溶蚀基准意义。构造破裂带与硫化矿床氧化带的灰岩溶蚀作用则受当地条件制约。

二、岩溶地貌

岩溶地貌形态是十分复杂的（图5-3），按其出露与分布情况，可分为地表岩溶和地下岩溶两类。

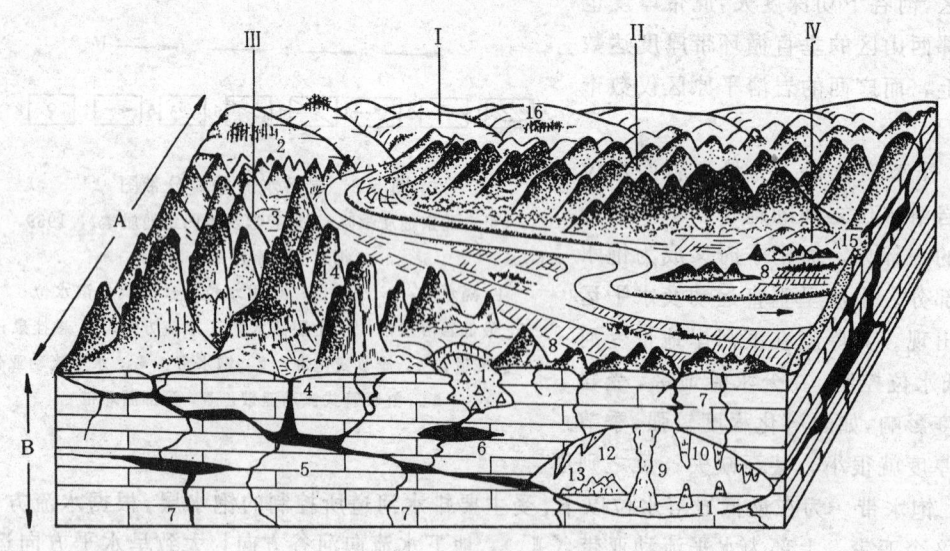

图 5-3 岩溶地貌示意图

形态组合：Ⅰ. 岩溶高原；Ⅱ. 峰丛-洼地（谷地）；Ⅲ. 峰林-洼地（谷地）；Ⅳ. 岩溶平原。岩溶形态：1. 岩溶塌陷；2. 石林；3. 溶蚀洼地；4. 落水洞（或漏斗）；5. 暗河；6. 地下湖；7. 溶隙；8. 溶蚀残丘；9. 石柱；10. 石钟乳；11. 石笋；12. 石幕；13. 洞穴角砾；14. 抬升的溶洞；15. 岩溶泉；16. 陡崖。A. 地表岩溶；B. 地下岩溶

（一）地表岩溶地貌

在地表岩溶作用过程中，可形成一系列独特的地貌，主要地貌形态介绍如下。

1. **石牙与溶沟**　地表水沿可溶蚀岩石的节理裂隙进行溶蚀与侵蚀，形成纵横交错的凹槽称为溶沟，凹槽之间残存的突起岩石称为石牙。溶沟与石牙的相对高差一般不超过3m。石牙有裸露的，也有埋藏的。通常在山坡上，从上→下为：全裸露石牙→半裸露石牙→埋藏石牙（图5-4）。溶沟和石牙一般是地表岩溶化初期阶段的产物，也见于其他岩溶形态表面。地表大片石牙溶沟丛生称溶蚀原野。

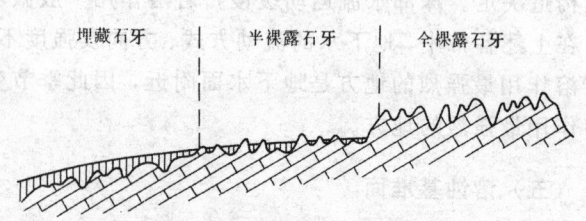

图 5-4 斜坡上的石牙分布图
（引自北京大学等，《地貌学》，1978）

2. 石林与岩溶漏斗

石林 是由密集林立的锥柱状、锥状、塔状岩体组成的地貌景观。其间多为溶蚀裂隙，隙窄而直，坡壁上部有平行的溶沟，以云南的路南石林最为典型（图5-5）。石林相对高度为20m左右，高者可达40m。一般认为它是土壤水沿质纯厚层缓褶皱石灰岩表面及节理裂隙溶蚀产生的，是由石牙进一步发展而成的。

岩溶漏斗 是呈碟状或倒锥状的封闭洼地。直径一般在几米到百米，深几米到十几米，常成群出现，是岩溶区的特征性形态之一。成因有两类：一类是地表水沿节理裂隙溶蚀而成的溶蚀漏斗，其长轴方向与区域裂隙优势方位相近，底部往往被溶蚀残余物质所充填，有的底部有落水洞（图5-6）；另一类是溶洞顶板塌陷而成的塌陷漏斗。

 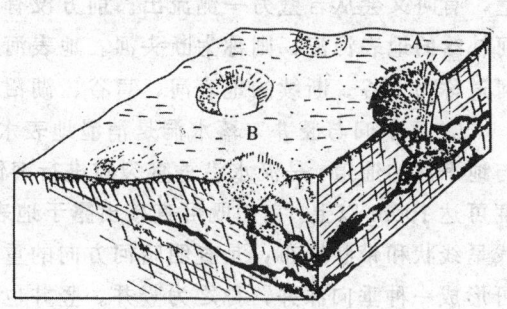

图5-5 云南石林素描图
（引自李维能、方贤铨，《地貌学》，1983）

图5-6 岩溶漏斗示意图
（引自武汉地质学院，《普通地质学》，1981）
A. 塌陷为主的漏斗；B. 溶蚀为主的漏斗

石林与漏斗大致形成于同一个岩溶发展阶段。

3. 峰林、峰丛与溶蚀洼地

峰林 是成群分布的山体基部分离的石灰岩山峰群。峰体相对高差100～200m，坡度很陡，一般均在45°以上。峰林的分布常与地质构造有关。我国广西的桂林、阳朔，贵州安顺、独山、邱北等地均发育有典型的峰林地貌。

峰丛 是一种山峰基部相联的峰林，峰与峰之间常形成"U"形的马鞍地形。相对高差一般为200～300m。它与峰林的主要区别是峰丛山峰间基部相连的高度比例大于上部分开部分，而峰林则相反。峰丛之间常发育溶蚀洼地、漏斗及落水洞。峰丛主要分布在广西西部及西北部与云贵高原的边缘部分。

溶蚀洼地 是与峰林、峰丛同期形成的一种负地貌类型。平面形态为圆形或椭圆形，长轴多沿构造线而发育。溶蚀洼地与漏斗的主要区别在于，前者规模较大，底部较平坦，其内可发育溶蚀漏斗，并覆盖有溶蚀残余物，可以耕种；后者多为不规则的圆形，底部平坦面积小。溶蚀洼地和溶蚀漏斗常以底部长度100m为两者之间的分界，长度大于100m为溶蚀洼地。溶蚀洼地可以由漏斗扩大而成，洼地又可进一步扩大合并为洼地形态组合。溶蚀洼地的底部除有落水洞外，还可有小河、小溪。溶蚀洼地常与峰丛共生，构成峰丛-洼地组合形态，在我国的广西西北部和云贵高原边缘的斜坡地带常可见到。

4. 孤峰与岩溶平原

孤峰（也称残丘） 是兀立在岩溶平原或盆地上的孤立的灰岩山峰。峰体低矮，相对高度由数十米至百余米不等，以广西桂江、柳江两岸与宾阳和黎塘一带为代表。孤峰进一步遭受溶蚀、侵蚀，当其相对高度更小，仅有十数米至数十米时，被称为石丘。

岩溶平原（亦称坡立谷） 是指比溶蚀洼地更为宽广的地面平坦的岩溶地形。其宽度一般为数百米至数公里，长度自数公里至数十公里。底部平坦，覆盖着溶蚀残余的红土，有些地方还覆盖着冲积层，局部散布着岩溶孤峰和石丘。我国广西的黎塘、贵县等地区的岩溶平原最为典型。

孤峰和岩溶平原是岩溶作用晚期阶段的产物。

5. 盲谷、断头河与干谷　在岩溶作用的晚期，由于落水洞和地下溶洞的发育，地表河流逐渐转入地下，常出现一段有水，一段无水的现象。有水河段流入落水洞，过渡为无水河段，地面河由此潜入地下，在一定的条件下又流出地表。在岩溶区，有的河流突然终止于石灰岩壁，有时又会从岩壁另一侧流出。前方没有出口的河流称为盲谷；而由岩壁下流出或由地下河补给的地表河流，则称为断头河。地表河因水流转入地下，所遗留的高于地下水位的干涸河道称为干谷。断续的地表河、盲谷、湖沼和干谷组成岩溶区地表特有的水系。

6. 落水洞与竖井　落水洞是消泄地表水的近于垂直的或倾斜的洞穴，常作为连通地表河与地下河的通道，是流水沿垂直裂隙进行溶蚀、侵蚀作用并伴有塌陷而形成。其形态不一，深度可达100m以上。它们既可直接出露于地表，也可套置于岩溶漏斗的底部。落水洞常沿构造线呈线状和带状展布，是查明暗河方向的重要标志。落水洞进一步发展，崩塌作用加剧，就可形成一种垂向深井，称之为竖井。竖井也可由洞穴顶板塌陷而成。有时从竖井可以看到暗河的水面。

在地壳相对稳定的厚层石灰岩区，上述各种岩溶地貌的形成有一定的联系和演化规律。最初形成的是溶沟、石牙；逐渐发展成峰丛被分割而成峰林，溶蚀洼地扩大为溶蚀谷地；随着溶蚀作用的进一步发展和重力崩塌的发生，峰林不断被蚀低，最后成为兀立于岩溶平原之上的孤丘。因此在岩溶作用较强地区，从分水岭到平原常可见岩溶地貌有规律地分布（图5-7）。

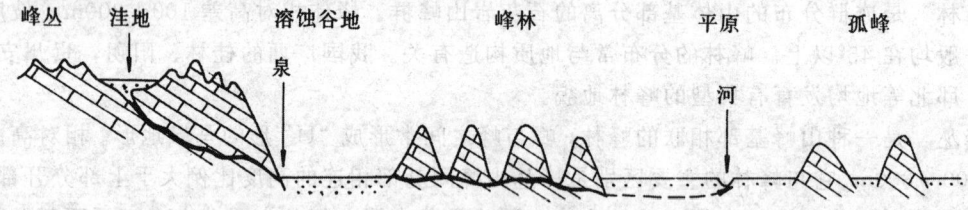

图 5-7　峰丛、峰林和孤峰的分布图
（据北京大学等，《地貌学》，1978）

（二）地下岩溶地貌

地下岩溶地貌主要是溶洞和地下河。

1. **溶洞**　溶洞是岩溶作用所形成的地下岩洞的通称。它是地下水沿可溶性岩体的各种构造面（层面、节理面或断裂面）特别是沿着各种构造面互相交叉的地方，逐渐溶蚀、崩塌和侵蚀而开拓出来的洞穴。形成初期，岩溶作用以溶蚀为主，随着空洞的扩大，地下水的运动加快，侵蚀和崩塌也随之加强，洞穴迅速扩大。从而形成高大的地下溶洞。

溶洞大小不一，形态多种多样[①]，有时彼此有通道相连，或多层发育（图5-8（d））。按其

---

① 卢耀如把溶洞大小按长度（可通行）分为：小型（<20m）、中型（20～50m）、大型（50～200m）、巨型（>200m）。

成因可分为包气带洞、饱水带洞和深部承压带洞等。包气带洞的形成过程是：从裂隙、落水洞和竖井下渗的水，在包气带内，沿着各种构造裂隙而不断向下流动和溶蚀，同时扩大空间，从而形成大小不一、形态多样的洞穴。饱水带洞是在地下水面附近发育的水平溶洞，此类溶洞系统具迷宫式特点和较平的洞底，受间歇性新构造上升运动影响，则有多层溶洞发育，上下彼此有溶隙相通。深部承压带溶洞则以分布较局限，并受裂隙、节理、层理等构造形迹控制为特征。

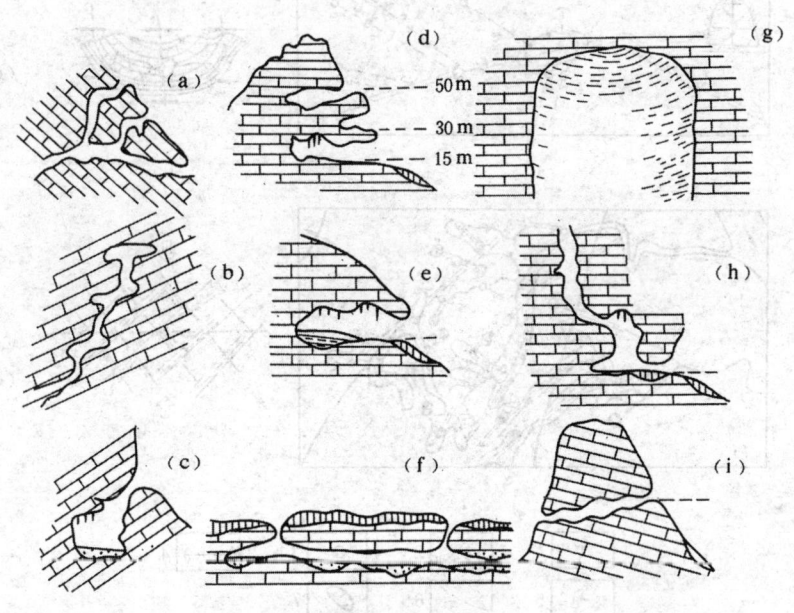

图 5-8 溶洞形态类型剖面图
(引自杜恒俭、陈华慧等，《地貌学及第四纪地质学》，1981，据黄万波，1976)
(a) 管道状；(b) 阶梯状；(c) 袋状；(d) 多层洞穴，数字为洞底河拔高程；
(e) 水平盲洞；(f) 地下长廊；(g) 地下厅；(h) 通天洞；(i) 通山洞

2. 地下河、伏流与地下湖

地下河 又称暗河，是具有河流主要特性的位于岩溶区地下的有水通道。它是由地下溶洞、地下湖、溶隙和连接它们的廊道系统组成。由于溶洞、溶隙的形状和高度不同，因此地下河各段形态变化大，纵剖面坡度陡，水流落差也大。暗河也有一定地下汇水范围。两暗河间的地下水文地质分水岭与地表分水岭有时不一致。暗河也会发生袭夺现象。地下河的水文动态受当地大气降水影响，如著名的广西地苏地下河系，洪水期最大流量达 390m³/s。地下河系及形态还明显受构造破裂面和岩性的控制 (图 5-9)。

伏流 为地表河流经过地下的潜伏段。与地下河的主要区别在于伏流有明显的进出口，且进口水量为出口水量的主要来源，而地下河则无明显的进口。有些伏流的规模很大，如长江支流清江，在湖北利川地下伏流长达 10 余公里。国外，著名的希腊斯提姆法布斯河伏流长 30km 以上。伏流常形成于地壳上升、河流下切、河床纵向坡降较大的地方。在深切峡谷两岸及深切河谷的上源部分伏流经常发生。如嘉陵江观音峡左岸的学堂堡没水洞伏流 (图 5-10)，伏流长仅 1.3km，而进出口落差达 100 余米。

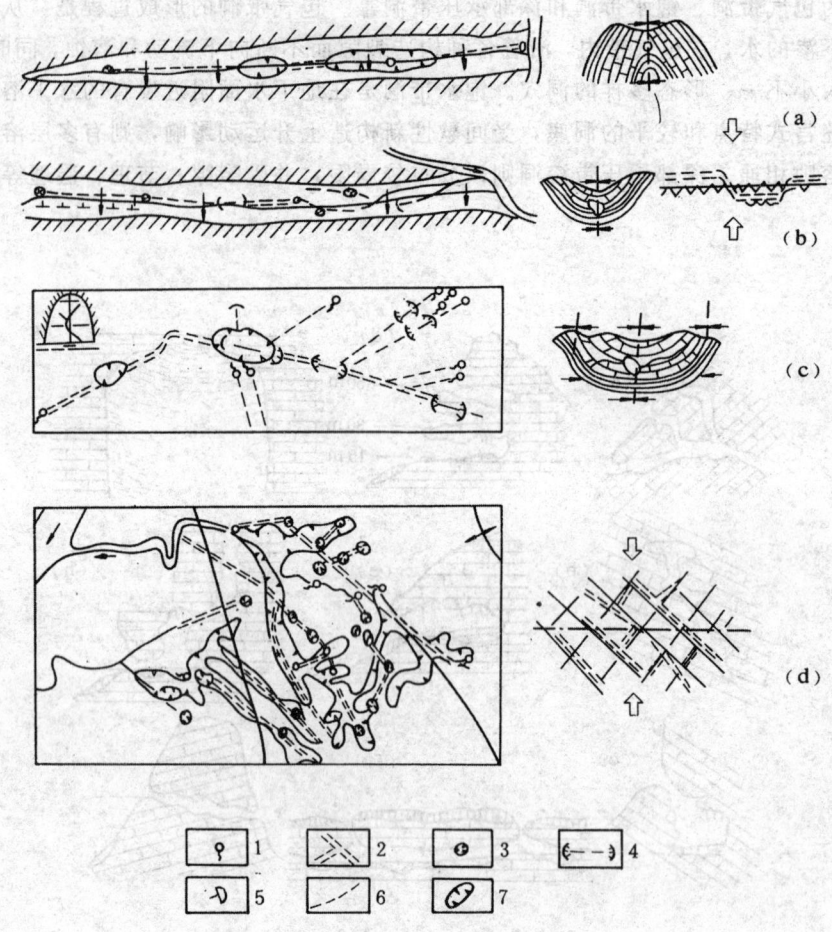

图 5-9 暗河形态与构造裂隙关系图
(据卢耀如,1973)

(a) 线状暗河(湘西);(b) 齿状暗河(贵州);(c) 树枝状暗河(湘西);(d) 网格状暗河(桂中);
1. 泉;2. 暗河;3. 落水洞;4. 伏流及暗河出口、入口;5. 出水溶洞;6. 季节性地表水流;7. 溶蚀洼地

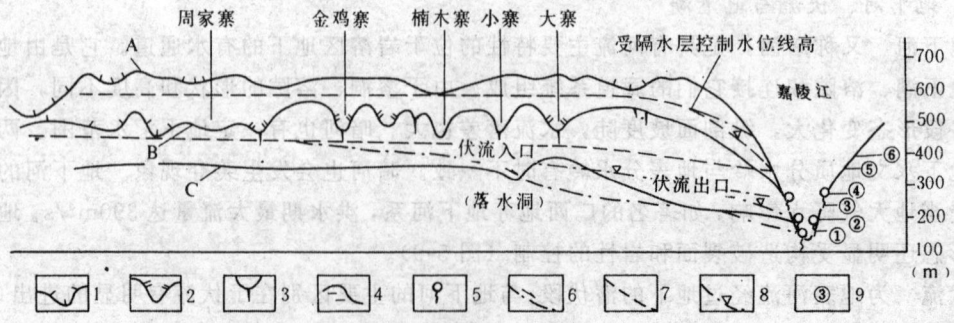

图 5-10 嘉陵江观音峡两岸的岩溶发育及伏流剖面图
(据朱学稳,1973)

1. 洼地;2. 漏斗;3. 落水洞;4. 溶洞;5. 泉;6. 伏流线;7. 前阶段水平循环带上限;8. 近期地下水线;9. 溶洞层;
A. 轴部剥夷面地形线;B. 东翼槽丘地形线;C. 西翼槽沟沟底地形线

地下湖 是指天然洞穴中具有开扩自由水面的比较平静的地下水体。它往往和地下河相连通，或在地下河的基础上，局部扩大而成，起着储存和调节地下水的作用，如云南的六朗洞、广西都安拉通洞。

三、岩溶堆积物

岩溶堆积物是指各种与岩溶作用有关的堆积物的通称。按其分布位置也可划分为地表岩溶堆积物和洞穴堆积物。

（一）地表岩溶堆积物

分布在地表的岩溶堆积物主要为蚀余红土和石灰华。

1. 蚀余红土（亦称"赭土"） 是地表碳酸盐岩被溶蚀后原岩中残留的粘土杂质，由于含次生氧化铝（Al_2O_3）和氧化铁（Fe_2O_3）而成红色，有时尚含未被溶蚀的灰岩角砾。蚀余红土在热带、亚热带岩溶区分布广泛，常覆盖于岩溶洼地和岩溶平原的底部。我国广西桂林、柳州、黎塘一带的峰林平原的蚀余红土甚为典型。溶隙和溶洞内也常有蚀余红土。

2. 石灰华（又称钙华） 是指地表岩溶水中沉积的大孔隙次生管状、层状碳酸钙物质。其成因是岩溶地区的地表水或地下水，在适宜的环境下，且往往是在植物作用影响下，产生碳酸盐过饱和沉积而成。有的可堆积成巨大的石灰华台地，如云南中甸的白水台。由泉水沉积的石灰华被称为泉钙华。管状石灰华俗称"上水石"，是加工盆景的材料。

（二）洞穴堆积物

洞穴是岩溶堆积的重要场所。堆积物的种类多种多样，主要类型有：化学沉积、重力堆积、地下河湖沉积、生物化石与人类文化遗存堆积，如北京周口店龙骨山猿人洞最为典型。

1. 洞穴化学沉积物 指洞穴中地下水沉淀的各种次生矿物沉积。主要类型有滴石、流石、凝结水或雾水沉积。各种次生碳酸钙洞穴沉积中有时具微气泡，其中封存有古地下水和气体，是研究古气候的重要样品。

（1）滴石 由洞中滴水形成的方解石及其他矿物沉积，其形态多样，最具有代表性的是石钟乳、石笋、石柱等。

石钟乳 是地下水沿着细小的孔隙和裂隙从洞顶渗出而进入溶洞空间，随着温度的升高，压力的降低，水中 $Ca(HCO_3)$ 变得过饱和，$CaCO_3$ 就围绕着水滴的出口沉淀下来，逐渐形成一种自洞顶向下生长的碳酸钙沉积体。石钟乳具有同心圆状结构，中心部分有一空管，形如钟乳。

石笋 是由于水滴从石钟乳滴到洞底时散溅开来，促使水中的 CO_2 进一步扩散，剩余的 $Ca(HCO_3)_2$ 再分解，形成由下向上增长的笋状碳酸钙沉积体。

石钟乳不断地向下长，与之对应的石笋也同时向上生长，两者相连接后所形成的柱状体称为石柱。

（2）流石 是洞内流水所形成的方解石及其他矿物沉积。因基底形态、流水状态不同，流石形态各异，具代表性的有边石、石幔、石旗、钙板等。

边石 是地下水流过洞底积水塘时，在其边缘形成的碳酸钙沉积。

石幔 又称石帷幕、石帘，为饱含碳酸钙的薄层水，从洞顶或洞壁裂隙流出，沉积的波状或褶状的流石，形如帷幔。有时可形成一种薄而透亮的旗帜状次生碳酸钙，称为石旗。

钙板 为洞底片状薄层水流动时析出的状似薄板的碳酸钙沉积物。

除此之外，流石还有许多其他形状，如石扇、云盆及石荷叶等。

(3) **雾水和凝结水沉积** 呈丛花状散布在洞壁或其他洞穴堆积物表面的石花状方解石沉积物。

(4) **毛细管水沉积** 石珊瑚、石葡萄、卷曲石就是这种沉积作用的产物。

石珊瑚 在石钟乳和石笋的表面，由于毛细管水渗出而形成的状如珊瑚的碳酸钙沉积物。也可形成状如葡萄的碳酸钙或石膏沉积物，谓之石葡萄。

卷曲石 一种螺旋状钟乳石，它可能是由饱含碳酸钙的水从洞壁或石钟乳的毛细管状细孔渗出而沉积的。

2. **洞穴崩塌堆积** 是洞内伴随岩溶作用过程从洞顶、洞壁、洞口崩塌的块石、碎石的角砾堆积物的通称。该堆积物常与洞底的钙板、钟乳石碎块和蚀余红粘土混杂胶结成洞穴角砾岩。

3. **地下河湖堆积** 溶洞中的河湖沉积有地表河湖沉积类似的特点，主要是具有层理的沙土和砾石，成分比较单纯。而伏流沉积的砂砾多由洞外带入，磨圆度较好，成分较复杂。有时，在地下河湖相层中含有丰富的鱼化石。

4. **动物化石堆积** 中国南北方岩溶洞穴堆积中常含有大型和小型哺乳动物化石。部分化石为水流冲入洞内，骨碎片常有磨圆痕迹。部分化石为原地埋藏，动物骨骼各部分均可保存下来。骨化石一般多被钙质胶结成化石角砾岩，需要精心修整方能复原。此外，有时有鸟类和动物粪化石堆积。

5. **古人类化石及其文化遗存** 在有利于古人类居住的洞穴（如近水边和易防兽害的洞穴）中，有时有古人类化石埋藏，与人类化石伴生的还有石器等古文化遗存，这些是研究古人类及古文化历史的最宝贵的物证。在研究岩溶洞穴时要特别注意寻找、保护和发掘。

当上述各种洞穴堆积物在剖面中交替出现时，化学沉积（红粘土、石钟乳层或钙结层）反映温暖古气候；洞穴角砾优势层反映干冷气候（有时反映古地震），沉积间断面（或侵蚀面、不整合面）反映洞穴发展重要阶段，流水砂砾堆积物显示洞穴与外界连通阶段。岩溶洞穴可为第四纪古气候、古环境事件及其生物地层学和年代学研究提供重要物质基础。

四、岩溶旋回

岩溶地貌也和其他成因的地貌一样，有其发生、发展和消亡的过程，即从幼（青）年期、壮年期发展到老年期，从而完成一个岩溶旋回。

1. **幼年期** 在原始的可溶性岩体面上，岩溶开始发育，地面上以石牙、溶沟和漏斗（图5-11a）发育为特征；该时期以垂直岩溶作用为主，地表水系变化不大。

2. **早壮年期** 垂直岩溶作用进一步加强，水平岩溶作用也迅速发展。漏斗、落水洞、溶蚀洼地、干谷、盲谷广泛发育（图5-11（b））。地下溶洞廊道彼此贯通。这时，大部分的地表水都通过落水洞而被吸入地下。

3. **晚壮年期** 地下岩溶洞穴进一步发展、扩大，洞穴顶板不断坍陷，许多地下河又转为地上河，大量的溶蚀洼地和溶蚀谷地出现（图5-11（c））。

4. **老年期** 地表水系又广泛发育，岩溶平原与孤峰、残丘组成地貌景观（图5-10（d））。

岩溶旋回受间歇性新构造运动影响，在岩溶地块的隆起时期，以各种垂直岩溶形态发育为主；在岩溶地块的稳定时期，以水平岩溶发育为主。地壳稳定的时间愈长，地下溶洞与通道的规模愈大，随之溶洞顶板的崩落也愈多，于是出现了大型的溶蚀洼地、溶蚀谷地，最后发展成岩溶平原。如果该区可溶性岩层很厚，地壳再一次抬升，则可开始第二次岩溶旋回。早期岩溶平原及其残留岩溶形态被抬升而形成的岩溶夷平面（或岩溶准平原），与一定的构造运动旋回相适应，在区域上可以对比。如在我国南方的各岩溶发育区，均存在着多期岩溶夷平面（表5-2），说明岩溶发育的多旋回性，形成多期岩溶地貌的重叠。在厚层可溶性岩层区，当河流阶地与地下层状溶洞同步发育时，河流阶地系统可与多层溶洞作时代的对比（表5-3），但二者高度有差距。在上述情况下，阶地系列可以作为推断该区地下可能有成层溶洞存在的依据之一。

在岩溶化强烈地区，有时地形分水岭和地下水文地质分水岭位置不同。若通过地下洞穴（或暗河）系统水文地质分水岭移向位置较高的一条河，则该河水将通过地下洞穴系统往另一条位置较低的河流排水，在修坝蓄水时应注意研究。

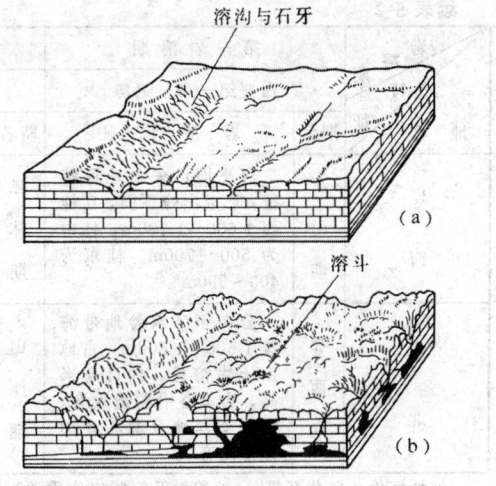

图 5-11 岩溶发育阶段示意图
（据 R. 锐茨，1962）
(a) 幼年期；(b) 早壮年期；
(c) 晚壮年期；(d) 老年期

表 5-2 我国南方岩溶期划分表

地区 \ 岩溶期特征	第一岩溶期 白垩纪—第三纪初		第二岩溶期 第三纪末—第四纪初		第三岩溶期 第四纪以来	
	期名	岩溶特征	期名	岩溶特征	期名	岩溶特征
云南	高原期	海拔2 400m以上的山峰和夷平面，构成分水岭地形，在路南有掩埋石林，局部地方有溶丘、洼地及水平溶洞	石林期	海拔1 800～2 400m的夷平面上发育古风化壳，有石林、洼地、溶洞，局部有古峰林、断陷盆地中有新第三系堆积	峡谷期	深切河谷，如南盘江和红河（深切达500～1 000m）两侧有溶洞，溯源侵蚀加剧
贵州	大娄山期	海拔2 000m以上的残余、夷平面上保留由厚层残积层覆盖的岩溶丘陵，低洼处堆积茅台砾岩（K—E），亦发育洼地及落水洞等	山盆期	为海拔1 000～1 500m夷平面，现构成珠江及长江两水系之分水岭，发育大型溶蚀洼地、坡立谷、峰林及溶洞	乌江期	形成乌江深切峡谷（达几百米），河谷地带岩溶发育（有时达江床以下几十米深），有4级阶地及溶洞、地表及地下河流均发生袭夺现象

续表 5-2

地区 \ 岩溶期特征	第一岩溶期 白垩纪—第三纪初		第二岩溶期 第三纪末—第四纪初		第三岩溶期 第四纪以来	
	期名	岩溶特征	期名	岩溶特征	期名	岩溶特征
广西	高山峰顶期	夷平面已失古地形特征，已成山峰顶面，在桂西1 600～1 700m，桂中为500～700m，桂东为400～500m	峰林期	为峰林发育时期，峰林、溶丘、洼地及岩溶平原，峰顶面高程在桂西为1 000～1 200m，桂中及桂东为250～300m	红河水期	切割不深，为相对稳定时期，溶原继承发展于中更新世定形，但仍发育有落水洞、溶洞及暗河
湖北	鄂西期	分布于分水岭地带海拔1 500～1 800m，古地面上古溶丘，约百余米高，古宽谷沿构造发育，谷底有洼地及漏斗叠加地形发育	山原期	海拔600～1 000m，为以洼地为主的丘陵盆地地形，坟状丘陵高约50m左右夷平面向长江河谷缓倾，漏斗、落水洞极发育	三峡期	发育于长江两岸，地表坡度陡，落水洞发育极深，两岸溶洞很发育

据杜恒俭、陈华慧等，《地貌学及第四纪地质学》，1981

表 5-3 桂林地区阶地与溶洞高程对比

阶地			溶洞		
级	绝对标高（m）	相对标高（m）	级	绝对标高（m）	相对标高（m）
Ⅰ	144～145	3～5	1	141～148	0～5
Ⅱ	147～153	5～8	2	148～156	5～7
Ⅲ	154～165	10～15	3	155～164	8～13
Ⅳ	165～185	20～40	4	165～168	16～20
			5	170～177	25～32

据杜恒俭、陈华慧等，《地貌学及第四纪地质学》，1981

五、岩溶研究的实际意义

1. *岩溶与矿产*　我国的岩溶固体矿产主要分布在西南几省的石灰岩区，在广西贺县、富县与钟山一带古溶洞或地表岩溶凹地中，主要有第四纪砂锡矿，其次有磷矿、辰砂矿、铝土矿、芒硝和砂金等沉积矿产。云南、贵州、湖南等地还存在着岩溶热液型的固体锡矿、有色金属矿、汞矿床等（表5-4）。在含油区的前第四纪石灰岩古岩溶洞穴中赋存石油。

表 5-4 喀斯特固体矿产的类型与种类表

序号	类型	种类
1	从碳酸盐岩淋滤的	铝土矿、磷酸盐、重晶石；锰、铁、锡、金、锑、铅、锌
2	从热液中沉淀的	重晶石、萤石；铅、锌、铁、铜、银、钒、铀、锰、汞
3	与石膏共生的	硫磺
4	保存于凹地中的	粘土、砂、金刚石、煤；铅、锌、铜、银
5	外来水流形成的	硫酸钠、铝土矿

2. *岩溶与工程建议*　岩溶区的漏斗、落水洞、溶洞、溶蚀裂隙等，常可导致地基塌陷、水库渗漏、岩溶涌水等危害。因此，在施工前一定要通过地质、地貌和物探、钻探手段，并利用航空照片、卫星照片查明地表塌陷地貌、潜伏洞穴及隐伏岩溶地貌的发育特征和分布规律。

大型地下溶洞在工业、农业、军事上有广泛用途。

3. **岩溶水的利用** 岩溶区，地表径流少，而地下水十分丰富。我国广西年降雨量达1 200—1 500mm，但地表只有较大的河流才经常有水，小河常年干涸或仅在雨季有水，而地下喀斯特水的总量达38.97G（m^3）。华北的许多地区，岩溶水已成为工农业生产的重要水源，山西省仅根据72个流量大于0.1m^3/s的大型涌泉统计，每年总流量达5G（m^3）余。全省利用喀斯特泉灌溉农田总面积已达200多万亩①，太原、阳泉、长治等工业重镇，也已大量利用喀斯特泉水。

在岩溶地区，褶皱轴部、断裂带、可溶岩石与非可溶岩接触带、串球状洼地轴线等，都可能是岩溶水的集中地带。

4. **岩溶旅游资源** 我国石灰岩分布广泛，瑰丽多姿的奇峰异洞遍布各地，是一笔重要的旅游资源，目前已被辟为旅游胜地的景区已达30余处。这些岩溶风景区，不仅有美丽的自然景色，还有宝贵的古文化遗产、人文景观，更有发人深思的自然现象，给人以美的享受、知识的扩大和科学的启迪。

---

① 1亩=666.6m^2

第六章 冰川和冻土地貌与堆积物

在高纬及高山地区,年平均温度在 0℃ 以下,大气降水多为固体状态,形成长年不化的积雪,且逐年增厚。地表一定厚度的积雪,经过一系列物理变化成为具可塑性的冰川冰。冰川冰可在其本身的压力及重力作用下流动,这种运动的冰川冰称为冰川。

现代冰川主要分布在两极及一些高山地区,约占陆地面积的 10% 左右,共达 1 600 多万平方公里。而在第四纪历史时期,地球上曾经历过几次大的冰期,最大冰期时,冰川覆盖面积约占陆地面积的三分之一。

一、冰川地貌和堆积物

(一) 冰川的形成和冰川运动

1. 雪线 大多数冰川形成于雪线以上。雪线,又称均衡线,是年降雪量等于年消融量的分界线。雪线以上,年降雪量大于年消融量,常年积雪,称为冰雪积累区;雪线以下,年降雪量小于年消融量,称为冰雪消融区。雪线高度在不同地区是不同的,它受温度、降水量及地形的影响。

2. 成冰作用 在雪线以上的积雪,经一系列"变质"阶段而形成冰川冰,这个过程称为成冰作用。成冰作用经历了 2 个阶段:①由新雪变成密度较大($0.4\sim0.85g/cm^3$)的粒雪。②粒雪在压力或热力(或兼而有之)作用下,更紧密地结合起来,即形成冰川冰。冰川冰的密度 $>0.85g/cm^3$,但 $<1g/cm^3$。

成冰作用具有明显的地带性。在高降雪量、温度也较高的海洋性气候区,以暖型成冰作用为主,其特点是:以融化-再冻结过程占优势,有融水参加,成冰速度快。在干旱低温的大陆性气候区,冷型成冰作用占优势,以压实作用为主,成冰速度慢。

3. 冰川的运动 导致冰川运动的因素,主要是冰川本身的重力和压力。取决于冰床坡度的流动,称重力流;取决于冰面坡度的流动,称压力流。前者多见于山岳冰川,后者多见于大陆冰川。

冰川具有 2 种运动方式:①冰川借助冰与床底岩石界面上融水的滑润和浮托作用,沿冰床向前滑动,称基底滑动。②由于冰川冰是不同粒度冰晶的集合体,当冰川达到一定厚度时(最小为 30m),在自身压力下,冰内晶粒开始发生平行晶粒底面的粒内剪切蠕变,一致使冰晶向前错位,其宏观积累效果表现为整个冰川的定向蠕动,称为塑性流动。一般情况下,冰川的运动速度是这 2 种运动的代数和。

冰川流动速度是缓慢的。山岳冰川流速每年几米到一百多米。冰川运动速度在冰川各部位也不相同,纵剖面上,冰川表面速度大于冰下速度;平面上中心速度大于两侧速度。如果冰川流动速度每昼夜 $>8m$,甚至超过 8km,称为涌流冰川,冰川涌动可能与地震、地热有关。

由于冰川运动速度在各个部位是不协调的,所以,在冰川的运动过程中,使冰川表面及冰层产生了一系列的冰川裂隙及冰层褶皱。

(二)冰川类型及冰川物质平衡

根据冰川形态、规模和所处地形条件,可分为以下几种冰川类型。

1. 山岳冰川类型　山岳冰川主要分布于中低纬高山地区,冰川形态严格受山岳地形的限制。按其发育规模及形态可分为:

(1)冰斗冰川及悬冰川　在雪线附近,占据着圆形谷源洼地或谷边洼地的小型冰川,其消融区和积累区不易分开,称为冰斗冰川(图6-1(a))。冰斗冰川是山地冰川的重要发源地之一,但规模不大,大者可达数平方公里,小者不足 $1km^2$。当冰斗内积雪量大于消融量,冰川将不断被补给冰从冰斗挤出,呈小型冰舌,悬挂于冰斗口外的陡坎上,这时称为悬冰川。

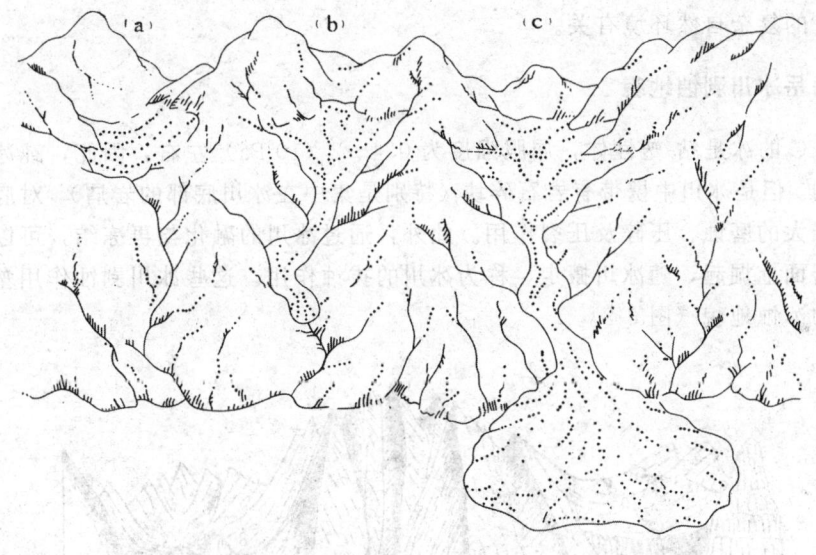

图 6-1　山岳冰川的 3 种基本类型示意图
(引自北京大学,《地貌学原理》,1965)
(a)冰斗冰川;(b)山谷冰川;(c)山麓冰川(或宽尾冰川)

(2)山谷冰川　在有利的地形、气候条件下,冰雪积累逐步增加,冰斗口外的悬冰川不断伸长达到山谷中,并沿山谷流动,形成山谷冰川(图6-1(b))。

(3)山麓冰川　一条巨大的山谷冰川或几条山谷冰川从山地流出,在山麓地区扩展或汇合而成广阔的冰川叫山麓冰川(图6-1(c))。山麓冰川规模不等,随着规模的增大,向大陆冰盖过渡。

2. 冰原、冰帽和冰盖　在微弱切割的分水岭及高原上,发育面积较大,表面平坦或下凹的冰体称为冰原,其面积可达几百平方公里。随着冰雪的积累,冰原表面由下凹而转变为穹形上凸,即称为冰帽。冰帽规模一般较冰原大,最大可达 5 万多平方公里。面积超过此数则称为冰盖,又称大陆冰盖。冰盖厚度巨大,表面呈盾形,由厚达二三千米的巨大中心多向四周流动。冰盖的分布与运动均不受基底地形的控制,如南极冰盖下面的巨大起伏的基岩地形对冰盖运动无影响。中纬山地冰川和极地冰盖的消长变化既受全球气候变化影响,反过来对全球气候和海平面变化也产生重要作用。多数中国第四纪研究者认为中国第四纪未出现过大冰盖。

根据冰川温度，有暖型冰川和冷型冰川之分。暖型冰川发育在气温较高，沿岸有暖流补充水分的地区，冰川温度在0℃左右，补给快，流动快，消融快，冰舌下伸可达林区，冰川破坏力大，冰碛物发育，如西藏南部察隅的现代阿扎冰川和第四纪欧洲、北美洲大冰盖。冷型冰川发育在气温很低的极地和内陆高山区，年均温在0℃以下（极地冰川温度在0～-70℃内），积累慢，消融慢，冰川作用强度逊于暖型冰川，如现代祁连山、天山冰川。

除冰斗冰川外，其他冰川都有明显的积累区与消融区。积累区中冰雪净积累量与消融区中冰雪消融量之比叫冰川物质平衡。积累量大于消融量，冰川前进；反之，冰川退缩；两者相等，冰川冰舌前端位置稳定。据冰川学研究，冰川积累区面积（ACZ）与消融区面积（ABZ）之比值（AAR）（$AAR=ACZ/ABZ$）可以作为冰川物质平衡的定量标志：$AAR<0.3$，冰川开始强烈退缩；$AAR>0.6$，冰川持续推进；AAR在0.3～0.6之间，冰川可进亦可退，这与冰川所处的复杂自然环境有关。

（三）山岳冰川剥蚀地貌

温度为0℃的冰是粘-塑性体，屈服强度为0.4～2（10^5Pa）左右，因此，纯冰对基岩是没有侵蚀力的。但是冰川中携带有岩石碎块（特别是集中在冰川底部的岩屑），对底床及两侧的基岩进行强大的磨蚀、压碎及压裂作用。此外，通过冰川的融化与再冻结，可以把已松动的岩块从基岩面上掘起，随冰川搬走，称为冰川的拔蚀作用。这些冰川剥蚀作用塑造出高山区千姿百态的冰蚀地貌（图6-2）。

图6-2 山岳冰川地貌组合（冰退以后）示意图
（引自北京大学等，《地貌学》，1978，据R.施特莱夫—贝克，简化修改）
1. 角峰；2. 刃脊（鳍脊）；3. 冰斗及冰斗湖；4. 冰斗坎；5. 冰川槽谷及谷壁上的平行冰川擦痕；6. 冰蚀岩坎；7. 羊背石；8. 冰槽谷谷肩；9. 冰蚀上限；10. 悬谷；11. 鼓丘；12. 冰川前（终）碛堤；13. 侧碛堤；14. 底碛丘陵；15. 蛇形丘；16. 冰砾阜；17. 冰水砂砾；18. 后期重力堆积；19. 高山针叶林；20. 现代河流

由冰川剥蚀作用所塑造的地形称为冰蚀地形。最为明显的冰蚀地形有角峰、刃脊、冰斗、冰窖、冰川槽谷和悬谷，它们在空间上有规律地分布，是宏观上论证古冰川历史的重要证据。

1. **冰斗** 冰斗是冰川在雪线附近塑造的椭圆形基岩洼地（图 6-3（a）、(b)），是雪蚀与冰川剥蚀的结果。冰期之初，在山坡上的天然洼地内开始形成永久性雪斑，雪斑边缘及底部受冰冻风化强烈作用，形成积雪的小型洼地，称为雪蚀洼地。雪蚀洼地有利于冰雪积累形成冰斗冰川。冰斗在冰川不断补给下，冰斗一方面受冰川拔蚀作用，使洼地后壁进一步后退、变高；同时冰斗内冰川被强力挤压出冰斗并沿底床向坡下旋转滑动，通过磨蚀作用，强烈加深洼地底部，同时造成横梗于洼地口部的岩坎，称为冰坎（详见"冰川槽谷"部分）。因此，典型冰斗具有 3 个明显的组成部分：峻峭的后壁、深凹的斗底（岩盆）和冰坎（图 6-4）。冰斗在冰川退缩后可积水成冰斗湖。据冰川学家统计，典型冰斗的平坦指数（$F=a/2c$，图 6-5）为 $1.7\sim 5$，雪蚀洼地为 $4.25\sim 11$，后者显然平坦得多。

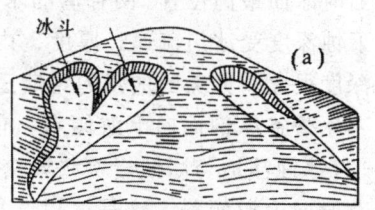
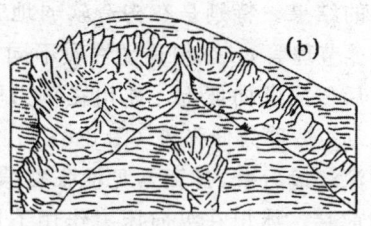
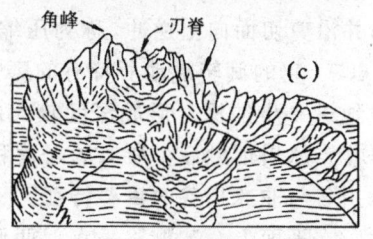

图 6-3 冰斗、刃脊和角峰的发展图
（引自北京大学等，《地貌学》，1978）

冰斗成群发育于雪线附近，不受岩性控制。古冰斗底的高度标志着古雪线位置，各地古雪线高度与所在纬度和降雪量大小相关。不同时期古冰斗高度与现代雪线的高差，是研究古温度波动的重要标志。

2. **刃脊、角峰** 在相邻 2 个冰斗或冰川谷的发育过程中，斗（谷）壁不断后退，结果使相邻 2 个冰斗或冰川谷

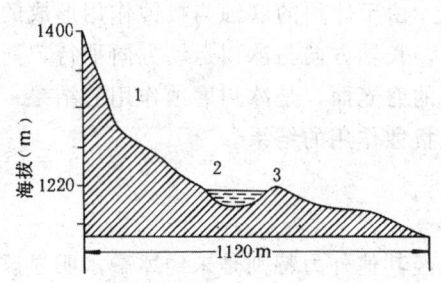

图 6-4 澳大利亚塔什玛尼亚 Olympusil 冰斗图
（据 Derbyshire，1979）
1. 陡峻的后壁；2. 深岩盆；3. 冰坎

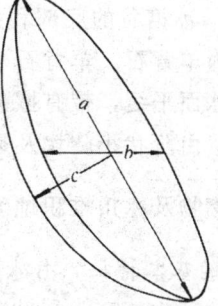

图 6-5 冰斗的几何图
（据李吉均，1989）
a. 冰斗长轴；b. 冰斗中轴（宽）；c. 冰斗短轴（深）

之间的分水岭愈来愈窄，最后形成象鱼鳍、刀背一样的山脊，称为刃脊。由 2 个以上的冰斗发展所构成的尖锐山峰称为角峰（图 6-3（b）、(c)）。由于组成刃脊和角峰的岩性和地质构造不同，有的可残留，有的则被破坏殆尽。

3. **冰槽谷** 冰槽谷（又称"U"形谷、幽谷）是山谷冰川塑造的线性谷地，且是山岳冰川区分布最广的地形。当冰川流速一定时，冰川下蚀能力随冰川厚度的增加而加大，所以中等厚度山谷冰川的剥蚀力，在谷地下部和底部最强，使冰槽谷横剖面呈明显的抛物线形，或

"U"形(但"U"形谷不一定是冰川成因),谷坡呈凹形,上部陡下部缓,并逐渐过渡为宽阔的平坦谷底。陡峻的谷坡上缘,突变为缓坡或平台,其间的地形转折点称为冰槽谷肩,它代表当时冰面最高位置。两谷肩的水平距离为冰槽谷宽度;谷肩至谷底最低点为冰槽谷深度。冰川下蚀深度受冰川流速、厚度、内部温度的控制,而与侵蚀基准面无关。所以,有的冰槽谷的深度很大,如美国加州的约斯迈特冰槽谷深达900～1 200m。

冰槽谷纵剖面向下游倾斜,但起伏不平,冰蚀洼地与冰蚀岩坎频繁交替,底床有时向上游倾斜,这是冰川选择性剥蚀的结果。特别是在构造软弱地带(断层、节理等),冰川运动性质不同。在洼地后侧的顺向坡上,冰川在重力驱动下流动,被称为伸张流(图6-6E),它不断加深洼地后壁,冰面常见横张裂隙;在洼地前端,冰川在纵向压力作用下旋转滑动并沿剪切面向上逆冲,称为压缩流(图6-6C),它的旋转滑动所特有的磨蚀力使洼地进一步加深,形成深度较大的冰蚀

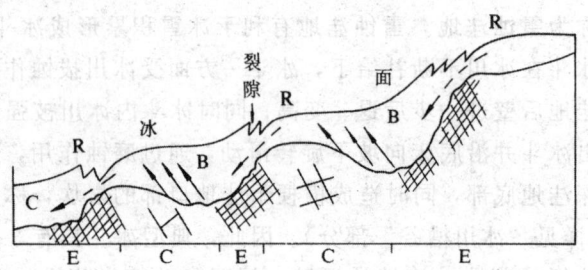

图6-6 冰槽谷纵剖面形成机制图解
(据P.E.Mathes, 1930, 改编)
R. 冰坎; B. 岩盆; E. 扩张流区; C. 压缩流区
实箭头示压缩流方向,虚箭头示扩张流方向,格纹为岩石节理

岩盆。冰川消融后,所有的岩盆积水,成为串珠状湖泊。冰槽谷纵剖面上的巨大起伏是区分冰川谷与非冰川谷的重要特征。

在平面上,冰槽谷平直,两侧排列着冰川切削山嘴而形成的三角面或冰溜面,其上的擦痕与刻槽是古冰川作用的重要证据。

4. 悬谷 支谷冰川谷底高悬于主冰槽谷的坡上,称为悬谷。悬谷成因与支谷冰川的下蚀能力远小于主谷冰川的下蚀能力有关。

5. 羊背石 冰槽谷的底部和大陆冰川的冰床上,由于冰川的磨蚀与拔蚀作用形成的一群石质小丘,称为羊背石。羊背石平面形状为椭圆形,长轴方向与冰川运动方向平行,前后坡度不对称,迎冰面平缓,带有擦痕、刻槽及新月形的磨光面,是冰川磨蚀作用的结果;羊背石背面冰陡峻,由阶状小陡坎及裂隙组成,是冰川拔蚀作用的结果。

(四) 冰碛物及冰川堆积地貌

1. 冰碛物的基本特征 由冰川直接沉积,是未经其他外力特别是未经冰融水明显改造的沉积物,称为冰碛物(Till)。冰碛物的基本特征如下:

(1) 冰碛物的粒度成分 冰碛物粒级范围很宽,是巨砾、角砾、砾石、砂、粉砂和粘土的混杂堆积物。粒度相差悬殊,明显缺乏分选,按福克-沃德公式计算得的图解粒度标准差(σ_z)大于3ϕ,属分选极差类。64mm(-6ϕ)以下粒度分析表明(图6-7),多数冰碛物的粒度频率曲线呈双峰型(双众数),第一众数值平均为-4ϕ(16mm),属细砾级,是冰川压碎和拔蚀作用的产物;第二众数值平均为$4\sim5\phi$($0.062\,5\sim0.031\,3$mm),是冰川磨蚀作用的结果。$4\sim5\phi$(粗粉砂)又称"极限粒级",此值以下,矿物不再被冰川磨蚀作用变细。因此,多数冰碛物中,小于$4\sim5\phi$的组分很少;有的含粘土较多,可能来源于当地基岩,如页岩、粘土岩。图6-7还表明,随着搬运距离的增加,冰碛物中各粒级的相对丰度有很大的变化。影响粒度分布的因素还有:冰川区基岩性质、冰川类型和搬运沉积方式等。如搬运距离近的山岳冰川冰

碛比冰盖冰碛的平均粒度（M_z）大些,但分选性（σ_1）差些。融出冰碛比滞碛细得多。

(2) 冰碛物岩性特征　冰碛物中的岩性成分，分为远源成分（来自源区）和近源成分（来自当地），多数冰碛物严格受冰川起源区及流动区基岩控制，以近源成分为主，含有少量远源物质。冰碛物中总是含有一定量抗化学风化能力很弱的成分，如花岗岩、石灰岩砾石，在砂中含有辉石、角闪石、长石等不稳定矿物和分解程度很低的粘土矿物（如水云母、表生绿泥石为主）。这些岩矿组分特征,是低温条件下，化学风化微弱，物理风化盛行的结果。

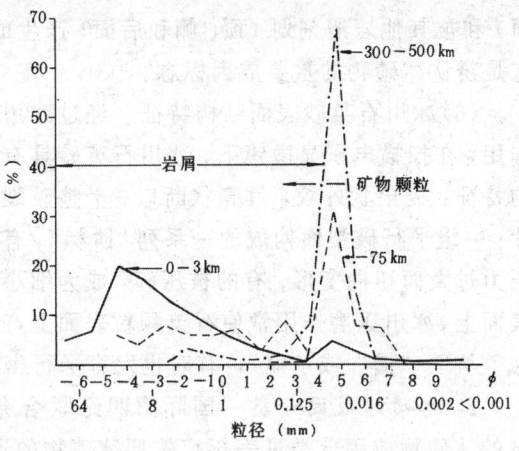

图6-7　海米顿—尼亚加拉地区（加拿大）3个冰碛样品中，白云石粒度频率分布曲线图
（据Dreimanis和Vagners, 1971）。
图中公里数，是样品距源区的距离

研究冰碛物，特别是其中砾石的岩性、来源及含量，对研究冰川运动方向，确定冰川作用中心，划分冰川地层和识别冰碛物都具有十分重要的意义。如在欧洲侏罗山石灰岩地面上，发现来自阿尔卑斯山的花岗岩漂砾，两地相距100km，这种"漂砾运扬"现象，为18世纪初期和近代冰期学说的建立提供了有力证据。

(3) 冰碛物的构造　冰碛物一般不具层理，以下情况例外，冰碛层中夹有冰水砂砾层或冰湖粘土透镜体。冰碛层有时具有粗糙层理，是冰川中原生构造，如冰川碎屑呈层状，或带状分布（如冰内剪切带）的反映。此外，在消融的倾斜冰面上，如冰舌前端，由于岩石碎块，或整个碎屑层顺坡滑动与滚动，形成向外倾斜的层理，不同类型冰碛的叠加或互层，也可以产生成层性。

(4) 冰碛砾石的磨圆度　冰碛石以棱角、次棱角为主，少数磨圆。棱角状砾石，是岩块直接被冰川从基岩面上拔起，或由两侧斜坡上崩落冰面，未受或极少受到改造的碎石。冰碛中圆砾石产生的原因，主要是早期河床圆砾石或冰川中的冰水砾石（冰面河、冰下河等）进入冰川，再沉积的结果。

(5) 冰碛石形状及表面特征　基岩构造（层理、节理、断层等）控制冰碛石的基本形态，如板岩、片岩砾石为板状—楔状；玄武岩砾石为柱状和菱形体；花岗岩砾石多为立方体。这些原生块体在搬运过程中相互或与基岩摩擦，在岩块表面上留下刻划的痕迹，称为冰川擦痕；具有擦痕的砾石，称为冰川条痕石。如果砾石在冰川底床上位置比较稳定，由于细粒物质（如砂、岩粉、粉砂等）的磨平作用，形成十分光滑的磨光面或小刻面，磨光面可以是平的、微凸的和凹的，其上常有一组或几组不同方向的冰川擦痕。擦痕粗细不等，有的只能借助显微镜才能看到。典型冰川擦痕具有如下特征：①多数位于冰溜石或磨光面上；②擦痕的主要方向应大致与砾石长轴方向平行；③擦痕细长而较深，横断面对称。在冰川砾石上，有时可见到新月形擦口，是阵发性冰川运动造成的张裂隙，它与擦痕方向大体垂直。

典型冰碛石形态从平面看，呈五角状或三角状或熨斗形（图6-8）。在长轴方向上，前端窄（(c)图中a点），后面宽（(c)图中a'点），底面宽阔平坦(c)；有典型的磨光面，上有大致与长轴（aa'）平行的擦痕。底面前部翘起，状如磨损的鞋底（(a)图中a端）；侧面和顶面或被圆化或发育小刻面，也发育擦痕(a)，整个形态很像一个电熨斗，故称熨斗石。熨斗石是冰底长形石块，平行冰流方向搬运，与基岩面磨擦（底面）和被其他岩屑刻划（顶、侧和后面）产生的特殊形态，它是辨认冰碛物的重要成因标志。

(6) 冰川石英砂表面结构特征　经过冰川压碎与碾磨作用，在扫描电子显微镜下，冰川石英砂具有如下表面结构特征：棱角状外貌，具壳状断口、平整破裂面或翻卷薄片；一组平行破裂面构成的一系列"阶梯"，有的破裂面因压力过大而扭曲变形；有的被压碎，成为细小颗粒粘附在表面上。冰川压磨作用常使石英颗粒表面上产生圆形的刻蚀"坑"、"槽"或"痕"，有时也发育平行密集的擦痕。

2. 冰碛的成因分类　国际第四纪联合会1979年公布的冰碛物成因分类见表6-1。按照冰碛物的形成机理，陆地上的冰碛物，主要有3种基本类型：滞碛、融出碛和流碛（图6-9）。

(1) 滞碛　是冰川前进时，在冰下高围压环境中，通过滞卸作用形成的冰碛物。滞卸作用包括：①冰川压力融化，由于摩擦热的影响，基底冰发生压力融化，所含石块被释放到冰床上；②阻滞作用，当冰床与岩块间摩擦力大于冰川施加于岩块的拖曳力，石块停止运动，并滞留于冰床上；③粘贴作用，如果冰床上已滞卸的物质中细粒物质较多，冰底碎屑一旦与之接触就会被"粘住"或压入其中不能前进，这种粘贴作用将加速滞卸过程，使滞碛厚度不断增加，形成滞碛层（图6-9）。滞碛的固结性好，孔隙率

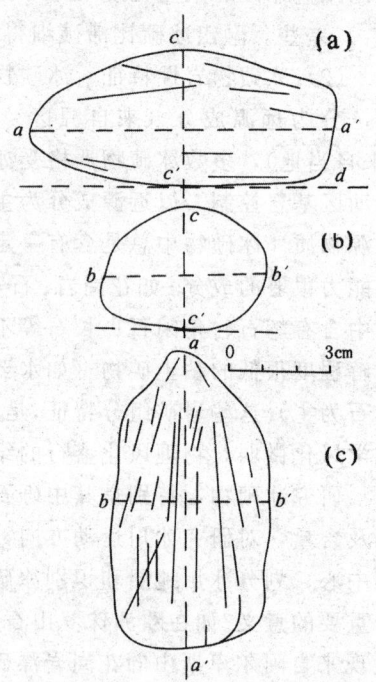

图 6-8　从三度空间观察，理想冰川砾石的形态图

（据 Flint, 1971, 改编）

(a) 侧视图；(b) 后视图；(c) 下视图。用相同字母表示同一点，表面细线为冰川擦痕

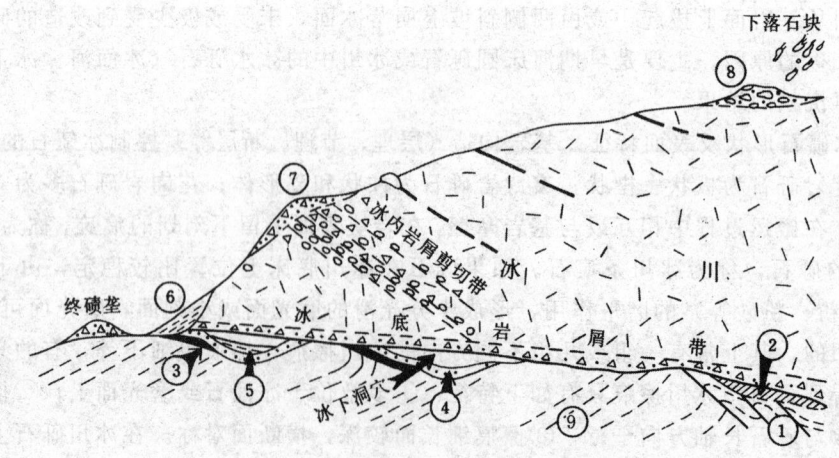

图 6-9　冰碛成因类型及其形成过程图

（据 Derbyshire, 1979, 改编）

①变形基岩；②变形冰碛；③滞碛；④冰下融出碛；⑤冰下流碛；⑥冰上流碛；⑦冰面岩屑，冰川消融后，转变为冰上融出碛；⑧冰面岩屑，冰川消融后转变为消融冰碛；⑨未经冰川搅动的基岩

低，含砾少，以粉砂、粘土为主，具基质支撑结构。干土具应力释放后密集的裂开面。砾石上多擦痕，a轴多顺冰流方向排列。

(2) 融出碛　是冰面或冰下冰体发生热力融化，释放所含碎屑，在正常气压下堆积而成的冰碛。又可分为冰面融出碛与冰下（空穴中）融出碛（图6-9）。在一定条件下，冰面融出碛与其下的滞碛构成完整的冰碛剖面，两者之间常分布着不连续的冰水砂砾层，或存在冲刷界面。这与冰川消融时的冰水强烈活动有关。

表6-1　冰碛物的成因分类表

搬运中的冰川岩屑		冰	碛	
		据沉积位置划分	据沉积作用划分	
			陆地冰碛	水域冰碛
冰川冰	冰面岩屑	前　碛	消融碛　流碛	水成流碛
	冰内岩屑	表　碛	融出碛	
			升华碛	
	冰下岩屑	下碛（底碛）	流　碛	水成流碛
			融出碛	水成融出碛
			滞　碛	冰川碛
			变形碛	
		变形基岩　或　变形沉积物		
		和/或		
		基岩或沉积物的冰川侵蚀面		

国际第四纪联合会，1979

融出碛较之滞碛，固结度差，由棱角状巨砾、岩块、岩屑和粗砂混杂堆积而成，分选磨圆均很差，细粒物质少，条痕面也极少见。融出碛砾石排列也较滞碛杂乱。

(3) 流碛　由冰川中融出的富含粘土和粉砂的饱水岩屑或岩屑层，在重力作用下，沿着冰坡或冰碛斜坡作粘滞性蠕动或流动，在低洼处堆积而成的冰碛，称为流碛（图6-9）。有冰下流碛和冰面流碛。流碛与融出碛形成环境相似，均产生于冰川范围内和正常大气压下，都通过融出作用获取岩屑。两者区别在于流碛经过粘滞性流动作用，故有一定程度分选，有平行斜坡的倾斜层理，层中粒度下粗上细，砾石长轴（a轴）与坡向一致，ab面平行流动表面，呈叠瓦式排列。可见到由下层为滞碛、中间为融出碛和上层融出碛或流碛组成的冰碛物剖面（图6-10）。

3. 冰碛地貌

(1) 基碛及基碛地形　当冰川融化以后，原来的冰面及冰内岩屑坠落到早已形成的滞碛上合称基碛（或底碛）。因为在基碛形成过程中有冰下水、冰面水和冰内水的作用，所以在基碛中常可见到砂、卵石及砾石所组成的透镜体，甚至有粘土质的湖相夹层。基碛厚度一般不超过数米，在山岳冰川区甚至可能遭到破坏，只剩下一些残余的大砾石。大陆冰川区厚一些，可达数十到百余米。

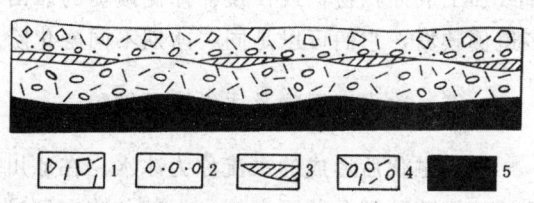

图6-10　冰碛物剖面图
（据Flint, 1972, 修改）
1. 冰面融出碛；2. 冰水沉积砂砾；
3. 冰下融出碛；4. 滞碛；5. 基岩

由基碛组成的地形称为基碛地形，常见的基碛地形有：

底碛丘陵 为冰川"U"形谷中高度不大的波状起伏地形，分布零乱。由于底碛透水性差，在丘陵之间常有小而浅的湖沼。山岳冰川区的底碛丘陵主要由融出碛和流碛组成，高度为数米至数十米不等。

鼓丘 一般是由含粘土较高的滞碛所构成的椭圆形丘陵（图 6-11），椭圆长轴与冰流方向一致。鼓丘大小差别很大，高度由几米到几十米，长度由几百米到一二千米。鼓丘往往成群地分布于大陆冰川前端终碛堤之内（图 6-11）。山岳冰川区很少见。

(2) 终碛堤（又称前碛堤） 当冰川末端补给与消融处于平衡时，由于冰川中部运动稍快，冰碛物就会在冰舌前端堆积成向下游弯曲的弧形长堤称为终碛堤（图 6-12）。一般说来，山岳冰川终碛堤

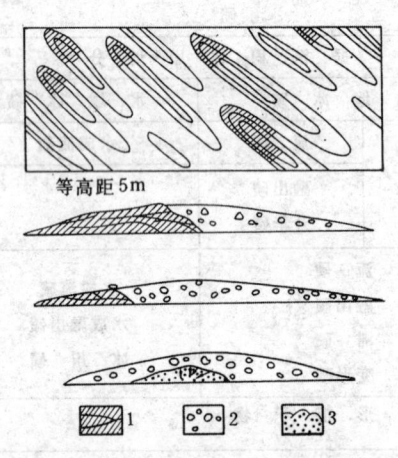

图 6-11 鼓丘的平面及断面示意图
（引自 C.A. 雅科甫列夫，《第四纪沉积与地质测量方法指南》，1958）
1. 基岩（羊背石）；2. 冰碛物；3. 砂

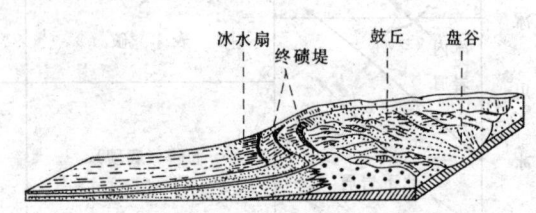

图 6-12 终碛堤与冰水扇示意图
（据 A. 彭克，1936）

短而高，我国玉龙山干海子终碛堤高 150m，长 5～6km。终碛堤外侧陡，内侧缓。冰川后退时终碛堤完整而平行排列；冰川前进时老的终碛堤被冰川破坏，或终碛堤被后期水流分割而成弧丘，但仍呈弧形排列。一般终碛堤具有双层结构，下层由含或不含细粒物质的底碛或滞碛组成；上覆巨厚层融出碛和流碛，主要由含细粒物质较少的岩块、砾石、粗砂组成。在终碛垅外侧与冰水扇沉积的砂过渡。由于冰川末端位置波动，终碛堤沉积层还可以被推挤变形和碾碎侵入到冰碛中。

(3) 侧碛堤 由于冰川对谷壁的剥蚀作用及崩塌等作用，在冰川两侧及冰川表面边缘聚集了大量碎屑物质。当冰川融化时，这些物质就以融出的方式堆积在冰川谷两侧，形成与冰川平行的长堤状地形称侧碛堤。当冰川两侧发育着边缘沟槽时，槽中流水可将侧碛堤完全毁掉或加工成冲积物，或仅仅冲掉侧碛堤的靠山坡部分。有的地区在山坡的不同高度上存在着多道侧碛堤，它们可以是同一冰期不同融化阶段的产物，也可以是不同冰期的产物。

（五）冰水沉积物及冰水堆积地貌

冰雪融化后形成的水流称为冰水。在冰川区内，这种水流可以形成冰面河、冰下河、冰侧溪流及冰下湖及冰面湖等。大部分冰水经过冰下河和冰侧溪沟排出冰川前缘，形成冰前河流及冰前湖泊。经冰水搬运，沉积在冰川内部或附近的堆积物，称冰水沉积物。冰水沉积物可分为冰前沉积和冰川接触沉积两类。

1. 冰前沉积 是冰水流出冰川以后，在冰川外围堆积起来的沉积物。其主要地貌为冰水扇、冰水冲积平原、冰水阶地及冰湖沉积等。

(1)冰水扇及冰水冲积平原 如果冰川外围是平坦开阔的地形，冰水流出冰川末端后，立即分散为没有固定河床的细小股流，形成辫状水系。冰水携带的碎屑物质就在冰前堆积起来形成平缓的扇状地形，称冰水扇或扇堆儿。一系列冰水扇连接起来就构成冰水冲积平原，又名外冲平原（图6-12）。

冰水扇的顶端直接与终碛堤或其他类型的冰碛物相接，呈明显的相变关系。冰水扇最厚的地方在顶端，向外逐渐变薄。冰水扇堆积物具明显的岩相变化特征：顶端部分为巨大的砾石，层理不清，砾石磨圆度差，表面可有冰川压磨痕迹。往外粒度变细，圆度增加，以含砾石层或含砾石透镜体的砂层为主，沉积构造丰富，但极不稳定，水平层理与交错层理及不同粒度和分选性的砂砾层频繁交替，冰淤构造发育，很少或没有向上变细的层序。在冰水扇的最外缘，主要沉积亚粘土—粘土类物质，称为冰水亚粘土，它一般无层理，偶见砂的夹层及小砾石层；从成分结构看，这种亚粘土很像黄土，但颗粒较细，碳酸盐含量也较少，故又称黄土状亚粘土。

(2)冰水阶地 冰川前为谷地时，则冰川融水在谷中形成冰水阶地。冰水阶地冲积物属辫状河沉积，具有厚度大、易风化岩石数量多、分选差等特点，在剖面上，下粗上细的粒序层多次重复。

(3)冰湖沉积物 包括冰湖三角洲沉积和冰湖底沉积。

冰湖三角洲沉积物 当冰水河流流入冰湖，或冰川直接濒临湖畔，在冰湖岸边就会产生冰湖三角洲沉积，这种沉积与普通三角洲沉积没有多大差别。所不同者冰湖三角洲沉积含有冰川砾石。

冰湖底沉积物 夏季冰川融化强烈，冰水充沛，搬运能力强，把大量泥沙搬到湖中，砂粒很快沉于湖底；冬季粘土才慢慢地在砂上沉积下来，形成一层浅色长石、石英粉细砂和一层深色粘土构成的年层。这种沉积作用年复一年地进行，形成了粗细相间和层理极薄的纹泥（又叫季候泥）。就像树木的年轮一样，根据年层的数目即可确定从冰川开始退缩，至冰湖停止沉积这一阶段的年限。

2. 冰川接触沉积 冰川接触沉积又名冰界沉积，是冰川区内或紧靠冰川的冰水沉积物。因此这种冰水沉积与冰碛物相互混杂、交叉和重叠，还经常受到冰流的搅动，原生堆积形态和沉积构造常被破坏，特别是沉积物四周冰的融化，导致沉积物本身的崩塌或塌陷，更加剧了这种破坏程度。冰川接触沉积的最大特征之一是沉积期后变形。这种沉积构成如下几种常见地貌形态。

(1)冰阜阶地及冰砾阜 冰阜阶地分布于冰川谷两侧或高地的边缘。当冰退时，冰融水在冰川谷两侧形成溪流，这种水流在谷壁与冰川之间堆积具有一定层次的冰水堆积物（图6-13）。当冰川全部融化后，堆积物的前缘（即与冰川相接触的面）因失去支撑而垮塌，形成陡坎，整个形态与河流阶地相似，故称冰阜阶地。冰阜阶地呈长条状分布于终碛堤内的冰川谷两侧，向下游逐渐降低，与冰水扇相连。

冰砾阜是一种平顶圆形或长条形的丘陵地形。其直径约为0.1～2km，高5～70m，边坡较陡，常杂乱地成群分布于山岳冰川或大陆冰川的边缘（靠近终碛的地方）。冰砾阜由亚砂土、砂及细砾组成，具有明显的水流型层理，这些层理常因冰川的挤压而发生小的褶皱和断裂。冰砾阜内常夹有冰碛泥砾透镜体，而大部分冰砾阜表面还覆盖着0.5～2m厚的冰碛层。冰砾阜是冰川消融后，冰面河流沉积坠落地面的产物。

(2)锅穴 当冰川向后退缩时，在冰水沉积物中常遗留有大小不等的脱离冰川的死冰，当

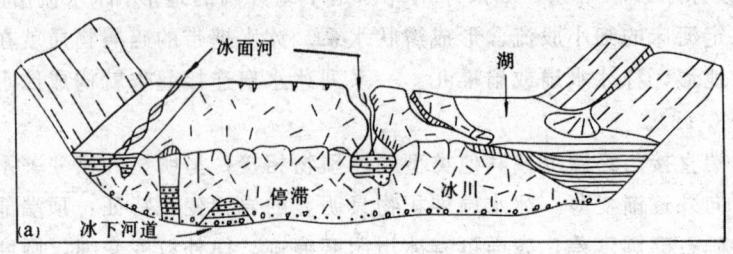

图 6-13　冰川接触沉积的成因图解
(据 Flint, 1971)

(a) 冰退之前，冰水在停滞水体的各个部位堆积各种冰水沉积；(b) 冰退之后，冰水沉积物坠落地面，并产生变形

这些死冰完全融化后，就会引起上部沉积物陷落，在地表上形成凹坑。这种凹坑称为锅穴。锅穴大部呈圆形，直径一般约几十米。

(3) 蛇形丘　蛇形丘主要是发育在大陆冰川区的地形，状如铁路路基的狭而长的垅状高地，并随地形高低起伏变化。它由经过分选和冲洗的砾石、砂组成，有明显的不均匀斜交层理，是冰下河道在出水口处的冰水沉积物，随冰川后退而堆积增长。山谷冰川的蛇形丘规模不大，大规模的蛇形丘是大陆冰川的重要遗迹。

(六) 第四纪古冰川研究问题

第四纪古冰川研究应该从多方面进行考虑。

1. 古冰川遗迹研究　包括研究鉴别各种古冰川地貌和沉积物及其与它们的类似物的区别，并研究它们的时、空配置关系。不以地层研究为基础的少数证据，往往会产生许多争议。此外，还应注意新构造运动与山岳冰川形成前后的关系。

2. 古冰川形成条件研究　冰川发育在一定气候和地形条件下，从孢粉气候组合、自然地理条件特征，如降水量、雪线高程、地形等方面探讨古冰川的形成条件，可为推论古冰川作用提供可靠基础。

二、冻土地貌和沉积物

世界现代冻土占大陆总面积的25%。我国黑龙江北纬48°以北有纬度冻土，西部海拔4 300～4 500m 以上高山有山地冻土，全国现代冻土面积有约215万多平方公里（图6-14），占全国面积的1/4左右。第四纪，冻土分布面积比现在更广泛。冻土对当地工、农业生产和人民生活有重要影响，全球变暖和人类活动都会引起冻土环境变化。

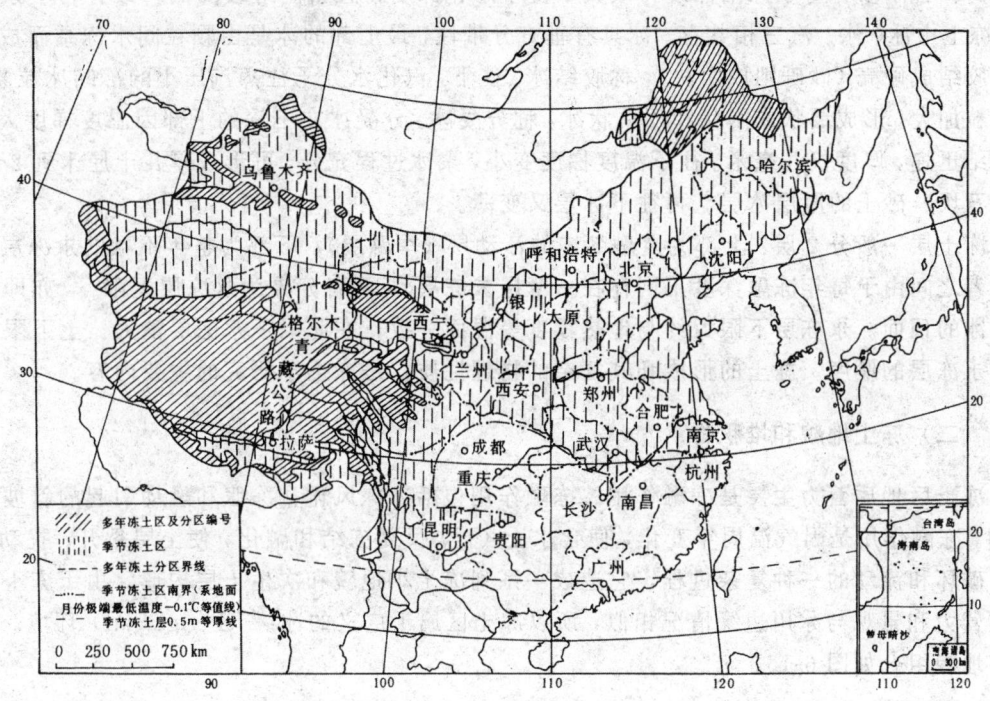

图 6-14 中国冻土分布图
(据童伯良、周幼吾,1975)

(一) 冻土

高纬和高山区的降水少,温度低(年均温在 0℃ 以下),气候干冷,不足以形成冰川的地区,地面仅有不厚的雪层,土层持续大量散热(年放热量＞吸热量),地温不断下降,地面形成冻结层,称冻土。冻土也可是冰川消融后的遗存。

冻土是在年均温长期处于负温条件下被冰胶结的土、石层和冻结的基岩上部裂隙带,厚几十米到几百米。有的地区年均温虽很低,但土层中无冰,称低温寒土。每年冬冻夏融的冻土称季节冻土,多年不融的冻土称永久冻土,永久冻土有纬度冻土和高山冻土。冻结层厚,广泛分布连续的永久冻土称连续多年冻土;冻结层薄,分布不连续,融区达 20%～30% 的多年冻土称不连续多年冻土或岛状冻土。融区一般发生在大河谷、湖泊或地热发散区,有时融区面积更大。永久冻土分布、厚度和类型受纬度高度控制呈 SN 向变化(图 6-15)。如祁连山北坡海拔 4 000m 处冻土厚 100m,到海拔 3 500m 处厚度变为 22m。各山地冻土分布下限与所处纬度有关,越往南下限越低,如昆仑山为 4 300～4 400m,祁连山为 3 500～3 800m,天山约为 2 500m,阿尔泰山仅 1 000～1 100m。

冻土发育受气候、岩性、土层含水量和植被影响。年均温长期处于 0℃ 以下是冻土形成的首要条件。土层细,孔

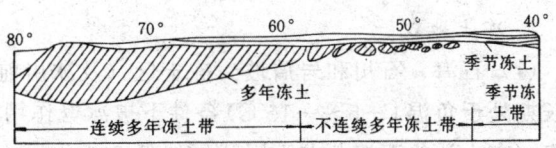

图 6-15 北半球多年冻土剖面图
(引自北京大学等,《地貌学》,1978)

隙度高，含水多，冬季冻结深度持续大于夏季融化深度，且气温继续降低，最有利于冻土形成。冻土中冰、水、汽三相共存。冰具有垂直分带性，最上部的冰是由颗粒间水冻结而成，把土层胶结成硬壳（砂砾则成团块），称胶结冰。往下，汽化水分子往蒸汽压小的冻结冰粒凝聚，使冰粒加大，形成层状或网状和团块状冰，称分凝冰。分凝冰在不深的上部因温度梯度大，向下冻结迅速，厚度仅几毫米。往下温度梯度变小，聚冰过程充分，可形成厚几十厘米到 2～3m 的含石块、砂土的厚层冰层。再往下冰层又变薄。

冻土层一般分 2 层：上部为夏融冬冻的活动层（季融层）；下部为整年不融的永冻层（有时两者之间由于每年冻融深度不同存在一薄层未冻层），两者分界为永冻层上限①，亦即上述厚层冰的顶面。永冻层下限大约与地热零度等温面一致，在此以下永冻层消失。上下限之间即为永冻层的厚度。冻土的形成和其复杂的物理性质，是冻土学研究的主要内容。

（二）冻土地貌和堆积物

冻土区地质营力主要是冻融作用。冻融作用包括冰冻风化、冻胀和融动引起的斜坡块体运动。冻融作用是因气温周年变化，使含水土（石）反复冻结和融化，使土层裂开、扰动、变形、破坏和流动的一种复杂过程，它造成一系列冻土小地貌和次生土层构造。由于冻土区的地质营力和景观与冰川边缘情况相似，所以冻土区属于广义的冰缘（Periglacial）环境。冻土区的地貌组合如图 6-16。

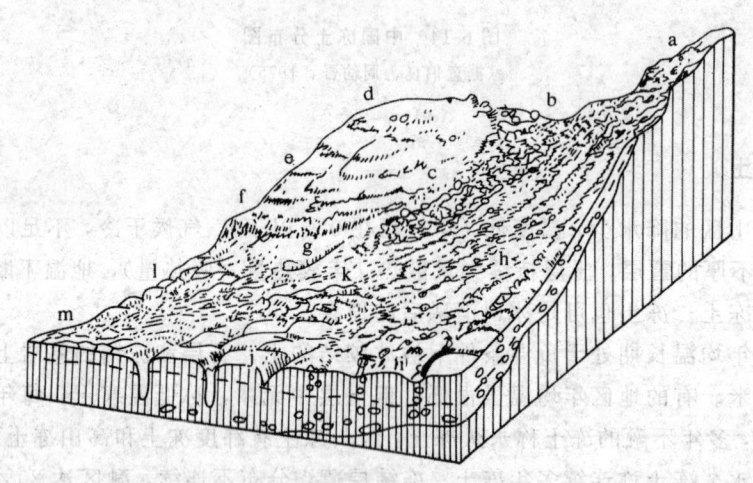

图 6-16 冻土区地貌组合示意图
（据 C.Г. 博奇，1957）

a. 冻蚀台地；b. 石川源；c. 石川（石河）；d. 石圈；e. 土溜阶地（泥流阶地）；f. 土溜堤；
g. 石块沿湿润土层滑动；h. 石带（石条）；i. 石多边形网状土；j. 冰楔；k. 大冻丘；l. 小冻丘；m. 网状土

1. 冻土地貌

（1）石海、石川和岩屑坡　冻土区（及冰川前缘区）常年处于负温，物理风化强烈，岩石长期处于负温（−5～−15℃）条件下被冰劈作用破坏，地面广泛裸露冻裂的岩块和碎石，称石海（有人认为石海分布下限比雪线低 200～400m）。岩块受重力作用往沟谷洼地聚结成带，

---

① 季融层冻结和永久冻土连接时称衔接冻土，有薄层未冻层隔开时称非衔接冻土。

因冻胀、收缩和春季底土解冻等使石块整体往下蠕动，称石河。不对称谷地缓坡上的寒冻风化崩解岩屑，沿坡下移，堆积成岩屑坡。石海、石河、岩屑坡和冻裂岩柱等是冻土山地常见的景观。

（2）冻融泥流阶地和堆积物　在永久冻土区（或冰缘区）坡度为2°～30°的斜坡上，冻结的含碎石细土层上部的活动层，在春、夏季融化时使土层饱水，高孔隙水压使土层的剪切强度降低；或春秋两季，土层温度围绕结冰点波动，土体体积频繁胀缩，使土层蠕动。上述两种过程均可使融化土层在重力作用下，沿永冻层面往坡下缓慢运动，称为冻融泥流作用，运动速度一般不超过1m/a。一旦坡度变缓、土层变薄或土体失去水分，运动即行停止。当斜坡表面水分分布均匀时，土层整体运动，形成大片较连续的泥流阶地；当水分不均匀时，土层分裂运动，形成若干不同流速单元的泥流舌群（图6-16（e））。

冻融泥流堆积物的岩性为碎石与泥土混杂堆积物，碎石岩性均为斜坡岩石。分选差，无明显层理，但不同时期流动层之间有间断面分开。在舌体前沿，可见因上下层流速差异而形成的小型倒转褶曲、逆断层和包裹圆柱体（图6-17），以及卷入的泥炭层等。厚度一般为1.5～4m。

（3）冻胀丘和冰核丘　由于冻土区内土层粒度和水分的分布不均匀，含水多的细土中分凝冰的形成，使其获得比周围土层更高的冻胀率，形成局部隆起的丘状地形，称冻胀丘。其高为几十厘米到几米。有的冻胀丘为一年期，冬季出现，夏季消失。

土层冻结时，若土层中的某些部分不断接收冻结层间水或层下水的补给，将形成一个地下冰核（图6-18），冰核使地面隆升成丘，即冰核丘。高纬区其高度从几十米到200m，冰核丘为永久冻土，可保存几十年、几百年。

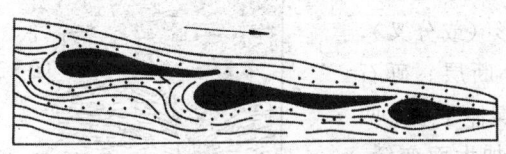

图6-17　泥流堆积物中的褶皱和圆柱体图
（引自北京大学等，《地貌学》，1978，部分）

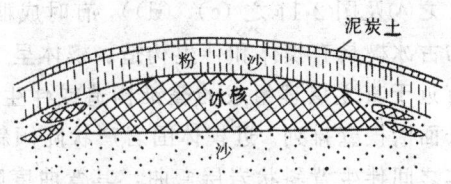

图6-18　冰核丘的结构图
（引自北京大学等，《地貌学》，1978）

（4）热融地形　由于冻土表面自然因素（气候转暖、温差增大）和人为因素（砍伐森林、破坏草皮、开荒、挖沟、筑路、修水库等等）破坏了地面原有保温层，使土层局部温度升高，导致永久冻土层上部局部融化，使其沉陷形成沉陷漏斗、沉陷盆地、浅洼地、热溶滑塌和热力岩溶湖等，总称热溶地形。其大小从直径数米到数平方公里。

2. 冻融构造和构造土
（1）冻融构造
冰脉　水注入处于负温状态下的岩石裂隙（原有裂隙和风化裂隙）中的水，冻结成裂隙冰，称冰脉（图6-19）。由于它的冻胀率为9.07%，对围岩产生巨大压力，把围岩胀裂开来，即冰劈作用。疏松潮湿土层的冻结与基岩略有不同，冻结之初，土体膨胀，完全冻透后如进一步冷却，土体就开始收缩，破裂为多边形裂隙网（图6-20），这些裂隙称寒冻裂隙，水注入其中，形成隙冰，亦即冰脉。发育在冻土活动层中的冰脉不会保存下来。

冰楔与古冰楔　在气温下降较快，且持续严寒酷冷的气候条件下，一旦冰脉形成，就会

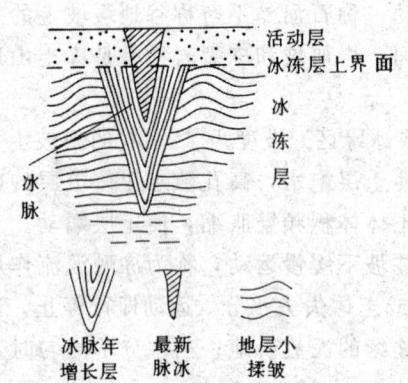
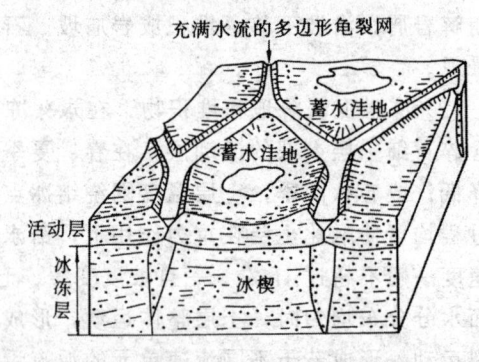

图 6-19　冰脉与冰楔形成示意图　　　图 6-20　具有隆起边缘的冰楔多边形网示意图
（据 A.H.Lachenbruch，1960）　　　　　（据 A.Clowes 等，1982）

通过冰体逐年冻结与融化交替过程使冰年层生长，使冰脉加宽加深，围岩受到挤压，并贯穿活动层楔入永冻层，在夏节融冰时，下部也不会融化，即冰楔（图 6-20）。气候越严寒，冰楔的规模越大。现代极区腹区年均温－12℃地区冰楔上宽 1m，深十几米；边缘区年均温为－2～－6℃地区冰楔上宽十几厘米，深不足 1m。高纬极区永冻层中成长的活动冰楔年增宽约 1mm。

古冰楔是地层中保存的地质时期冰楔遗迹，或冰楔模（图 6-21 之④及图 2-11 之（c）、(d)），有时成群成层出现。比较典型的古冰楔具有楔体和伴生构造。楔体呈"V"形（或分叉），具有近于直立层理组成的叠锥构造或伴生滑塌小断层。砾石扁平面沿楔壁排列。近楔体围岩产状陡倾斜，离楔体平缓。两楔体之间伴生背斜状岩层弯曲，其弯曲度随深度加大而变缓。上述各种构造都是地质时期冰楔的冻融作用的遗迹，与干裂作用产生的充填沙楔有明显区别。古冰楔群是研究古冰缘环境的良好定性定量标志之一。

冻融褶皱　又称冻囊、内卷构造和扰动构造等。这一类构造是由于活动层冻结时产生的下压力与永冻层向上的顶托力，使饱水砂和粘土发生聚冰脱水而形成。冻融褶曲形态有时极其复杂，如碟形、扭曲、拖曳、揉褶等，并伴有挤入袋状、包裹体等（图 6-22）。当冻融褶皱与古冰楔或喜冷动植物化石共生时，更有说服力，否则难以与古地震液化和滑动构造相区别。冻褶形成的气候条件与古冰楔近似。

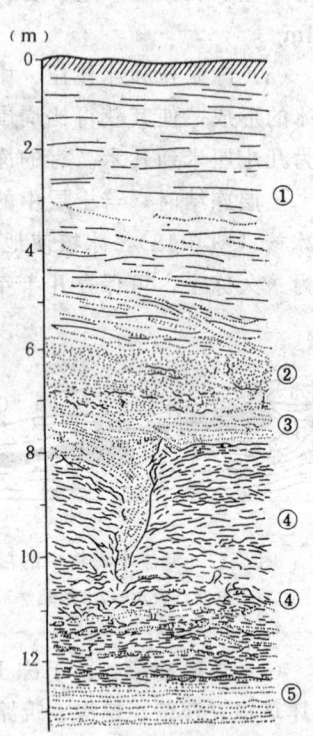

图 6-21　第四纪沉积层中的古冰楔遗迹图
（据 Klajnert，1961，
T. 克楚德克等，1963，修改）
①黄土；②有机质土壤；③砂砾；④湖相淤泥，为冰楔所切穿；⑤冲积砾石

2. 构造土　在含充足水分的河滩等地的含砾（25％～35％）堆积物上部，由于冻融分选作用，使冻土层中碎石具有几何图案排列的次生构造，称构造土（或冰冻结构土），包括石多边形及其变种（石环、石圈、石带等）。

冻融分选有垂直分选和水平分选过程。当秋季冻结开始后，冻结面从上至下逐渐下降到达某一砾石底部位置处，因冻结面以上土层冻结膨胀而把砾石上提一小段距离，使砾石底部留下一小空隙，并同时为未冻结水和土充填，解冻后砾石不会回到原来位置。如此逐渐进行，活动层下部砾石可以被提升到地表，这就是冻融垂直分选，运动速度达 2~10cm/a。冻融水平分选则是当含水细土较多的冻结中心冻胀时，因土层冻胀水平推力逐渐把石块从中心往四周推移，融化时石块因惰性大不会随水土流回原处。如此反复进行，最后出现冻结中心无或少石块，而周边聚集大量石块的现象。冻融水平与垂直分选结合，形成石多边形（图6-23），在一定深度垂直剖面上它显示碎石集中成堆的现象。石多边形的直径一般为 1

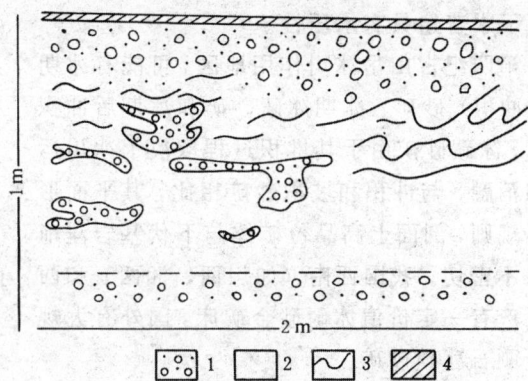

图 6-22 黑龙江西北白土山第二阶地上的
袋状构造与融冻揉皱图

1. 砂砾层；2. 土层；3. 黑土条带；4. 土壤
(引自杜恒俭、陈华慧等，《地貌学及第四纪地质学》，1981)

~2m 或更小，在极其严寒气候条件下其直径可达 100 多米。平地上石多边形彼此互不接触，且碎石边较宽，趋于形成圆形石环（图 6-24），在坡度为 2°左右的坡上因伴有泥流作用，石环拉长成椭圆形石圈；在坡度为 6°~15°时，泥流作用加强，石圈变为石带；坡度为 15°~25°时，石带消失。

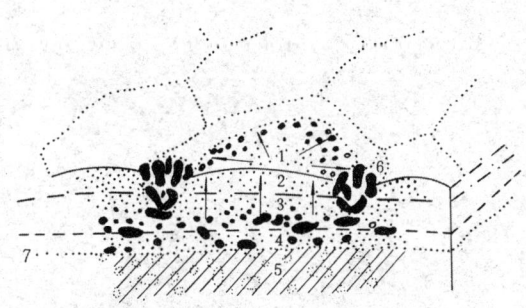

图 6-23 典型的石多边形分选示意图
（据 R.D. 恩格曼，1954）

1. 侧向移动和表面水平分选；2. 分选殆尽带；3. 垂直分选带；4. 未分选带；5. 不透水的冻土层（未分选）；6. 石多边形；7. 地表下分选带与未分选带交界线

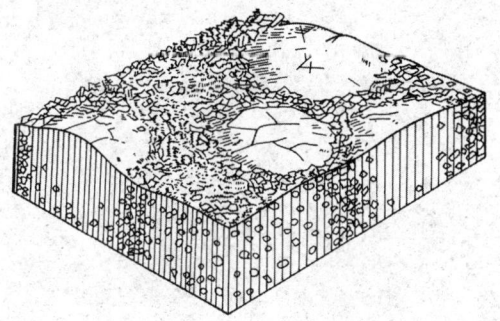

图 6-24 石环
（据 С·Г·博奇，1957）

三、冰川、冻土研究的实际意义

1. 资源开发利用　冰川是重要的淡水资源，在全球人口剧增、水资源不足和污染现象加剧的发展趋势下，如何合理利用冰川是全球关心的问题。我国西北地区山前和盆地区地下水资源主要靠冰川供给，气候冷暖变化、雪线升降和冰川体积变化直接关系到广大西北地区的地下水储量变化。

冻土区有特殊的水文地质条件（图 6-25），其层下水普遍具有承压性。

第四纪古山岳冰川作用地区，可能有冰期前（冲积）砂矿、冰期冰碛砂矿和冰期后冲积砂矿。冰碛砂矿由于其堆积过程取决于冰川运动和消融，与冲积和坡积砂矿相比，其平面形状不规则，剖面上高品位矿体与下伏基岩洼地关系不密切。我国西南（如川西、湘西）和西北区产有一定价值冰碛砂金矿床，国外有大规模金刚石冰碛砂矿。

2. 工程与环境　冰碛物由于其分选差，含泥，故孔隙度较小，常视为含水性差的沉积物；而冰水成因的砂砾则为良好含水层。冰川的进退决定了这 2 种含水性不同的沉积物的时空分布规律。

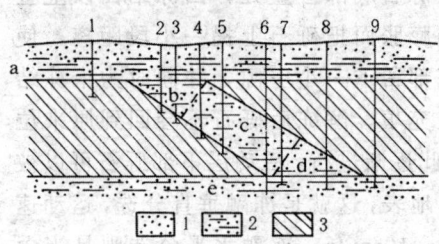

图 6-25　层上水、层下水和层间水的相互关系图
（据 Н.Н. 特尔斯奇亨，1957）
a. 层上水；b. 向层间水过渡；c. 层间水；
d. 向层下水过渡；e. 层下水。
1. 砂；2. 含水砂；3. 冰冻层。
剖面线以上的数字表示钻孔编号

冻土区具有不同于非冻土区的水文地质与工程地质特征，在冻土区施工，必须考虑冻土类型、结构和施工作业与修建物可能引起的冻土变形变化给工程造成的影响。在我国的内蒙和东北区，冻融作用是引起土地资源破坏的重要影响因素之一。

冰期与间冰期（或冰缘期与间冰缘期）研究在全球与区域古气候与古环境研究中有特殊的重要价值（第十章）。

第七章 风力地貌和堆积物与黄土

一、风力地貌和堆积物

(一) 风力作用特征

风力作用是干旱气候环境（年降水量250mm以下）的主要地质营力。世界荒漠集中在环球南北两个副热带（25°~30°）高气压沉降带（图7-1），占陆地总面积的1/5。中国沙漠和戈壁有109余万平方公里，占全国总面积的11.4%。

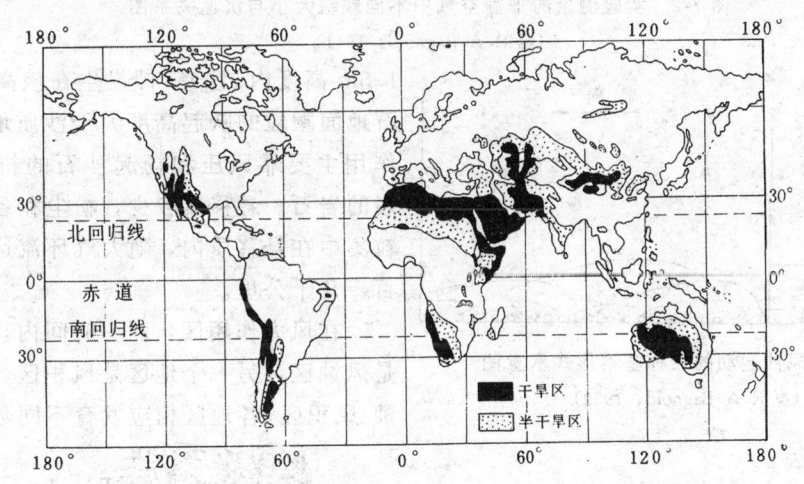

图 7-1 世界荒漠分布图
(据P.Meigs,1956)

大气运动产生风。地球风系受大气环流结构控制（图2-25）。风沿松散无植被地面运行时，紊动气流将地面物质吹起，并携带着前进，这种呈面状活动的挟砂气流称风沙流。风沙流中含有各种粒径的砂、粉尘和气溶胶，流动的砂是风蚀和风积作用的重要因素，粉砂是形成黄土的主要来源，各种气溶胶对环境产生重要的影响。

风的地质作用强度（$P=\frac{1}{2}cv^2$）取决于风速（v）平方。风速<4m/s（起砂风速）时，风的搬运力不显著；风速>4m/s可搬运0.25mm以下颗粒；风速>5m/s时，粉砂可被垂直抬升到3 000多米高空。随着风速增大，被搬运颗粒的直径也增大。风力作用的下限面是地下水面。

风吹扬起的地面物质，在被搬运的过程中按颗粒大小以不同速度沉降，并在大气中造成沙暴、尘暴、扬沙、浮尘、尘雾和霾等灾害性和非灾害性天气现象（图7-2）。

风搬运颗粒的运动方式有推（蠕）移（颗粒沿地面滑动和滚动）、跃移和悬移（图7-3）。同一粒径颗粒在不同风速下运动状态不相同。蠕移和跃移颗粒最多，一般集中在地面0.5~

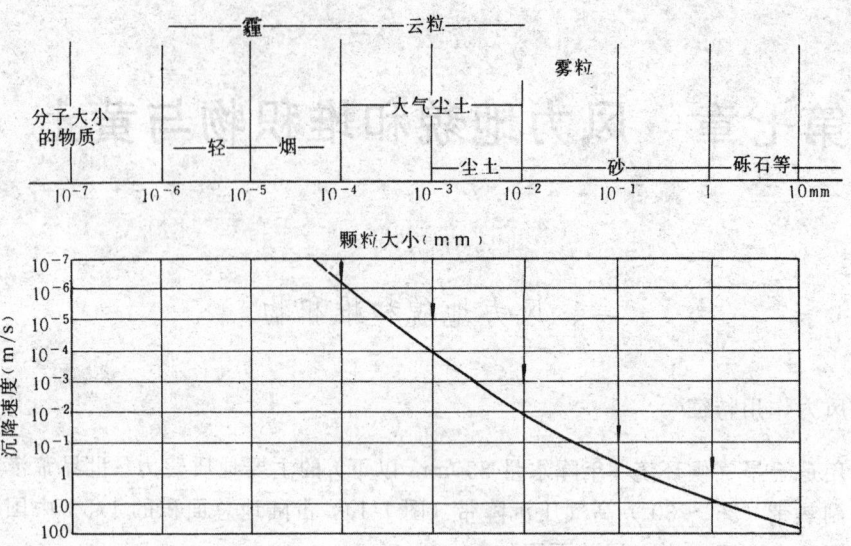

图 7-2 实验测量的平静空气中不同颗粒大小与沉速关系图
(据 R.A.Bagnold,1941)

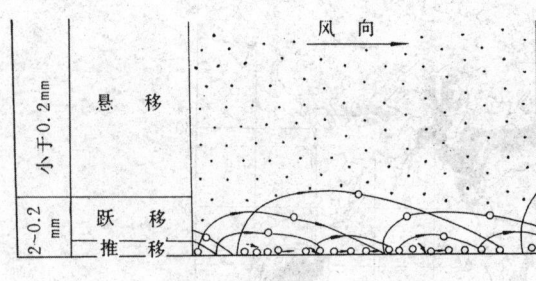

图 7-3 风沙运动的三种基本形式示意图
(据 R.A.Bagnold,1959)

地貌和风积地貌。

(二)风蚀地貌

风蚀作用在地面疏松无植被覆盖的地区尤为盛行。在有天然或人工森林、草地的区域,风蚀作用的破坏性大为降低。如十二级大风(风速>33.5m/s),可以搬动巨砾,将大树连根拔起,造成严重风灾,但对有植被覆盖的地区影响不大。相反,即使风速不大,对无植被覆盖区也会造成严重的土壤破坏,沙尘飞扬,使大气能见度大为降低。主要风蚀地貌有:

1. 风蚀小形态 风沙吹蚀岩壁所形成的蜂窝状小形态,称为风蚀壁龛(石窝)(图7-4)。风沙流对孤立突起岩石的长期磨蚀过程中,由于风沙主要集中在近地面部分,形成上大下小

1.5m 高度内(沙暴,即发生在该高度内);砾石地面颗粒的跃起高度大于沙质地面。风蚀作用主要靠风压和扬起沙石的机械磨损地表的岩石。悬移质较少,粉尘和各种气溶胶粒集中在悬移质内,随大气环流运动可达几百、几千公里。

在风力作用区,同一时间内,一个地区是风蚀区,另一个地区是风积区,其间为风蚀-风积区,各地区相应发育不同数量的风蚀

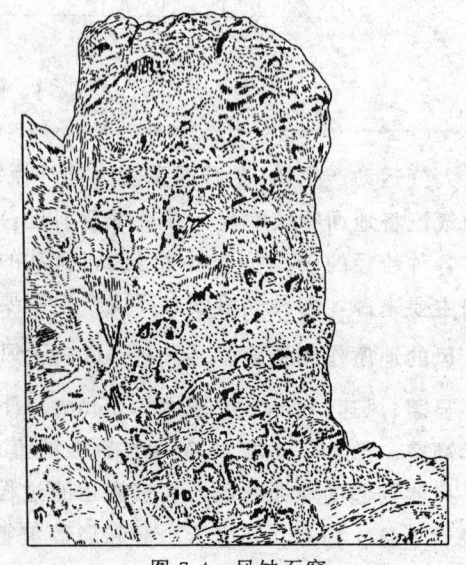

图 7-4 风蚀石窝
(据徐志芳,1963,按罗贝克照片绘图简化)

的风成蘑菇石（图 7-5）。岩石裂隙（节理、层理等）和岩性软硬对二者的形成有影响。

2. 风蚀垄槽　在干旱地区，干涸的湖底常因干缩而裂隙发育，风沿着裂隙不断吹蚀，形成垄槽地形（图 7-6），维吾尔语谓之"雅丹"。其沟槽较宽，垄脊呈鳍形，沟深可达十余米，长条状延伸数十米到数百米不等。风蚀垄槽以新疆罗布泊西北楼兰附近最为典型。近来研究表明，暂时性流水冲蚀，也是这种地貌形成的原因之一。

图 7-5　风蚀蘑菇
（据徐志芳，1963）

3. 风蚀洼地　松散物质组成的地面，经风吹蚀而形成的洼地。平面上多呈椭圆形，沿主风向伸长，背风面陡达 30°。也有些洼地呈新月形（图 7-7），突出的一端面对主风向。单纯由风蚀形成的洼地，规模一般较小，直径只有几十米，深度仅 1m 左右。而在流水侵蚀基础上，经风蚀改造形成的洼地，规模较大，深度可达 10m 左右。

图 7-6　风蚀垄槽（雅丹）
（引自北京大学等，《地貌学》，1978）

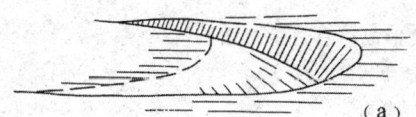

图 7-7　风蚀洼地
（据北京大学等，《地貌学》，1978）
(a) 素描图；(b) 剖面图

4. 风蚀谷和风城　风沿着暂时性洪水所形成的冲沟吹蚀，使谷地进一步扩大，形成风蚀谷。风蚀谷平面上无一定形状和走向，宽窄不一，蜿蜒曲折，形状可为狭长的谷地，亦可是宽广的谷地或围场。风蚀谷两侧陡立，谷底高低不平，谷壁下部常堆积着崩塌碎屑，谷壁上常发育有大大小小的石窝。

在长期的风蚀作用下，风蚀谷不断扩大，谷与谷之间的原始地面不断缩小，最后形成一些孤立小丘称为风蚀残丘。在较软弱的水平岩层（或缓倾斜岩层）分布区，风蚀作用常形成一些平顶层状山丘，类似断壁残垣的千载古城，称之为风城（图 7-8）。

（三）风积地貌

前进中的风沙流在遇障碍物（植物、山体、凸起的地面或建筑物）时，就会因受阻而产生涡漩或减速，使其动能降低而发生堆积，形成各种风积地貌。风积地貌的形态与风沙流的结构、运动方向和含沙量有关。根据风沙流的结构等特征，Б.А.费道洛维奇（1954）将风积地貌划分为 4 种类型：

1. 信风型风积地貌　它是在单向风或几个方向近似的风的作用下形成的各种风积地貌。主要类型有：沙堆、新月形沙丘、纵向沙垄和抛物线型沙丘等。

(1) 沙堆 风沙流在前进中,遇到障碍物(植物等)时,便在其背风面发生沉积,形成各种不规则的沙体,称为沙堆,是不稳定的堆积体。

(2) 新月型沙丘 是一种平面形如新月的沙丘。其纵剖面有两个不对称的斜坡(图7-9):迎风坡微凸而平缓,延伸较长,坡度为5°～20°;背风坡微凹而陡,坡度为28°～34°。这种沙丘的高度不大,一般很少超过15m。新月形沙丘是从盾形沙堆发展起来的。随着盾形沙堆的发展,地形

图 7-8 新疆自治区哈密西南的"风蚀城堡"
(引自河北地质学院,《第四纪地质学及地貌学》,1980,据陈治平照片绘)

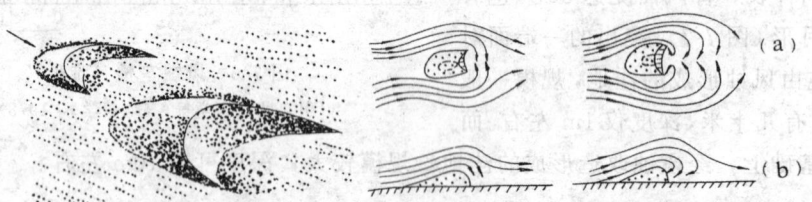

图 7-9 新月形沙丘(左)及形成(右)示意图
(引自北京大学等,《地貌学》,1978)
(a) 平面;(b) 纵断面

起伏加剧,使地表附近气流压力分布发生变化,在沙堆顶部风速较大,空气压力较小;背风坡风速由上向下变小,空气压力随之增大,到坡脚恢复正常。这种压力差导致背风坡近水平轴涡漩的生成,使背风坡开始形成浅小的马蹄形凹地(图7-9)。如果风速和沙量继续增大,沙堆背风坡的凹地就将进一步扩大,背风坡逐渐变陡,以至大于砂的休止角而发生滑塌。同时,沿沙丘两侧绕过的气流又在背风坡形成2个具有垂直轴的涡漩,把背风坡滑落坡脚的沙粒搬运到沙丘两侧前方堆积,形成顺风向前延伸的翼角,随着这种作用的继续,翼角扩大,就形成风沙流中形态较稳定的新月型沙丘,它常成群分布。

新月形沙丘形成后,沙粒不断从迎风坡向背风坡搬运、堆积,在沙丘背部形成与背风坡一致的斜层理,沙丘也就向前移动。新月型沙丘移动速度,除受风力大小、供沙量、沙子含水性和植被影响外,与沙丘高度成反比,而与丘间距成正比,即沙丘越高,丘间距越小,沙丘移动速度越慢;反之则沙丘移动快。

(3) 纵向沙垄 指大致顺着主要风向延伸的长垄状沙丘。高度一般为10～30m,也有更低或更高的,长数百米至数十公里。横剖面在不同部位,形态有所不同,总体特征为两坡较对称而平缓,丘顶呈浑圆。其成因有以下几种看法:

Ⅰ. 由灌丛沙堆发育而来。在温带荒漠有植物生长的地方,当2个或2个以上的灌丛沙堆同时顺主要风向延伸,最后相互衔接,便形成纵向沙垄。如古尔班通古特沙漠的纵向沙丘。

Ⅱ. 由新月型沙丘发展而成。在2个风向呈锐角相交时,新月形沙丘的一翼沿主要风向延伸,另一翼相对萎缩,最终形成纵向沙垄(图7-10)。

Ⅲ. 受地形条件控制而形成。在山口或垭口附近,风力特别强烈,风沙流的含砂量高,可形成顺风向延伸的纵向沙垄。如在塔克拉玛干西部的一些山口附近,形成了长 10~40km 的纵向沙垄。

Ⅳ. 由单向风和龙卷风相互作用而成。在沙漠区龙卷风与单向风作用下,则气流被压低沿着地面呈水平螺旋状向前推进,风从低地将沙子吹起堆积在两侧沙堆的顶部,逐渐形成长达数十公里的纵向复合沙垄。

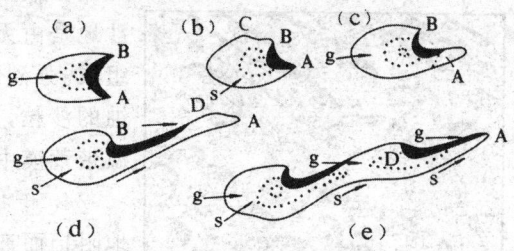

图 7-10 新月形沙丘发育为纵向新月形沙垄图
(据 R. A. Bagnold, 1954)
g. 主要风向;s. 次要风向;A、B. 沙丘翼部;C. 萎缩翼;D. 沙丘脊;(a)→(e). 沙垄形成过程

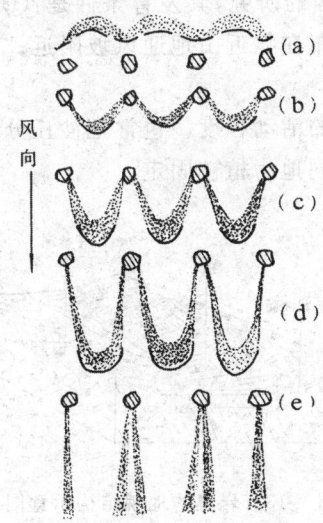

图 7-11 抛物线沙丘形成与发展过程示意图
(引自杨景春,《地貌学教程》,1985)
(a) 横向沙丘链逼近植物灌丛的情况;
(b) 植物灌丛牵连着部分横向沙丘链;
(c) 抛物线沙丘的形成;
(d) 由抛物线沙丘发展成发针形沙丘;
(e) 低矮平行的纵向双生沙垄

(4) 抛物线沙丘 抛物线沙丘形态与新月形沙丘相反,沙丘的 2 个翼角指向风源方向,沙丘的凹侧迎风,平面上像一条抛物线,一般高 2~8m。抛物线形沙丘是由横向沙垄演变而来,当前进中的横向沙丘遇到障碍时,局部未受阻部分则继续前进,使沙丘弧形弯曲,随着风的继续作用就形成抛物线沙丘(图 7-11)。如果风力较强,抛物线沙丘的中部继续向前延伸,凸出部分更长、更细,形如发针,称为发针形沙丘。如果风力继续增大,沙丘继续前进,最后使中部断开,形成平行的低矮的纵向双生沙垄。

2. 季风-软风型风积地貌 是指在 2 个方向相反的风交替作用时,其中一个风向占优势所形成的沙丘。这类风积地貌的排列延伸方向大都与主风向垂直,沙丘经常是前后往返或移动。季风-软风型风积地貌有:新月形沙丘链、横向沙垄和梁窝状沙地等。

(1) 新月形沙丘链 在 2 个方向相反的风的交替作用下,新月形沙丘的翼角彼此相连而形成新月形沙丘链,它的高度一般为 10~30m,长几百米至几公里。新月形沙丘之间既有平行连接,也有前后互接。这种地貌在我国季风气候区的沙漠中比较发育。

(2) 横向沙垄 一种巨形的复合新月形沙丘链,长 10~20km,一般高 50~100m,最高可达 400m。沙垄整体比较平直,两侧不对称,背风坡陡,迎风坡平缓。缓坡上常形成许多次一级的沙丘链或新月形沙丘。

(3) 梁窝状沙地 梁窝状沙地是由隆起的沙脊梁与半月形的沙窝相间组成(图 7-12)。梁窝状沙地是由横向沙丘链发展而成。当在 2 个风向相反而风力不等的风的交替作用下,形成摆动前进的横向新月形沙丘链,如果在略有植被覆盖的地区,有一部分沙丘链前进受阻,一部分沙丘和另一部分沙丘链相接,就形成梁窝状沙地。

3. 对流型风积地貌 夏季的沙漠中常形成龙卷风,在龙卷风作用下形成的堆积地貌称为

图 7-12 梁窝状沙地
(引自北京大学等,《地貌学》,1978)

对流型风积地貌。蜂窝状沙地就是这类地貌的代表。蜂窝状沙地是由无数圆形或椭圆形沙窝,周围有丘状沙埂环绕而组成。强烈的龙卷风把沙漠地面吹成一个个圆形洼地,被吹蚀的沙粒,堆积在洼地的四周,形成丘状沙埂。这种地貌在温带荒漠中最为发育。

4. 干扰型风积地貌 当主要气流向前运动时,遇到山地阻挡而产生折射,引起气流干扰形成的各种地貌。其中主要的是金字塔形沙丘。金字塔形沙丘是一种角锥形沙丘,具有三角形面(坡度约 30°左右),一般高 50~100m。每个沙丘有 3~4 个斜面组成,每个斜面代表一个风向。据对塔克拉玛干沙漠金字塔沙丘的研究,其发育条件是:①在几个方向风的作用下,而且各个方向的风力都相差不大;②分布在靠近山地迎风坡附近;③下伏地面微有起伏。

风积地貌的形态是非常复杂的。为了调查研究沙丘的活动程度,也常把沙丘分为:流动沙丘、固定沙丘和半固定沙丘 3 种。后两类沙丘程度不同地为植被固定。

(四) 荒漠

荒漠是干旱区大型地貌组合,有岩漠、砾漠、沙漠和泥漠。后者即干涸湖沼或龟裂地,规模一般较小。

1. 岩漠 岩漠是干旱区分布有各种风蚀地貌的基岩裸露区,主要在山麓地带。岩漠的地貌结构表现为,在山地边缘有山足剥蚀面和由较硬岩层组成的岛山,向盆地中心过渡为干荒地或盐湖 (图 7-13)。

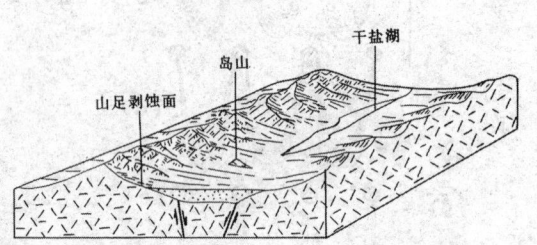

图 7-13 岩漠的地貌结构示意图
(据 W.C.Putuan,1956)

表 7-1 我国主要沙漠的分布面积表

名称(省份)	面积 $10^4 km^2$	名称(省份)	面积 $10^4 km^2$
塔克拉玛干沙漠(新疆自治区)	32.74	库姆塔格沙漠(新疆自治区、甘肃)	1.95
古尔班通古特沙漠(新疆自治区)	4.73	毛乌素沙地(内蒙古自治区)	2.50
巴丹吉林沙漠(甘肃、宁夏自治区)	4.71	浑善达克沙地(内蒙古自治区、辽宁)	2.33
腾格里沙漠(甘肃、宁夏自治区)	3.67	科尔沁沙地(辽宁、吉林)	2.46
柴达木盆地沙漠(青海)	3.31	库布齐沙地(内蒙古自治区)	1.61

据兰州冰川冻土沙漠研究所,1974—1975

2. 砾漠 是指主要由砾石组成的平坦地面,地形的最大坡度为 5°~10°。有些砾石经风改造为风棱石。砾漠也称戈壁(蒙古语)。

3. 沙漠 沙漠是指整个地面覆盖着大量流沙,并发育有时代不同的各种沙丘组合的荒漠。中国沙漠约 63 万多平方公里(表 7-1),主要分布在乌鞘岭和贺兰山以西地区(图 7-14)。第四纪沙漠的发生发展与干冷气候期一致,现代沙漠扩展,人为活动起重要作用。沙的来源复杂,可能是吹蚀区的冰碛物、冲积物、湖积物或洪积物和残坡积物经风吹扬、搬运、分选堆积而成,巨大的沙漠景观是大尺度气流近地面运动的良好写照(图 7-15)。

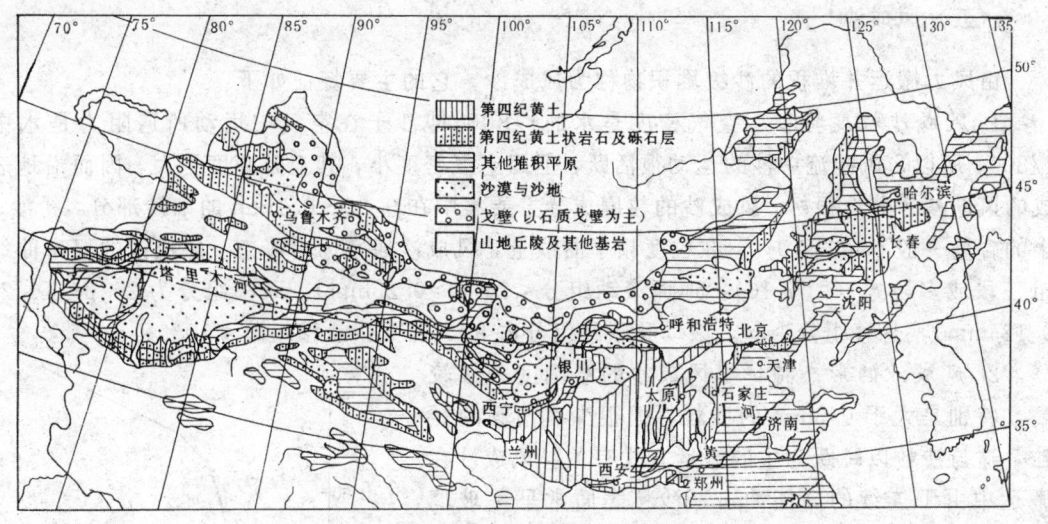

图 7-14 中国沙漠、黄土、戈壁分布略图
(引自《中国自然地理(地貌)》,1980)

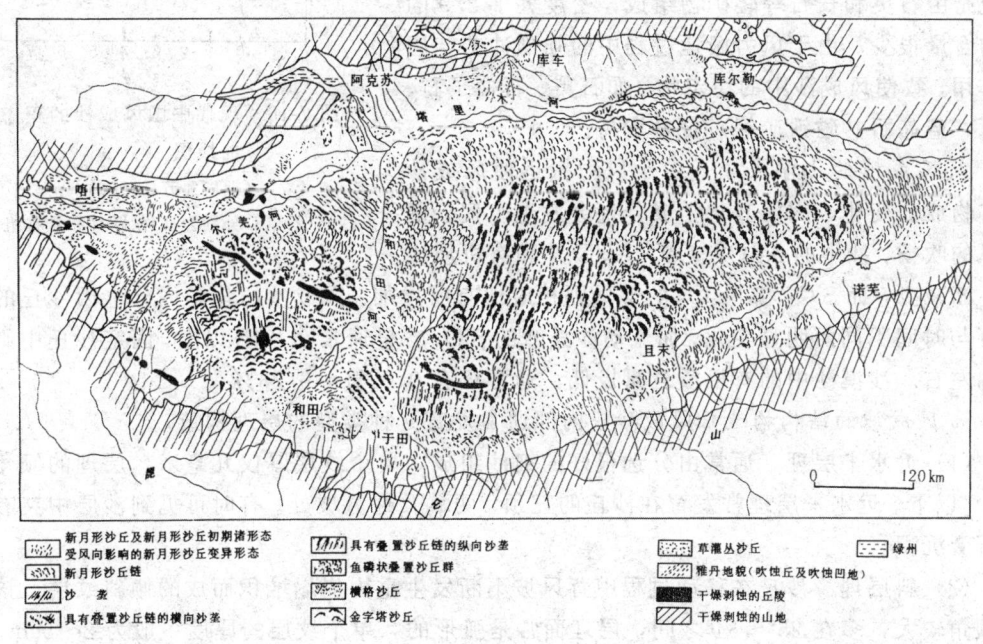

图 7-15 新疆自治区塔克拉马干沙漠地貌图
(据朱震达等,1981)

中国西北地区沙漠大规模发展约始于60ka BP左右。近代,由于人为不合理活动(破坏植被、过度放牧、滥采、滥挖)是沙漠扩大的重要原因。中国东部平原、丘陵和滨岸也有耕地沙化发生。沙害不但对耕地和交通线构成危害,严重的沙暴也会造成生命损失,1993年5月甘肃发生的"黑色风暴"即是如此。

· 119 ·

（五）风成沙

由风力搬运并堆积的沙级堆积物称为风成沙，它的主要特征如下：

1. **风成沙粒度特征** 空气密度是水的1/800，即沙子在空气中运动所遇阻力是水中的1/800。所以，风沙流中沙的运动很活跃，但因空气密度小，其上升高度不大，因而沿地表形成的风成沙的分选很好。风成沙的粒度成分主要集中在0.25～0.1mm的细沙部分，粉沙、粘土的含量一般不超过10%。在粒度频率曲线上，风成沙通常为单峰态。风成沙的概率曲线为粗三段或多段式（图7-16）：地面滚动组分<2ϕ（>0.25mm），跃移组分为2～3ϕ（0.25～0.125mm），悬移组分>3ϕ。滚动和跃移组分占90%以上，悬移组分<10%。

2. **风成沙的形态特征** 风成沙的磨圆度一般较高，特别是大于0.5mm的沙粒，但很少有滚圆的颗粒，这与沙粒以跳跃为主的搬运方式有关。风成沙在搬运中由于连续的高能冲击，沙粒表面常呈毛玻璃状，无光泽，并常布有不规则的麻坑、碟形坑、裂纹及蛇曲脊等。

3. **风成沙的矿物特征** 风成沙的矿物成分90%以上是由石英和长石等轻矿物组成，密度大于2.9的矿物含量很少。由于风力搬运过程中的强烈冲击与磨蚀作用，致使风成沙中的稳定物（如石英、石榴子石、锆石、蓝晶石、磁铁矿等）含量增高。

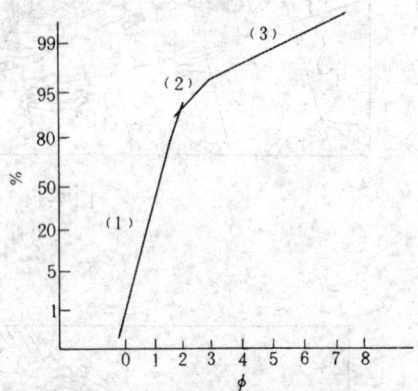

图7-16 现代中国风成沙的正态概率曲线图

（据朱莲芳，1980）

（1）、（2）、（3）分别为推移、跃移和悬移组分

4. **风成沙的化学成分** 由于风力搬运使风成沙的矿物成分变化，因而其化学成分也会发生改变。随着风的吹扬，沙中的Al_2O_3、CaO、$CaCO_3$和有机质成分不断减少，而SiO_2和Fe_2O_3的含量则相应地有所增加。风成沙的化学成分也因沙丘的固定程度与时间不同而明显变化，如流动沙丘沙的SiO_2含量通常在80%以上，固定沙丘中则只有60%左右。沙漠沙中的有机质含量极低，通常只有0.02%～0.23%。

5. **风成沙的结构构造** 风成沙丘内部通常发育3种类型的层理构造。

（1）近水平层理 通常由分选很好的细沙组成，单个纹层厚仅几毫米，层理的倾角一般在10°以下。近水平层理常发育在沙丘的丘顶、两翼及迎风坡处。有时可见到沙层中夹有薄层的石膏沉积。

（2）斜层理 沙丘在移动过程中背风坡不断发生重力崩塌堆积而成的倾斜纹层。该层理的倾角较大，多在25°～34°之间，层理面常是弧形的，单个纹层的厚度一般为2～5cm。

（3）交错层理 风沙在沉积过程中，如果2个相反方向的风交替作用时，迎风坡和落沙坡的层理也交替出现，形成微微上凸的楔状交错层理。

二、黄土

黄土是第四纪时期形成的广泛分布的松散土状堆积物，其主要特征是：呈浅灰黄色或棕黄色，主要由粉沙组成，富含钙质，疏松多孔，不显宏观层理，垂直节理发育，具有很强的湿陷性。广义的黄土包括典型风成黄土和黄土状岩石。黄土状岩石是指除风力以外的各种外动力作用所形成的类似黄土的堆积,其特点是具有沉积层理,粒度变化大,孔隙度较小,含钙量变化显著,湿陷性不及风成黄土等。原生黄土经改造后堆积成次生黄土。

中国北方更新世黄土极为发育(从老→新有午城黄土、离石黄土、马兰黄土),全新世也有黄土堆积,黄土是中国北方第四纪主要地层。现代尘暴也带来类似黄土沉积物。

(一)黄土的分布和厚度

1. **黄土的分布** 从全球来看,黄土覆盖面积约占地球陆地表面的10%,集中分布在温带和沙漠前缘的半干旱地带,即分布于北纬30°～55°左右和南纬30°～40°左右的地带内。从黄土的生成环境来看,黄土主要分布在两种区域:①古冰盖的外缘,如欧洲中部和北美洲的黄土;②荒漠或半荒漠区的边缘,如前苏联的乌克兰、高加索、勒拿河中游和我国的黄土高原。由于这些地区气候干燥,碎屑物丰富,在强大的反气旋作用下,细粒物质被吹到荒漠和古冰盖外缘地区沉积下来,从而形成黄土。

中国黄土与黄土状沉积物有约63万平方公里,约占全国总面积的4.4%,其中黄土占44万多平方公里。分布于昆仑山、秦岭以北、阿尔泰山、阿拉善和大兴安岭一线以南,即主要分布于北纬35°～45°的范围内。黄河中游黄土高原的陕西、山西、甘肃是黄土大面积分布区,黄土连续分布达27万多平方公里,占黄土面积的72%左右。东北区、新疆自治区、华东区和长江中下游谷地,黄土呈EW向带状、斑状或零星分布(图7-17)。

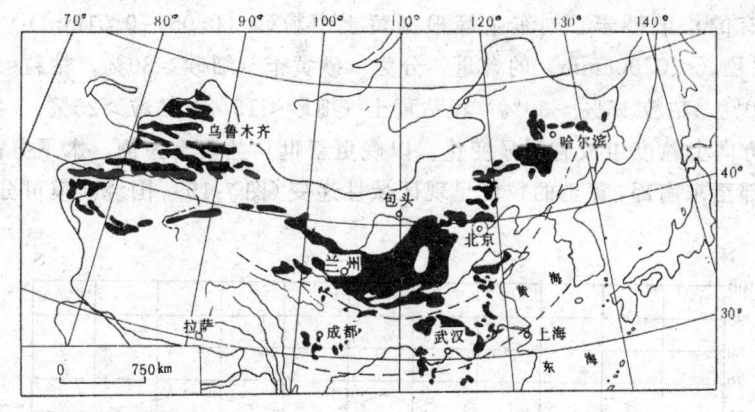

图7-17 中国黄土分布图
(据刘东生等,1985)

中国黄土分布的海拔高度,从西→东从3 000m降到数十米,新疆个别山地黄土可出现在海拔4 000多米高处。黄土分布亦受坡向影响,西北坡或北坡黄土堆积较厚,在南坡或东南坡黄土或缺失或堆积厚度不大。

2. **黄土的厚度** 中国黄土以黄河中游陕西北部的洛河、泾河中下游地区厚度最大,一般厚100m以上,最厚可达200m或更多。由黄河中游往西,黄土厚度逐渐变小,到柴达木和河西走廊一般厚10～20m;黄河中游往东,至太行山麓为10～40m(图7-18)。

(二)中国黄土的岩性

1. **黄土的粒度成分** 黄土主要由0.05～0.005mm粒径颗粒组成,其中以0.05～0.01mm的粗→中粒粉砂为主,其平均含量可达46%～60%,此外,还含少量细砂和粘土,是

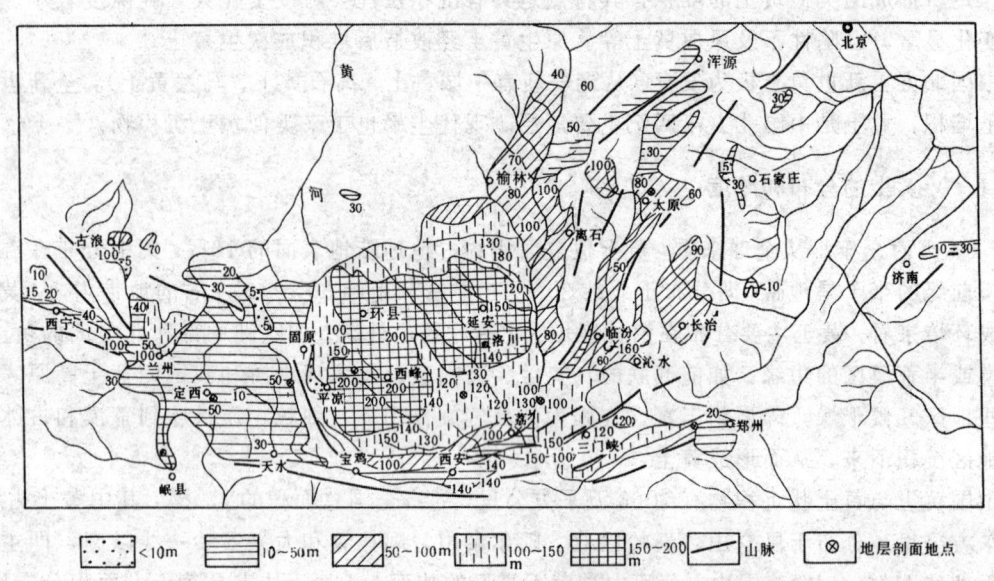

图 7-18 中国黄土厚度分布图
(据刘东生等，1985，简化)

一种第四纪特有的松散砂岩。刘东生等根据黄土中粉砂（0.05～0.01mm）、细砂（0.1～0.05mm）和粘粒（<0.005mm）的含量，分为：砂黄土（细砂>30%，粘粒<15%）、黄土（细砂10%～30%、粘粒15%～30%）和粘黄土（细砂<15%，粘粒>25%）。中国黄土在水平方向和垂直方向上粒度组成有明显变化。以晚更新世马兰黄土为例，水平方向上，从山陕黄土高原西北部至东南部，黄土的粒度呈现区域性递变（图7-19），围绕沙漠可分出砂黄土带、

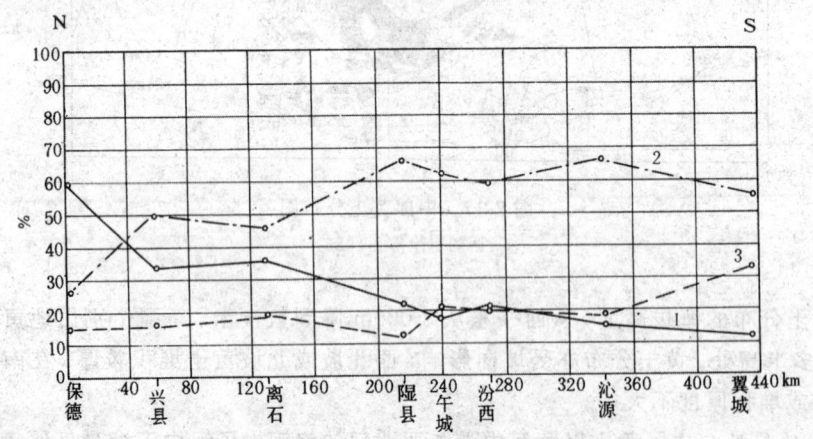

图 7-19 山西马兰黄土粒度成分变化曲线图
(据刘东生等，1985)
1. >0.05mm; 2. 0.05～0.005mm; 3. <0.005mm

黄土带与粘黄土带（图7-20）。在垂直方向上，黄土从老→新，粘粒含量呈降低趋势，细砂含量呈增高趋势（有时也出现风沙夹层），马兰黄土普遍比离石和午城黄土粒度要粗。黄土中古

土壤层粘粒含量普遍高于黄土母质层。黄土的粒度正态概率曲线呈细三段和细二段式，第一切点在 3～5.6ϕ 间，以悬移的 0.625～0.0156mm 粒级为主。黄土从老→新，切点向粗粒方向移动，反映其粗粒含量也随之而提高。黄土中的古土壤层，由于其粘粒含量普遍高于黄土母质层，其正态概率曲线的切点为 6～7ϕ（图7-21）。

2. **黄土的矿物成分** 中国黄土中的矿物组成见表 7-2。碎屑矿物中以轻矿物（比重<2.9）为主，主要是石英（50%以上），其次是长石（29%～43%）、碳酸盐矿物（10%～15%）和云母（>2.5%）。重矿物（相对密度>2.9）仅占 4%～7%，主要有不透明金属矿物（如磁铁矿、赤铁矿等）、绿帘石类、角闪石类、辉石类和其他硅酸盐矿物。重矿物主要集中在 0.05～0.01mm 级的颗粒中。在不同时代的黄土中重矿物含

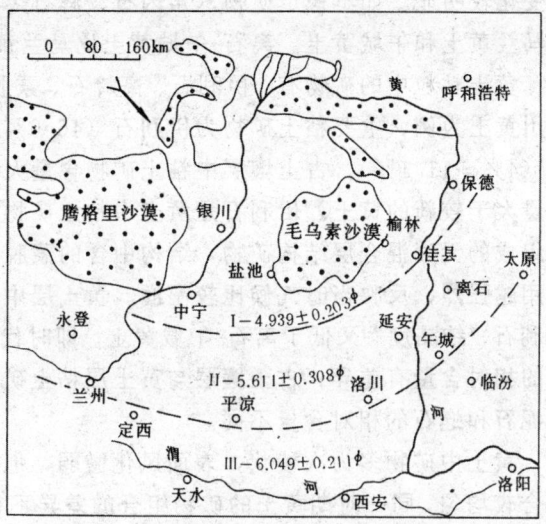

图 7-20 黄河中游黄土颗粒粗细分带图
（据刘东生等，1985，简化）

Ⅰ．沙黄土带及颗粒均值；Ⅱ．黄土带及颗粒均值；Ⅲ．粘黄土带及颗粒均值。箭头示现代高空气流方向。据研究得知食道癌死亡率，粘黄土带>黄土带>沙黄土带

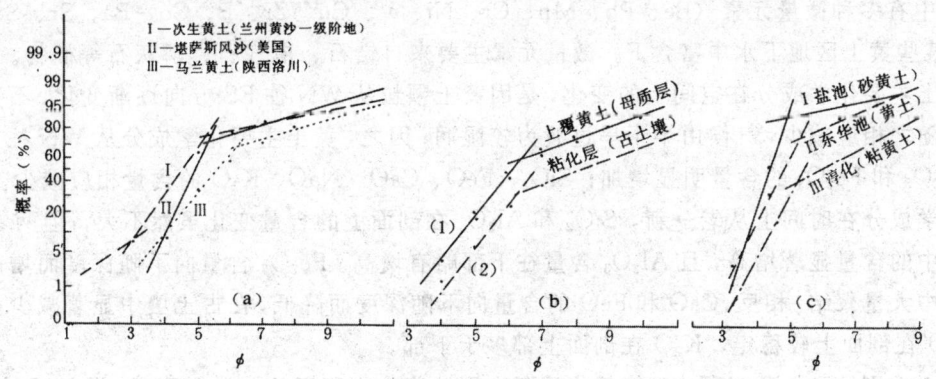

图 7-21 黄土和古土壤层正态概率曲线图
（据刘东生等，1985）

表 7-2 中国黄土矿物成分概况表

重矿物（4%～7%）	轻矿物（90%～96%）	胶体分散矿物
1. 不透明金属矿物（14%～36%）：磁铁矿、钛铁矿、赤铁矿、褐铁矿、白钛矿。 2. 绿帘石-黝帘石类（7%～32%）：绿帘石、黝帘石、斜黝帘石等。 3. 角闪石类（16%～30%）：普通角闪石、阳起石、透闪石、钙钠闪石等。 4. 云母类（>2.5%）：白云母、黑云母。 5. 辉石类：普通辉石、紫苏辉石、顽火辉石等。 6. 其他：石榴石、电气石、磷灰石、锆石、尖晶石、板钛矿、蓝晶石	石英（>50%） 长石（29%～43%）：以正长石为主。 碳酸盐矿物（10%～15%）	伊利水云母、蒙脱石、拜莱石、高岭土、水针赤铁石、针铁矿、石英等

据刘东生等（1969），资料编

量变化较明显。如不稳定矿物（角闪石、辉石类）含量依次为离石黄土上部＞离石黄土下部＞马兰黄土和午城黄土。离石-午城黄土比马兰黄土含有更多的稳定矿物。

黄土粘粒中的矿物有：伊利石、高岭石、蒙脱石、绿泥石、蛭石、针铁矿和磷灰石等，以洛川黄土为例，主要粘土矿物为伊利石（46.6%～5.9%）、高岭石（15.8%～21%）和蒙脱石（4%～11.1%）。古土壤层中粘土矿物含量大于黄土母质层，时代较老的黄土中粘土矿物含量大于较新的黄土。伊利石是黄土中粘土矿物的最主要成分，它是一种由云母和蒙脱石晶层组成的无序混合层结构矿物，结构中含的蒙脱石晶层越多，"结晶度"越高[①]，黄土的成土作用越强烈，反映当时气候比较湿润。黄土层中伊利石"结晶度"低于古土壤层，马兰黄土伊利石"结晶度"又低于离石-午城黄土。即时代不同的黄土中粘土的差别，只是各种粘土矿物的相对含量有差异；古土壤层与黄土层粘土矿物的差异，主要表现在伊利石的结构变化及绿泥石和蛭石的相对含量不同。

黄土中矿物多为次棱状，表面风化微弱，但古土壤层中矿物风化强烈。黄土矿物的区域混合较均匀，同一时期黄土的矿物组合的差异不很明显。少数地区黄土中含有当地基岩矿物，如海绿石。

3. **黄土的化学成分** 黄土的主要化学成分依赖于其主要矿物成分（石英、长石、方解石）和风化程度。根据陕西洛川黄土化学分析资料，黄土的主要化学成分是：SiO_2（＞50%[②]）、Al_2O_3（＞10%）、CaO（7.5%～10.5%），其次为Fe_2O_3（3%～6%）、FeO（0.4%～1.5%），MgO（1.5%～5%）、K_2O（1.5%～2.5%）、Na_2O（1.2%～2.3%）。此外，还发现黄土中有多种微量元素（Be、Pb、Mn、Cr、Ni、V、Cu、Zr、B、Co、Ba、Sr、Se、Y、Ag），某些黄土区地下水中富含F。微量元素主要来自锆石、电气石、磷灰石等矿物。

黄土主要化学成分在空间上的变化，是因黄土颗粒从WN往ES方向逐渐变化，石英、长石含量随之相应减少，气候由半干旱过渡为较湿润；因之，黄土主要化学成分从WN往ES方向，Al_2O_3和Fe_2O_3的含量明显增加；SiO_2、FeO、CaO、NaO、K_2O的含量相应减少。黄土主要化学成分在时间上从老→新，SiO_2和Al_2O_3在剖面上的含量变化虽然不大，但两者在古土壤层中的含量显著增高，且Al_2O_3含量往下部略有增高。Fe_2O_3含量向下随深度而增高，在古土壤中大量聚结。相反，CaO和FeO的含量向下随深度而降低，在古土壤中显著减少。MgO和Na_2O在剖面上较稳定，K_2O在剖面上部多于下部。

黄土在剥蚀和堆积过程中，使某些元素在剥蚀区与堆积区的分散和聚积，是造成缺Se、I和富F、Al等地方性疾病的一个重要原因。

4. **黄土的结构** 指黄土粗细颗粒的分布及有关孔隙的空间排列。由于黄土的颗粒较细，其结构只能在偏光显微镜下观察，故称微结构。黄土一般具有粒状微结构，碎屑组成骨骼颗粒由空隙相连，碎屑颗粒直接接触或接触处由少量细物质相接，相当于接触胶结或接触-基底式胶结（图7-22）。显著风化的黄土与古土壤一般为斑状结构，粗粒物质之间由细粒物质相连接，细粒物质浓密，骨骼颗粒似被细粒物质包埋，粒间空隙变小，骨骼颗粒呈斑晶状分布于细粒物质之中，相当于基底式胶结类型。随着风化程度加深，粘土质细粒物质增加，骨骼斑晶颗粒似被粘土胶溶物质所嵌埋，粘粒胶膜大量出现时，呈现胶斑状结构（图7-22）。

黄土孔隙率高达40%～50%，除粒间小孔外，还发育各种特有的大孔（如节理、虫孔、放

---

① 衡量结晶度方法之一是Weaver指数，Weaver指数$=\dfrac{h}{H}$，h.伊利石（001）反射10.5Å处的峰高；H.伊利石反射10Å处峰高（Å=0.1nm，Å已为不许用单位）。　②氧化物单位为w_B%，均简写为%，下同。

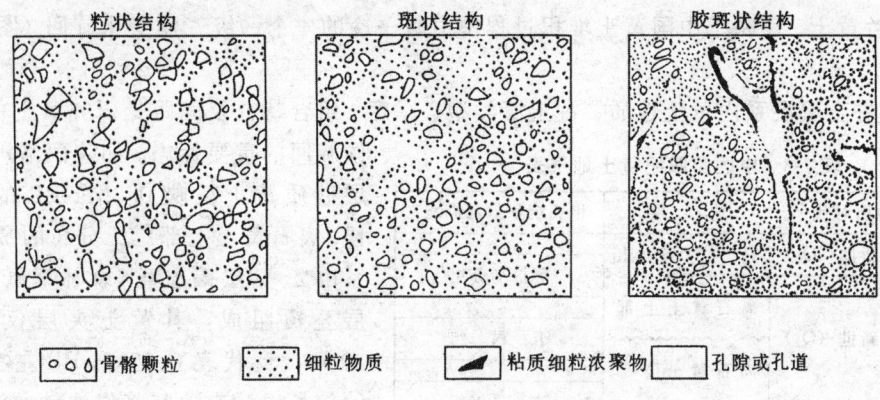

图 7-22 黄土、古土壤的微结构类型图
(据刘东生等,《黄土与环境》,1985)
(空白处为孔隙)

射状孔和植物根孔等)。随着黄土地层时代的变老、空隙率降低。

由于黄土的特殊结构和孔隙率高的特点,使黄土具有特殊的工程地质性质——湿陷性,即黄土受水浸润后,细粒粘土矿物和易溶盐类发生溶解或分散,使其强度降低,孔隙缩小或闭合,继而体积缩小,造成地面坍陷。

(三)黄土中的气候旋回记录

黄土分布广,沉积较连续,堆积时间长,含有较丰富的气候与环境变化记录。根据年代学资料,黄土中气候变化旋回可以和深海沉积物氧同位素阶段、湖泊沉积物和冰岩芯中的气候旋回对比,这是探讨全球气候与环境变化的一个重要方面。

黄土中的气候旋回有多级变化。一级旋回由干冷期堆积的黄土-古土壤(图 3-3、图 3-4)层和温湿期发育的区域性的侵蚀面在垂直剖面上的交替出现反映出来。侵蚀面所反映的气候往潮湿方向转变和流水切割程度比古土壤形成时更为强烈。当剥蚀区形成区域性侵蚀面时,相邻堆积区则堆积了与剥蚀期同时的河、湖相相关沉积物。刘东生等(1964)根据中国黄土中存在的区域性侵蚀面、侵蚀面上下黄土岩性及古土壤层性质和哺乳动物化石,把中国更新世

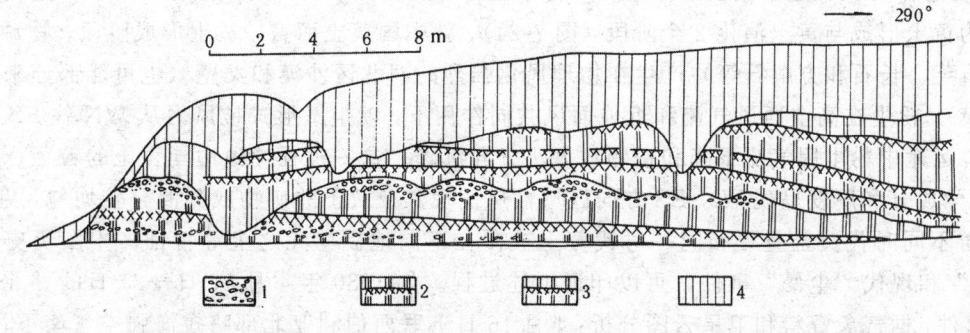

图 7-23 山西沁水刘家窑黄土层不整合关系
(据刘东生等,1964)
1. 石灰质结核层;2. 离石黄土下部及埋藏土;3. 离石黄土上部及埋藏土;4. 马兰黄土

黄土分为3套：早更新世午城黄土、中更新世离石黄土（又据侵蚀面分为上部和下部）和晚更新世马兰黄土。反映了中国黄土堆积过程中由暖→冷的4个一级气候变化旋回（图7-23及表7-3）。

黄土-古土壤层系内黄土性质、古土壤类型、厚度、组合特征及间距是研究黄土中二级气候旋回的重要标志。如陕西洛川剖面 L_9 层砂质黄土反映 0.8Ma BP 的严寒气候。离石黄土上部广泛分布的 S_5 古土壤系由 2~3 层褐土型（森林草原）古土壤层叠覆组成，其黄土夹层仅厚 20~30cm，S_5 代表 0.56Ma BP 左右一个持续较长但微有冷暖气候波动的温暖气候阶段。

表7-3 中国第四纪黄土地层表

极性	地质时代	地层	相关沉积（河湖相）
布容	晚更新世（Q_3）	马兰黄土	萨拉乌苏组
	中更新世（Q_2）	离石黄土上部	丁村组
		离石黄土下部	陕县组
松山	早更新世（Q_1）	午城黄土	
高斯	上新世（N_2）	三趾马红粘土	

黄土粒度、矿物、粘土化学成分及孢粉组合和磁化率等的变化反映出更为次级的气候变化，如晚更新世马兰黄土的粒度和磁化率沿剖面的变化是研究 0.13Ma BP 以来气候变化的重要内容。刘东生等（1985）以黄土和古土壤层类型作为基本气候标志，配合粘土矿物、重矿物、植物孢粉组合、旱生蜗牛化石、地球化学元素和磁化率等反映的次级气候变化进行综合研究，并以多种年代学方法断代（^{14}C法、热发光法、古地磁学等），提出了 2.4Ma BP 以来中国洛川黄土由暖→冷的多波动气候模式（详见第十章第五节）。

（四）黄土的成因问题

黄土属多成因沉积物，但主要有风成和水成两种，残积黄土较少见。

1. 风成黄土　早期黄土风成说由德国人 F.V. 李希霍芬（1882）提出，俄国人 B.A. 奥布鲁契夫发展了这一学说，中国许多地质地理学家支持这一学说，早期黄土风成说开创了黄土风成研究之先河。现代黄土风成说（如刘东生、库克拉（G.J.Kukla））立足于黄土风成，放眼于第四纪全球气候与环境演化，其研究的广度、深度和环境意义都远超过早期风成论，成为第四纪环境研究的一个重要方面。现代黄土风成说，把黄土的物源、搬运方式、堆积过程、黄土性质与古土壤发育等与第四纪全球性冰期旋回和大气环流联系起来，并以现代大气环流-尘暴动态作为认识过去黄土形成过程"将今论古"的参照系统。刘东生等（1985）把黄土成因分为黄土形成与黄土演化2个阶段（图7-24）。就中国黄土而言，黄土形成阶段，物源（粉砂级石英、长石和方解石等）产生在物理风化强烈的西北区沙漠和戈壁（也可能部分来自中亚沙漠）。粉尘在高空西风气流和近地面风共同作用下，以尘暴形式被风力从 WN 往 ES 方向悬移，运途中粉尘因气流下降和按颗粒大小分异沉降。这一过程导致中国黄土的粒径、含粘量、化学成分和厚度呈现 WN-ES 方向区域性递变现象及黄土的矿物成分混合较均匀，以及黄河中游不同时代黄土叠覆和同一时代黄土被覆在不同地貌单元之上等特征。中国历史上的"雨土"和现代"尘暴"事件，可以印证上述过程。如 1980 年 4 月 17 日—21 日的"北京尘暴"事件，据气象资料和卫星云图分析：4 月 16 日苏联西伯利亚北部喀拉海强空气南下；4 月 18 日中国北京高空出现黄雾，沙尘量为 $24t/km^2$，最大粒径 0.15mm；4 月 19 日粉尘达到淮河和长江中下游地区；4 月 20 日粉尘东移减弱；4 月 21 日粉尘到达日本南部，多为 10 多微米尘粒。中国黄土中的动植物化石表明，黄土堆积在干冷的草原环境，时间上与北半球冰期强大的高压反气旋南移一致，为黄土物质的搬运提供了持久风力条件，而且类似"北京尘暴"的事件在冰期时更为频繁而持续。在上述干旱、半干旱气候与生物环境中，堆积的粉砂经历了以次生碳酸盐化为特征的黄土形成作用。即粉尘中的原生碎屑方解石粉砂，受雨雪、霜冻、蒸发和生物等作用，改造成次生粗粒斑晶、微粒集合体、浸染状微晶碳酸盐，以薄膜、皮壳、假菌丝、壳状及结核等形式出现在黄土中。次生碳酸盐与粉尘中的粘粒结合，在堆积物中构成许多微结合体，使粉土颗粒连接起来，以及附着于堆积物内的根孔、虫孔和孔洞，形成大孔构造（图7-22）。次生碳酸盐和铁锰氧化物包裹在粉尘颗粒表面，使之呈灰黄色。其结果，使粉砂堆积物变成灰黄色、质地均一、疏松多孔和具大孔隙性的黄土。

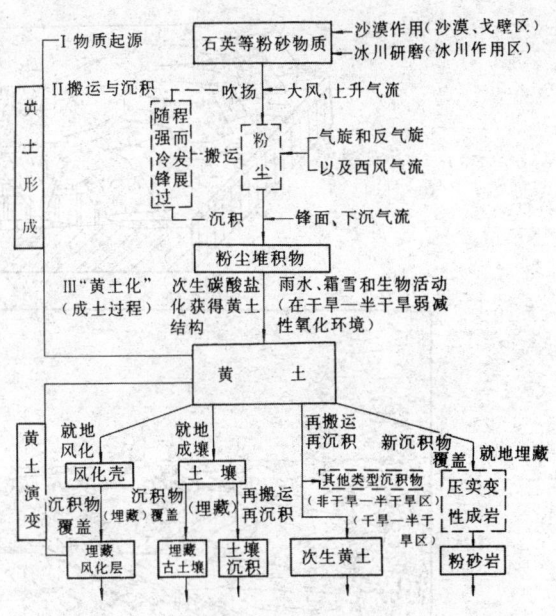

图7-24 黄土形成过程和黄土演变示意图
（据刘东生等，1985）

黄土形成后，在原地暴露于地表时，受物理、化学和生物风化作用，引起黄土不同程度的改变。最强烈的改变发生在相对温湿、粉尘沉积缓慢或中断的气候阶段，生物风化作用增强形成一定类型的土壤；较微的改变则形成风化层；被后期沉积物埋藏，即古土壤（埋藏土）和埋藏风化层。一系列冷暖气候波动形成黄土—古土壤层系列。

黄土风成论认为，风积黄土经流水改造后形成次生黄土；也有少量黄土是在原地残积而成。

2. 水成黄土 19世纪末，由莱伊尔（C.Lyell）等人提出，认为成土物质主要来源于附近，主要为流水搬运，少数为风力搬运而来。张宗祐（1959）等经过对我国黄土的系统研究认为，黄土的形成受控于一定的地质、地理环境，在不同的自然地理区域，黄土和黄土状岩石的性质、厚度、地层特征和分布面积等都有所不同，并按自然地理条件将黄土划分为高原、盆地、山前河谷、山前地带和高中山地5种类型。他认为中国黄土是由风化作用、片流作用、河流作用、洪流作用、风积作用、冰川作用等堆积而成，并在相似条件下，经过黄土化作用形成，并不都是由于西北部的沙漠沙被吹扬堆积而成，因为这些沙漠形成时代较晚，多是晚更新世或其后期形成的。黄土的成因不同，其水文、工程地质条件也有差异。

（五）黄土地貌

黄土地貌是中国半干旱区的主要地貌。按主导地质营力分为黄土堆积地貌、黄土侵蚀地貌、黄土潜蚀地貌和黄土重力地貌。堆积地貌和侵蚀地貌是黄土地貌的主体，潜蚀地貌和重力地貌重叠发生在前两者之上。黄土地貌的形成发展和古地形有一定的关系。

1. 黄土堆积地貌 大型黄土堆积地貌有黄土高原和黄土平原。

（1）黄土高原 分布于新构造运动的上升区，如陕北、陇东和山西高原，是由黄土堆积形成的高而平坦的地面。黄土高原受现代水流切割，形成下列地貌（图7-25）：

黄土塬 是黄土高原受现代沟谷切割后，保存下来的大型平坦地面，常以地名命名，如

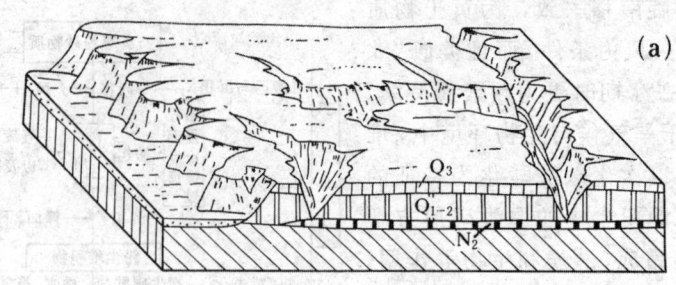
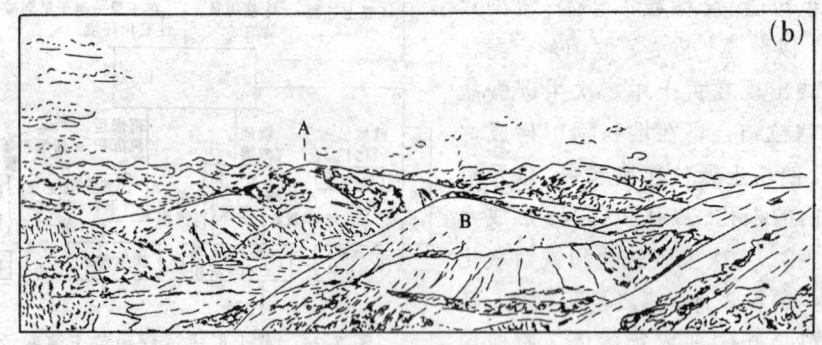

图 7-25 黄土主要地貌

((a) 引自北京大学等,《地貌学》,1978;(b) 据北京地质学院,《地貌学及第四纪地质学》,
1959,按引用的照片绘)

(a) 黄土塬(为黄土谷沟切割);(b) 黄土梁(A)、峁(B)及黄土沟谷和丘陵;N_2. 上新世三
趾马红土;Q_{1-2}. 午城黄土、离石黄土;Q_3. 马兰黄土

洛川塬、西峰塬等。塬周边为沟谷环绕,并因沟谷溯源侵蚀,边缘支离破碎,但塬面侵蚀微弱。黄土塬是由黄土堆积在平缓的古地形(如古盆地或古单斜地形)上形成,少数为黄土覆盖于山前或山间盆而成。黄土塬区居民常沿切割塬的沟边修建窑洞,这是一种良好的民间传统地下建筑。

黄土梁 是平行沟谷的长条状高地,长可达几百米、几公里到几十公里,宽仅几十米到几百米,顶面平坦或微有起伏。黄土梁或为黄土塬进一步切割而成;或为晚期黄土(马兰黄土)覆盖在古梁状高地之上而成。后者如陇东高原东部合水桅邑一带,晚更新世黄土覆盖在中更新世黄土梁状丘陵之上。

黄土峁 是顶部浑圆、斜坡较陡的黄土小丘。大多数是由黄土梁进一步被切割而成,少数为晚期黄土覆盖在古丘状高地而成。常成群分布。

黄土梁、黄土峁经常与谷沟同时并存,组成黄土丘陵。黄土丘陵比黄土塬分布广泛,水土流失严重,重力崩滑造成的地质灾害不时发生。

(2)黄土平原 分布于新构造下降区,如渭河平原,是由黄土沉积形成的低平原,只在局部倾斜地面上发育沟谷系统。

2.黄土侵蚀地貌

(1)黄土区大型河谷 黄土区大型河谷地貌(又称"川")是长期发展的结果,如黄河、渭河、洛河、泾河等。其形成发展与一般侵蚀河谷发展相似。但由于在黄土区河谷形成发展过程中,伴之有风积黄土堆积,故晚期黄土覆盖早期河谷阶地的情况经常可见(图 7-26),在研究黄土区河谷阶地和河谷第四纪沉积时应特别注意。

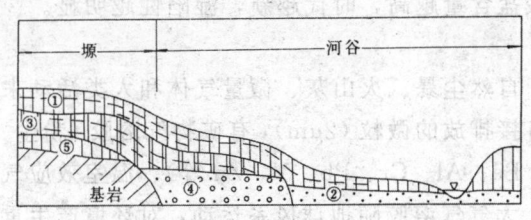

图 7-26 晚期黄土覆盖早期阶地的情况
①晚更新世黄土及埋藏土；②晚更新世冲积层；③中更新世黄土及埋藏土；④中更新世冲积层；⑤上新世红色粘土

(2) 黄土区冲沟 黄土区冲沟的发展过程，与一般正常流水冲沟发展相似，但由于黄土质地疏松，常伴有重力、潜蚀作用，故黄土区冲沟系统发展快，且具有某些黄土区特有的冲沟形态，如沟壁经常发生崩塌，纵剖面形成阶梯状悬沟和匙沟等。黄土区冲沟的发展常具继承性，部分现代黄土沟谷重叠发育在老沟谷之上（图 7-27），即这一部分水系是继承早期水系发展而来。

3. 黄土潜蚀地貌 由于地面水局部集中，沿黄土裂隙下渗并进行潜蚀作用，产生了一系列黄土潜蚀地貌，这些潜蚀形态往往给工程带来严重的地质灾害。

(1) 黄土碟 是一种直径数米至数十米、深数米的碟形凹地。由于流水聚集凹地内，沿黄土裂隙与孔隙下渗、浸润，当潜水面上黄土底部充分含水之后，黄土在重力影响下沉陷而成。

(2) 黄土陷穴 黄土碟进一步发展、沉陷，形成深度大于宽度的陷穴。若陷穴成串分布，称串珠状陷穴。进一步发展便成黄土陷沟。

(3) 黄土井 黄土陷穴向下发展，形成深度大于宽度若干倍的陷井，称为黄土井。

(4) 黄土柱和黄土桥 在黄土陷穴区崩塌之后，残余的洞顶即构成黄土桥。若沿垂直节理进一步崩塌，就形成黄土柱。在干燥情况下，黄土柱、黄土桥较稳定，若遇久雨，则易于崩塌。

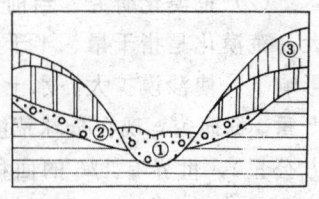

图 7-27 黄土中之冲沟继承性形态示意图
①晚更新世冲沟沉积；②中更新世冲沟沉积；③晚更新世黄土

以上各种黄土潜蚀形态，又称"黄土喀斯特"。在黄土区还经常发生坍塌、地滑及泻溜等重力地质作用，且发展速度较快。

三、风力和黄土地貌与堆积物研究的实际意义

1. 资源开发利用 干旱区和半干旱区水资源严重不足，开发地下水资源是一项重要的任务。这种地区地下水来源主要有 2 种：①沙漠、黄土区周边山地冰雪融水补给；②地质时期气候湿润时在当地形成的沟谷系统（现被流沙、黄土掩埋）中保存的古地下水。为此要研究干旱、半干旱区流沙与黄土覆盖之下的古地形，以及第四纪该区气候干湿变化的规律。

沙漠和黄土区地下常赋存有油、气，而沙本身也是一种资源。

干旱区、半干旱区（及其他风力作用强烈地区）的风力是可开发利用的清洁能源。

2. 水土保持、治沙与工程建筑 干旱、半干旱区主要环境工程问题是水土保持（尤其是黄土区）和治沙。为了减轻沙害和保存持水土，必须对流沙和水土流失进行长期调查、观察和实验，研究治沙与水土保持的方法，如采取种草造林，严禁滥采滥挖，以及制定相应法规等等一系列重要措施。虽然中国近几十年来，水土保持与治沙工程成绩斐然，已居世界先进水平，但面临严峻的荒漠化的扩大化趋势，今后的任务是繁重的。

黄土湿陷性是黄土区工程建筑中的一大问题，而湿陷性与黄土岩性、成因、碳酸盐含量

及时代有关。同一成因的黄土，粒度越粗，碳酸盐含量越高，时代越新，湿陷性越明显。

3. 环境研究

（1）大气气溶胶研究　大气气溶胶是来源于自然尘暴、火山灰、微量气体和人类活动来源的工业废气在大气中的非均匀转化及工农业直接排放的微粒（$2\mu m$），有矿物气溶胶（粉尘、$CaCO_3$颗粒和粘土矿物）、有害元素（As、Ag、Be、Al、Cr、Pb、V、Zn等）、温室效应气体（CO_2、N_2O、CH_4、FH_5）、硫酸盐与烟雾等。大气气溶胶随地球风系运动，对环境产生重要影响，如污染空气、食物、水源、影响大气能见度、损害弱小植物、干扰无线电波、损害精密仪器和传播疾病。由于大气气溶胶能散射日光和成为水滴凝核，使云量增加而导致大气降温。通过对粉尘搬运与春季尘暴的相互关系分析和气象学的尘暴轨迹分析表明，起源于亚洲掠过太平洋的粉尘是上对流层（西风带中）风力搬运所致，主要途径位于北纬40°～50°之间。甚至有人研究认为非洲含磷酸盐量高的粉尘被风力悬运至南美，为巴西亚马逊河流域的热带雨林生长提供了需要的养料，大气环流把2个隔离甚远的生态区连接起来。

（2）荒漠化研究　当前干旱与半干旱区环境发展趋势的主要问题是荒漠化范围的不断扩大。荒漠化是指干旱、半干旱区在全球气候变暖与人为不合理活动（破坏植被、采矿等）的影响下，使沙漠扩大、水土严重流失、土地与草原退化和植被衰败的现象，比单纯沙漠化还严重。据研究，现在全球荒漠化速度达到每年约为6～7万平方公里（中国每年为约两千多平方公里），世界有1/6的面积不同程度地受到荒漠化影响。半干旱区（华北区和西北部分地区）是受干湿气候变化影响的敏感带，第四纪时期这里的环境历史基本是干旱期荒漠化和湿润期半湿润化交替的历史，前者与古冬季风、后者与古夏季风有关。通过对干旱与半干旱区沙漠边界扩缩、黄土堆积强弱、湖泊水位（或面积）变化、植被兴衰、盐湖水咸淡变化等的研究，有助于了解过去的气候干湿变化规律与现代荒漠化发展趋势。

第八章 海洋和海陆交替带地貌和沉积物

海洋为地球上最大的水体,也是最大的沉积盆地,地球表面大约 2/3 为大洋水体所覆盖,海水的平均深度为 3 794m,对地球环境和气候有重大影响。我国沿岸有 1.8 万公里海岸线,加上沿岸 5 000 个岛屿的 1.4 万公里海岸线,共有海岸线 32 万公里。沿岸地貌、新构造运动和沉积物多样,滩涂有丰富海产,水下有矿产和油气资源。

一、海洋环境地貌和沉积物

海洋环境地貌有滨海、浅海、半深海和深海(洋盆),其水深和坡度特征如图 8-1。

(一)海岸地貌

陆地和海洋的接触地带称为海岸带,通常又称海滨。

海岸带分现代海岸带和古代海岸带。古代海岸带又分为上升的古海岸带(被抬升到海水面以上)和下沉的古海岸带(沉没于海水面以下)。

现代海岸带是由海岸、潮间带及水下岸坡三部分组成(图 8-2)。

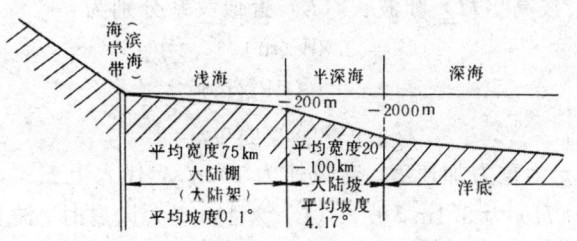

图 8-1 海洋环境地貌示意图

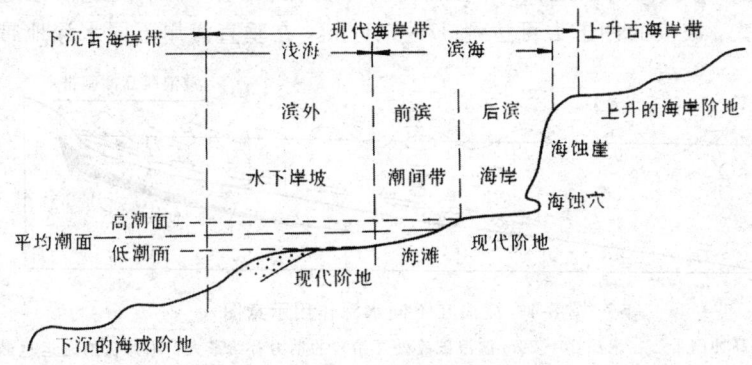

图 8-2 海岸带地形结构图

海岸 是指高潮线以上狭窄的陆上地带,其陆上界线是波浪作用的上限。

潮间带 是高、低潮海面之间的地带。高潮时为海水淹没,低潮时则露为陆地(滩涂)。

水下岸坡 为低潮线以下,至波浪有效作用于海底的下限地带。其下界约相当于 1/2 波长的水深处。

海岸带的上述3个组成部分,在其发展过程中是相互联系统一的整体。

河口是海岸的海、河交互作用地区,具有特殊的水动力条件,形成三角洲沉积和三角港地形,也是一个重要的生态环境。

1. 海岸带的水动力 海岸带是地球表面现代地质作用最积极、最活跃的场所之一,主要的水动力作用是波浪、潮汐和海流,其中以波浪作用为主要动力。

(1) 波浪 风作用于海洋水面,将其能量传递给海洋表层水体,使表层水质点沿着顺风方向,在垂直断面上作闭合的圆周轨迹运动,这就是波浪。波浪是塑造海岸地貌最普遍、最重要的动力。波浪由波峰、波谷、波高、振幅和波长等组成(图8-3)。

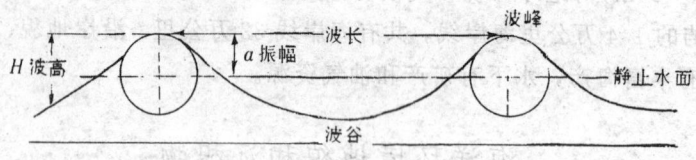

图 8-3 波浪要素图示

波浪大小与风速和波速有关。据观察、经验和实验,在中等风速(W)情况下,波速(C)、波高(H)和波长(L)近似关系分别为:

$$C = 0.8W(\text{m}) \tag{8-1}$$

$$H = 0.031W^2(\text{m}) \tag{8-2}$$

$$L = (2\pi C^2)/g(\text{m}) \tag{8-3}$$

式中 g 为重力加速度。若风速为10m/s,代入上三式,则产生的波浪为:波速(C)为8m/s,波高(H)为3.1m,波长(L)为41m。大风暴时,波长可达300m以上,波高可达10~15m。

波浪的能量(E)与波高的二次方和波长成正比:

$$E = \frac{1}{8}\rho g H^2 L \tag{8-4}$$

式中 ρ 为海水密度,g 为重力和速度,H 为波高,L 为波长。所以,风越急,浪越高,波越长,风浪的破坏力越大。波浪的冲击力可达到37~60t/m²。在垂直海岸不同水深地带,波浪运动、

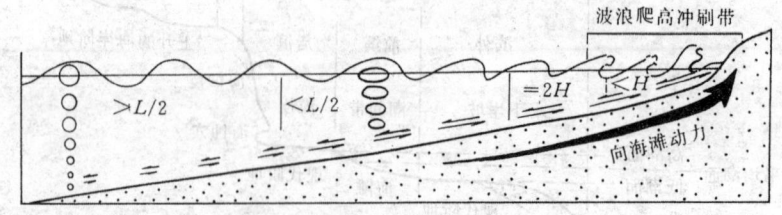

图 8-4 波浪在不同水深作用示意图
在波浪爬高冲刷带(在水深20~25m波浪破碎处开始)的动力补给最大,沿岸流的搬运也最强

波形、受力状态和对海底的作用不同(图8-4):水深大于1/2波长的区域($>L/2$)为深水区,水质点受风力作正常圆周运动,称深水波,它随水深而减弱。如波高10m,波长200m的巨浪,在水深100m($=L/2$)处,仅能引起约20mm振荡,对海底作用甚小。一般把水深$=L/2$波长的区域作为波浪作用(波基面)下限,这里沉积物开始被搬运。水深小于1/2波长的区域($<L/2$)为浅水区,波浪进入浅水区后,水质点作椭圆运动,其扁度随深度减小而增大,称

浅水波；在海底水质点仅能作平行海底的往复运动，来回摩擦海底。水深近于 2 倍波高（= $2H$）的近岸区，水质点向陆的运动速度大于向海的运动速度，波浪开始变为不对称形，前坡陡后坡缓，波峰通过时引起向岸进流；波谷通过时引起退流，产生明显的横向流（进退流）。水深小于波高（$<H$）的沿岸海滩区，波浪向陆和向海运动差值更大，波浪前坡更陡，最后由于重力作用使波浪倒转破裂，并依靠惯性力抛向和撞击海岸，称破浪（激浪、击岸浪），它不再受波浪运动规律控制。只有波浪碎破为主的地区才有大量沉积物被搬运。破浪是塑造海岸的重要力量。

海啸（津波）与风成波浪的区别在于，它是由于地震从海底将能量传递给海水的。它在海水表层波高一般较小（仅几十厘米），而波长往往很大（几十至几百公里），波速快（可达几百公里/小时），波能大，具有强大的破坏力。如 1946 年 4 月 1 日发生的夏威夷海啸发源于阿留申海沟，它穿越大洋时，波高才 30cm，海啸的平均时速达 760km，持续约 5h 后，波及 3 200km 波峰到达夏威夷岛时，波长为 145km。波高至少已增高到 17m，形成一股具有极大破坏性的拍岸浪，凡它经过的地方，房屋、树木及其他东西统统被毁掉。

波浪进入浅水区以后，除在剖面上发生变形外，在平面上还表现为波浪的折射。波浪的折射是指，当波浪斜向岸边传播时，越接近岸边，海水愈浅，波速相应减小，这时波峰线（波峰连线）随着接近岸边而力图与海岸线大致平行（实质上是与等深线平行），因而发生波射线（表示波能传播方向，与波峰线垂直）弯曲的现象（图 8-5(a)），与此同时，形成平行海岸的波浪流称沿岸流，是使海岸带松散物作纵向搬运的重要动力之一。在海岬区由于波能集中，以海浪侵蚀为主；在海湾区波能分散，以海浪堆积为主（图 8-5(b)）。

(2) 潮汐　潮汐的涨落展宽了波浪的活动范围，改变了波浪活动带。当涨潮流速大于退潮流速时，发生堆积作用，而当涨潮流速小于退潮流速时发生冲刷作用，使潮间带动力作用复杂化。海流因其流速仅有 10~20cm/s，当其抵达海岸时，其作用力是很微弱的。

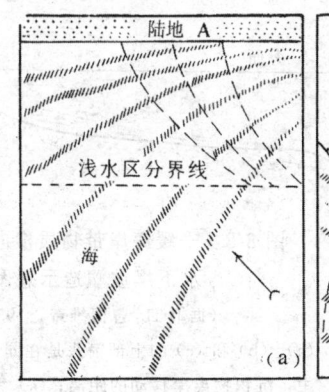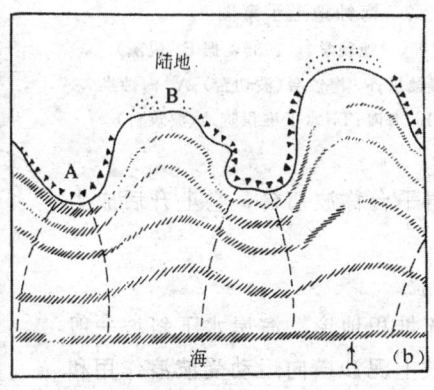

图 8-5　波浪的折射示意图
(据 B. П. 曾柯维奇，1957)

(a) 平坦海岸；(b) 曲折海岸（A 为海岬，B 为海湾）；断线为波射线，斜短线为波峰线，箭头示风向

2. 海岸地貌　波浪、横向流和沿岸流在海岸带形成一系列海蚀、海积地貌（图 8-6）。

1) 海蚀地貌　海蚀地貌主要发育在岩岸突出的海岬和基岩岸段。主要有海浪冲蚀引起重力崩塌形成的海蚀崖及海岬处海蚀崖遭受波浪冲蚀后退的过程中遗留下的海蚀桥和海蚀柱。海蚀崖上常有海蚀穴，它是古海平面的高潮面位置的重要证据（图 8-7）。岩岸后退形成的海

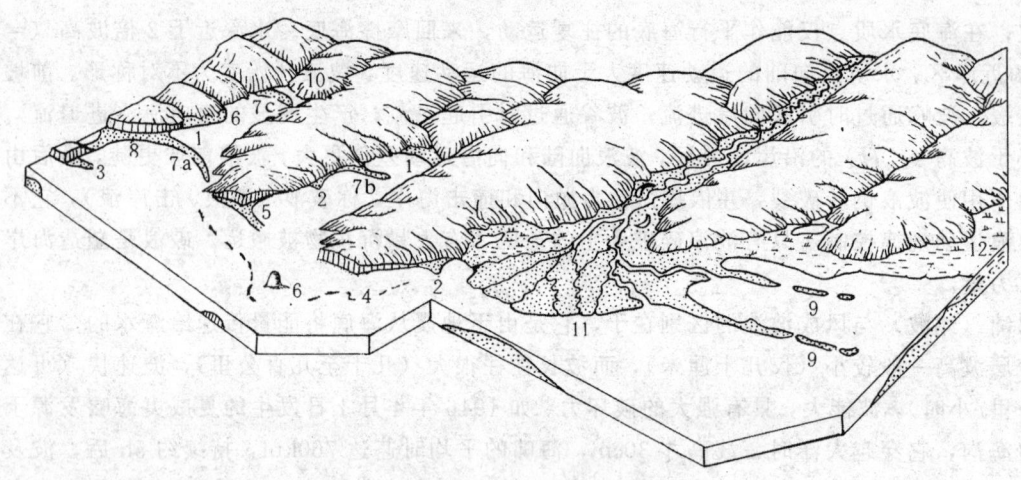

图 8-6　海岸带地貌组合略图

(引自北京大学，《地貌学》，1985，略修改)

1. 海滩；2. 角滩；3、5. 沙嘴；4. 海蚀崖；6. 海蚀柱（断线区为水下波切台）；7. 拦湾坝（7a. 湾口坝，7b. 湾中坝，7c. 湾内坝）；8. 连岛坝（有壁障区）；9. 离岸堤；10. 泻湖；11. 三角洲；12. 泥滩；虚线为水下波切台外缘

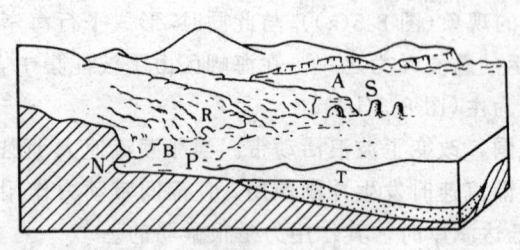

图 8-7　海蚀地形示意图

(引自北京大学等，《地貌学》，1985，据 E. 锐茨)

N. 海蚀穴；R. 海蚀崖；P. 海蚀台（波切台）；A. 海蚀拱桥；S. 海蚀柱；B. 海滩；T. 水下堆积阶地（波筑台）

浪冲蚀水下基岩平台称波切台，它上升后成为海蚀阶地。

2）海积地貌

(1) 横向流堆积地形　海岸水下斜坡一般向海倾斜，斜坡上泥沙横向运动受波浪作用和颗粒的重力影响。在水下岸坡为成分和密度相同的沙粒组成的均匀单斜坡的理想条件下（图 8-8），由于斜坡上段水深小，波浪变形，泥沙的向岸运动（进流）的流速大大超过向海（退流）的速度，因此，泥沙主要向岸位移。斜坡下段水深大，波浪未变形，同时泥沙运动受重力沿海底向海的切向分量推进，泥沙主要作向海运动。上下段间必定存在某一深度带，其重力的切向分量恰好抵消了进、退流的波浪力差，泥沙保持在原来位置附近往返运动，这一深度带称为中立线（带）。长期作用的结果，中立线以上近岸部分因向岸堆积使海岸变陡，中立线以下部分因堆积

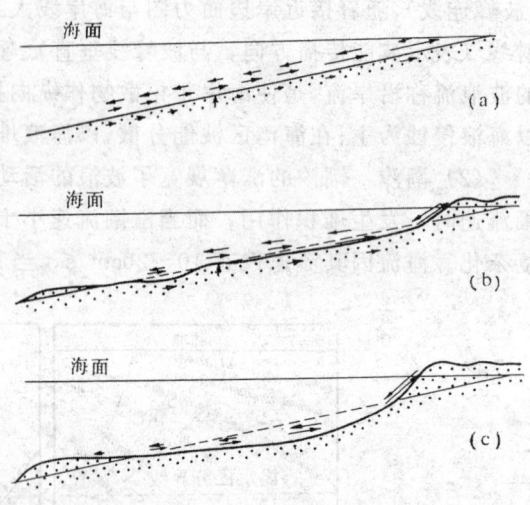

图 8-8　平缓海岸带物质横向运动及水下岸坡塑造示意图

(据 В. П. 曾柯维奇，1957)

(a)、(b) 和 (c) 的上部箭头是在同一次波浪变形运动中，沉积物离岸移动的距离；(a) 和 (b) 的中部箭头及 (c) 的下部箭头是在同一次波浪变形运动中，沉积物向岸移动距离；(a) 和 (b) 的下部箭头是在一次完整的波浪变形运动后，沉积物最终移动的距离；向上箭头为中立带位置

向海增长使海底填高，剖面变平缓。最后，整个斜坡上各点达到泥沙向岸和向海运动的差值均为重力作用抵消时，泥砂仅有往返摆动而无实质性位移，即水下斜坡达到均衡剖面状态。虽然，实际的斜坡形态、物质组成和波浪运动比上述理想条件复杂，但是，中立线理论对分析海岸形态的发育机制是有意义的。

Ⅰ．海滩 海滩是泥、砂、砾被激浪流堆积在岸边而成的向海微倾斜滩地，其上部在海面以上波浪作用所能达到之处，下部延伸到海面以下波浪破碎之处，位于高低潮位间的高能环境中。砾质海滩出现在较陡的岩岸，沙质海滩分布于平坦海岸，而泥质海滩发育在潮汐作用明显的滨岸或河口地段。泥滩高潮面及其附近以上只有特大高潮位海水才能淹没的地段称湿地，其上生长大量盐生植物，它是由于堆积旺盛的潮滩扩大加高而成。海岸的湿地和潮滩（合称滩涂）是发展水产养殖的有利地带，也是环境保护对象。

海滩的动力作用与波浪形态有关：当长陡风暴浪变为短缓波浪时，海滩发生堆积，水下沙堤受到侵蚀（图 8-9（a））；反之，短缓波浪变为长陡风暴浪时，海滩受侵蚀，水下沙堤发生堆积（图 8-9（b））。由于波浪有季节和年变化，海滩形态也随之而变化，有的松散沉积物海滩在风暴频繁季节不断改变其高度和宽度。

Ⅱ．水下沙堤 它大致与海岸平行分布。在波浪向海传播时，由于波浪不断发生局部破碎使能量降低，因而发生堆积，形成一条或数条水下堆积体，称之为水下沙堤。

Ⅲ．离岸沙堤 它是露出水面以上，大致平行海岸的沙堤（图 8-6 之 9）。沙堤断续连接留下潮流入口，其内即成泻湖。

Ⅳ．水下堆积阶地 在水下岸坡的坡脚处，由向海移动的泥沙按密度、大小分选堆积而成。

（2）沿岸流堆积地形 当波浪前进方向与海岸斜交时，波浪作用的退流方向与重力沿海底向海的切向分力的方向不在同一直线上，泥沙便沿着波浪退流与重力切分量的合力方向呈"之"字形沿岸运动，称泥沙纵向运动（图 8-10）。波浪方向与海岸交角为 45°时泥沙运动最快。卷入纵向运动的物质称沉积物流，它的长度取决于形成起点（海蚀区或河口）至终点（堆积地点）的距离，宽几十米（砾岸）至几百米或 1～2km（沙岸），甚至 10 余公里（泥滩）；这种沉积物素流速度可达每小时几公里。沉积物流的作用性质取决于其容量（形成沉积物流波浪在单位时间内沿岸可能搬运泥沙的最大数量，亦即波浪携带松散物质的能力）与强度（单

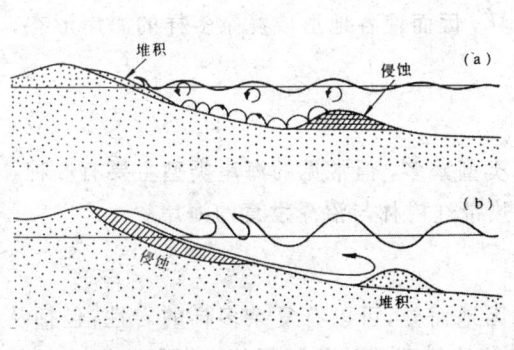

图 8-9 海浪形态与海滩的变化图
（据 Robinson，E.S，1982）

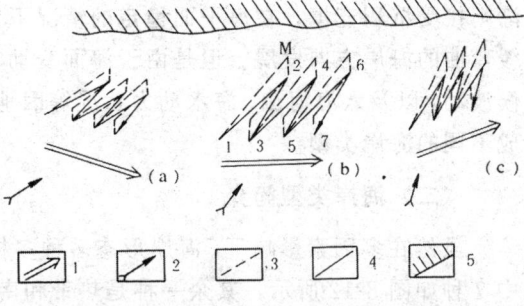

图 8-10 海岸物质纵向运动三种形式示意图
（引自杜恒俭、陈华慧等，《地貌学及第四纪地质学》，1981）
(a) 波浪与海岸交角＜45°时；(b) 波浪与海岸交角等于 45°时，(c) 波浪与海岸交角＞45°时。1. 沿岸流；2. 波浪前进的方向；3. 不受重力影响时物质运动的位移；4. 在重力影响下物质运动的实际位移；5. 海岸

位时间内泥沙实际通过一定断面的数量）对比关系：若二者之比为 1，则沉积物流处于饱和状态，波能全消耗于搬运中；当容量大于强度时，波浪余能用于侵蚀；容量小于强度时，波能不足以搬运全部泥沙，发生堆积。波浪强度、海岸形状和性质的变化及波浪入射角（φ）变化是影响沉积物流的主要因素。

Ⅰ．沙嘴　在向陆转折海岸，当波浪以入射角 φ 沿向陆转折海岸运动时（图 8-11（b）），沉积物流具有的容量足以使其沿 AB 段往前移动，到达海岸转折点 B 后，波浪入射角变小（$\varphi-\pi$），水流分散能量降低，使沉积物流容量下降，沿运动方向发生泥沙堆积。由于海湾区波浪折射分散和波浪的季节变化，堆积体生长端呈钩状，这种沉积体称沙嘴。海湾口的沙嘴可发展成拦湾坝（图 8-6 中 3、7a、7b、7c）。在向海转折的海岸，波浪入射角增大（$\varphi+\pi$）（图 8-11（a）），沿岸流受阻改变方向，使动能消耗，同样引起沉积物流容量下降，在海湾内堆积成海滩，并使海湾淤塞，直至沉积物流容量恢复到 AB 段时，泥沙流方能继续往前移动。

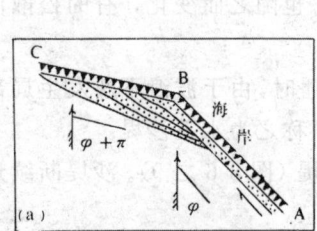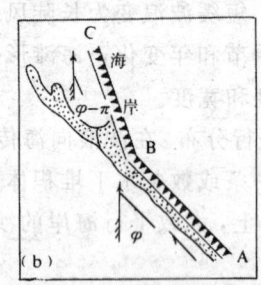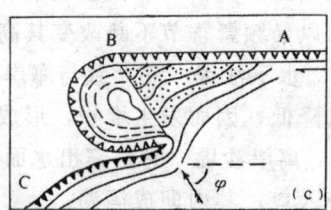

图 8-11　沿岸沉积物流所形成的堆积地形类型示意图
（据 O.K. 列昂节夫，1965，简化）
（a）入射角充填型滨岸堆积地形；（b）砂嘴地形；（c）岬角隐蔽区堆积地形；ABC. 海岸线

Ⅱ．连岛沙坝　在有屏障海岸（图 8-6 中 8），于屏障体（如岸边小岛）的波影区内，沉积物流的容量降低，最初堆积成角滩，继而延伸成沙嘴，最后形成连岛沙坝。

实际上，由于海岸的形状和波浪运动的情况是多种多样的，海蚀和海积地形沿海岸不同地段也是多种多样的。

在海岸带的水动力作用下，海岸不断发生侵蚀作用和堆积作用，岬角遭受侵蚀后退，海湾则接受沉积充填，在海平面稳定的情况下，海岸发展的总趋势是：由曲折海岸向平直或平缓弯曲的海岸方向发展。但是由于海面变动、地质构造、海岸岩性与地形、新构造运动或气候波动，以及入海河流、海水动力状况等因地而异，因而使各地形成复杂多样的海岸形态，构成不同的海岸类型。

（二）海岸类型简介

虽然在多因素影响下，海岸形态多种多样，类型繁多，但常见的海岸类型主要有 8 种，其中 7 种如图 8-12 所示，其余一种是热带和南亚热带红树林与沼泽发育的海岸。

（三）海岸沉积物

在破浪作用高能环境中形成的海滩堆积物因地而异，可以有复杂多样的岩性，包括从石块、砾石、砂质、泥质、牡蛎、珊瑚、藤葫、生物贝壳碎片等到碳酸盐沉积物，也可以其中一、二种为主，如中国南海诸岛海滩堆积物几乎百分之百为生物碎屑，南海北部沿岸则可以生物碎屑为主，也可以石英或岩屑为主，或二者以不同比例混合组成；北方海滩主要为碎屑沉积物。

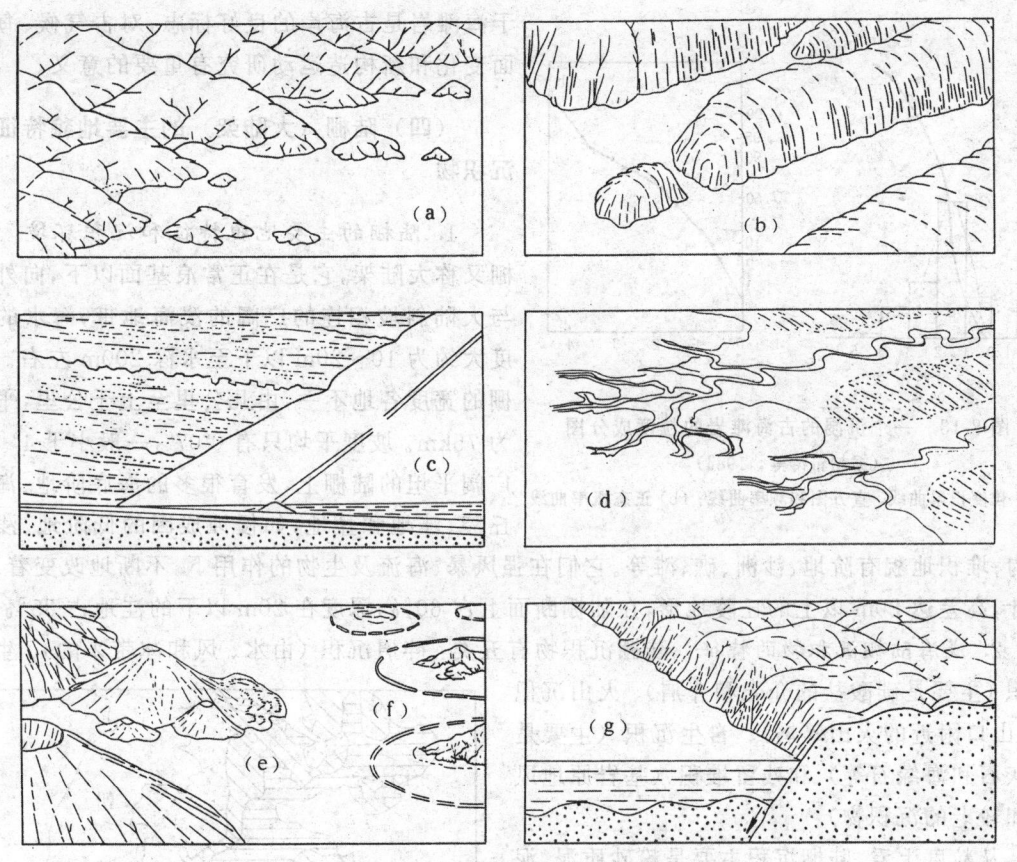

图 8-12 海岸主要类型示意图

(据 A.N. Strahler 等，1978)

(a)里亚式海岸(下沉岸)，由沉没山谷和山脊组成交错分布的海湾与海岬；(b)峡湾式海岸，高纬冰川谷为海水淹没，多直槽形海湾；(c)堤障沙岛海岸(新近上升的沙岸)，沿岸发育广宽泻湖；(d)三角洲海岸，大河入海口处，发育大型三角洲；(e)火山海岸(左)；(f)瑚礁海岸；(g)断层海岸

岩岸砾石岩性多以当地岩石为主。附近若有人海河流，则与河流流域岩性相关。砾石分选好，磨圆度高，海岬岩岸砾石磨圆分选相对较差。砾石长轴(a轴)平行海岸，扁平面向海倾斜，倾角不大于 13°，一般为 7°~8°。

海岸带砂质沉积物分布最广，其成分以石英砂为主，伴有长石、角闪石、绿帘石、独居石等，有时形成有工业价值的石英砂、独居石和砂金等砂矿。海岸石英砂在高能环境中反复碰击磨损，磨圆度高，表面有冲蚀的"V"形坑等微观构造。

海滩沉积物具有双向缓倾斜的冲洗交错层理或向海一致倾斜层理(有的倾角为 5°~10°)，厚度几厘米至几十米。

在热带和亚热带，现代潮汐影响范围内的海滩沉积物，于低潮位时海水蒸发，碳酸盐结晶成不稳定文石和亚稳定高镁方解石，呈泥晶外皮、纤维状和粒状，基底式胶结，很快使海滩沉积物石化为海滩岩，它是热带和亚热带特有的岩石。南海北部−50m 沉溺第四纪海滩岩的粒度成分中跃移组分占 84%(其中较粗跃移段占 54%)，粗切点 0.7ϕ(图 8-13)。砂粒平均圆度(p_0)为 0.74。海滩岩形成速度较快，有的地方一年内能形成一片新的海滩岩，但形成中的海滩岩厚度仅十几厘米至几十厘米。晚更新世和全新世海滩岩有的已抬升，有的沉溺，由

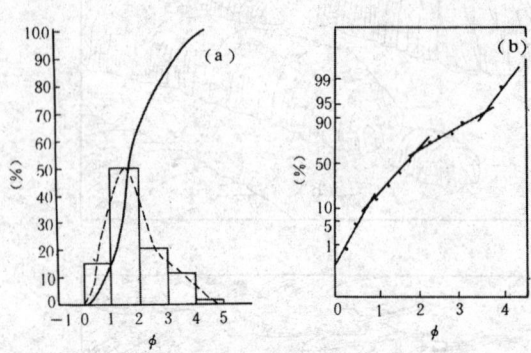

图 8-13 一个沉溺的古海滩岩的粒度成分图
(据赵希涛等,1984)
(a)粒度积累曲线、直方图和频率曲线;(b)正态概率曲线

于海滩岩是古海岸的良好标志,对古气候、海平面变化和新构造运动研究有重要的意义。

(四)陆棚(大陆架)的主要地貌特征和沉积物

1. 陆棚的主要地貌特征和沉积环境 陆棚又称大陆架,它是在正常浪基面以下,向外海与大陆斜坡相连的广阔的浅海地带,海水的深度大约为 10～20m 以下至水深 200m 左右。陆棚的宽度各地不一,由几公里至上千公里,平均为 75km。坡度平均只有 0°07′,一般小于 4°。在广阔平坦的陆棚上,发育很多的海底阶地、海底丘陵、洼地和盆地,如侵蚀成因的低阶地、浅的槽沟;堆积地貌有阶地、沙洲、礁、滩等。它们在强风暴、海流及生物的作用下,不断地改变着。据统计,高差达 20m 以上的丘陵地形,在陆棚断面上占 60%,深度在 20m 以下的洼地占 35%。

2. 浅海陆棚沉积物的特征 陆棚沉积物有五类:碎屑沉积(由水、风和冰带来的)、生物沉积(主要是碳酸盐的介壳和介屑)、火山沉积(火山口附近的火山碎屑)、自生沉积(主要是磷灰石和海绿石等)和残留堆积(基岩原地风化和较老的沉积物)。

从粒度上看,陆棚沉积主要是粉砂质泥、泥质粉沙和部分粗沙、细沙。

海绿石、鲕绿泥石和磷灰石是陆棚沉积中最重要的标志性自生矿物。它们的形成和海水的温度与深度密切相关。海绿石为冷水矿物,主要形成于 10～1800m 的海水中,其中以 30～700m 最为丰富;鲕绿泥石是暖水矿物,主要形成于热带地区,水深为 10～150m 的海水中。

陆棚沉积物的剖面粒序变化规律为:海进时,向上变细;海退时,则向上变粗。平面上颗粒按大小和比重分选,从近岸往外,由粗变细。但是,由于第四纪时期冰期与间冰期更替,引起海面的升降变化,陆棚时而裸露为陆地,发育陆地地貌和陆相沉积物,时而又被海水淹没,形成浅海环境,接受海相沉积物,从而使陆棚沉积物的岩相、岩性、结构、构造复杂化。查明陆棚地区沉积物的变化特征和分布规律,对阐明海面变动,恢复古地理环境具有重要的意义(图 8-14)。

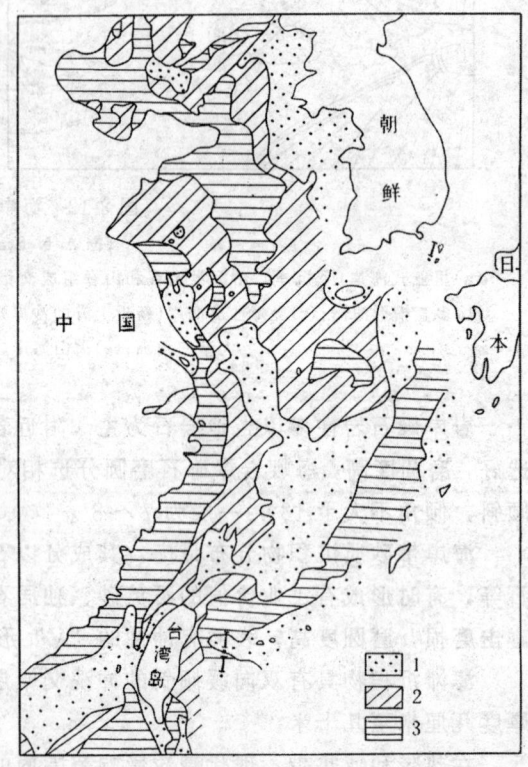

图 8-14 中国北部毗邻海区第四纪表层沉积物的粒度分布略图
(引自 1:250 万中华人民共和国及其毗邻海第四纪地质图,1991)
粗粒离岸、细粒近岸分布反映晚更新世海面下降
1. 粗粒物质;2. 混合物质;3. 细粒物质

(五）大陆坡的主要地貌特征和沉积物

1. **大陆坡的主要地貌特征和沉积环境** 大陆坡是指陆棚以外至深海盆地的斜坡地带。其上界是陆棚与大陆斜坡的转折处，水深约200m左右。大陆坡的平均倾斜度为4°，一般为4°～7°，甚至可达13°，地形显著变陡。在大陆坡的下部，坡度变缓，逐渐过渡为陆隆（大陆基）。陆隆的宽度可达300～400km，若与大陆坡相邻处有海沟存在，则没有陆隆。大陆坡的下界约在2 000m的水深处，通常又把大陆斜坡地带称为半深海带。若将海水全部排掉，那么大陆斜坡将是地球上规模最大、最为壮观的斜坡地形。其上分布有界限清楚的洼地、山脊、阶梯状地形及孤立的山丘，有时被海底峡谷切过。海底峡谷是大陆坡上最特征的地形，它向海方向沿坡下伸可达四五公里，坡度较大，有时呈阶梯状；横剖面上两壁陡峭，高数百米，而底部平坦，宽达数公里。海底峡谷的规模有时很大，如哈德逊谷，最大切割深度大于1 000m，宽数公里，长达1 000km，它是大量陆源碎屑物质搬运到深海盆地的主要通道。在海底峡谷的末端有海底扇（深海扇），伸入大洋盆地（图8-15）。有时因海底地震等原因，在海底峡谷两侧或较陡的斜坡地区，形成重力滑塌堆积地形，但常被浊流所改造。

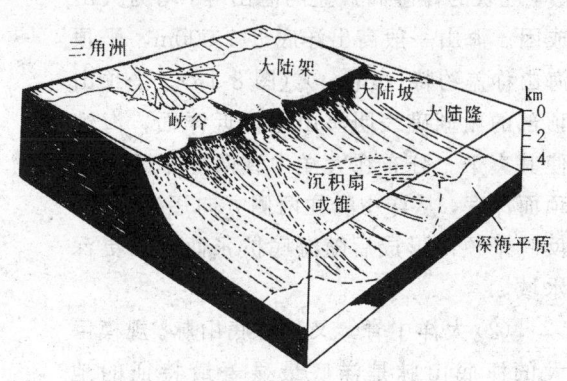

图8-15 在大陆坡底部形成且向外延伸至深海洋底的深海扇的立体示意图

（引自 A. N. 斯特拉莱，《自然地质学》，1978，A. N. Strahles 绘）

2. **大陆坡沉积物的特征** 此处水深已超过200m，波浪和阳光都影响不到，只有少量的陆源细粒物质或悬浮物质进入半深海地带；其次是火山喷发物质及生物碎屑等，但分布最广的是软泥，还有少量砂、砾、介壳和生物沉积。

灰绿色软泥在大陆坡上广泛分布，成分以粉砂粘土为主。红色软泥较少，主要分布于热带、亚热带河口前面的浅海—半深海中，现代长江口及南美注入大西洋的河流前面的海底都有分布。红色软泥中陆源物质含量为10%～25%，软泥质30%～60%，碳酸盐6%～60%，还常有石英颗粒。碳酸盐软泥和砂，分布于热带地区，常含有许多浮游生物。冰川沉积发育于南极地区，如在水深315～3 670m处，有分选不好的角砾、砂和粘土沉积，生物较少。火山泥和砂主要分布于火山作用强烈的地区。海底峡谷中及其附近，常有滑塌及浊流沉积，浊流沉积是大陆坡上最特征的沉积物之一。浊积主要为粉砂级以下粒级的物质，最粗可到中砾；浊积层愈厚，粒度愈粗。单个浊积层的厚度为几毫米至几米，整个浊积建造的厚度可以很大。浊积物的碎屑成分主要是石英、长石、绿泥石、云母、生物碎屑等。有些浊积物中富含浅海生物，有时可见植物碎片。浊积物的下部具特征的粒序层，上部常具流水沙纹、平行纹层等。

（六）大洋底部的主要地貌特征和沉积物

1. **大洋盆地主要地貌特征和沉积环境** 大洋底（又称大洋盆地）是指大陆斜坡以外的广阔水域，海水深度一般2 000～5 000m，它具有很大的海水深度变化范围。它与半深海区间界限恰与4℃等温线一致，这也是生物群的分界线。大西洋的4℃等温线在2 000m的水深处，所以一般把大于2 000m的深水区域称为深海区。

大洋底部受外力干扰甚少，海水比较宁静，沉积比较连续，陆源物质带入甚少，而且颗粒一般在 0.002mm 以下，这些微细的物质，几乎都呈胶体性质，可以长期悬浮于海水中，只有在极安静的水体中才能沉入海底。

大洋盆地的主要地貌特征和沉积环境主要有：

（1）深海平原　大洋底部面积广阔而又平坦的区域，平均水深约在 4 500～5 500m。其原始状态呈现为高差大约 300m 起伏（特别是太平洋）的丘陵地带，因细小物质的连续沉积，使其形成宽广的平坦地面，称为深海平原。在深海平原上，还有一些高出洋底几十米至几百米的次级地形，如平缓起伏的深海丘陵，垄状的洋隆和孤立的海山等，均为火山成因。海山一般高出洋底近 1 000m，平顶海山称盖约特（guyot）（图 8-16）。平顶山顶部的珊瑚礁表明海山曾接近洋面，海蚀使其夷平。分布在大洋中脊两侧平顶山的顶面深度，从洋中脊往两侧方向逐渐加深，反映平顶山形成后随海底扩张而沉入更深水域。

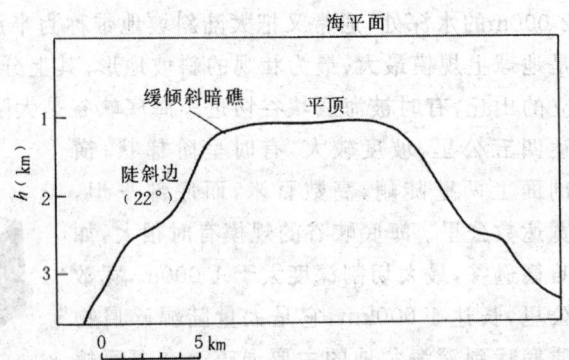

图 8-16　在太平洋海洋盆中发现第一座盖约特平顶山的剖面图

（据 H. H. Hess，1946）

这座平顶海山的位置约为北纬 9°东经 163°

（2）大洋中脊　又称海底山脉。规模巨大的海底山脉是洋底最显著最特征的地形，它遍及全球，纵贯大洋中部，延伸达 65 000km，高出洋底 2 000～4 000m，宽度变化较大，平均约为 1 000km。假若将全部海水抽干，它将是地球上最长的山系（图 8-17）。由于海底山脉在大西洋和印度洋都位于大洋中部，所以也称大洋中脊。

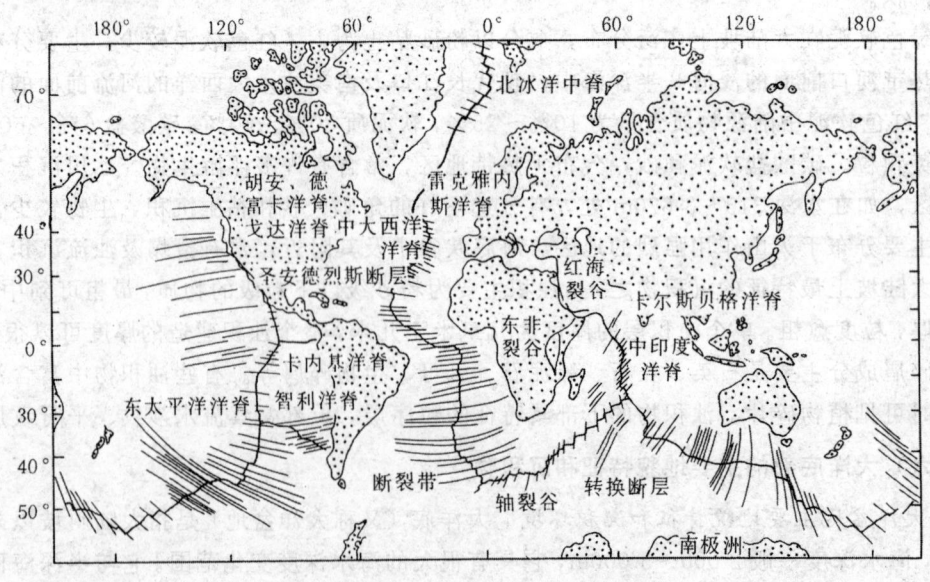

图 8-17　洋中脊系统及其有关的断裂带图

（据 W. C. Pilman 等，1974）

大西洋中脊北起北冰洋,向南绵延与大西洋两岸轮廓一致,呈"S"形,绕过非洲南端好望角,与印度洋倒"Y"形中脊的西支相接,其东支向南进入南太平洋盆地,再转向北,与东太平洋隆相接,北端消失在美国的加利福尼亚湾。

海底山脉与大陆山脉在地形上的显著不同之处,在于大洋中脊的近山顶部

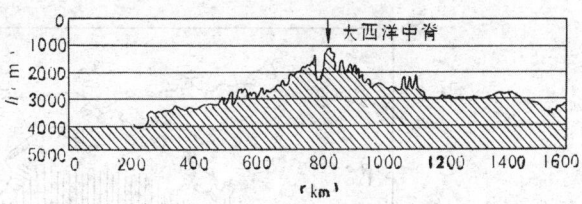

图 8-18 大西洋(南部)中脊典型剖面图
(据 H.C. 埃尔门多夫和 B.C. 希曾)

位,出现一个明显的裂谷,称中央裂谷(或称轴部裂谷),其宽度近20km,深达1 500~2 000m,横过大西洋中脊的典型剖面如图 8-18 所示。大洋中脊常被转换断层所错开(图 8-17),有时中央裂谷位移达 600km。

(3) 海沟和岛弧

海沟(又称海渊) 是海洋最深的部分,海水深度大于 6 000m,世界上最深的马里亚纳海沟深达 11 033m。海沟是边坡较陡而狭长的槽谷状洼地,其宽度为 40~120km,长一般为 500~4 500km。位于大洋盆地的边缘而不在中部。太平洋周围的海沟特别发育,它们常与一系列的弧形岛屿(岛弧)相伴生,通常称之为岛弧-海沟系。岛弧一般呈凸向海洋的弧形排列,并在毗邻的一侧发育海沟(图8-19)。

弧后盆地 是指岛弧与大陆之间或2个岛弧之间的较小而深的海洋盆地,如日

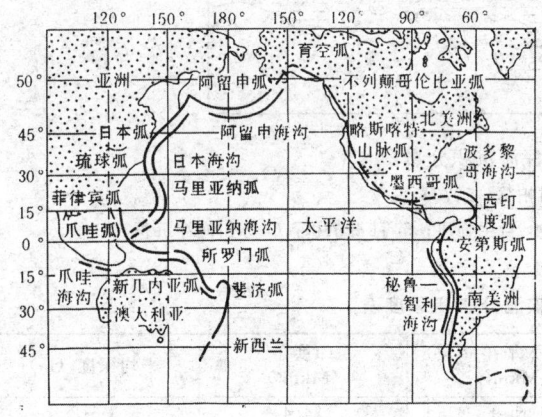

图 8-19 太平洋地区的主要弧和海沟概要图
(引自 A.N. 斯特拉莱,《自然地质学》,1987)

本弧岛与亚洲大陆之间的日本海、马里亚纳弧以西琉球弧以东的海盆。

2. 大洋盆地沉积物的特征 深海地区因有很深的海水阻隔,各种外力影响因素甚小,多为悬浮质降落沉积。沉积速率很小,各大洋的平均沉积速率为:太平洋0.005~0.04mm/a;大西洋 0.008 6mm/a;印度洋 0.005mm/a。目前所知深海区的海盆基岩(大部分为玄武岩等基性岩)上,仅覆盖着平均 450m 厚的松软泥质物。

深海区沉积物主要来自海水的表流、深水低速匀速底流(它是来自北极的密度较大的水流,因平行于等深线流动,故又称等深流)、风力、海底火山喷发、冰山及宇宙尘埃等。深海沉积物主要为各种软泥,地域性差别不很明显,但其平面分布和深度上具有一定的规律性(图 8-20)。在大洋底部的特殊环境下,可形成自生的锰结核。

(1) 深海软泥 根据其成分和含生物碎屑的种类分为(表 8-1):

褐色软泥 它广布于大洋盆地,主要由粘土矿物、陆源的石英砂、火山灰、宇宙物质和风尘等组成,富含 Fe、Al 质,一般呈红褐色,所以又称红色粘土,碳酸盐含量小于30%。南太平洋的红色粘土主要由自生粘土矿物组成,它们是由火山物质在原地交代而成。

钙质软泥 以碳酸盐为主的软泥,主要分布于热带、亚热带的各大洋区,生物碎屑含量大于 30%。按其主要成分有抱球虫软泥和翼足虫软泥。钙质软泥的颜色有灰色、黄色、绿色甚至红色数种。

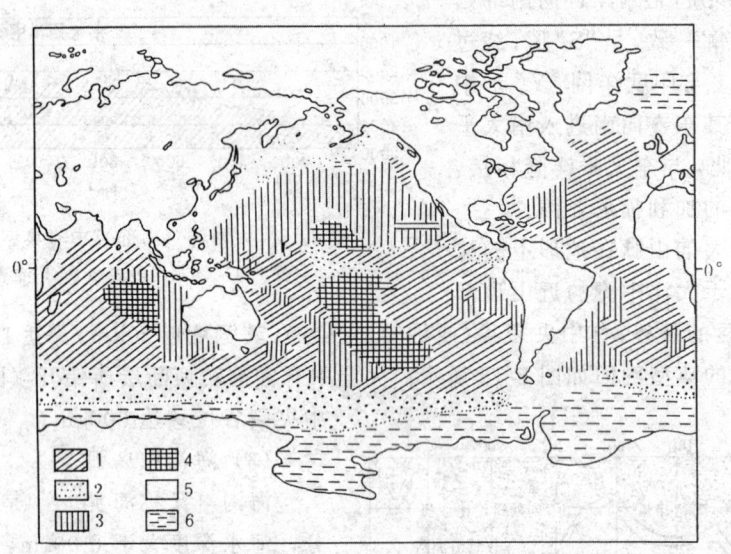

图 8-20 现代深海沉积分布图
(据 F.P. 谢帕德, 1973)
1. 钙质软泥; 2. 硅质软泥; 3. 红色软泥; 4. 自生物质; 5. 陆源沉积; 6. 冰川海洋沉积

表 8-1 各大洋软泥分布和深度表

沉积物类型	大西洋 (Mkm²)	太平洋 (Mkm²)	印度洋 (Mkm²)	平均深度 (m)
抱球虫软泥	40.1	51.9	34.4	3 612
翼足类软泥	1.5			2 072
硅藻软泥	4.1	14.4	12.6	3 900
放射虫软泥		6.6	0.3	5 292
红色粘土	15.9	70.3	16.0	5 407

硅质软泥 是以硅质为主的软泥,生物碎屑含量大于 70%。硅藻含量在 50% 以上称硅藻软泥,主要分布于两极地区及寒带海区,其颜色主要为浅黄色。放射虫介壳含量在 50% 以上者称放射虫软泥,主要分布于赤道附近的海区,颜色主要为红色、棕色和黄色。硅质软泥在数量上较钙质软泥少得多。

(2) 锰结核 它们与深海沉积物密切共生,在各大洋盆地中均有沉积,它多以球状或块状的结核出现,直径一般为 1cm 至几厘米,个别可大于 10cm,甚至达 1m 以上。绝大多数锰结核成黑色,都具有一个碎屑核心,呈同心环状,层层包裹。从化学分析结果发现其中含有 30 多种金属元素,现将主要元素列于表 8-2 中。

表 8-2 各大洋锰结构中主要元素含量表

主要元素	太平洋 (%)			大西洋 (%)			印度洋 (%)	太平洋中储量 (0.1Gt)
	最高	最低	平均	最高	最低	平均	平均	
Mn	77.0	8.2	24.2	21.5	12.0	16.3	14.7	4 000
Cu	1.6	0.028	0.52	0.41	0.05	0.20	0.216	88
Ni	2.0	0.16	0.99	0.54	0.31	0.41	0.427	164
Co	2.3	0.014	0.35	0.68	0.06	0.71	0.225	98

锰结核的形成速率很小，一般为 0.01～3mm/1 000a，但至今它仍在不停的形成着。

锰结核主要分布于 700～7 000m 深的洋底，一般位于 3 000m 深以下的才有开采价值。它们多数松散的分布在海底表面，有的地方也只有一半埋藏在软泥里。太平洋深海底锰结核最多，分布密度最大，其中北纬 6°～20°、西经 100°～180°之间为最富集区，每平方米海底上含 0.5～30kg，平均每平方公里约有 4 400t。含锰结核沉积有的厚几十米。总储量达 2 000～10 000 亿吨，可供人类使用 1 000～10 000a 之久。

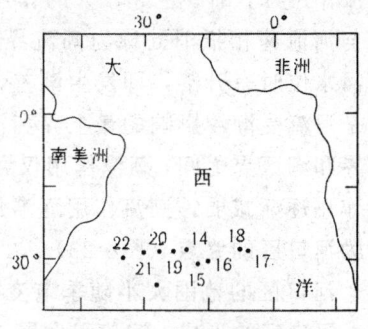

图 8-21　横布于大西洋南部的钻孔位置图

（据深海钻探项目，1970）

图中数字为钻孔号

（3）浊流沉积物　浊流作用虽主要发育于大陆坡，但可延伸到深海盆地，形成深海浊积物。

综上所述，深海沉积物受海水深度、洋流及所在纬度的控制，如图 8-20 所示。陆源沉积主要分布于大洋盆地边部靠近陆地部分，在寒带海底则分布有冰川入海沉积物；在高纬度的深海区发育着硅质软泥，中、低纬度则为红色软泥、钙质软泥和锰结核等自生物质。

大洋沉积物的时代，从洋脊往两侧愈远年代愈早（图 8-21 及图 8-22），反映了海底从洋脊往相反方向的扩张过程。现在已有不少洋盆钻孔岩芯的氧同位素研究等结果为第四纪气候与环境变化研究提供了重要对比基础，如赤道太平洋的深海钻孔 V28-238 和 V28-239 孔等等。

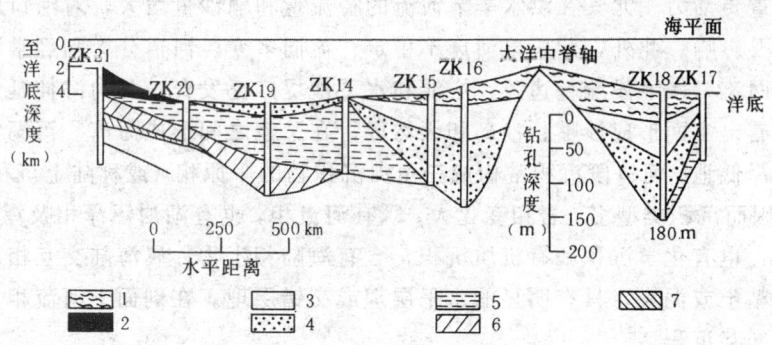

图 8-22　据格拉马挑战者号（Glomar Challenger）钻探资料确定的海洋沉积层序编制的南大西洋地质横剖面

（据深海钻探项目，1972）

1. 更新统；2. 上新统—更新统；3. 上新统；4. 中新统；5. 渐新统；6. 始新统；7. 古新统；剖面上的数字为钻孔编号（见图 8-21）

二、海陆作用交替带的地貌和堆积物

海陆作用交替带是指位于海洋和大陆之间的过渡地段，这里地貌的形成、发展和演化及堆积物的形成，明显受大陆水体（主要是河流、潮流等）与海洋水体相互作用的控制，其中河口三角洲地貌和三角洲堆积物最重要，其次为河口湾及滨海泻湖等。

（一）河口地貌和堆积物

1. 河口区的特征　入海河流与海水相互作用的地区，称为河口区。河口区除河流作用和波浪作用外,潮汐也起较大的作用。涨潮时,海水上溯到潮流速与河流速相抵消处称为潮流界。在潮流界以上受涨潮流顶托河水位时有升落,即发生潮差,潮差为零的部位称潮区界,它是河流受潮汐影响的最上界和河口区的顶点(起点)。在潮流界和潮区界之间,潮汐作用仅影响水位涨落。潮流界以下河流作用逐渐减弱,潮流作用逐渐加强,直到河流作用消失点,即为河口区的终点(图8-23)。

河口区的范围大小随季节变化和随潮汐大小的变化而变化。河口区的形成、演化和发展,是河流、潮汐、波浪及海流等相互作用的结果。

2. 河口地貌和堆积物 根据水动力特征和沉积环境,从陆到海,可把河口区分为近口段、河口段和口外海滨段(图8-23)。

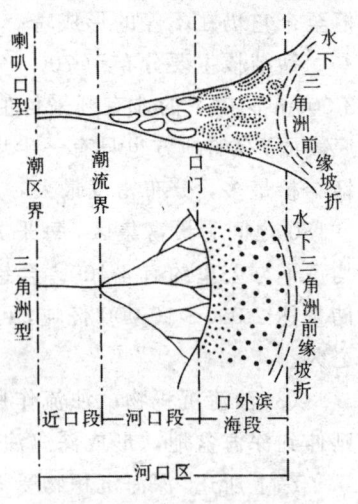

图8-23 河口分带示意图
(据 H.B. 萨莫依洛夫改绘)

(1) 近口段 从潮区界到潮流界之间的河段,在此段内,河水受潮汐的影响有涨落变化,表现为有一定潮差,但河水仍为单向水流,此段地貌和堆积物均属河流成因。

(2) 河口段 从潮流界到口门(即陆上三角洲的边缘或河口沙岛消失的部位)之间,此段内河流与潮流结合形成双向水流。当涨潮流与河川径流方向相反时,潮流速因河川径流下泄阻力而变小;当落潮流与河川径流方向一致时,落潮流速、流量为二者的叠加,故落潮流是河口区的重要动力。尤其在洪水季节河流的径流量和输沙量增大,对河口区地貌和堆积物的形成有重要影响。此外,此段以河床不稳定、流向多变、河道分叉和经常泛滥为主要特征,形成瓣状网流,水下浅滩、边滩、心滩和水下沙堤广泛发育,并向海伸延发展。随着堆积体的增长,露出水面形成沙嘴、沙岛和天然堤;在叉流之间形成海湾、泻湖和低地,使之逐渐转化为沼泽低地。河口段沉积常构成三角洲沉积物的平原相(或称陆上沉积层),沉积环境复杂多样,因而沉积类型多,岩相变化大。既有河流相,也有湖泊沼泽相及泻湖相沉积,其中有碎屑沉积,也有化学沉积和有机质沉积,含有海陆相生物,属海陆交互相沉积。岩性以砂为主,间有粘土或泥炭,具有明显的水平层理或交错层理。在剖面上河流相、湖泊相及沼泽相常呈复杂交互沉积。

(3) 口外海滨段 自口门向外海至水下三角洲前缘坡折处。此段以海水作用为主,除潮流外,还有波浪及靠近河口的海流影响,河流一般仅起物质供源作用。地貌表现为水下三角洲、浅滩、水下支(叉)流河道及其河口沙坝等。口外滨海沉积常构成三角洲的水下顶积层。仍以陆源碎屑沉积为主,但颗粒变细,以细砂、粉砂为主,有时夹有粘土或植物碎屑的夹层;局部可有海相生物贝壳碎屑集中。常具交错层理、波纹层理,冲刷和充填构造,潜穴和泥球等。

需要注意的是,河口区的分段界线不是固定不变的,而是随水文状况而变化。如长江,在枯水大潮期,潮区界在离口门616km的安徽省大通,潮流界可达镇江、杨州。而在洪水期,径流作用加强,潮区界下移至距口门500km的芜湖,潮流界下移到江阴以下。

(二) 三角洲地貌和三角洲堆积物

在河流与海洋(或湖泊)的汇合处沉积形成的平面上呈三角形的堆积体,通常称为三角洲。穆尔和阿斯奎斯（1971）把它定义为："主要由河流流入蓄水盆地而沉积在水体（海洋或湖泊）中的陆上和水下连续沉积体"。它形成的必要条件是河流的来沙多，年输量（S）与年径流量（W）之比（S/W）大于 0.24，否则只能形成三角湾。河流的输沙量、河口区的沉陷状况和沿岸海浪强弱是影响三角洲发育的最重要因素。

1. 三角洲地貌　格罗威（Galloway，1975）根据河流作用、波浪和潮汐作用的相对强度，将世界各主要大河的三角洲进行了分类，并表示了三角洲的各种极端类型和过渡类型，以及它们与上述 3 种能量作用的相对关系（图 8-24）。除上述几种典型的类型外，还存在着许多过渡类型。如我国的长江三角洲（图 8-25 及图 8-26），形似鸟嘴而又似于港湾或三角洲，这是三角洲在形成过程中，因其所处的动力状况的不同所致。黄河、伏尔加河和尼罗三角洲为扇形（图 8-27）。

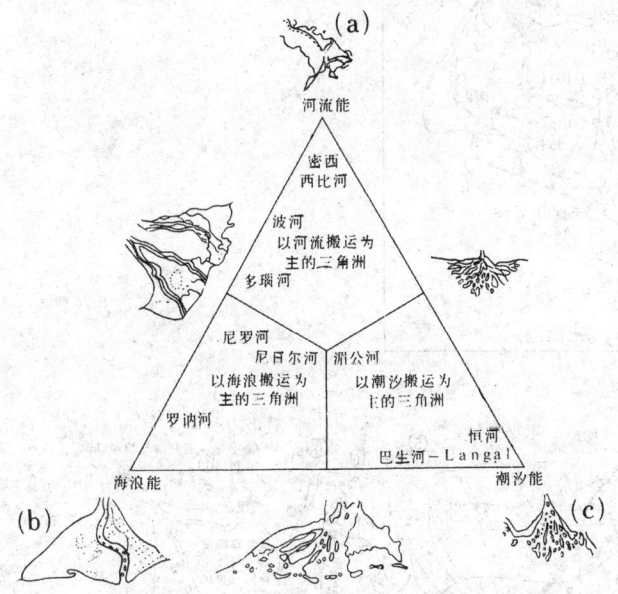

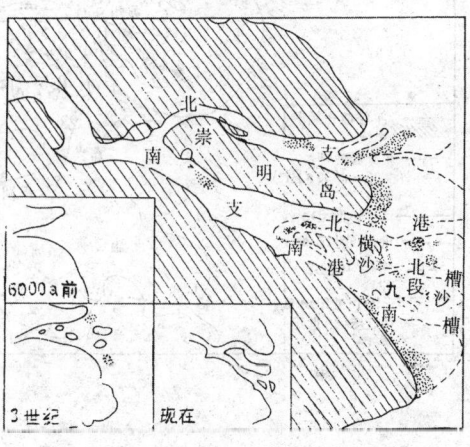

图 8-25　长江三角洲及口门附近发展阶段示意图

（引自杜恒俭、陈华慧等，《地貌学及第四纪地质学》，1981）

图 8-24　根据主要沉积条件对三角洲的三元分类图

（据 Galloway，1975）

(a) 鸟足状三角洲；(b) 鸟嘴形三角洲；(c) 港湾式三角洲

2. 三角洲沉积物　在三角洲的发育过程中，形成了复杂的沉积环境。因而三角洲沉积物是多种岩性、岩相的沉积复合体，平面和垂直剖面上都可分为 3 个带：

（1）三角洲沉积物的平面分布　从陆向海，可分为以下 3 个连续的带（图 8-28）。

三角洲平原带　为三角洲的陆上部分，主要为河流、牛轭湖、决口扇、湖泊、沼泽和泻湖沉积，往往还有风成沙沉积。

三角洲前缘带　位于水边线以下，围绕三角洲平原带的边缘呈环带状分布，它处于海岸和河流带入的沉积物混合地段，经海洋作用的再改造、再分配，形成比较纯净的沙质沉积，而泥质和有机质较少。

前三角洲带　位于浪基面以下三角洲前缘的向海一方。沉积物富含有机质和泥质，它是河流搬运来的细小粘土悬浮物质和胶体溶液在海底沉积而成的，含海相化石。

（2）三角洲沉积物的剖面结构　从垂直结构看，按传统概念三角洲沉积物自上而下可分为顶积层、前积层和底积层（图 8-29）。实际上，三角洲的平面分布与剖面结构是相联系的，

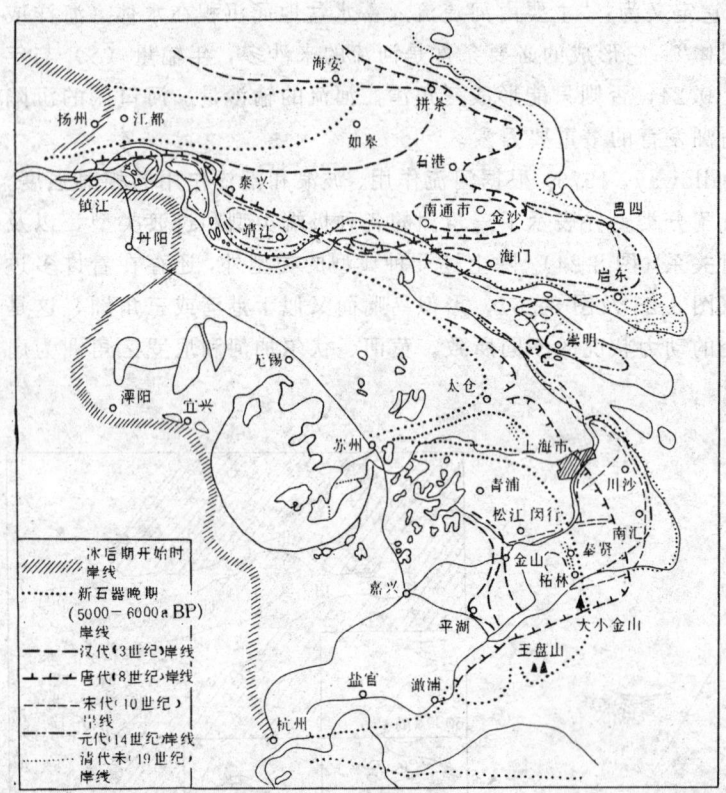

图 8-26　长江三角洲历史时期
　　　　　岸线略图

(引自北京大学等,《地貌学》, 1978)

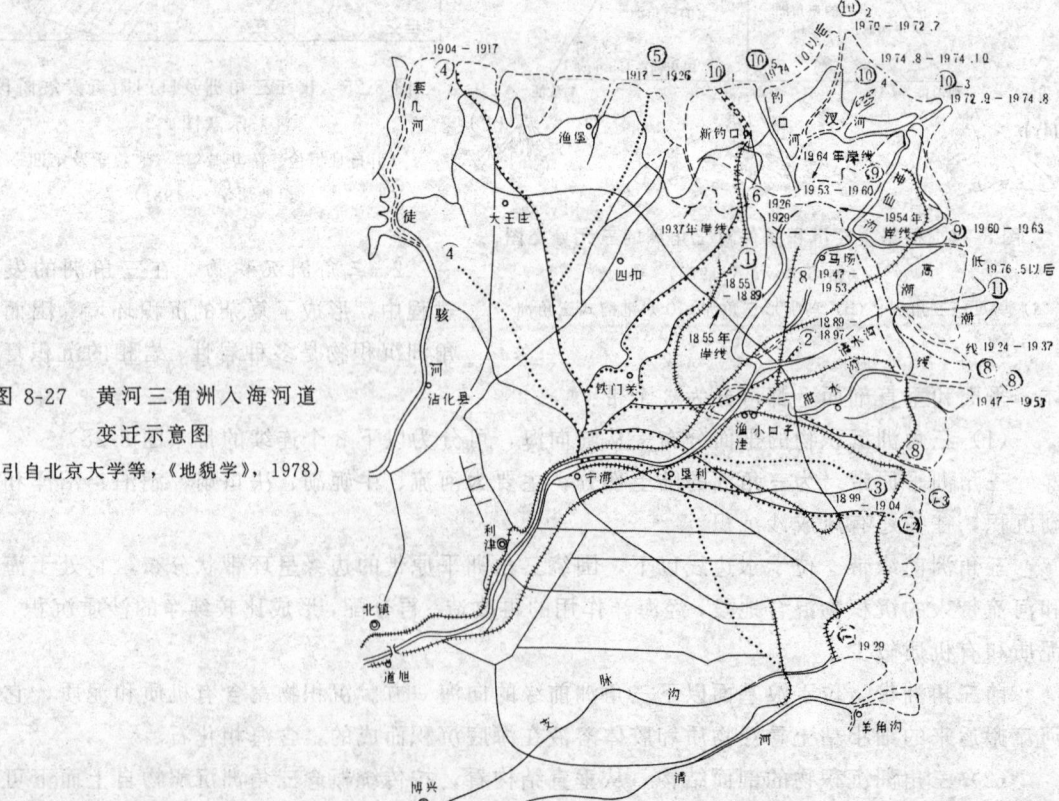

图 8-27　黄河三角洲入海河道
　　　　　变迁示意图

(引自北京大学等,《地貌学》, 1978)

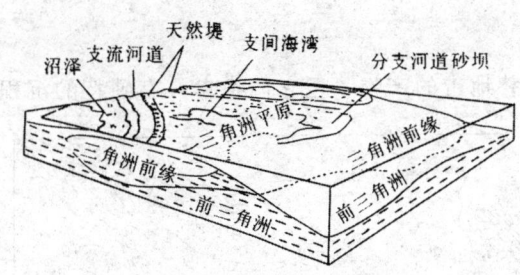

图 8-28 典型三角洲环境示意图
（据 Shannon，1971）

对比如下：三角洲的平原带相当于顶积层的水上部分；三角洲的前缘带包括顶积层的水下部分及前积层的一部分；前三角洲带包括前积层的下部和底积层。各层岩性结构特点如下：

顶积层 包括陆上和水下两部分。相当于河口段的沉积，是冲积、湖积和沼泽堆积的交互沉积。以砂、粉砂为主，间夹粘土及泥炭。有明显的水平层理、交错层理。沉积物横向和纵向变化大。顶积层是以岩性的不均一性和岩相关系的复杂性为特征。

前积层 它是水下三角洲斜坡部分的堆积物。岩性以粉砂、粘土为主，有时二者呈互层状。砂的含量减少，有机质含量增多，具有较薄的斜层理和波状层理。以含海相生物化石为主。

底积层 多为悬移的物质沉积于三角洲的最前端。主要由粘土、亚粘土组成。具有微薄的水平层理。海相生物占绝对优势，是良好的生油层。

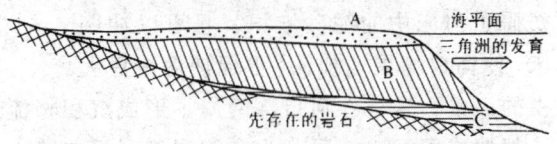

图 8-29 一个三角洲体的剖面结构示意图
A. 顶积层；B. 前积层；C. 底积层

实际上三角洲沉积物的结构，远较上述情况复杂得多。因为在三角洲的发育过程中，常因多次转移而形成多个相互交错叠置的三角洲复合体。尤其是在地壳沉降区，三角洲的发育时间较长，堆积了数百米的沉积物，形成极其复杂的结构（图 8-30）。

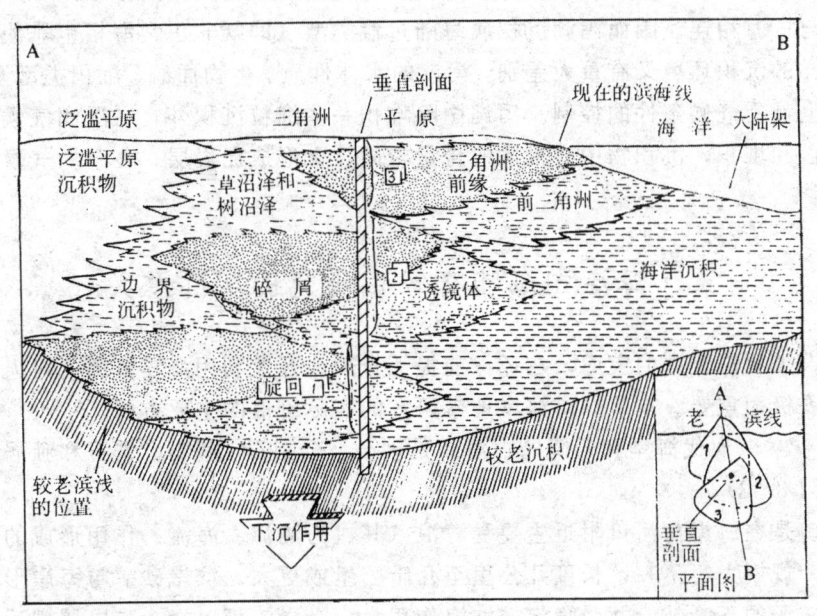

图 8-30 三角洲沉积旋回模式图
（据 Coleman 和 Gagliano，1964）

(三) 河口湾沉积物与泻湖沉积物

河口湾沉积物与泻湖沉积物也是海陆作用交替地带的产物，但它们各自具有独特的沉积环境，因而形成不同的沉积物。

1. 河口湾沉积物 在潮汐作用很强的海岸河口区，不能形成三角洲，通常形成喇叭状的河口湾（图8-31）。在河口内潮汐的流速比外海大得多，潮差的大小随着过水断面的缩小而增大，即向河口湾的顶部而增大。潮流速特别是落潮流速可以很大，不仅妨碍了河床中的泥砂堆积，且可以冲刷河床，使河口湾展宽加深，更促使海浪更大规模的入侵，这样在河口湾两岸，形成沉积物流，在河口形成浅滩。

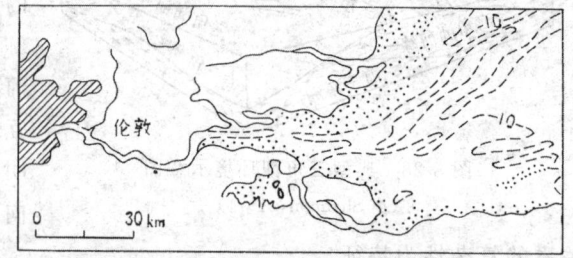

图8-31 英国泰晤士河河口湾
（引自成都地质学院，《沉积岩石学》，1980)

根据成因河口湾可分为：①溺谷型河口湾，为下沉的水下河谷；②峡谷型河口湾，为下沉的水下冰川谷；③构造作用如断陷等产生的河口湾；④砂坝堆积而成的河口湾。

河口湾沉积物的一般特征：

(1) 海峡沉积物 当河口湾为一狭窄的水道时，潮流特别大，水也较深，因潮流的侵蚀，河口湾底特别是在潮流的主流处，常呈基岩裸露，或布满巨大的砾石，由此向外围颗粒逐渐变细。

(2) 以砂质堆积的河口湾沉积物 具有潮汐作用和河流作用的共同特征，常见海源生物介壳层夹于陆源碎屑层之中；沉积物中常具多样复杂的向陆和向海方向倾斜层理构造和层面构造，如透镜状层理、波状层理、斜层理、交错层理、波痕和海洋生物扰动构造等。

2. 泻湖沉积物 泻湖通常是被砂嘴、离岸砂坝或生物礁所隔离出来的一部分近岸海域，常有排水口与广海相连。因而泻湖沉积属海陆过渡类型（即既非正常海相也非淡水湖泊相）。且泻湖与海洋的沉积环境又有重大差别，泻湖的水体性质、生物面貌、沉积类型及其演化等，在很大程度上都受气候条件的控制。泻湖中除堆积一些细粒沉积外，在湿润气候区，由于生物繁殖、死亡和堆积，沉积物中有机质的含量较高，常形成泥炭层；在干燥气候区，则形成盐沼及盐滩。

三、海洋和海陆交替带研究的实际意义

海洋是人类所需资源的宝库，在环保前提下合理地开发利用海洋资源，对人类今后的生存和经济发展极为重要。本节只讲海岸地带研究的实际价值的主要方面。

1. 海岸砂矿 现代海岸和升降的古海岸是砂金、金刚石、锡石、锆石和独居石等砂矿的重要产地（图8-32）。

海岸砂矿是在海岸与河口附近主要受海浪（其次为潮流、海流）作用形成的砂矿，一般沿海岸分布，规模大小不一，长度几公里至几十公里或更大。滨岸砂矿与海岸形态有关。平直海岸若有矿源的不断补给并受稳定的波浪作用力，沿岸流可以把含矿岩屑搬运上百公里或更远，形成大规模砂矿，并表现出搬运越远砂矿的粒度越细现象。在锯齿状海岸，由于海岬和海湾的波能差异，当沿岸流从海岬转向海湾时，在高能区末端的小海湾中因波能降低而使砂矿形成在海滩、沙堤和沙嘴地带（图8-33）。海岸砂矿抬升后称海成阶地砂矿，下降或被掩

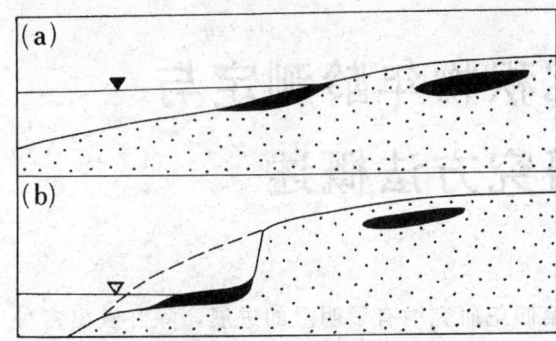
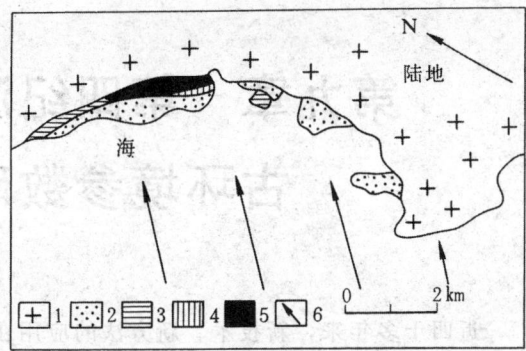

图 8-32 滨海平原和阶地滨岸海成砂矿示意图
(据 Ю.A.毕利宾,《砂矿地质学原理》,1956)
(a) 沿岸堆积或海面上升为主地区
(b) 沿岸冲蚀或海面下降为主地区

图 8-33 南非亚历山大湾附近上升 25m 高海岸
上的古海湾中的金刚石沉积带示意图
(据 Silvester,1974)
1.古海岸;2~5.金刚石产地和含矿量由少
到多;6.主要波浪作用方向

埋形成埋没砂矿。世界上最著名的海滨砂矿是
阿拉斯加诺姆海滨砂金矿,它是一个经长期(从上新世至现在)海浪作用形成的多期高品位砂金矿床。

在大陆架上,由于冰期海平面下降,在露出水面的陆架上,因河流延伸可以形成冲积砂矿。间冰期海平面回升,这类砂矿被海水淹没或被波浪改造。

2. 海岸工程 为了在海岸地带建港、采矿、筑堤、填海造地、利用潮汐发电、修造建筑物和防止海水入侵大陆、利用海岸滩涂养殖水产和开发三角洲与海岸旅游资源等等,都必须研究海岸带地质、地貌、沉积物、内外动力作用过程和海平面的升降等。

第九章 第四纪沉积物年龄测定与古环境参数研究方法概述

近四十多年来,新技术、新方法的应用在第四纪研究中有了明显的进展,除开发出多种沉积物测定年龄的方法外,对古环境参数(如古温度)也进行了研究,定性和定量方法的结合提高了第四纪研究的精度。虽然每种研究方法都具有很强的专业性,但从事第四纪研究的工作者了解主要的第四纪测定年龄方法和古环境参数研究方法的基本原理和应用条件,有助于提高工作质量和与国际研究接轨。

一、第四纪沉积物年龄测量方法

从1949年W.F.利贝(Lebby)提出放射性碳法(^{14}C法)以来,现在可供选择的第四纪沉积物年龄测量方法达20多种,但各种方法的发展过程和应用程度是相差较大的。随着对第四纪事件研究的深入和多种年龄测量方法的应用,对第四纪的认识也越来越深入(表9-1)。有的研究者把沉积物年龄测量值称为绝对年龄,它是某种方法测得的迄止于1950年的年龄值。在文献中常在年龄值前冠以方法名称,如^{14}C26±1.30ka BP①、古地磁年龄0.73Ma BP等等。

表9-1 确定第四纪年代的方法和依据研究发展概况表

第四纪年龄(ka)	研究者	确定年龄依据或方法
125	M. 布尔(1923)	考古资料
160	N.T. 皮得普里什科(1957)	利用含氟测量及地质资料
200	P. 巴依尔(1927)	考古资料
240	P. 拜克(1933) K.K. 马尔科夫(1934)	古地理及辐射,冰川资料
400	W.J. 索拉斯(1900)	地球作用速度和结果分析
500	H.N. 尼古拉耶夫(1949)	地质资料
600	W. 焦尔格(1925)	辐射量测量
620	J. 盖克(1914)	地质资料
650	M. 米兰科维奇(1924)	辐射量测量
250~700	B.B. 切尔登采夫(1955)	铀、钍同位素测定
800	B. 埃别尔(1930)	辐射量测量
500~1 000	A. 彭克,E. 布留克克列尔(1909)	冰川阶地资料

---

① ^{14}C26±13ka BP,正负号之后为误差。

续表 9-1

第四纪年龄(ka)	研 究 者	确定年龄依据或方法
500～1 000	R. 肯尼克斯列尔格(1921)	据锆中的含氟量计算
1 000	Л.И. 谢尔巴科夫(1961)	据1961年苏联公布资料
1 800	国际会议(1977)	古生物-古气候、古地磁法
2 400		古生物、古气候、古地磁学法、钾-氩法
3 000		古冰碛、古人类、钾氩法年龄

据丁国瑜,1962,补充修改

第四纪沉积物年龄测量方法有三类：物理年代法、同位素年代法和其他方法。

（一）物理年代学方法

物理年代学方法是利用矿物岩石的物理性质（如磁性、发光性等）测量沉积物年龄，是物理年代地层学研究的主要内容。在第四纪研究中使用的物理年代学方法有下列几种：

1. 古地磁学方法　古地磁学方法是利用岩石天然剩余磁性的极性正反方向变化，与标准极性年表对比，间接测量岩石年龄的方法。地球是一均匀磁化球体，其磁场相当于放在地心的一个磁偶极子的磁场。磁偶极子的磁轴与地轴的交角为11.5°（图9-1）。磁轴的延长线与地面相交于两点，分别称地磁北极（N极，正极）和地磁南极（S极，负极）。火成岩温度达到居里点时（一般为500～650℃）便获得磁性，沉积岩和变质岩中含有铁磁性矿物颗粒，三类岩石都会受到形成时的地磁场的作用而磁化，磁化方向与当时地磁场方向一致，这是一种全球现象。地球上任何一点的总磁场强度（T）是一个矢量（图9-2），它可以分解为磁偏角（D）、磁倾角（I）、水平磁场强度（H）、东向水平磁场强度（Y）、北向水平磁场强度（X）和垂直磁场强度（Z）7个变量，其中只要知道X、Y、Z或H、D、I 3个矢量便可求出另外3个。从标本中测得的天然剩余磁场要素，便获得古地磁的基本资料。

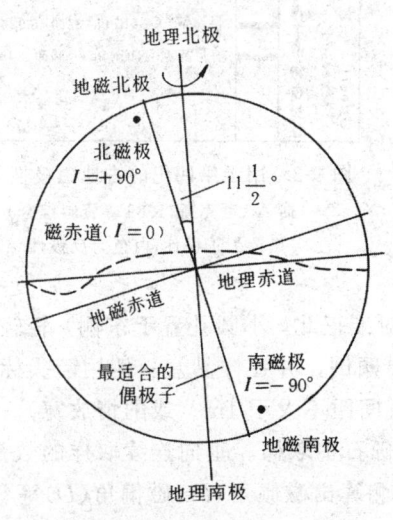

图9-1　地理极、地磁极及地理赤道、地磁赤道
（引自地质科学研究院,《古地磁学》讲义,1984）

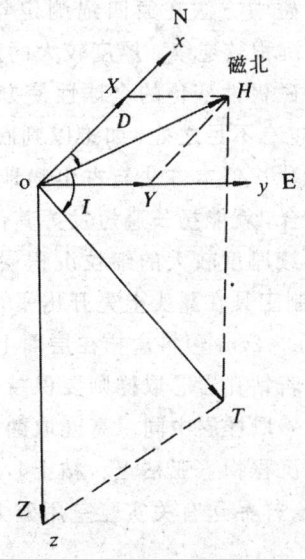

图9-2　地磁要素图
（引自地质科学研究院,《古地磁学》讲义,1984）

地磁要素(磁倾角、磁偏角)和磁极位置都随时间而变化。磁极位置的变化时间长而不显著,如距今两千多万年来(中新世以来)的火山岩剩磁的磁极位置总是绕地理极变化,中国第四纪以来的磁极位置都集中在北纬80°～90°范围内绕地轴游移。而地磁极性方向变化周期则为0.01～1Ma,所以极性变化更适合于第四纪沉积物年龄测量。古地磁极性的正反方向交替变化是古地磁历史的基本特征。正极性(正向磁化)是指岩石剩磁的极性方向与现代地球极性方向一致,其磁倾角为正值,磁偏角接近于零。反极性(或磁极性颠倒)是指岩石剩磁的极性方向与现代地球极性方向相反,其磁倾角为负值,磁偏角接近180°[①]。在地球地磁极性正反变化历史中,在长期以某种极性为主的时期内有若干短时期极性方向变化的事件发生,反映出极性变化的大趋势与小变化之间的关系。有关地磁极性方向变化的原因是古地磁学中尚未解决的基本问题。

古地磁极性年表是根据一系列主要用 K-Ar 法测定年龄的不同时间尺度的极性变化事件编制的地球极性时间表,目前用于第四纪研究的极性年表是 A. 考克斯等1969年根据陆地和大洋已有的140多个数据拟定的约5Ma BP 以来的地磁极时间表,后经许多研究者补充修正,本书综合成图9-3。该表使用两级时间单位:极性时(过去称世或期)和极性亚时(过去称事件)。极性时是指以某种极性占优势持续时间较长的时间单位;极性亚时是极性时中短暂(1万年至十几万年)极性倒转时期。该表把约5Ma BP 以来极性时变化从早→晚分为:吉尔伯特反极性时、高斯正极性时、松山反极性时和布容正极性时,每个极性时中各包含若干个极性反方向变化亚时[②]。

古地磁学方法在第四纪测定年龄中应用广泛,主要用于沉积较连续、厚度较大的剖面或钻孔岩芯。虽然古地磁极性变化的全球性使方法具有相对的独立性,但也有不足之处,如难以判断不同层位相同极性所属时代。但本方法与古生物地层学和其他年代学方法结合,就能扬长避短发挥其优势。古地磁法要求选择连续厚度较大的细粒沉积层进行连续定向取样。用铜制工具在露头上先开出平行层面小平台,把 2cm×2cm×2cm 塑料盒扣在层面上(盒子上的直线对准正北,小圆孔置于东侧)轻轻按下即可取样;若钻孔岩芯取样则要保持岩芯上下层面不要颠倒,并在样品盒一侧用箭头标出上下层位。每一取样层中同一高度取两个样。取样层垂直间距不大于1m(或酌情放宽)。取样对象是细粒沉积物(亚粘土、粘土),不要在松散沙和砾石中取样。垂向连续取样的数量多,则可比性强。样品送有关实验室用磁力仪或超导磁力仪测算出磁倾角(I)、磁偏角(D)等。根据前

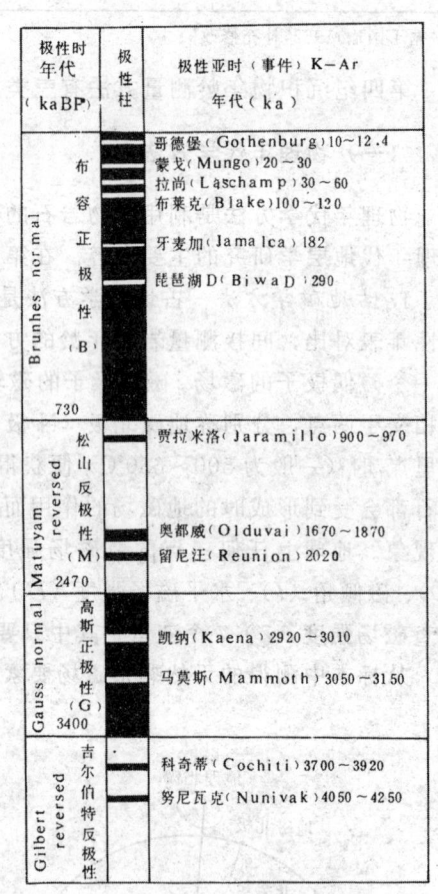

图 9-3 用于第四纪的古地磁极性年表
(据 A. 考克斯,1969 等资料综合)
黑色为正极性;白色为反极性

---

① 不完全的极性倒转称为磁歪,也算一次事件,如"哥德堡"、"蒙戈"。
② 古地磁极性时以对古地磁研究著名学者命名,亚时以标准地点命名。

两项测算资料,尤其是利用反映明显的磁倾角制成极性柱,然后与图9-3的标准极性年表对比可间接推断沉积物年龄;若剖面上找到少量哺乳动物化石或有一些其他年代学数据,则效果更好。古地磁学方法在黄土、湖沼沉积物、大陆架和平原钻孔岩芯研究中广泛应用(图9-4)。

2. **热发光法(TL)和电子自旋共振法(ESR)** 这是基本原理相似而测试对象不同的2种方法,两者都根据从沉积物堆积之日起,其中的破碎绝缘矿物晶体(如石英、长石)所接受的周围地层中放射性物质的辐射总剂量(TD)、年均吸收剂量(AD)和矿物移至沉积地点之前的初始剂量(ID)关系计算沉积物年龄(t):

$$t = \frac{(TD)-(ID)}{AD} \quad (9-1)$$

(1) **热发光法(热释光法)** 一般非金属破碎绝缘矿物(如石英)具有受激发光现象,其发光强度与矿物以前吸收的辐射能量成正比,而辐射量的积累是时间的函数,因此通过测量材料的发光强度可以推算其年龄。热发光现象有3个阶段:①贮集阶段,有缺陷的石英受到来自地层中的铀、钍作用产生自由电子,这些处在亚稳态的电子具有一定寿命保存在石英晶格中(又称贮能电子),其数量与矿物所受辐射量成正比。②发光阶段,对取自沉积物的石英加热时,使亚稳态电子获得能量而处于受激状态,一旦加热超过晶陷对电子的束缚力时,亚稳态电子产生跃迁与空穴复合,并以发光(辉光)形式释放能量,使自由电子数目减少。最后,石英不再受激发光,只有石英再次获得辐射能量后才能再度发光。埋藏在第四纪沉积物中的石英晶体来源复杂,年龄各异,不同程度受到辐射具有相当数量的自由电子(图9-5中直线0A所对应的Nt_0数)。但在A点之后石英被搬运过程中受阳光照射即光退作用(相当于加热)使其贮能电子减少到一定数量(B对应的N_0数)。石英被埋藏后从周围沉积物中重新获得辐射能量并产生新的自由电子(BC直线对应的Nt数)。测量石英埋藏阶段($t_0 - t$)的发光强度,即可算出其沉积物年龄。如下式:

$$A = \frac{P}{\dot{D}} = P/(a\dot{D}_\alpha + b\dot{D}_\beta + \dot{D}_\gamma + \dot{D}_c) \quad (9-2)$$

式中A为被测样品年龄,P为样品吸收的古剂量(即产生天然积存热发光所需的辐射剂量),$\dot{D}$为环境辐射提供给样品的年剂量率,$\dot{D}_\alpha$、$\dot{D}_\beta$、$\dot{D}_\gamma$和$\dot{D}_c$分别为环境中α、β、γ和宇宙射线提供给样品的年剂量率,a、b为α、β辐射相对于γ辐射产生热发光的效率,与所测

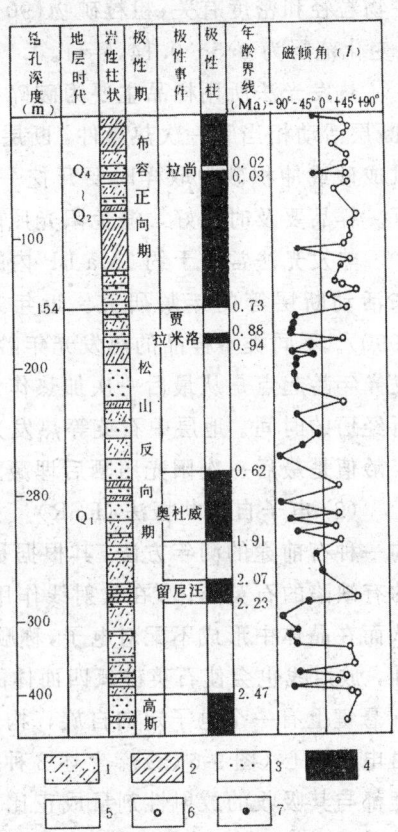

图9-4 河北平原肃宁县东官亭村一个厚达500m第四纪沉积物的古地磁极性变化

(据李素珍,1976)

1.亚砂土;2.亚粘土;3.砂层;4.正向极性;
5.反向极性;6.正向倾角;7.反向倾角

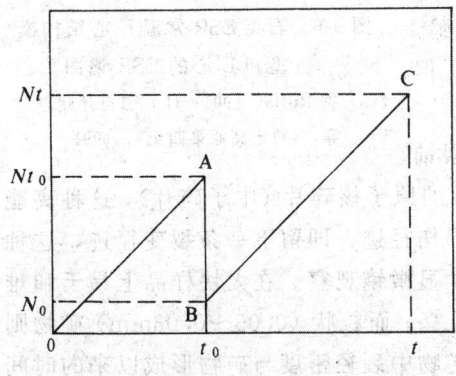

图9-5 贮能电子在石英中的变化
(说明见正文)

(引自孙建忠等,《黄土高原第四纪》,1991)

矿物粒径和密度有关，粗粒矿物（90～125μm）$a=0,b=0.9$，中细粒矿物（2～8μm 或 4～11μm）a 变化范围为 0.5～0.14，$b=1$。

热发光法所用样品主要为破碎石英、钾长石、锆石、磷灰石、古陶片、古砖瓦和断层泥（断层活动相当于一次热事件，断层泥中石英记录了断层活动后所受辐射剂量）。一般在黄土、风成砂或冲积砂中取样时要开挖一新鲜露头，用约 10cm×10cm×10cm 铝盆扣下取一块即可。样品要及时包好，避免阳光照晒（晒几十小时后热发光强度衰减达 90%）。

热发光法常用于约 1Ma BP 内的黄土、沙丘沙、海滨沙、冲积沙、考古材料和晚更新世以来活动断层等的年龄研究。近年来在热发光法基础上又开发出"光释光"法（卢演俦，1990）。不同类型样品的热发光年龄的计时起点不同，人为烧制的古陶片、砖瓦、烧土等的热发光年龄起点是从最后一次加热作为起点（$TL=0$），所测年龄是从最后一次加热后埋藏至今所经历的时间。地层中石英等热发光计时是从最后一次被阳光照晒后作起点（$TL\neq 0$），所测年龄值是最后一次阳光照晒后埋藏之日起至测量之日所经历的时间。

（2）电子自旋共振法（ESR） 这是近几年来发展起来的一种有前途的测年方法。其根据是含有铝、铁、锰等杂质的有缺陷的石英晶体，在放射线作用下容易形成电离损伤，从而在晶体中形成不配对电子，称顺磁中心（即杂质心）。另外，放射线也会使石英硅氧四面体的一个 Si-O 键断裂，在 Si 悬键上有一个电子定向自旋，构成另一种顺磁中心即自由电子中心（图 9-6（a））。上述 2 种顺磁中心在样品中的密度都与其吸收的放射性剂量成正比。含有上述 2 种具有不配对电子顺磁中心的样品，可用顺磁共振波谱仪测出其在某一特定磁场下贮能电子从高频磁场吸收能量后从低能级向高能级跃迁时产生的共振吸收效应，即所检测到的样品的 ESR 信号累积强度（图 9-6（b））[①]，其大小与样品所吸收的放射剂量成正比。从样品所测 ERS 信号强度可求得样品的总吸收剂量（TD）。通过在采样地点埋藏剂量片或分析采样地点周围沉积物中放射性元素（U、Th、K 等）含量，可算出样品的年剂量（AD）。采用模拟初始条件的方法确定样品的初始剂量（ID）。按式 9-1 原理可求出样品的年龄。

电子自旋共振法（ESR）应用条件与热发光法相同，但样品（含 90% 石英）可以重复使用。

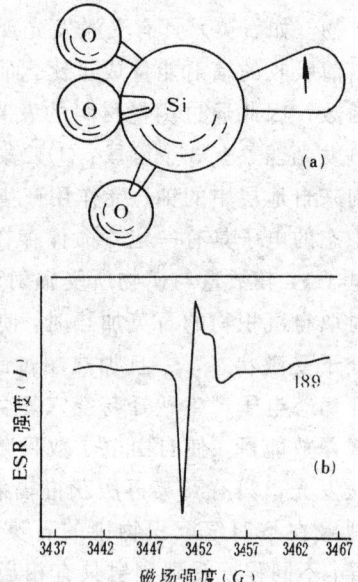

图 9-6 石英 ESR 常温 E'心结构模型和 E'心的 ESR 谱图

(a) 据 Ruffa，1991；(b) 引自孙建忠等，《黄土高原第四纪》，1991

3. 裂变径迹法 矿物中含有微量的天然重同位素铀（U^{238}）自行裂变，它的一个原子核分裂成 2 个中等质量的原子核碎片（中子碎片），这种高能碎片在通过绝缘物质（云母、玻璃等）时，产生一条损伤径迹，即留下一条裂变径迹，这种裂变径迹可以用化学蚀剂处理后显露出来，并可用光学显微镜观察。在大块样品上易于和难于测量的径迹密度分别为每平方厘米平面上几百条到几条；而粒状（0.05～0.03mm）矿物则是从每颗平面上几条到十几个颗粒平面上只有一条。矿物中裂径密度与矿物形成以来的时间呈函数关系，故通过测量矿物中的裂变径迹量是可以计算出地质体和部分考古材料的年龄。中

[①] 石英的 ESR 信号有低温杂质心（如 Al 和 Ge 心等）和常温 E'心两类。

间不退火自探测器法计算年龄（t）公式如下：

$$t = \frac{1}{\lambda_F} \cdot \frac{^{235}C}{^{238}C} \cdot \hat{\sigma} \cdot \Phi_0 \cdot \frac{\rho_s}{\rho_i} \cdot \frac{[gR_i\cos^2\theta_{ci} + L_i(1-\sin\theta_{ci})]}{[R_s\cos^2\theta_{ci} + L_s(1-\sin\theta_{ci})]} \qquad (9\text{-}3)$$

式中^{235}C和^{238}C分别为^{235}U和^{238}U同位素相对丰度，λ_F为^{238}U的自发裂变衰变常数，ρ_s为矿物内表面的自发裂变径迹密度，ρ_i为矿物或外探测器平面记录的反应堆热中子引起矿物中^{235}U人工诱发裂变径迹密度，$\hat{\sigma}$为^{235}U裂变的有效截面积，Φ_0为等效于$2\,200m/s$的中子积分通量，R为裂变碎片在矿物中的蚀刻射程，θ_c为矿物记录裂变碎片径迹的临界角，L为样品表面被刻蚀厚度，下标"s"和"i"分别表示这些量来自自发裂变和人工引发裂变，g为几何因子，用外探测器法时$g=\frac{1}{2}$。

理论上，采用裂变径迹法可以测量年代的范围从1a至几十亿年（图9-7），尤宜用于测1Ma BP以来事件。本法优点是样品用量少，对研究第四纪火山活动和地热历史信息最佳。

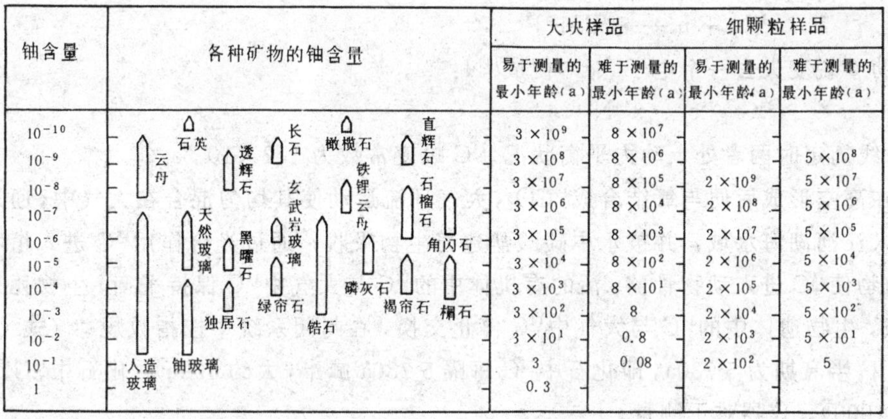

铀含量	各种矿物的铀含量	大块样品		细颗粒样品	
		易于测量的最小年龄(a)	难于测量的最小年龄(a)	易于测量的最小年龄(a)	难于测量的最小年龄(a)
10^{-10}	长石 直辉石	3×10^9	8×10^7		5×10^8
10^{-9}	石英 橄榄石	3×10^8	8×10^6		5×10^8
10^{-8}	云母 透辉石 铁锂云母 石榴石	3×10^7	8×10^5	2×10^9	5×10^7
10^{-7}	玄武岩玻璃	3×10^6	8×10^4	2×10^8	5×10^6
10^{-6}	天然玻璃 黑曜岩 角闪石	3×10^5	8×10^3	2×10^7	5×10^5
10^{-5}	磷灰石	3×10^4	8×10^2	2×10^6	5×10^4
10^{-4}	绿帘石 褐帘石 榍石	3×10^3	8×10^1	2×10^5	5×10^3
10^{-3}	独居石 锆石	3×10^2	8	2×10^4	5×10^2
10^{-2}	人造玻璃 铀玻璃	3×10^1	0.8	2×10^3	5×10^1
10^{-1}		3	0.08	2×10^2	5
1		0.3			

图9-7 各种矿物和玻璃的铀含量和可测的年代范围

（据郐士伦，1982）

（二）放射性同位素年代学（核地质年代学）法

这是利用矿物岩石和化石中含有微量放射性同位素（U、Th、K、Ra、^{14}C等）的自行衰变计算年龄的一大类方法。各种同位素的自行衰变都服从下两式：

$$N = N_0 e^{-\lambda t} \qquad (9\text{-}4)$$

$$\dot{D} = N_0(1 - e^{-\lambda t}) \qquad (9\text{-}5)$$

式中N为样品中现在放射性元素浓度，N_0为样品初始放射性元素浓度，λ为该元素的放射性衰变常数，t为样品年龄，e为自然对数，$\dot{D}$为任何时间内恒定的母核衰变产生的子核原子数。

按放射性同位素来源不同这一大类方法又分为三类：宇宙成因同位素法、铀系放射同位素法和人工核放射性沉降法。

1. 宇宙成放射性同位素法　这一类方法是据宇宙成因同位素衰变测定年龄，有放射性碳法（^{14}C）、放射性铍法（^{10}Be）等（表9-2），以^{14}C法最常用。以^{14}C法为例，自然界有3种碳：^{13}C（98.8%），^{12}C（1.08%）和^{14}C（1.2×10^{-10}%），前2种是稳定同位素，^{14}C是放射性同位素。^{14}C是在约12～18km高空的氮（N^{14}）受宇宙射线的热中子流（n）轰击，从^{14}N中打出一个质子（P），使^{14}N变成^{14}C：

表 9-2 宇宙成因同位素测定年龄表

方法	同位素	半衰期 (10^3a)	测量范围 (10^3a)	测量材料	主要应用	其他
放射性碳法	^{14}C	5.73	≤70 (<40~50)	木材、泥炭、贝壳、骨、角（或化石骨、角）、淤泥、土壤、有机质碳酸盐	海、陆相沉积物年代，沉积率、海、湖面升降，冰川，考古、洋流和土壤形成的年代	研究成熟、可靠、广泛应用
放射性硅法	^{32}Si	0.65	<2~7	海、湖相淤泥	近代海、湖沉积物沉积率及年龄，地下水年龄	探索
放射性铍法	^{10}Be	2 500	<8 000~10 000	深海红粘土，富含有机质或铁质的陆相沉积	深海沉积物沉积率及年龄、古土壤、泥炭层年龄	探索
放射性氯法	^{35}Cl	310	<3 000	盐湖沉积、火成岩、风化壳	高原盐湖沉积率及年龄，冰川作用时间	探索

据郑洪汉，1979，简化

$$^{14}N + n \longrightarrow {}^{14}C + P$$

而 ^{14}C 借助 β 蜕变失去一个电子（e）便成 ^{14}N：

$$^{14}C - e \longrightarrow {}^{14}N$$

当宇宙射线衡定时两者处于动力平衡状况。^{14}C 蜕变常数为 1.2×10^{-4}a。

^{14}C 在高空形成后便与氧结合成 $^{14}CO_2$，大气环流运动使其均匀混合在大气中，通过降水方式 ^{14}C 进入江河湖海水域，并被水中碳酸盐建壳生物吸收；通过光合作用 ^{14}C 进入植物体；动物食用植物使 ^{14}C 进入动物骨骼。活的有机体中的 ^{14}C 与大气中 ^{14}C 保持平衡，生物死亡后并被立即埋藏，生物遗体中的 ^{14}C 与大气中 ^{14}C 停止交换，在封闭系统中按指数规律（式（9-4））自行衰减。^{14}C 半衰期为 5 730a，即化石中 ^{14}C 每隔 5 730a 减半，大约 50ka 后化石中 ^{14}C 含量甚微（仅有 1/1000），仪器难于测量。

根据式（9-4）积分得 ^{14}C 年龄计算式：

$$样品年龄(t) = \log \frac{I_0}{I} \times 18.5 \times 10^3 (a) \tag{9-6}$$

式中 I_0 为样品初始 ^{14}C 浓度，I 为样品现在所测 ^{14}C 浓度。据利贝等（1949）研究，近几万年来宇宙射线强度不变，^{14}C 的生产率一定，^{14}C 的形成和衰减达到平衡，供交换的 ^{14}C 总量不变，因此，可以用现代碳样品的放射碳浓度代替样品的初始浓度（I_0）。I_0 以美国国家标准局的草酸为标准，我国用"中国糖碳"作标准，与现代国际碳标准比值为 1.362。

采集 ^{14}C 样品时应注意两点：①不要采集受污染的样，要避开在地表水、地下水、裂隙、生物尸体和草皮等受污染地带取样，要在清除表土后的新鲜露头上取样；②不要让样品受污染，可用新双层塑料装样，并连同标签一起封好置于阴凉处，并及时送实验室测试。取 ^{14}C 样的要求如下：

木炭	30~90g
干燥木头和其他植物遗体	60g
干燥泥炭、古树根、草、皮、毛、蹄	150~300g
鹿或其他动物的角	500~2200g
火烧骨	2200g
贝壳	2200g

试样经处理后得到 β 源，大都用液体闪烁计数法测量试样中浓度很小的 ^{14}C。

放射性碳(^{14}C)法是在第四纪测定年龄方法中测量精度最高、用途最广和最成熟的方法，广泛用于50ka Bp（晚更新世晚期—全新世）以来的地质、环境和考古研究。从1954年以来，召开过十几次国际^{14}C学术会，出版有"放射性碳"专刊，全球有130多个^{14}C实验室，发表了四五万个测试数据。中国于1966年在科学院建成^{14}C年代测量实验室，以后有关研究所和高等院校也相继成立^{14}C实验室，至今已发表数据1 000多个。

2. 铀系放射性同位素年代法　1950年以前放射性同位素年代法主要解决老地层年代问题，开发了U-Pb法、K-Ar法、Rb-Sr法等，解决了1Ma～1Ga BP的矿物岩石年龄测量问题。1950年以来，除^{14}C法外，还发展了铀系法（又称铀系不平衡法）以解决1Ma BP内的地质体年龄测量问题。

铀系法是对^{234}U-^{238}U法、^{230}Th-^{234}U法、^{231}Pa法、^{230}Th法、^{236}Ra法和^{230}Pb法的总称。这类方法是利用沉积物中所含有的少量放射性元素衰变系列中母核与子核放射性比的不平衡性来计算地质体的年龄。母核与子核的放射性比大于1为过剩，放射性比小于1为不足，由此而有不同的方法。

自然界有3个自然放射性系列：^{238}U、^{235}U和^{232}Th系列（表9-3），有关元素的衰变常数如表9-4所列，其衰变过程服从式（9-4）与式（9-5）。每个放射性系列产生一系列中间子核，这一过程有放射性积累和放射性衰减两种情况：所谓放射性积累指沉积物中不含（或含很微量）^{231}Pa和^{230}Th，但含有一定数量的^{238}U作为母核，由于^{238}U的衰变产生中间子核^{230}Th和^{231}Pa的积累，从而引起沉积物中^{230}Th/^{234}U和^{231}Pa/^{235}U放射性比变化。所谓放射性衰减，指沉积物中含有过剩的^{234}U、^{230}U、^{230}Th和^{231}Pa等作为母核，由于母核元素的衰减引起沉积物中^{234}U/^{238}U（由^{234}U衰减）、^{226}Ra/^{230}Th或^{230}Th/^{232}Th或^{231}Pa/^{230}Th（由^{226}Ra、^{230}Th、^{231}Pa衰减）放射性比值变化。由此而把铀系法分为中间产物积累法与中间产物衰减法（表9-5）。

表9-3　用于更新世断代的铀系同位素表

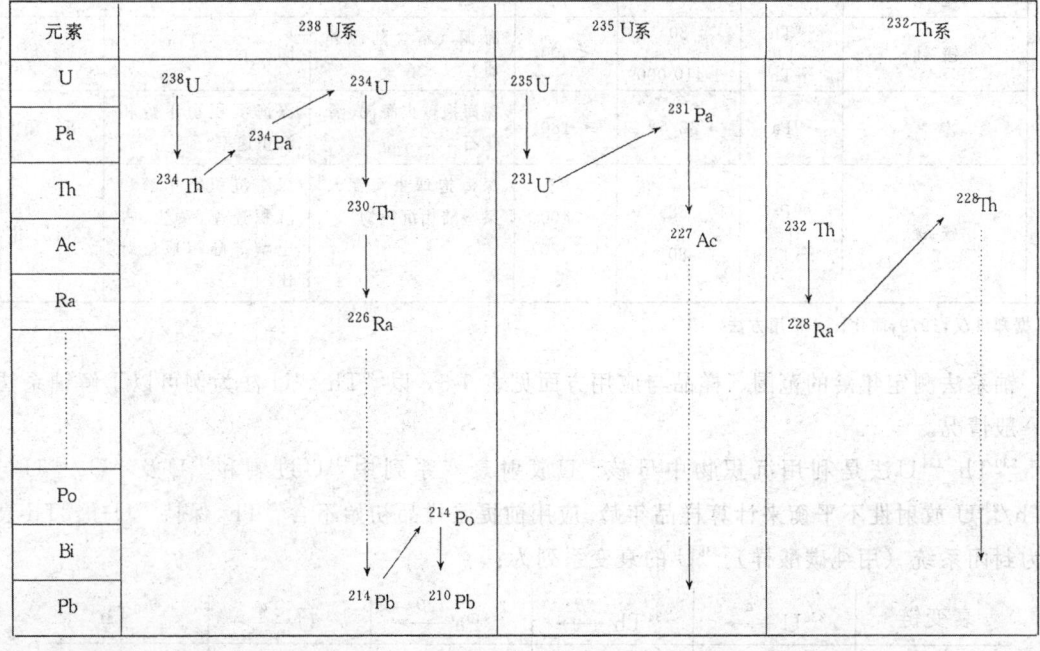

据 R.G.West.，1977

表 9-4 常用铀系子核的半衰期和衰变常数表

元 素	半衰期 ($t/2$)(a)	衰变常数 (λ)(a^{-1})
^{234}U	2.48×10^5	2.794×10^{-6}
^{230}Th	7.52×10^4	9.217×10^{-6}
^{226}Ra	1.622×10^3	4.272×10^{-4}
^{210}Pb	22.26	3.11×10^{-2}
^{231}Pa	3.248×10^4	2.134×10^{-5}

表 9-5 铀系法（不平衡铀系法）类型表

	方 法	同位素	半衰期(ka)	测量范围(ka)	测量材料	主要应用	其他
累积法	铱-铀* ($^{230}Th-^{234}U$)	^{230}Th	75.2	≤400	珊瑚、鲕石、石灰华、石笋、流石、骨化石	海相生物碳酸盐沉积物年龄，海面升降，河、湖阶地年龄、沉积率	应用广泛
	镤	^{231}Pa	32.5	≤180	同 上	同 上	应 用
	镤-铱	^{231}Pa ^{230}Th	32.5 及 80	≤400	同 上	同 上	应 用
	镭	^{226}Ra	1.60	0.5~10	铀矿物	次生铀矿床年龄	
衰减法	铀* ($^{234}U-^{238}U$)	^{234}U	247	50~1500	珊瑚、鲕石、石灰华、洞穴碳酸盐	同铱累积法	应 用
	镭*	^{226}Ra	1.60	<10	海泥、洋底锰结核、天然水	浅海沉积速率、锰结核年龄	
	镭-铱	^{226}Ra | ^{230}Th	1.60 及 80	<400	海泥	浅海和深海沉积率和年龄	应 用
	铱(Io)* ($^{230}Th-^{232}Th$)	^{230}Th	80	<400	海泥、锰结核、贝壳	同 上	应 用
	铱-钍	^{230}Th | ^{232}Th	80 1 410 000	<500	海泥（不含陆源碎屑）	同 上	应 用
	镤*	^{231}Pa	32.5	<180	深海抱球虫海泥、骨化石	深海沉积物年龄和沉积速率	应 用
	镤-铱	^{231}Pa ^{230}Th	58 ～ 80	<400 (≤320)	深海抱球虫海泥及某些陆相沉积物	深海沉积物年龄和沉积速率；黄土、古土壤等陆相地层对比	广泛应用

据郑洪汉，1979，简化。 *常用方法

铀系法测定年龄的范围、样品与应用方面见表 9-5，以^{230}Th-^{234}U法为例可以了解铀系法的一般情况。

^{230}Th-^{234}U法是利用沉积物中母核^{238}U放射衰变系列中^{234}U过剩和^{238}U及$^{234}U/^{238}U$与$^{230}Th/^{234}U$放射性不平衡来计算样品年龄。应用前提是样品初始不含^{230}Th，保持$^{238}U\rightarrow^{230}Th$衰变为封闭系统（用纯碳酸样）。$^{238}U$的衰变系列为：

衰变链	$^{238}U\xrightarrow{\alpha}$	$^{234}Th\xrightarrow{\beta}$	$^{234}Pa\xrightarrow{\beta}$	$^{234}U\xrightarrow{\alpha}$	^{230}Th
半衰期	4.49Ga	24.1d	1.18min	2.48×10^5a	75ka

用中间产物中半衰期不太长也不过于短的 ^{234}U 与 ^{230}Th 比值计算年龄：

$$\left(\frac{^{230}Th}{^{234}U}\right)_{样} = \left(\frac{^{238}U}{^{234}U}\right)_{样} \times (1-e^{\lambda_{230}t}) + \left(1-\frac{^{238}U}{^{234}U}\right)_{样} \times \frac{\lambda_{230}}{\lambda_{230}-\lambda_{234}}[1-e^{-(\lambda_{230}-\lambda_{234})t}] \quad (9-7)$$

式中标有样字的是测试数据，λ_{230} 与 λ_{234} 分别是 ^{230}Th 和 ^{234}U 的衰变常数（可从表9-4查得），t 为样品年龄。式（9-7）是根据式（9-4）与式（9-5）推导出的。如已测得样品的 $^{234}U/^{238}U=1.472\pm0.04$，$^{230}Th/^{234}U=0.55\pm0.02$；简单计算得知 $^{238}U/^{234}U=1/1.472=0.6793$，$1-^{238}U/^{234}U=0.327$，$\lambda_{230}$ 和 λ_{234} 查表9-4分别得 $9.217\times10^{-6}a^{-1}$ 和 $2.794\times10^{-6}a^{-1}$。将上列数据代入式（9-7），求得 $t=(82\pm4)ka$[①]。

3. **人工核爆炸放射性沉降法** 这类方法的原理与放射性同位素法相同，测试对象为近几十年来人工核爆炸后降到海、湖、冰雪上的核沉降物。这类放射性物质的半衰期短，可用于测年小于100a的环境污染和沉积率等（表9-6）。如 ^{210}Pb 法的年龄计算式为：

表9-6 人工核爆炸放射性沉降法

方法	同位素	半衰期（ka）	测量范围（ka）	测量材料	主要应用	其他
放射性铯	^{127}Cs	30	<0.1	海、湖相淤泥，天然水	近代湖泊沉积率，环境污染	探索
放射性铁硅法	^{55}Fe	2.6	≤0.01	同上	同上	探索
放射性硅	^{32}Si	0.5	≤2.0	同上	同上	探索
放射性铅	^{210}Pb	21	≤0.1	滨海、湖相淤泥、冰雪、天然水	极地和高山冰盖年龄，积雪速率；现代海、湖沉积物和速率	探索

据郑洪汉、夏明，1979

$$沉积物年龄(t) = \frac{2.303}{\lambda_{210}}\log\left(\frac{^{210}Pb_o}{^{210}Pb_h}\right) \quad (9-8)$$

式中 λ_{210} 为 ^{210}Pb 的衰变常数（表9-6），Pb_o 和 Pb_h 分别为沉积物表面和深度 h 的样品中的 ^{210}Pb 含量，^{210}Pb 用低本底放射性测量设备分析测定。

利用 ^{210}Pb 可测算海、湖沉积率（v）

$$m = -\frac{\lambda_{210}}{2.303v} \quad (9-9)$$

式中 m 为不同取样深度 h 处样品的 $\log(^{210}Pb)_h$ 和取样深度 h 为坐标的斜率，λ_{210} 为 ^{210}Pb 的衰变常数，同一岩芯不同深度可取 3～10 个样品（10个最好），分别测出 ^{210}Pb 含量绘成图即可求出 m 值，代入式（9-9），求沉积速率（v）。

4. **K-Ar法** 自然界有3种钾（K）：^{39}K、^{40}K 和 ^{41}K，^{40}K 为放射性同位素。^{40}K 通过K层电子俘获衰变和 β 蜕变成为 ^{40}Ar。地质体中的 ^{40}Ar 绝大部分来自 ^{40}K 的衰变。在 ^{40}Ar 无泄漏情况下的封闭系统中，通过测量 ^{40}K 和 ^{40}Ar 的比值，用下式计算地质体年龄（t）：

$$t = \frac{1}{\lambda_k + \lambda_\beta}\ln\left(1 + \frac{\lambda_k + \lambda_\beta}{\lambda_k} \times \frac{^{40}Ar}{^{40}K}\right) \quad (9-10)$$

式中 λ_k 和 λ_β 分别为K层电子俘获常数和 β^- 常数，^{40}Ar 和 ^{40}K 分别为样品中的 ^{40}K 和 ^{40}Ar 的

[①] 据赵树森，1984，《铀系年代学及其在洞穴研究中的应用》。

含量。过去由于运用此法的难度大，一般用于测量老地层的年龄，限制了此法在第四纪研究中的应用。1965年Merrihue提出活化中子法即用快速中子照射样品，使^{39}K反应形成^{39}Ar，^{39}Ar＝J·^{40}K（J为系数）。这样^{40}Ar/^{40}K就可用^{40}Ar/^{39}Ar来测定（称^{39}Ar-^{40}Ar法）。改进后K-Ar法可测小于1Ma内岩石年龄，主要用于火山岩测年。古地磁极性年表的极性时变化年界主要是用K-Ar法标定的。

以上各种放射性测定年龄方法的前提是把岩石矿物中的物理过程和化学过程作为封闭体系看待，但地壳的各种物理-化学作用过程经常引起元素的迁移和某些物理因素的变化，这些作用过程的后果可能会破坏方法的前提条件。因此论证方法前提的合理性、测定年龄样品的适应代表性以及研究元素地球化学性质和元素的迁移富集过程等，是每种放射性测定年龄方法研究的必不可少的部分。各种测定年龄方法数据的应用应以地层层序律为基础，并尽可能与古生物学、古气候学、新构造运动学和古人类学等研究成果结合应用，才能取得较好的结果。评价各种测定年龄结果的可靠性时，凡2种以上测定年龄方法的结果接近并符合地层层序律，谓之可信；只有1种年代学数据也符合地层层序律，数据可供参考；若既只有1种年代学数据且违反地层层序律则数据不可信。不可信问题产生的原因可能是方法本身不成熟或方法成熟但操作有误，另一个原因是标本受污染或无代表性。

（三）其他方法

历史考古法（第十一章之五）、沉积学法（如第八章的湖积物）和树木年轮法等，在具备条件时对测定10～0.1ka BP沉积物年龄推断有重要的价值。

树木年轮法 此法是通过对古树和现代树的年轮数目和宽窄变化研究，可以用来推断8ka BP以来的沉积物年龄和严重的干湿气候与环境变化历史。树木春生秋止，春材木质细胞壁薄形大排列疏松，秋材木质细胞壁厚排列致密，春秋材合计1a。年轮宽反映该年气候暖湿，降水充沛，反之年轮就窄；同一地区树木年轮宽窄变化相同。利用不同树木相同时期的年轮重叠逐段连接（图9-8），可以得到长时期年轮记录（至今已可推到8ka BP左右）[①]。生长在远

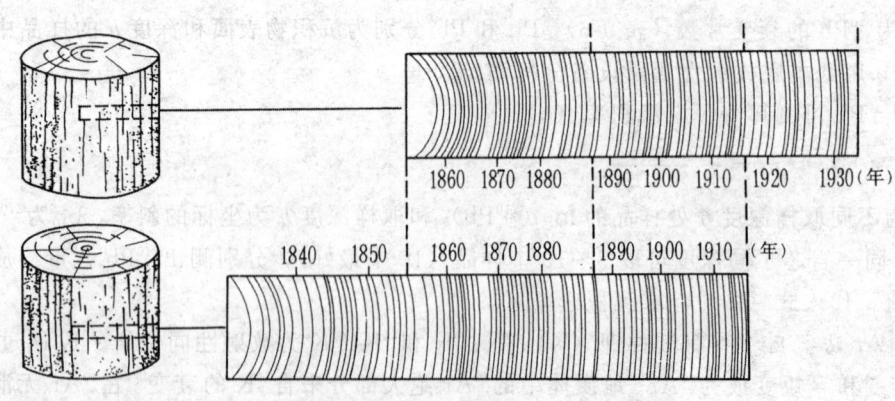

图9-8 弗里特树木年轮计算法图
（据何娟华，1979）

---

① 对不知年代的树木用年轮的^{14}C年龄标定。

离人群高地上的白皮松、马尾松、扁柏、桧树和银杏树等靠近基部的圆盘标本最理想。树木年轮宽度变化与年降水量记录的相关性明显(图9-9),这为那些没有气象记录的年代和地区的古气候研究提供了良好的材料,并可与旱涝灾害、冰川进退、太阳黑子活动和大气中 ^{14}C 生产率校正与对比提供基础。

以上各种确定第四纪沉积物年代方法的时间范围和各时段可供选择的方法组合如图9-10所示。

二、古环境参数研究方法

古环境参数有物理、化学和生物三类。物理参数,如温度(气温和水温)、湿度、降水量、干燥度、大气中的微粒数(火山灰和气溶胶粒)、太阳黑子活动和地磁场等;化学环境参数有大气中的 CO_2、CH_4、S、N_2O、人造的 CFC 等和降水、土壤水、地下水与海(湖)水的化学成分。生物参数如生物种类、数量等。本节主要扼要地介绍有关古温度和古降水量研究方法的概况。

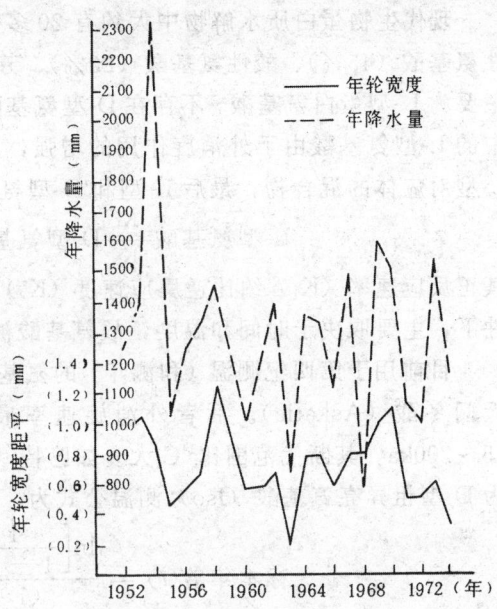

图 9-9 湖南岳阳树轮宽度变化与降水量逐年变化图
(据何娟华,1979)

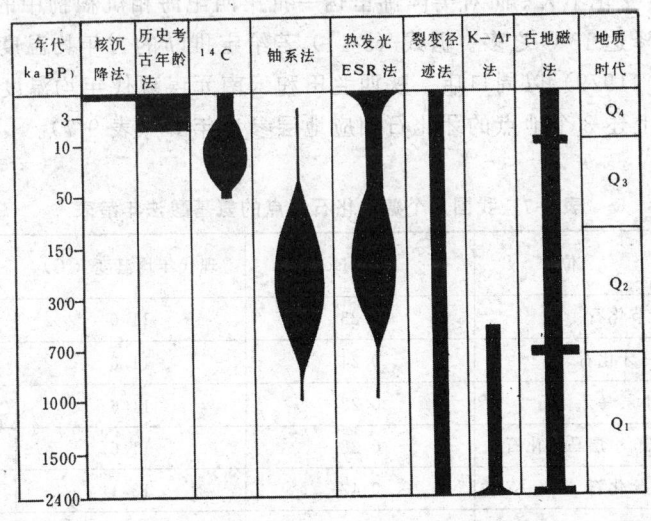

图 9-10 第四纪测定年龄方法的时间范围和各时段方法组合选择图

(一) 氨基酸外消旋测温法

各种蛋白质都至少有一个不对称的碳原子,含有一个对称碳原子的氨基酸,可以有2个互为镜象的立体异构图(即左右旋对应体),其相对型用 L 和 D 表示。天然的蛋白质氨基酸具有 L-型,当它受热时,最终将形成 L-型和 D-型的等量混合物,从而达到平衡,此时就因左右旋体旋光性抵消而失去旋光性,这种现象称为外消旋作用。

现代生物蛋白质水解物中大约有 20 多种氨基酸,分属 5 种类型:基性氨基酸(15%)、中性氨基酸(45%)、酸性氨基酸(26%)、芳旋氨基酸(8%)和磺氨酸(3%)。活的有机体中主要为 L-型蛋白氨基酸,不存在 D-型氨基酸。但在漫长的地质时代里,埋藏在地层内生物体中的 L-型氨基酸由于外消旋作用的增强,即其自身发生的缓慢的自催化过程产生了 D-型和 L-型对应体的混合物,最后 L-型和 D-型氨基酸达到平衡:

$$L\text{-型氨基酸} \underset{K_2}{\overset{K_1}{\rightleftharpoons}} D\text{-型氨基酸}$$

其正反应速率(K_1)约比逆反应速度(K_2)快 25%。氨基酸外消反应速率在其他因素固定条件下,主要取决于时间和温度,故氨基酸被称为"分子化石"。

目前用于第四纪测温(和测年)的氨基酸有异亮氨酸(Isoleneine)(一种中性氨基酸)和天门冬酸(Askatic)。后者外消旋速率最快,在 20°C 时骨中天门冬酸外消旋半衰期为 15~200ka,其断代范围比 ^{14}C 大。如巴特(Bada)拟定的从 L-型异亮氨基酸(Allu)转变成为 D-型粗异亮氨基酸(Iso)测温公式为:

$$标本年龄(t) = \frac{\ln\left[\frac{1+(Allu/Iso)}{1-0.725(Allu/Iso)}\right] - 0.028}{(1.725) \times (10^{19.41-7304.0/T})} \qquad (9\text{-}11)$$

式中 Allu/Iso 为 D-型/L-型比值,T 为古温度。式(9-11)中样品年龄若用 ^{14}C 等法测定,则可求古温度 T,古温度为化石埋藏时古年均温(或样品产地的温度上限)。在深海和洞穴环境中干扰因素少,所求古温度接近埋藏时温度。如对南非佛洛里贝得温泉附近泥炭层中河马下颚骨化石的研究,其年龄用 ^{14}C 法测出年龄为 38.68±2ka BP,Allu/Iso 为 0.46(骨)或 0.42(牙),代入式(9-11),求出古温度为 26.5±0.3°C,该地现代年均温度为 28°C,说明大约 40kaBP 内该地温度变化不大。而对美国佛里达一批第四纪海相沉积物中的化石研究,表明末次冰期该地温度下降达 15°C 之多。据式(9-11)若给定推断的古年均温度,则可计算出标本年龄。如李任伟等(1979)以周口店、陕西兰田和云南元谋现代年均温度为参考,利用天门冬酸外消旋法求得上述 3 个地点的牙化石相应地层参考年龄(表 9-7)。

表 9-7 我国几个猿人化石地点的氨基酸法年龄表

	层 位	Allu/Iso	现代年均温度(°C)	年龄(Ma BP)
周口店	第 9 层骨关节化石	0.23	11.6	0.37
	第 8~9 层马牙化石	0.24	11.6	0.39
	第 11 层的小层马牙化石	0.28	11.6	0.46
	第 11 层的 30 小层马牙化石	0.28	11.6	0.46
蓝田	人化石层位牙化石	0.42	13.1	0.51
元谋	人化石层位牙化石	0.80	22.1	?

据李任伟等,1979

(二)稳定同位素法

稳定同位素是不随时间而变化的,它们在样品中的含量与当时的古温度、古降水量和古大气与水的化学状况有关,因此,通过测量样品中的稳定同位素可以了解古气候与古环境。目前主要利用碳(C)、氢(H)、氧(O)等稳定同位素来估算古温度(气温、水温)、古降水量

和古大气中的 CO_2 等环境参数。在稳定同位素用于上述目的时,都必须研究同位素分馏机理、分馏系数、分馏模型和样品适应性等,以下将有关部分提及。

1. 氧同位素($\delta^{18}O$)研究法 自然界有 3 种氧的稳定同位素,即 ^{16}O(99.763%)、^{17}O(0.03729%)和 ^{18}O(0.19959%)。通常以 $^{18}O/^{16}O$ 表示同位素组成。各种物质中的氧同位素含量有很大差别:有机物中最富(2.1×10^{-3})、河水中最低(1.98×10^{-3}),火成岩中在二者之间,即 $2.01\sim2.03$(10^{-3}),沉积岩、变质岩、火成岩和高温条件生成的碳酸岩都比较富含氧同位素 ^{18}O。由于岩石中氧同位素含量主要与温度和时间有关,故氧同位素测温是目前应用的一种重要方法。

(1) 有孔虫壳氧同位素($\delta^{18}O$)测温 同位素分馏由各种同位素分馏反应引起,现已知周期表中钙以前的元素都能在地壳条件下经同位素交换反应而发生不同程度的分馏。在一定温度、压力条件下,同位素交换反应达到平衡时,2 种元素共存相间的同位素的丰度比值常数,称为分馏系数(α_{A-B})。以下式表示:

$$\alpha_{A-B} = \frac{(x_2/x_1)A}{(x_2/x_1)B} \tag{9-12}$$

式中 x_2 和 x_1 分别为同一元素的重、轻同位素比,如 $^{18}O/^{16}O$;A、B 为平衡共存的两相。氧同位素的分馏系数(α_{A-B})为:

$$\alpha_{A-B} = \frac{(x_2/x_1)A}{(x_2/x_1)B} = \frac{(1+\delta A \times 10^{-3})}{(1+\delta B \times 10^{-3})} \tag{9-13}$$

分馏系数 α 是温度的函数,温度越低分馏系数越高。由于平衡两相间氧同位素丰度的比值(α_{A-B})与平衡分配时的温度有确定的关系,因此就可以用平衡共存相中氧同位素的丰度(氧同位素组成)来计算同位素交换反应进行时的温度。

水和碳酸盐间氧同位素交换反应为:

$$H_2^{18}O + 1/3 C^{16}O_3^{2-} \rightleftharpoons H_2^{16}O + 1/3\,^{18}O_3^{2-}$$

其平衡常数为:

$$K_t = \frac{[(C^{18}O_3)^{2-}/(C^{16}O_3)^{2-}]1/3}{(H_2^{18}O)/(H_2^{16}O)} \tag{9-14}$$

温度 $t=0\,°C$ 时,$K_0=1.076$;$t=20\,°C$ 时,$K_{20}=1.0297$;$t=25\,°C$ 时,$K_{25}=1.0138$。即随水温升高,平衡常数减小,在 $0°\sim25\,°C$ 范围内,平衡值减少 1.52‰,水温降低 1 °C。上述反应的平均温度系数为 0.016‰ $(°C)^{-1}$。水与碳酸盐之间平衡比水与磷酸盐、硫酸盐的平衡更易达到,故以霰石和方解石为建壳(骨)材料的海生动物(如有孔虫、箭石)更适合于利用其水与碳酸盐之间的分馏温度系数作为测量水温的同位素温标。

氧同位素动力效应用下式表示:

$$\frac{V(^{13}C^{16}O^{16}O)}{V(^{12}C^{16}O^{16}O)} = \sqrt{\frac{45}{44}} = 1.011 \tag{9-15}$$

即轻质二氧化碳(44)在气体状态时较重质二氧化碳(45)扩散速度大 1.1%,这扩散速度差引起同位素分馏。

此外,蒸发、凝聚、结晶、溶解等物理-化学过程对氧同位素分馏也有影响。

1974 年,Shackleten 提出水与碳酸盐间氧同位素交换反应的同位素测温经验公式:

$$t(°C) = 16.5 - 4.3(\delta_c - \delta_w) + 0.14(\delta_c - \delta_w) \tag{9-16}$$

式中 t 为所测水温,δ_c 为在 25 °C 时用磷酸盐分解法测得的有孔虫壳的 $\delta^{18}O$ 含量,δ_w 为 25 °C 时同位素平衡交换沉淀碳酸钙平衡时的海水中 $\delta^{18}O$ 值。试样用有孔虫壳,经研磨干燥后,用

磷酸分解放出 CO_2 并收集 CO_2 进行测试，用质谱仪测出 44 ($^{12}C^{16}O^{16}O$)、45 ($^{13}C^{16}O^{16}O$)、($^{12}C^{16}O^{17}O$)、46 ($^{12}C^{16}O^{18}O$) 及 ($^{12}C^{16}O^{17}O$) 质量的 45/44 和 44/46 的比值，经对 ^{17}O 影响校正后，用同位素相对比率（R）法表示试样的氧同位素组成：

$$\delta^{18}O(‰) = \frac{(^{18}O/^{16}O)_{样} - (^{18}O/^{16}O)_{标准}}{(^{18}O/^{16}O)_{标准}} \times 10^3 \tag{9-17}$$

氧同位素标准有 2 个：①平均海洋水（SMOW），其定义是 $\delta^{18}O=0$；②PDB，即用美国北卡罗莱纳州白垩纪 Pee Dee 组箭石（Beleminife）化石的 $\delta^{18}O$，常记为 $\delta^{18}O$（PDB）；若用该化石的 ^{13}C 作为 ^{13}C 研究标准，则记为 ^{13}C（PDB）。选用白垩纪箭石的 $\delta^{18}O$ 作标准是因为当时两极无冰，海洋中也没有冷咸水对流，海温比较一致，与更新世水温降低有较明显的对比。SOMW 与 PDB 的关系如下：

$$\delta^{18}O(SMOW) = 1.0306\delta^{18}O(PDB) \tag{9-18}$$

氧同位素测温偏差的原因有：①海水中 $\delta^{18}O$ 变化并非均匀体，如日夜变化、离岸远近变化和浮游生物分离的 CO_2 等都会使不同试样的 $\delta^{18}O$ 含量有变化；若能在试样中获得封存的古海水，就能处理这一偏差；②试样形成后因溶解等又发生过同位素交换反应，因此试样不可能如实反映其原始的氧同位素组成。但由于方解石比霰石更稳定，故选用方解石与霰石共存的试样较能提供可靠的同位素资料。最后不同种类有孔虫壳引起的差异，可选用同一种有孔虫作试样来解决。

第四纪冰期旋回引起海洋和冰川中的 $\delta^{18}O$ 变化。冰期由于蒸发作用使海水中氧同位素分镏，轻同位素 ^{16}O 随水汽较多较快（扩散速度快）地移向大陆，并凝聚在冰川中，重同位素 ^{18}O 则运移离岸较近且较快随水返回海洋，所以冰期时海洋中 ^{18}O 相对富集，大陆冰流中 $\delta^{18}O$ 则相对贫乏。间冰期冰川融化水流汇入海洋，$\delta^{18}O$ 相对降低。有孔虫壳的 $\delta^{18}O$ 有规律地变化，尤其是 $\delta^{18}O$ 的相对变化反映了冰川体积与古气候变化历史（图 10-4、图 10-5、图 10-12）。冰期旋回 $\delta^{18}O$ 变化在 1.00‰～1.4‰间，反映水温变化在 4～7.5 ℃内（浮游有孔虫反映洋面水温，底栖有孔虫反映海底温度）。但 $\delta^{18}O$ 的变化有离岸愈远浓度愈低的趋势，陆地河、湖水体经过多次同位素分镏其 $\delta^{18}O$ 含量低于海水，并有随高度不断降低的趋势。

氧同位素测温法主要用于第四纪海洋沉积物和冰岩，也有人探索用于陆相粘土全样、软体动物贝壳化石和洞穴石钟乳及其所含微气泡中残存的古地下水。

（2）树木的氧同位素研究　木材是由纤维素（50%）、木质素（30%）、半纤维素（15%）和树脂（5%）组成。纤维素能稳定保留树木生长时期的稳定同位素成分，其后不发生变化。用除去水分的纤维素在加热条件下与 $HgCl_2$ 反应提取 CO_2 和 CO，以供研究。

树木中 $\delta^{18}O$ 的含量主要受树木生长环境的湿度影响，而这与雨水中 $\delta^{18}O$ 变化有关，因此测试古树木材纤维中的 $\delta^{18}O$ 有助于了解树木生长时的温度和湿度。

植物消化纤维中 $\delta^{18}O$ 的分镏系数（α_B）定义为：

$$\alpha_B = \frac{1 + 10^{-3} \times \delta^{18}O_{CN}}{1 + 10^{-3} \times \delta^{18}O_W} \tag{9-19}$$

式中 $\delta^{18}O_{CN}$ 是植物消化纤维中 $\delta^{18}O$ 值，$\delta^{18}O_W$ 是陆地植物所吸收的叶片水或水生植物吸收的周围环境水中的 $\delta^{18}O$ 值。陆地植物中的 α_B 值是相当稳定的，如陆地水生植物、小麦和海生植物的 α_B 值在 1.026～1.027 之间（表 9-8）。植物中的氧的来源，从控制生长环境的实验研究表明主要来自水中而不是来自大气 CO_2 中，因为纤维素在合成前 CO_2 已与叶片水取得平衡，虽然这种平衡是否完全平衡常有争论，但可以肯定植物纤维素中的 $\delta^{18}O$ 与植物生长水源之间

表 9-8　几种植物中的 α_B 值

植物种类	α_B 值
水生植物	1.027
小　麦	1.028
淡水植物	1.027±0.002
海水植物	1.027±0.003
淡水植物	1.026～1.027

据 Deniero、Epstein、Burk 等（1977）资料编

确实存在某种函数关系，但至今还未找到一个适合各种植物的表达其 $\delta^{18}O$ 值与植物生长过程中所摄取的水中 $\delta^{18}O$ 值之间的普遍关系式。目前只有一些对不同树种或不同地区的研究提出的一些计算式。如 Ramesh 对印度银杉的研究认为，银杉纤维素中的 $\delta^{18}O$ 与湿度（h）之间关系有：

$$\delta^{18}O = -(1.3 \pm 0.4)h \tag{9-20}$$

树木用以合成纤维素的水的同位素成分也随气温（尤其 8 月、9 月）的变化而变化，Burk 和 Stuiver（1981）在分析了北美不同纬度的树轮后，得出树木纤维素中的 $\delta^{18}O$ 与气温（T）有如下关系[①]：

$$\delta^{18}O = 0.41T + 22.97 \tag{9-21}$$

同一地区的雨水中的 $\delta^{18}O$ 值与气温（T）的关系为：

$$\delta^{18}O = 0.43T - 11.75 \tag{9-22}$$

两者的符合程度良好，说明氧同位素适合作树轮气候学研究。

2. 碳同位素（$\delta^{13}C$）研究法

（1）树木的碳同位素（$\delta^{13}C$）研究　使用木材全纤维素或 α 纤维素充分燃烧后提取 CO_2 供质谱仪作 $\delta^{13}C$ 分析。由于碳的性质稳定，而树木中的碳同位素能反映树木生长时大气中的 CO_2 浓度，所以树轮中的 $\delta^{13}C$（$^{13}C/^{12}C$）成为研究早期工业革命前大气中 CO_2 状况的重要对象，如 Stuiver 据树轮中的 $\delta^{13}C$ 计算出工业革命前后大气中 CO_2 浓度平均为 276×10^{-6}，Houghton 计算出 1860 年大气中 CO_2 浓度为 257×10^{-6}，Pen 则算出 1800 年大气中 CO_2 为 230×10^{-6}，这些与从南极冰岩芯所测的工业革命前的大气中 CO_2 浓度 $261\sim 266(10^{-6})$ 基本一致。Stuiver 用太平洋海岸 11 棵树的 $\delta^{13}C$ 值计算出从 1600—1975 年间，人类以各种方式向大气中排放的碳的总量约 $150 \pm 100 \times 10^9 t$。但树轮中的 $\delta^{13}C$ 量除受温度、湿度影响外，木材年龄大小，沿直径方向、春材和秋材、云量、光线，甚至虫灾、火灾和砍伐等气候与非气候因素都对其有影响，情况复杂，研究时要谨慎，但普遍认为树木中 $\delta^{13}C$ 变化主要受温度、湿度及云量多少的影响。

而从植物生长时开放的大气环境中局部 CO_2 压力对植物的影响和大气中 CO_2 变化角度研究，Francey 和 Farquhar（1982）提出植物碳同位素分馏模式：

$$\delta^{13}C_p = \delta^{13}C_a - 4.4 - 2.6(P_i/P_a) \tag{9-23}$$

式中 $\delta^{13}C_p$ 和 $\delta^{13}C_a$ 分别为植物纤维素和大气 CO_2 中的 $\delta^{13}C$ 值，P_i 和 P_a 分别是植物生长时纤维素细胞内、外壁所受 CO_2 的局部压力，P_a 从冰岩芯测出，而 P_i 值则从式（9-23）中算出。树木对 CO_2 的吸收率（A）可由下式与 CO_2 的局部压力联系起来：

$$A = g(P_a - P_i) \tag{9-24}$$

式中 g 为植物叶片的微孔导通系数。若工业革命以后 g 为一常数，则 A/g 比值是年轮宽度指示器。Long 用式（9-23）和式（9-24）计算了过去 600 年以来 $\delta^{13}C$ 与气候和大气 CO_2 之间的关系，这些计算表明工业革命后增加的 CO_2 浓度必定导致树木对 CO_2 吸收的增加，从而发现生长在较高海拔的树木年轮加宽；而从他对 1570—1850a A.D. 生长在欧洲某地较高海拔位

[①]　T 气温单位为℃。

置上的树木进行研究,发现年轮很窄,这正是全球性小冰期时期。

(2) 沉积物 $\delta^{13}C$ 研究　由于 ^{13}C 和 ^{12}C 是组成生物的主要碳元素,因此碳及其在地壳中的循环研究早为地球科学重视;$\delta^{13}C$($^{13}C/^{12}C$)的变化也被视为生物量的变化。在气态 CO_2(气)、液态 CO_2 及 HCO_3^-(液)系统中,在 $0°\sim 30℃$ 温度范围内,当海水 pH 值为 8.2 时,在气相 CO_2 和液相 HCO_3^- 间的碳同位素分馏值由 10.8‰变化到—7.4‰。通常非常低的 $\delta^{13}C$ 值(—25‰~—28‰)与低温和 CO_2 的过量溶解有关;相对高的 $\delta^{13}C$ 值(—9‰~—15‰或—24‰)是暖水和溶解 CO_2 较少的标志,因此沉积有机碳中的 $\delta^{13}C$ 值的降低或升高可作为气候冷暖变化的标志。与 $\delta^{18}O$ 一样生物的 $\delta^{13}C$ 含量也受许多因素的影响,由于生物生命活动对 $\delta^{13}C$ 值的影响比 $\delta^{18}O$ 值大且更复杂,因此仅用 $\delta^{13}C$ 测温的方法作用有限,常与氧和氢同位素组合成综合指标应用。

3.氢同位素研究　各种物质的氢同位素用 δD(‰)表示。植物纤维素中氢原子有 2 种存在方式:一部分 H 原子与 O 结合形成 OH 键,其键上的 H 很不稳定,易与水中 H 原子交换,氘(D)的含量也很低;另一种是与 C 原子结合形成 CH 键,CH 键上的 H 很稳定,不易与外界进行交换,保留了树木生长时期的同位素组成。从纤维素中提取 H_2 时必须除去 OH 键上的 H。

在研究树木的氢同位素中,Deniro(1981)定义生物化学分馏系 E_B 为:

$$E_B = \delta D_{CN} - \delta D_{SW} \tag{9-25}$$

式中 δD_{CN} 为植物消化纤维中 δD 值,δD_{SW} 是植物在合成纤维素时所摄取的水的 δD 值,不同种的植物的 E_B 值是不同的。管状植物 E_B=0‰~—2‰,测定控制生长条件下的管状植物中水温对 E_B 的影响,得到的 E_B=—4‰~+75‰,相应的温度系数为+4‰~—5‰℃$^{-1}$,由于管状植物与树木十分相似,这一结果适用于对树轮的研究。

一般认为树木消化纤维中的 δD 值与当地的降水量、湿度和生长季节的平均温度有关,特别是 δD 值对降水量最敏感,降水量越大,δD 值越小;反之亦然。还可以进一步算出决定降水中 δD 值的大气温度。如 Ramesh 研究印度银杉后提出一个 δD 值与当地生长季节总降水量(r)和生长季节的平均温度(Tmax)(据观察年轮宽度和密度变化对生长季节均温(Tmax)的反映比对年均温(T)更敏感)之间的关系式:

$$\delta D = -(4.3 \pm 1.2)r + (0.02 \pm 0.01)T\text{max} \tag{9-26}$$

氢同位素测温与碳同位素情况相似,常与氧同位素组成综合性温度指标。

(三) 历史气候研究法

气候因子中的湿度状况或降水量变化有很强的地区性。通常在对某地区的历史干湿气候变化研究时,往往要把文字记载中的水旱情况换算成干湿气候指数,以便进行定量分析。常用历史时期湿润指数(I)有 2 种:

(1) $$I = \frac{F \times 2}{F + D} \tag{9-27}$$

式中 D 为某一地区历史上出现的干旱记载次数,F 为雨涝记载次数。式中 F 与 D 的绝对值无重大意义,但其比值可以用来表示气候干湿度。

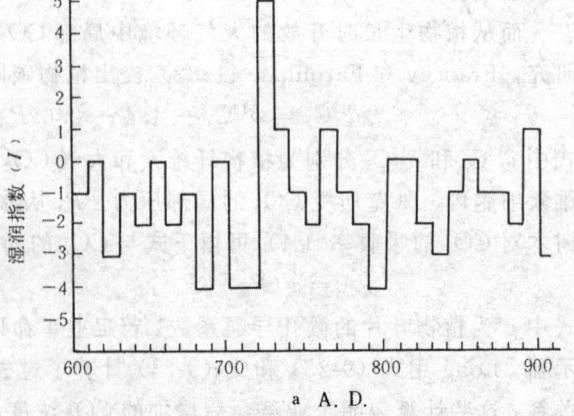

图 9-11　9—10 世纪渭河河谷湿润指数
(据张德二,1990)

(2) $$I = W - D \qquad (9\text{-}28)$$

式中 W 为每 10a 中雨涝出现的次数，D 为干旱年出现的次数。$I=0$ 为干湿状况正常。

张德二 (1990) 对陕西渭河谷地 7—9 世纪（唐朝）的史料记载运用上列二式进行了换算，两式计算出的湿润指数变化序列相似。图 9-11 是用式 (9-27) 换算出的唐代湿润指数-时间曲线，从该曲线可以看出，降水量最多的是 720—729a A.D.，这 10a 出现严重的涝灾；710—719a A.D. 和 790—799a A.D. 干旱最甚，出现旱灾。对该曲率作功率分析，可以见到 36a 左右的准周期。根据同一方法，对渭河谷地上、下游地段 1470—1979a A.D. 的旱涝变化进行分析的结果，其旱涝变化曲线和方差拟合线相似，都反映了历史上，如明末崇祯年间 (1628—1641a A.D.) 和清光绪年间 (1877a A.D. 前后) 严重干旱；清顺治到康熙年间 (1644—1665a A.D.) 和乾隆前期 (1736a A.D.—某些年分) 的严重涝灾。

国际（PAGES）项目提出主要古环境档案及其所能提供的环境信息如表 9-9 所列。

表 9-9 几种环境变化参数记录表

档　案	分辨程度	时间范围 (a)	信　　息
树木年轮	a/季节	10^4	THC_aBVMLS
湖泊沉积物	1a	10^6	TBM
极地冰岩芯	1a	10^5	THC_aBVMS
中纬区冰川	1a	10^4	$THBVMS$
珊瑚沉积	1a	10^5	TC_wL
黄　土	10a	10^6	HC_sBM
深海岩心	100a	10^7	TC_wBM
孢　粉	1000a	10^5	THB
古土壤	100a	10^5	THC_sV
沉积岩	1a	10^7	HC_sVML
历史记录	d, h	10^3	$THBVMLS$

T. 温度；H. 湿度和降水量；C. 空气 (C_a)、水 (C_w) 和土壤 (C_s) 的化学成分；B. 生物量；V. 火山喷发；M. 磁场；L. 海平面；S. 太阳活动；d. 天；h. 小时

据 PAGES 项目《地圈与生物圈计划》（即全球变化、IGBP）中的核心计划之一的《古全球变化》

第十章 第四纪气候变化和海平面变化

一、前第四纪气候变化概述

在地球的 4.6Ga 历史记录中,有大量岩石和化石证据表明,在 90%以上的时间内以温暖气候为主,但发生过多次不同时间尺度的周期性寒冷气候事件(见图 2-27)。从温暖气候到寒冷气候称为一个气候旋回,地球气候历史中发生过若干不同成因和时间尺度的气候旋回。

地史上出现过 5 次大冰期,分别是早元古代冰期(约 2.3Ga BP)、晚元古代冰期(约 800—600Ma BP)、奥陶纪—志留纪冰期(约 500—450Ma BP)、石炭纪—二叠纪冰期(约 300Ma BP)和第四纪冰期,除第四纪冰期外,其他冰期都持续了上千万年,后 4 个大冰期的间隔都在 200～300Ma 间。每次大冰期地球上都发生过大规模的冰川活动,据古地磁学的古纬度分析,前第四纪古冰川的分布都围绕当时的古极区,与第四纪和现代冰川围绕中生代以来极区的分布差异甚大。

中生代是 500Ma BP 以来地球气候史上的最显著高温期,从北极到南极附近分布着亚热带、热带植物群。侏罗纪广泛的造煤环境比三叠纪湿热,年均温比现在高 20 ℃以上。白垩纪年均温稍低,但也比现在高 10～15 ℃,当时两极无冰,海洋中也没冷咸水对流。白垩纪末期在大约 65Ma BP 时,地球气候发生过由暖→冷的急剧变化①,结束了地史上最显著的高温期,转入到新生代降温期。

新生代是一个气候比现在温暖而不断降温的时代,但南北半球稍有不同。当早第三纪渐新世南极冰盖开始出现时,北半球仍处在亚

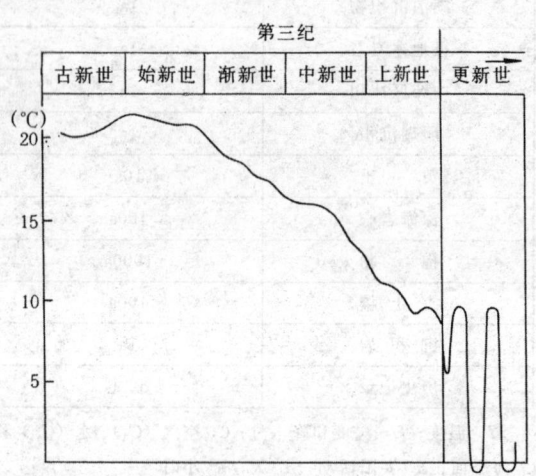

图 10-1 新生代莱茵河谷年均温
下降趋势示意图
(据 Teichmuller,1977)

热带、热带环境,热带植物如棕榈、月桂、山龙眼与一些硬叶木和珊瑚的分布比它们现在的位置还往北十几个纬距。新第三纪地球气温显著下降,南极冰盖在中新世已形成、扩大和外溢,北半球出现温带植物(栎、榛、桦等)分布扩大和排挤热带植物的势态,草原大规模发展,上新世中晚期北极冰盖形成。据海洋钻孔岩芯的氧同位素分析资料,推断海洋水年均温在渐新世为 10 ℃,中新世为 7 ℃,上新世为 2 ℃。中欧陆地年均温渐新世为 22 ℃,中新世为 17 ℃,上新世为 10°

---

① 1980 年,沃尔特、阿尔瓦雷斯根据意大利一层白垩纪粘土中铱含量的高异常(铱在地球上稀少,在小行星和慧星中含量高),首倡小行星与地球相撞说。有的研究者提出,65Ma BP 时,一颗直径约 10～20km 的小行星撞击在墨西哥的尤卡特半岛,掀起大量尘云,遮天蔽日,导致地球气温急剧下降和光合作用停止,恐龙由于无法适应这一环境的急剧变化而绝灭,认为这是一次重大的天、地、生相关事件。

~17℃。生物、冰盖和海陆温度下降,都反映新生代从渐新世以来地球大气圈的降温总趋势在不断发展(图 10-1),显示第四纪冰期将来临。

二、第四纪气候变化

第四纪是离人类最近的一个全球性寒冷气候期。第四纪气候变化的基本特征,是在约 2.4Ma 的全球降温背景上发生过多次急剧的寒暖气候波动,高纬和高山区呈现冰期与间冰期交替,中、低纬区受高纬冰期、间冰期的影响发生同时间尺度的干冷与暖湿气候的变化。气候变化强度从高纬往赤道方向变小,陆地比海洋的变化更明显,气候带的南北(或山地上下)移动,导致一系列地表环境发生相应的变化,对人类和生物造成重要的影响。

(一)第四纪气候标志研究

第四纪气候变化研究从气候标志研究入手,配合年代学和地层学方法,以现代气候为参考,推断第四纪不同时间尺度的气候性质、时间、空间和强度变化规律与气候变化的原因。

第四纪气候标志有两大类:宏观气候标志与微观气候标志,这两类气候标志互相补充,并根据情况有所侧重。根据各种气候标志的时、空强度变化,可以推断第四纪不同时间尺度的气候变化旋回的发生、发展规律。

1. 宏观气候标志 宏观气候标志又称直接气候标志,根据宏观气候标志,将今论古可以直接推断古气候性质。

(1)岩石气候标志 第四纪沉积物形成时间不久,多数变化不大,其岩性、结构、构造和成因能较好地反映形成时的古气候与古环境,是研究第四纪气候的基础,主要岩石气候标志如表 10-1 所列。相对立的岩石气候标志在地层剖面中的交替和空间分布变化,是推断气候变化时、空规律的重要基础,如中国东部黄土分布南界和红土分布北界的南北移动是中国东部第四纪气候带移动轨迹的主要宏观现象。当前很重视第四纪海洋沉积物、冰岩、黄土、湖泊、沼泽沉积物和岩溶洞穴堆积物中蕴藏的气候信息研究。

表 10-1 第四纪主要岩石气候标志表

寒冷(或冰期)沉积物	冰碛物,冰水沉积物,冻融堆积物,冰川漂砾,深海浮冰砂,冰岩及其尘土含量,喜冷生物岩层,寒冻风化角砾,寒冻洞穴角砾
温暖(或间冰期)沉积物	红粘土风化壳,珊瑚堆积,石灰华,石钟乳,古土壤,河、湖、沼泽沉积物,喜暖生物岩层
干旱、半干旱气候沉积物	风成沙,黄土,盐类沉积物,大规模洪积物,温差风化碎石,风棱石

(2)地貌气候标志 地貌形态是内、外动力共同作用的产物,而外力受控于气候,所以地貌形态是气候标志的一个重要方面。寒冷气候环境中主要发育冰川和冻土地貌;湿暖气候环境中岩溶地貌、河流地貌和湖泊地貌十分发育;干旱区风蚀、风积形态占优势。相对立的气候环境中形成的地貌在高度上交替出现和空间分布的变化,是分析研究第四纪气候变化规律的又一个重要方面。在上述研究的基础上应注意下述几种地貌形态的古气候意义研究。

冰斗 冰斗形成在山地雪线附近年均温 0℃左右的气候环境,因此古冰斗不但证明古冰川作用，还可以利用古冰斗与现代冰斗高度差值推算冰期古雪线下降时的降温值。如某一山地现代冰斗高度为海拔3 200m，其古冰斗海拔高度为1 600m，每100m大气降温值若按0.5℃计①，则该区古冰斗形成时比现代当地年均温下降气温近似值为：

$$降温值(t) = \frac{3\ 600 - 1\ 600}{100} \times 0.5 = 8\ ℃$$

若冰斗形成后山地有新构造运动上升，在估算时应先扣除上升量。

古冰楔和冻褶构造　现代极区和高山区永久冻土层中发育冰楔和冻褶，其形成的年均温条件在 $-2 \sim -9\ ℃$ 间，气候越严寒冰楔的规模越大。所以保存在第四纪地层中的古冰楔和古冻褶是推断古冰缘气候及其古年均温的重要标志。

沙丘和湖岸线　沙漠和湖泊的扩大与缩小，常在其边界内外遗留有古沙丘、古风蚀洼地和湖阶地，这些古地貌形态是研究干旱、半干旱区干湿气候变化的重要标志。但在研究湖泊的气候变化历史过程中，要排除地壳构造运动引起的湖泊大小和水位高低的变化。

（3）生物化石气候标志　现代生物分布与一定的气候（年均温、最冷、热月均温和纬度）和环境（海陆、水动力、水温和咸度等）相适应。第四纪生物化石绝大部分为现生种类亚种，因此可以利用化石组合中的现代相似种的生存条件推论化石堆积时的古气候与古环境。

植物化石　第四纪沉积物中植物孢粉化石比大型植物化石丰富，常用于第四纪气候环境的研究。植物是陆地上最敏感的气候标志。一定的气候带（或气候类型）中生长与其气温（年均温、最冷最热月均温）和降水量相适应的植被类型，一定的植被类型中具有优势植物种类组合。如暗针叶林是由冷杉（*Abies* sp.）和云杉（*Picea* sp.）为主组成的乔木林，树种单调，林密难透光，现代生长在北纬40°N～70°N欧亚大陆北部寒温带和高山区海拔2～3km以上（称林线植物群），其生长的气候条件为7月均温10～15℃，湿度不低于60%，年降水量大于500mm，根据上述暗针叶林的生长地域特点和气候条件，可以推断第四纪地层中冷、云杉孢粉含量达40%以上的古暗针叶林生长时的气候环境。在第四纪气候变化影响下，植物群发生纬向或高度迁移，所以根据剖面上植被（孢粉）类型的演替可以推断古气候的演变；利用化石暗针叶林（孢粉组合）与现代林线高度差值，亦可按类似对古冰斗研究的方法推断当地古降温值。

哺乳动物群　一定的气候环境中生活着与其相适应的哺乳动物群，从哺乳动物群的成分、种属比例分析其生态环境，可以重建当时的古气候环境。典型的喜冷动物群是猛犸象-披毛犀动物群；包含河马、貘、亚洲象、大熊猫和香猫等的哺乳动物群，反映热带、亚热带气候；以啮齿类和草食动物为主动物群代表半干旱草原环境。受气候、新构造升降运动和地理环境的变化，哺乳动物群都会发生迁移和改组，因此，在无明显上升山脉的平原丘陵区，哺乳动群的迁移记录可以反映气候带的移动，但由于动物的游走性故难以反映气候带边界的明确位置。

陆生软体动物化石　第四纪陆生软体动物，如腹足类，由于其现生种对温度和湿度的变化较为敏感，地区性特点强，故其化石相似种类在古气候环境推断中有一定的意义。如中国北方黄土中的间齿螺（*Metodontia*）组合反映较为温湿的环境，其现代种分布南界可至长江流域；华蜗牛（*Cathaica*）组合具耐干冷性，其现代种分布南界不超过黄河流域。

海生软体动物化石和珊瑚化石　海生软体动物的生存受温度控制，可以利用其现代种类生存的水温（或纬度）条件推断化石组合中相似种生存时的古温度（古纬度）。图10-2是位于北纬40°N美国Janes海滩第四纪沉积物中化石组合的纬度分布状况，每个化石的现代相似种

---

① 每100m大气降温率在0.5～0.6℃之间（山地较小，平原区较大）。一个纬距的降温约0.6℃。一般估计气候变化1℃，水平气候带移动100～150km；垂直气候带移动100～150m。

的纬度分布宽窄不同,但从第 23 个种 (*pitarmorthuana*) 的起始纬度 34°N 到第 8 个种 (*M. Campechiensis*) 终止纬度 40°N,是这一海相化石组合的纬度分布范围。与剖面所在纬度 40°N 相比,化石组合分布范围纬度更低,即化石组合生活时的水温比现代温暖。若根据剖面所在地的现代水温与化石组合分布纬度范围内的现代水温相比,尚可间接推断古水温的变化参数。

珊瑚生长要求水温 13~16 ℃,水深不大于 40~60 m,其层位和空间分布变化是一种良好气候环境的指示剂。

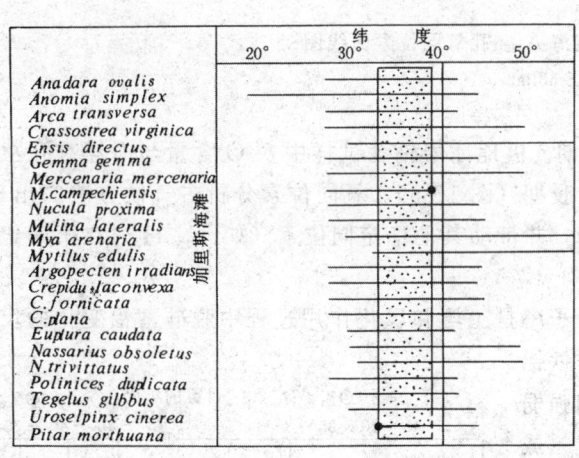

图 10-2 Janes 海滩海相化石的纬度分布图
(据古斯特夫逊,1976),说明见正文

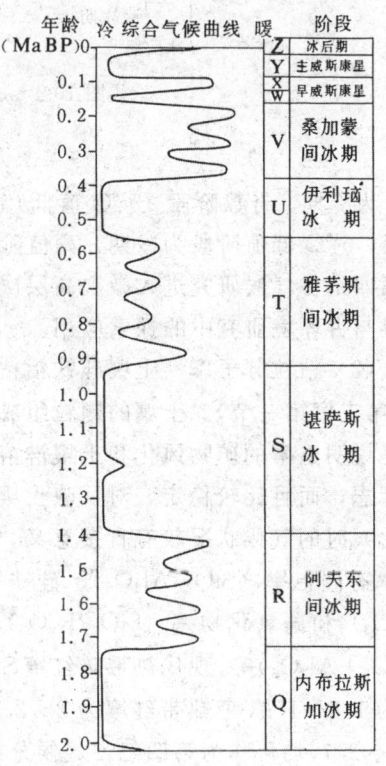

图 10-3 气候曲线及其与北美陆地
冰期对比图
(据 E.D. 埃里克森,1969)
据海相窄温性有孔虫种属百分比绘
制,字母示分层

微体古生物化石 包括海相有孔虫、海陆地介形虫、翼足类等化石。

窄温性示冷示暖有孔虫常用于第四纪海洋古气候的分析。如 E.D. 埃里克森根据 26 个海洋钻孔岩芯中喜暖的门氏圆球虫(*Globorotalia*)和喜冷的截锥圆幅虫(*Globigerina bulloides*)等的比例变化,编制出深海沉积物气候变化曲线,并与北美陆地冰期对比(图 10-3)。海生微体化石(有孔虫、盘星藻等)在钻孔岩芯中的始现、再现和绝灭层位,常被用以论证海洋气候和环境的变化。如生活在冷水域的饰带透明虫(*Hyalinea balthica* (Schrotter))在第四纪海相沉积物中的首次出现被视为第四纪气候开始变冷的初始层位。

介形类生活范围很广,在古气候与环境分析中常与有孔虫相辅相成。

2. 微观气候标志 微观气候标志又称间接气候标志。这类气候标志是各种物理及化学参数、成分含量或比值,这些数据须经过物理、化学或地学转换才具有古气候意义。在连续沉积剖面或钻孔岩芯柱上,间接气候标志数据的相对大小变化,通常具有重要的古气候环境意义。微观气候标志的应用与第四纪研究中新技术、新方法的应用有密切关系,近 30 多年来有较快的发展,但各种微观气候标志研究方法的成熟度不同。主要微观气候标志如下:

(1) 氧同位素($\delta^{18}O$) 氧同位素测温法由 H.C. Urey 所创。本世纪 60 年代艾米里亚尼

(Emilliani,1955)分析了加勒比海一钻孔岩芯试样中的有孔虫壳中的$\delta^{18}O$（即$^{18}O/^{16}O$）比值，得出一条氧同位素的时间变化曲线（图10-4），提出氧同位素阶段概念：偶数阶段（$\delta^{18}O$值

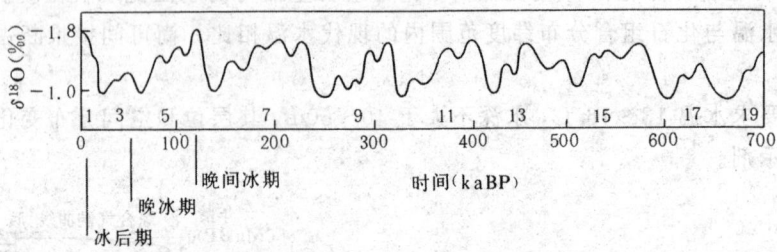

图10-4　加勒比海A_{179-4}孔氧同位素曲线图
（据 Emilliani,1955）

高）为冷期，奇数阶段（$\delta^{18}O$值低）为暖期。极地冰岩钻孔试样中$\delta^{18}O$含量与海洋有孔虫壳相反，$\delta^{18}O$低值阶段为冷期，高值阶段为暖期（图10-5）。氧同位素分析古气候方法的出现，使第四纪古气候研究进入微观高层次水平，并带动其他稳定同位素（如^{13}C、H_2）在第四纪古气候与古环境研究中的探索应用。

(2) 粘粒分子率　土壤硅铁铝粘粒分子率是土壤和风化作用过程中脱硅富铝变化的反映（见第三章第一节）。土壤的颗粒组成和硅铁铝率是说明土壤的矿物风化和土壤淋溶作用强弱的标志，而且比较稳定，对反映土壤形成（或风化）时的气候状况较有直接意义。常用的粘粒率有硅铝率（SiO_2/Al_2O_3）、硅铁率（SiO_2/Fe_2O_3）和硅氧化物率（SiO_2/R_2O_3）（$R_2O_3=Fe_2O_3+Al_2O_3$）等。现代热带砖红壤SiO_2/Al_2O_3率为1.5～1.6，亚热带红壤为2～2.2，黄壤为2.3～2.7，均可作为第四纪古气候分析时参考。

(3) $CaCO_3$　$CaCO_3$是第四纪沉积物中最常见的化学成分之一，在其来源和堆积相对稳定条件下有一定的古气候意义。

海洋环境中，冰期时大气环流加强，赤道海洋获得大量营养补给，生物产量高，因而$CaCO_3$沉积丰富。间冰期钙质溶解度增大，粘土沉积增多。阿尔纽斯（Archnius,1952）以深海沉积物中的$CaCO_3$含量和石英/粘土比编制出第四纪深海沉积物的第一条气候变化曲线。

第四纪陆相沉积物，如黄土中，$CaCO_3$的成因和存在形式都比较复杂。一般黄土中$CaCO_3$的淋滤和铁铝的聚集呈正相关，即温暖气候阶段古土壤层中铁铝含量高，$CaCO_3$含量低；干冷气候阶段黄土中的$CaCO_3$含量高，而

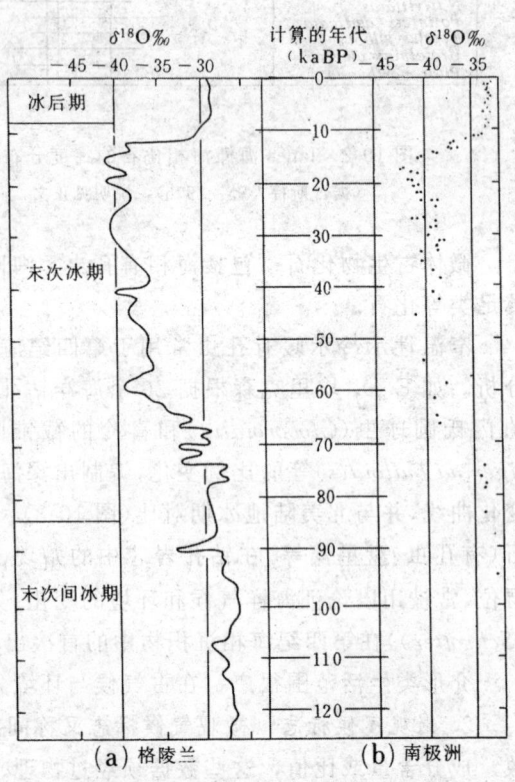

图10-5　冰岩中的$\delta^{18}O$值所反映的近13余万年来的气候变化图
(a)格陵兰"世纪营地"冰岩（据 Dansgard等,1971）；
(b)南极洲布尔德站冰岩（据 Epspein等,1970）

铁铝含量低,因此 $CaCO_3$ 含量的相对变化有一定古气候的意义。但黄土中 $CaCO_3$ 含量还受降水量大小、当地灰岩和植被影响,有一定的区域性。

(4) 微量元素　第四纪土状沉积物中含有 Cu、Zn、Mn、Pb、V、Sr、Ba、B、I 等微量元素,在一定的气候条件下微量元素与介质进行交换。在温暖气候条件下,植物生长繁茂,植被生长过程中从土壤水溶液中吸收部分微量元素,并富集在土层中。干冷气候条件下,植物生长势衰,土层中大部分微量元素流失。故沉积剖面中微量元素含量相对变化有一定古气候的意义,如 Sr 和 Ba 含量越高,反映气候越干冷,Sr/Ba 比值越小,反映气候越潮湿。

(5) 粘土矿物　第四纪沉积物中含有表生粘土矿物,如高岭石、伊利石和蒙脱石等。表生矿物的形成和气候有关(见第三章第一节),故可利用粘土矿物含量(或比值变化)推断古气候。形成在湿润气候环境中的高岭石与相对干冷气候环境中形成的伊利石是常用的粘土矿物气候标志矿物。

(6) 沉积物粒度参数　气候对地表水和风力有重要的影响,反映沉积物性质的粒度参数,如平均粒径(M_z)、标准差(δ_1)、峰态(K_G)、偏态(S_k)等不但用来分析沉积物成因,这些参数沿剖面的相对大小变化也有一定古气候意义,如黄土平均粒径变大反映干冷气候环境中强劲的风力作用,当中值直径达到风砂级为主时,反映沙漠扩大。

(7) 磁化率　第四纪沉积物的磁化率是反映其堆积时地磁环境的一个参数。黄土和古土壤层磁化率的高低,在一定程度上记录了生物风化作用的程度,可以作为指示古气候的一个指标。磁化率值越大,气候越温湿,磁化率值相对下降,指示气候较干冷。

除上述微观气候标志外,沉积物(或砾石)风化程度(%)、重矿物风化系数、石英砂电子显微镜扫瞄特征等在一定程度上也可用以推断古气候,因此,要根据实际情况选择研究微观气候标志。各种微观气候标志的数据曲线沿剖面(或钻孔试样柱)的同步波动,反映它们之间的古气候正相关;反之异步波动反映它们之间的古气候负相关。微观气候标志比宏观气候标志更能反映出较小时间尺度的气候变化及其特征(图 10-4)。

(二) 第四纪气候期及其环境特征

气候期是指地质时期某一类气候占优势的时代。根据气候参数将气候期划分为两类:① 主要是以年均温为指标的高纬(高山及部分中纬山)区的冰期和间冰期,是第四纪气候期的核心概念;冰缘期与间冰缘期也属于这一类。① ② 主要是以降水量(或干燥度)为指标的广大中低纬无冰川活动区(部分有冰川活动的山地除外)的干旱期与湿润期(或温润期);副热带高压带部分地区的雨期与间雨期也属于这一类。上述两类气候期在时间上有联系。由于古降水量比古气温确定难度大,故对后一类气候期研究更难,目前还处于定性研究水平阶段。

1. 冰期与间冰期及其环境特征

(1) 冰期与间冰期

冰期　冰期一词来源于古冰川研究。冰期是第四纪全球性降温期。冰期时全球气温普遍下降,冰雪大量积累,高纬(高山)区冰川大规模活动,并向中纬(低山)部分地区推进。由此引起寒冷气候带扩大,温暖气候带狭缩;生物群从高纬(或高山)区往赤道方向(或低山)迁移,迁移过程中部分消亡。一个冰期有多次冰川进退,因此冰期又进一步分为冰阶和

---

① 冰缘期指永久冻土发育的干冷气候期,它多与冰期同时,也有超前或滞后。间冰缘期则是两个冰缘期之间永久冻土大规模融化的暖期。

间冰阶（间阶段）。冰阶（又称亚冰期或副冰期）是冰期发展过程中的一个冰川发育阶段，一般其冰川作用范围小于该冰期的最大范围。间冰阶是2个冰阶之间的相对温暖的寒冷气候阶段，冰川作用变弱或有所消融，但未全部消失。

间冰期 间冰期是2次冰期之间的全球性增温期。此时除极地和高山上部永久性冰川尚存外，其余冰川大量消融，有的消融殆尽。此时寒冷气候带缩减，温暖气候带扩展。生物群往极地（或高山上部）迁移，但非保持原状，有新的种类加入，生物界欣欣向荣。间冰期也有冷暖气候波动，其中的相对更暖期称亚间冰期；间冰期中的冷期没有冰川作用发生。

第四纪冰期与间冰期交替变化在南北半球多次同时发生，冰川活动地区每次相似。北半球陆地广，记录多，研究历史长。南半球水域广，陆地少，但南半球高山区也有第四纪古冰川作用记录。两极和高山永久性冰雪区的冰期与间冰期的交替主要由冰层中的 $\delta^{18}O$ 同位素值的高（暖）低（冷）变化反映出来。冰期冰川从高纬（高山）启动，其冰期开始较早，持续时间较长；间冰期冰川边缘先融化，其间冰期开始早，持续时间较长。

(2) **冰期、间冰期环境特征** 冰期、间冰期具有对立的环境特征。在冰期、间冰期交替变化历史中，地球各地气温、降水量、冰雪层、气候带和海平面等发生多次不同时间尺度和规模的对立性转化，对生物和人类形成环境的压力。

气温和降水量 现代大气层底部地球年均温为 15 ℃，海底水温约 1 ℃。冰期最冷时地球年均温比现代低 5~7 ℃。18ka BP 末次冰期最严寒时北大西洋表层水温约降低 12~18 ℃，西太平洋下降 10 ℃左右，赤道水温降低约 2 ℃。陆地降温随纬度和地区而不同，如中欧、北美大陆性气候区冰期降温达 15 ℃左右，多雨的平原区为 5~8 ℃左右，赤道带仅降 2 ℃左右。间冰期大气层年均温升 2~5 ℃；北美、欧洲为 2~3 ℃，日本 2~6 ℃，中国 2~7 ℃。冰期、间冰期估计温度值随所依据的气候标志和地区而异，有的偏高，有的偏低。另据《国际气候长期研究、制图及预测项目》计算机模拟，18ka BP 末次冰期的盛冰期不仅气温低，降水比现在少 14%，蒸发量小 15%，气候相当干冷。

冰雪层 现代地球冰川覆盖面积为 $14.79 \times 10^6 km^2$，占陆地面积的 10% 左右，第四纪冰川作用全盛时期冰川总面积为 $47.14 \times 10^6 km^2$，占陆地总面积的 30% 左右。第四纪全球有规模不等的 5 个大冰盖（图 10-6）：北美劳伦特冰盖、欧洲斯堪地纳维亚冰盖、西伯利亚冰盖（较小而分散）、北极-格陵兰冰盖和南极洲冰盖。前 3 个冰盖在冰期、间冰期交替，历史上曾几度发展几度消融，而后 2 个极地冰盖则相对变化不大而保存至今。喜马拉雅山、阿尔卑斯山、帕米尔高原、中亚萨彦岭、北美落基山脉、安底斯山、天山、昆仑山等高山和部分中山地区，第四纪都发生过规模和次数不等的山岳冰川活动，许多高山顶至今仍有现代冰川活动。一般说来，冰川的形成发展需要较长的时间和湿冷的气候条件。冰期早期高纬区（高山区）降温时，降水（降雪方式）增加，尤其是沿海岸有暖流流过的大陆，有充足的水汽来源，这都有利于冰盖的形成和发展。冰盖逐渐发展并达到最大规模时，地面冰雪反照率高（达 70%~90%），大部分太阳辐射被反射，使冰盖区气温进一步降低，气候变得干冷，冰川发展逐渐停止，称冰期盛冰期。间冰期冰川消融大于积累，冰川逐渐萎缩以至全部消融。

气候带移动 冰期、间冰期交替引起地球上气候带的纬向与高度方向的移动。如图 10-7 所示，末次冰期纬向气候带与现代（相似于间冰期）相比，欧洲大陆的苔原气候带南界南移 24 个纬度左右，亚洲东部大陆虽无大冰盖发育，苔原气候带也南移 10 个纬度左右。温带、热带气候带则往南平行移动且窄缩，热带北缘气候比现在干凉。间冰期气候带作反方向移动。高山区冰期气候带下移，间冰期上升，这从古冰斗和植被高度变化可推知。

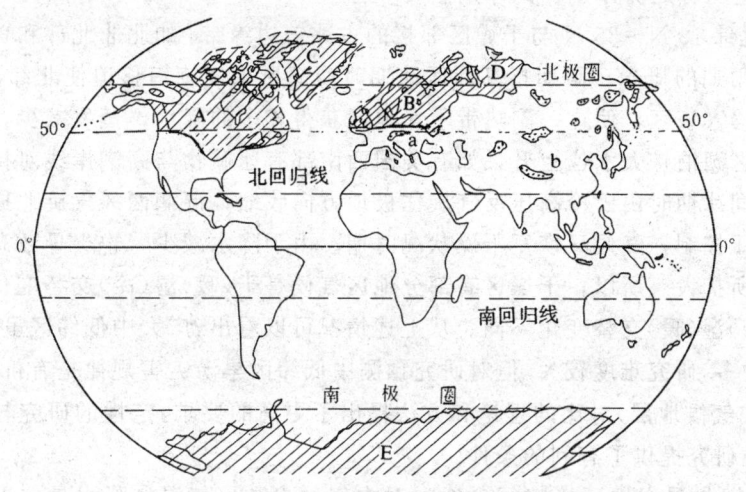

图 10-6 更新世地球冰川分布略图
(面积据 A. 高迪,1976)

A. 北美劳伦特冰盖($13.79×10^6 km^2$);B. 欧洲斯堪地纳维亚冰盖($6.67×10^6 km^2$);C. 北极-格陵兰冰盖($2.16×10^6 km^2$);D. 西伯利亚冰盖($3.73×10^6 km^2$);E. 南极冰盖($13.2×10^6 km^2$)。点区为主要的山岳冰川,a. 阿尔卑斯山;b. 喜马拉雅山。斜线为大陆冰盖,点区为山岳冰川

海平面变化 冰期大量海水蒸发变成冰雪凝集在陆地上,使海平面下降;间冰期冰融成水,流回海洋,使海平面上升。第四纪多次冰期旋回使海平面发生多次升降(本章第二节)。

2. 干旱期与湿润期及其环境特征

(1)干旱期与湿润期 第四纪全球性升降温对广大的无冰川覆盖区(其中部分山地有古冰川活动者除外)的影响主要表现在气候的干湿变化。一般干旱期气候干冷,湿润期气候暖湿。但部分地区也有干暖、湿凉关系。干暖对荒漠的发展关系极大,干冷对永久冻土发育有利。

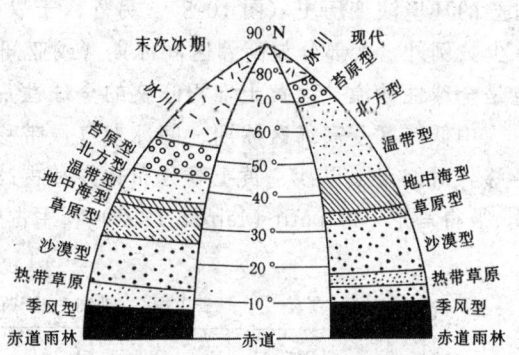

图 10-7 末次冰期与现代气候带图
(据 Holmes,1965,修改)

干旱期 干旱期是指当高纬区冰期时,冰盖区上空冷高压反气旋往中低纬度移动,降水带南移,季风萎缩,使中低纬度大部分地区气候变干变冷,降水量相对减少的时期。此时,中低纬度大部分地区内湖群缩小,湖水位降低和干涸或咸化,沙漠扩大,黄土堆积旺盛,生物生长受到抑制,森林减少,草原扩大,荒漠化严重。

湿润期 湿润期是指当高纬区间冰期时,冷高压反气旋往极地方向收缩的同时,降水带北移,季风活动势力强,使中低纬度大部分地区气候变暖变湿,降水量相对增加的时期。此时,中低纬度大部分地区湖群扩大,湖水位上升或淡化,红土发育取代黄土,森林发展超过草原。

上述中低纬区的干旱期湿润期分别与高纬区(高山区)冰期与间冰期呈对应关系,是第四纪以来冰期、间冰期为核心的不同地区和不同类型古气候(或气候地层)的基本对比关系。所以从这个意义来讲,有的研究者把非冰川作用的直接标志(如孢粉组合、$\delta^{18}O$ 等)所确定

的寒暖气候期也泛称之为冰期、间冰期。

但是,在北纬15°N～35°N与干燥区邻接的古冰盖边缘带,如北非北部和美国西南部曾提出过雨期与间雨期的概念。雨期指高纬区冰期时冷高压反气旋南移迫使北纬30°N以北的湿润西风气旋南移入该区,使这一副热带干燥地区获得较多的降水,蒸发减少,气候变得冷湿的时期。使该区湖泊扩大水位上升,如有美国西南部有冰碛物与高潮岸线对接佐证。间雨期则是指高纬区间冰期时由于冷高压反气旋往极地方向收缩,湿润西风气旋北撤,上述地区又为副热带高气压控制,气候又恢复干燥状况时期。由于降水减少,也会导致湖群缩小和水位下降,沙漠有所扩大。所以,干燥区有部分地区气候是干(暖)湿(冷)交替变化与中低纬大多数地区的干(冷)湿(暖)交替变化不同。从上述情况可以看出,广大中低纬区虽古降水量(或干燥度)影响因素多,研究难度较大,但对研究预测中低纬区旱涝灾害规律是有价值的。这就对不同气候类型(或气候地层)对比的理论和方法提出了更高的要求,定性的研究与年代学方法结合,可以为这类研究提供了有利的条件。

(2) 干旱期与湿润期环境特征 通过对古气候参数(气温、降水量、干燥度、蒸发量等)的大小变化定量研究,以及对沙漠分布、黄土与红土分布边界的移动、古土壤性质的变化、岩溶洞穴堆积中物理与化学沉积交替、湖水位高低的变化、森林和草原的更替、湖水的淡化、咸化等等一系列定性研究反映降水量与蒸发量相对大小变化的历史与年代学结合,可以揭示广大中低纬非冰川作用区气候与环境变化的规律。如130ka BP以来,南北半球中低纬区可区分出50～25ka BP(温暖)、25～10ka BP(干冷)和8～6ka BP(湿暖)3个时段的相对立的环境演变历史(图10-8)。另外,干燥区大量高湖水位(湿润期)的^{14}C年代资料统计除少数例外,大部分与高纬区间冰期(或亚间冰期)相当。25～10ka BP是末次冰期盛冰期,也是全球性沙漠扩大黄土堆积旺盛的全球性荒漠化时期。

中低纬区受高纬区冰期、间冰期气候带移动影响所发生的气候带移动,通过对动植物的迁移,对红土、风沙、黄土等分布边界和古冰楔位置等的时空变化研究,可以大体确定。如N.彼得马尼(N.petit-Maire,1991)利用古生态组合带的位置(即年降水150mm的沙漠边

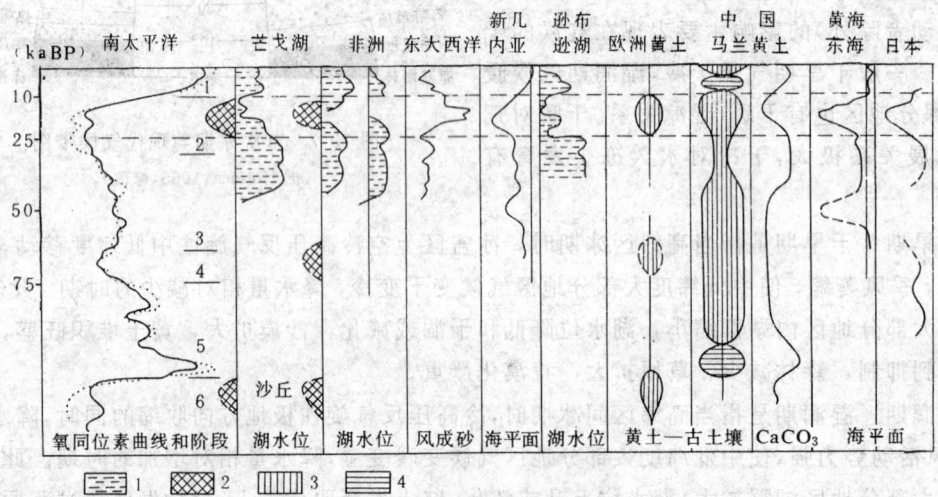

图10-8 南北半球50ka BP来环境对比图

(据陈克造、袁宝印、安芷生,1987)

1. 湖泊水位;2. 沙丘;3. 黄土;4. 古土壤

界线）与现代比较分析，指出撒哈拉大沙漠南缘的生态组合带位置在 18ka BP 的末次冰期盛冰期时处于北纬 10°N 附近，8ka BP 的冰后期在北回归线附近，现在位于两者之间（图10-9），

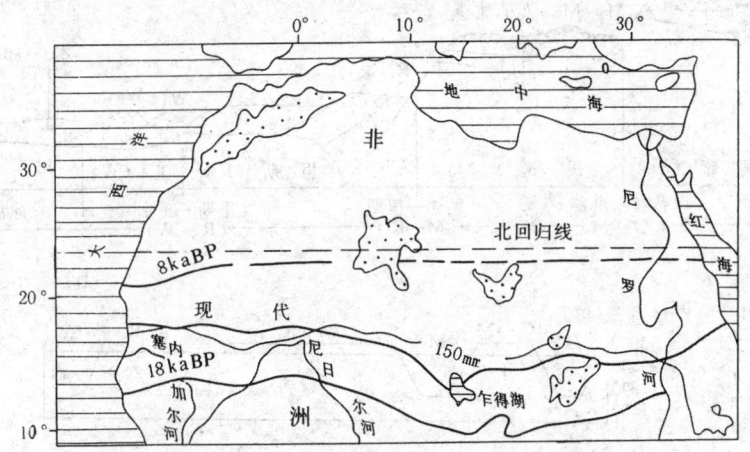

图 10-9 非洲 18ka BP、8ka BP 和现代生态组合带位置的变化
（据 N. Petit-Maire，1991），点区为沙漠

这表明低纬区非洲大沙漠的南缘在干旱期（冷）与湿润期（暖）分别发生赤向和极向移动，与高纬区冰期、间冰期气候带移动同步，但移动幅度比高纬区苔原带小十几度。由此而引起撒哈拉沙漠的扩大与缩小，在湿润期沙漠缩小的同时热带雨林有所发展，降水有所增加，故在现代流沙层下有些地方掩埋有古水系，提供了有价值的古地下水资源。

（三）第四纪气候变化史梗概

第四纪冰川活动、深海沉积物、黄土、洞穴堆积物、湖积物和极地冰岩不同程度地提供了第四纪海陆和极区气候变化的历史记录档案。

1. 冰川活动史　第四纪冰川有大陆冰盖和山地冰川。对冰川的研究开始于欧洲海拔 3 000m 多的阿尔卑斯山岳冰川地区。1909 年德国科学家 A. 克和布留克列尔根据冰川作用与河流侵蚀作用和风化作用交替出现，以冰碛物和冰水沉积物代表冰期，以河流侵蚀陡坎和冰碛物化学风化代表间冰期，把阿尔卑斯山区第四纪冰期历史从早→晚分为恭兹（Günz）、民德（Minddle）、里斯（Riss）、玉木（Würm）4 个冰期；玉木冰期之后称冰后期；每 2 个冰期之间为间冰期（命名时老冰期在前，晚冰期在后）（图 10-10），世称阿尔卑斯冰期方案。后继研究者又提出比恭兹更老的多瑙（Donau）冰期和拜伯尔（Biber）冰期，总的反映出山地冰川的历史有 6 次左右大的冰川活动。本世纪 70 年代前，在全球冰期同时性观点的支配下，阿尔卑斯冰期方案一度成为世界各地第四纪冰期对比的标准。70 年代用古地磁方法测得恭兹冰期冰碛物年龄约 0.7Ma BP（在 B/M 分界处），这就动摇了阿尔卑斯冰期方案作为对比标准的地位，研究者转而注意研究各地冰期发育史。全球冰期发育的共性与地区性差异，是第四气候变化研究的重要内容。A. 彭克等的工作打下了第四纪冰川地质学基础。

欧洲大陆第四纪发育斯堪地纳维亚冰盖（面积达 $6.67 \times 10^6 km^2$），但未与阿尔卑斯山地冰川相连。斯堪地纳维亚冰盖在第四纪几度扩展与消融，由于沿岸有暖流提供水分，最大时冰盖的一支达到北纬 48°N 左右。西北欧属海洋性气候，侵蚀不强，大陆冰川的终碛堤蛇形丘等保存较好；其间冰期北部沿岸有含喜暖动物群的海侵发生。根据冰碛物、化石和地貌，欧洲

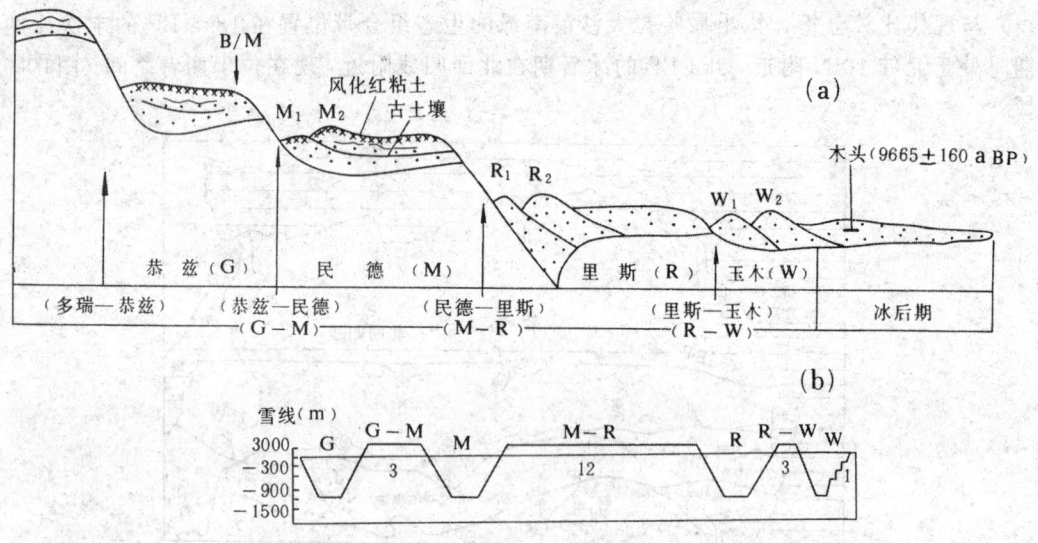

图 10-10 欧洲阿尔卑斯山区的冰期与间冰期图

((a)引自陈业裕,《第四纪地质学》,1989,稍简化;(b)据 A. 彭克,1909)

(a)地貌-岩性法示意图;(b)古雪线与冰期间冰期图解(图解中数字是以冰后期河谷拓宽时间为1个单位的间冰期时间长度比);(M_1、M_2 民德冰期2个冰阶;W_1、W_2 玉木冰期2个冰阶)

大陆各地冰期划分不尽相同,各国冰期名称也不一样,但主要有3次冰期和多次冷期,以北欧为例(图10-11),从早→晚冰期依次称艾尔斯坦、萨勒、魏克塞尔,分别与阿尔卑斯山的民德、里期、玉木冰期相当。欧洲大陆上未发现与阿尔卑斯山恭兹冰期相当的冰碛物。间冰期分别称霍尔斯坦(相当于M—R)和埃姆(相当于R—W)。萨勒冰期与阿尔卑斯里斯冰期一样冰碛物分布最广,称"大冰期"。欧洲大陆早于艾尔斯坦冰期前的冷期与暖期,则是根据哺乳动物群(克罗默暖期)和植物孢粉组合划分的(如蒂格林和前蒂格林气候期等)。

北美大陆第四纪的劳伦特冰盖最大(约 $1.38×10^7 km^2$),覆盖了北美大陆约1/2地区,对北美水系影响极大。北美大陆冰期是根据冰碛物及风化层(称 Gumbootite—为冰碛物顶部风化成的灰色粘土)划分的(表10-2)。

亚洲北部西伯利亚地区由于远离暖水海洋,冰期时虽气候严寒但降雪少,仅发育了北半球较小的不连续冰盖,分布于北纬60°N~70°N间。有2次冰期:第一次冰期称萨马诺夫冰期,规模最大时与欧洲冰盖相连。第二次称赞卡冰期与欧洲魏克塞尔冰期同期,但冰盖小

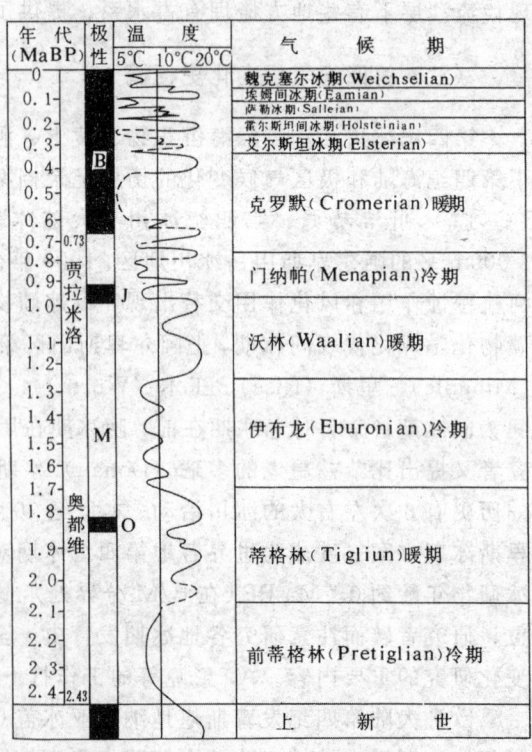

图 10-11 北欧第四纪气候期图
(据 Zogwijn,1979,删节)

表 10-2 北美地区第四纪冰期

冰　　　后　　　期
威斯康辛冰期（Wisconsin）
桑加蒙间冰期（Sangamonien）
伊利诺冰期（Illionian）
雅蒙斯间冰期（Yarmouthian）
堪萨斯冰期（Kansanian）
阿夫唐冰期（Aftonian）
内布拉斯加冰期（Nebraska）

时间参见图 10-3

而分散。冰期后西伯利亚留下和发育大片永久冻土，其中有保存良好的皮肉皆存的猛犸象亚化石。从猛犸体内食物孢粉分析表明当时为苔原环境；大量^{14}C 年龄测量这种喜冷动物生活在 50～15ka BP，现已绝灭。

除阿尔卑斯山外，喜马拉雅山、帕尔米高原克什米尔山、天山、昆仑山等第四纪都有过 3～4 次以上的冰川活动。

全球气候变化历史的对比有 2 个方面：一是陆地冰期对比，另一是海陆气候变化历史对比。这都是没有解决的问题。本节仅谈陆地冰期对比问题。新生代晚期的中、上新世两极冰盖都已形成，某些山地如阿拉斯加虽发现有 3.5Ma BP 或更早的小规模山地冰川活动遗迹，但在高纬区尚未形成冰盖，极地冰川的形成和高纬区某些山地小规模冰川活动只是第四纪冰期的前奏。第四纪冰期（冰河期）以高纬（高山）区多次大规模冰川活动和大冰盖入侵部分中纬区为特征，全球陆地冰期对比即以此和现代气候变化具有全球性为基础（表 10-3）。世界各地末次冰期冰碛物风化不深，^{14}C 年龄数据多，其全球和半球性对比可靠性大（表 10-3 水平粗线以上部分）。其他冰期，因年代数据少，且不同研究者对各冰期、间冰期的始期和终期及冰期、间冰期持续时间估算差异大，故它们的对比具有浮动性。全球冰期对比还有待于年代学数据的积累和各地冰川地层学工作的深入研究才能相对完善。

表 10-3 北半球第四纪主要冰期对比

极性	阿尔卑斯山	北　欧	北　美	西伯利亚	中　国	备注
B	冰 后 期	冰 后 期	冰 后 期	冰 后 期	冰 后 期	
	玉 木 冰 期	魏克塞尔冰期	威斯康星冰期	赞卡冰期	大理冰期	末次冰期
	里斯-玉木间冰期	埃姆间冰期	桑加蒙间冰期	间 冰 期	庐山-大理间冰期	末次间冰期
	里 斯 冰 期	萨 勒 冰 期	伊利诺冰期	萨马诺夫冰期	庐 山 冰 期	
	民德-里斯间冰期	霍尔斯坦间冰期	雅蒙斯间冰期		大姑-庐山间冰期	
	民 德 冰 期	艾尔斯坦冰期	堪萨斯冰期		大 姑 冰 期	
	恭兹-民德间冰期	克罗默暖期	阿夫唐间冰期		鄱阳-大姑间冰期	
	恭 兹 冰 期	门纳帕冷期			潘阳冰期	
M	多瑙-恭兹间冰期	沃 林 暖 期				
	多 瑙 冰 期	伊布龙冷期	内布拉斯加冰期			
		蒂格林暖期			（更老冰期）	
	拜 伯 冰 期	前蒂格林冷期				

2. 深海沉积物的多波动气候旋回 深海沉积环境宁静，沉积过程比较连续，比陆地上更完整地记录了第四纪气候变化历史。海洋沉积率在 10～10mm/ka 间，干旱区较小，温润区较大，一般生物扰动很少，厚几米至几十米的深海沉积物可以记录下第四纪全部气候变化历史。现在全球海区已施工钻孔数以千计，为第四纪气候变化史研究提供了有利的条件。

以太平洋近赤道海域水下 3 000m 多的 V28-238（01°N，160°29′E）和 V23-239（3°15′N，

159°11′E)2个深海钻孔试样的有孔虫壳 $\delta^{18}O$ 曲线等为代表,提出了深海沉积物反映出的多波动冷暖气候模式。2孔岩芯 $\delta^{18}O$ 曲线在布容正极时的0.7Ma内反映的冷(或冰期)、暖(或间冰期)气候波动情况类似:在布容正极时(0.73Ma BP)以前气候波动频繁而幅度较小,布容正极性时内气候波动幅度较大而更有规律。如V28-238孔岩芯长16m,用^{14}C法、铀系法、古地磁法和沉积率外推法划分氧同位素边界年龄(图10-12),在孔深12.4m内记录了

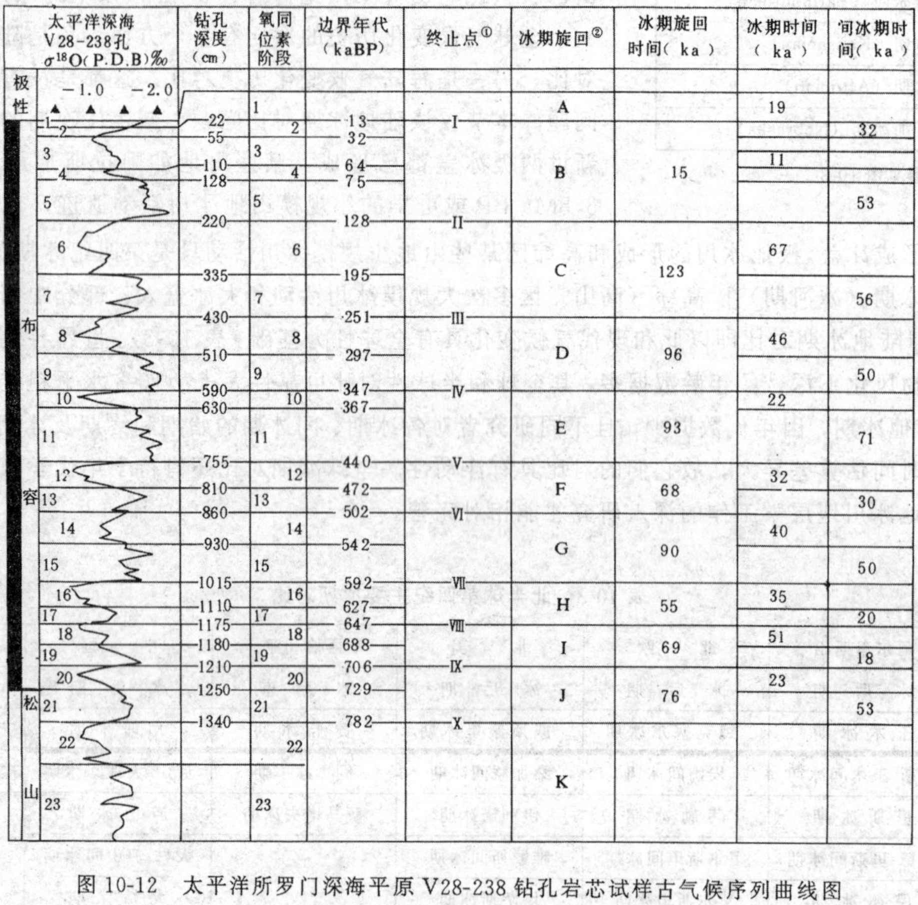

极性	太平洋深海V28-238孔 $\delta^{18}O(P.D.B)$‰	钻孔深度(cm)	氧同位素阶段	边界年代(kaBP)	终止点①	冰期旋回②	冰期旋回时间(ka)	冰期时间(ka)	间冰期时间(ka)
布容	曲线	-22	1	13	Ⅰ	A		19	
		55	2	32					32
		110	3	64		B	15	11	
		128	4	75					53
		220	5	128	Ⅱ			67	
		335	6	195		C	123		56
		430	7	251	Ⅲ			46	
		510	8	297		D	96		50
		590	9	347	Ⅳ			22	
		630	10	367		E	93		71
		755	11	440	Ⅴ			32	
松山		810	12	472		F	68		30
		860	13	502				40	
		930	14	542	Ⅵ	G	90		50
		1015	15	592	Ⅶ			35	
		1110	16	627		H	55		20
		1175	17	647	Ⅷ			51	
		1180	18	688		I	69		18
		1210	19	706	Ⅸ			23	
		1250	20	729		J	76		53
		1340	21	782	Ⅹ				
			22			K			
			23						

图10-12 太平洋所罗门深海平原V28-238钻孔岩芯试样古气候序列曲线图
(据Shackleton和Dptyke,19734年,资料编)
①终止点为分割几个 $\delta^{18}O$ 连续高值与低值阶段的点。②1个冰期旋回包括1个 $\delta^{18}O$ 奇数(暖期)和1个偶数(冷期)阶段(B旋回例外,A为半旋回)

0.73Ma BP以来8个半由暖(奇数阶段)到冷(偶数阶段)组成的气候旋回(从A-I,B为复杂旋回,A为半旋回)。$\delta^{18}O$ 气候曲线呈不对称锯齿状,显示降温和冰雪积累过程较长,升温和冰雪消融过程较快。冰期持续时间最长67ka,最短为11ka;间冰期最短为18ka,最长为71ka。近0.73Ma内有明显的准100ka气候变化周期。深海沉积物反映的多波动气候旋回模式不同于经典的阿尔卑斯冰期方案,前者的连续性较好,后者的地层间断多,且难以估计,所以太平洋V28-238和V23-239等孔气候曲线可作为海陆气候对比的标准孔,但应慎重。因为,无论海陆气候曲线多因使用的气候标志不同而有"长"、"短"气候年表差异。

3. 黄土-古土壤系列与冰岩 $\delta^{18}O$ 气候曲线 黄土-古土壤层系是中低纬区干(冷)湿(暖)气候变化的良好记录,其气候变化曲线基本上可与深海钻孔岩芯 $\delta^{18}O$ 曲线对比(见本章

第四节）。冰岩 $\delta^{18}O$ 气候曲线将在本书有关部分提到。

（四）130ka BP 以来（晚更新世和全新世）气候变化

130（或 150）ka BP 来，气候与环境变化是目前第四纪气候变化研究的重点，包括末次间冰期、末次冰期和冰后期。

1. 末次间冰期—末次冰期（晚更新世）气候变化　这一时段大约从 130（或 150）ka BP 开始到 11ka BP 左右，包括里斯-玉木间冰期和玉木冰期（或与二者时代相同的间冰期与冰期，如表 10-3 所列），相当于 V28-238 深海钻孔 $\delta^{18}O$ 气候曲线上的第 5、4、3、2 阶段和冰期旋回 B（图 10-12）。末次间冰期与冰期划分如图 10-13 所示。

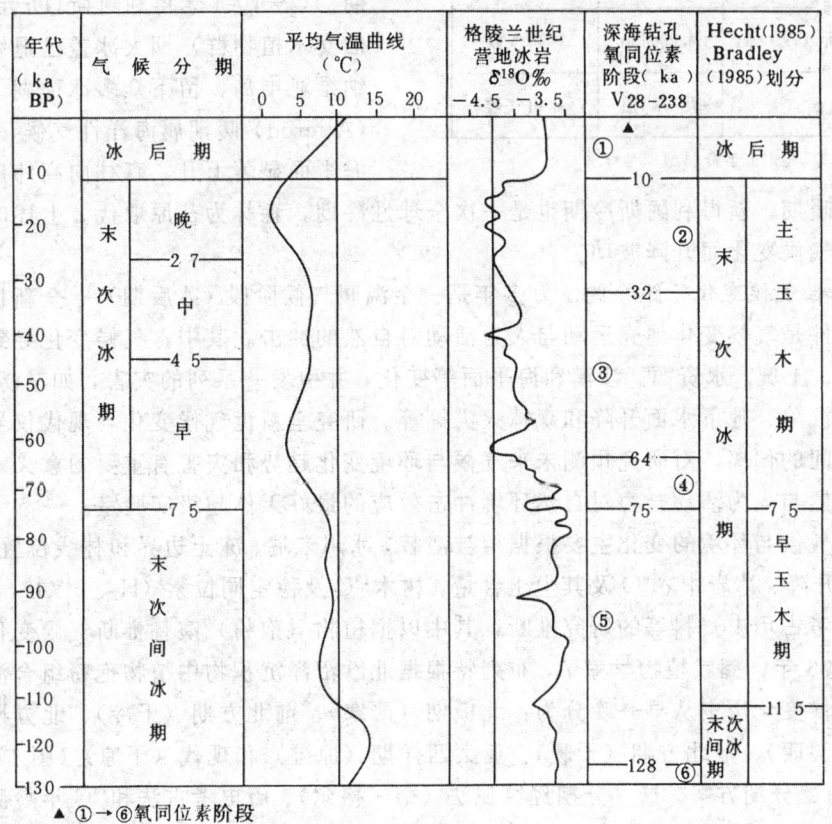

图 10-13　0.13Ma BP 来末次间冰期与末次冰期

末次间冰期始于 130ka BP 左右，终于 75ka BP，是一个温暖气候阶段，其最温暖期大约在开始的 120ka BP 左右，当时年均温比现在约高 2～3℃，以后气温波动下降，在 75ka BP 进入末次冰期。末次间冰期内世界许多沿岸地带发生海侵（如欧洲北部沿海、中国华北平原东部），湖沼发育，阔叶林扩大。

末次冰期始于 75ka BP，终止于 11ka BP，一般划分为两寒夹一暖 3 个阶段。早冰阶气候寒冷但非最严寒阶段，年均温比现代低 5～6℃。中期是相对温暖的寒冷气候阶段。晚期（尤其是 18ka BP）是末次冰期气候严寒干冷的盛冰期，年均温比现代低 8～9℃左右，也是 130ka BP 来海平面下降幅度最大和沙漠显著发展的干旱期。由于气候干冷，故末次冰期冰川规模不大。世界各地根据其地貌（如终碛堤）、冰碛物等对末次冰期都作了详细的研究，但气

表 10-4 欧洲 15～10ka BP 气候与环境变化表

气候阶段（ka BP）	环 境	七月气温（℃）
全 新 世（暖）	桦、松林	>14
—— 10.25 ——		
新得利阿斯（冷）	苔 原	10～11
—— 11.35 ——		
阿尔露得（暖）	森 林	13～14
—— 12.15 ——		
中得利阿斯（冷）	苔 原	<10
—— 12.35 ——		
波 林（暖）	森 林	≥10
—— 12.75 ——		
老得利阿斯（冷）	冰盖缩小	冰川气候
—— 15.00 ——		
末次冰期	大 冰 盖	冰川气候

据 A. 高迪等, 1977 年资料编

候期划分与时限也不尽相同。

末次冰期盛冰期之后的 14—11ka BP 的 3ka 期间，是由冰期往冰后期（暖）的转化时期，对研究预测气候与环境变化有参考价值。欧洲大陆根据冰川终碛、植被、冰盖变化和海平面变化，揭示出这一从冷到暖过渡的约 3ka 内有过几百年内 7 月均温变幅在 2～3℃内的冷暖气候变化频繁出现（有的研究者把一时段称为"晚冰期"），表 10-4 老得利阿斯（Dryas—即苔原仙女木植物群）期大冰盖已退缩到斯堪地纳维亚半岛，留下众多冰蚀湖。阿尔露得（Alleröd）暖期属海洋性气候，冰盖碎裂，海平面显著上升，森林向高纬区发展，是一次全球性暖期。新得利阿斯冷期也是一次全球性冷期，森林为苔原取代。上述时期内海平面也随冷暖气候变化而升降波动。

2. 全新世气候变化　距今约 1 万多年是一个温暖气候阶段（冰后期）[①]。全新世地表经历的最重大事件是气候变化地壳运动与人为活动对自然的冲击。其中，气候变化导致冰川、冻土、动植物、土壤、水资源、沙漠和海平面等变化，并引发一系列的灾害，如旱涝、泥石流、滑坡、地面沉陷、地下水面升降和森林火灾等等。研究全新世气候变化与现代仪器记录的小尺度事件之间的偏离，对研究预测未来气候与环境变化趋势和灾害有重要的意义。全新世环境是研究自然与人为活动合力对自然环境冲击效应的最好天然超级实验室。

全新世气候与环境的变化主要根据植被演替，冰川末端、冻土边界和林线位置高度变化、海（湖）面升降、冰岩中 $\delta^{18}O$ 及其尘土含量，树木 ^{13}C 及稳定同位素（H_2、$\delta^{18}O$），树木年轮，物候记录和考古历史资料等的研究推断，其中以据植物（孢粉）演替推断气候变化的方法应用最广。1876 年，挪威植物学家 A. 布列特根据北欧沼泽沉积物中植物孢粉组合演替，把北欧全新世气候变化历史从早→晚分为：北极期（严寒）、前北方期（干冷）、北方期（干暖）、大西洋期（湿暖）、亚北方期（干暖）、亚大西洋期（凉湿）和现代（干凉）（图 10-14）称布列特-谢尔南德分期方案。这一分期经纹泥法（德·格尔）、历史考古法和 ^{14}C 年龄测量成为地球历史上研究最详细的一个时段。此外，登坦等（Denton 和 Wibjoorn）把 10ka BP 称为"新冰期"，并分为 4 期，周期为 2 500a，每次寒冷期持续约 900a。

全新世气候变化按其特征可分为 A、B、C、D 4 个阶段：

A. 全新世早期升温阶段　包括北极期、前北方期和北方期，此时冰期过后气候开始波动升温，由于冷向干暖转化，但仍较寒冷（图 10-14A 段）。

B. 全新世中期高温阶段　主要是大西洋期（又称气候适宜期），此时全球气候湿暖，年均温比现在高 3℃（有的地区可能更高一些），降水显著增加，全球冰川冻土萎缩，海平面显著上升，阔叶森林扩大（山地林线下降），其大气环流结构具有间冰期特征。这是人类已经历过的最近的一次全球高温期（图 10-14B 段）。

[①] 从气候角度，有时称冰后期，也有人视为一个间冰期。

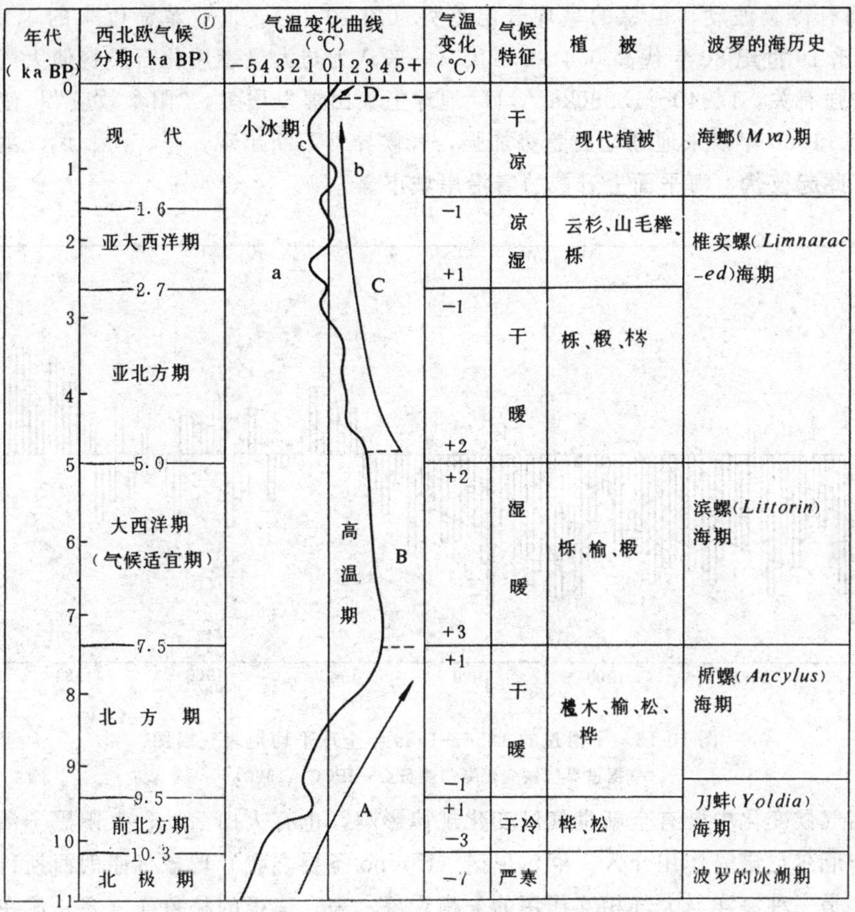

图 10-14 西北欧全新世气候变化及分期图

①布列特提出，谢南德尔证实，被称为布列特-谢南德尔方案

a. 2.7—2.4ka BP 降温期；b. 900—1300a A.D. 小气候适宜期（中世纪暖期）；c. 1850—1550a A.D. 现代小冰期

C. 全新世晚期降温阶段　从大西洋期末期大约 5ka BP 全球气温开始下降（有的地方阔叶树量减少）直到 20 世纪，气候发展是波动降温，有一系列 10^2a 和 10^3a 尺度的 1～2℃的全球性寒暖气候波动（图 10-14 之 C 段），而且 2ka 以来人为活动对气候与环境的冲击加剧。这一时段的次级气候变化阶段如下：

2.7—2.4ka BP 地球年均温下降约 2℃，各地冰川冻土有所发展，林、雪线下降（图 10-14a）。

900—1300a A.D.，年均气温比现在高约 1～2℃，称为"小气候适宜期"或"中世纪暖期"（图 10-14b）。气候温和降水增加，农业、建筑、贸易有所发展。但北极浮冰融化，林、雪线上升，泥石流和森林火灾增多。

1550—1850a A.D.，全球年均温比现在低 2℃左右，称"现代小冰期"（Francois Mathes，1939），其中最冷阶段在 1550—1700a A.D.。现代小冰期大气环流结构具有冰期特点，对全球现代冰川冻土发展扩大有重要的影响，引起林、雪线明显下降，并不时发生江河湖海水面封冻，风暴频繁，风沙、滑坡、山崩增多，农业歉收，对世界经济产生过负面的影响（图 10-14c）。

D. 20 世纪升温阶段　20 世纪以来，现代小冰期结束，进入现代升温阶段（图 10-14）。现代气候虽仍有冷暖波动，但总的呈现升温趋势（图10-15）。工业革命以来的1.9—1.94ka A.D. 气温比19世纪80年代高0.4~0.6℃，一般认为与大量燃用化石燃料使大气层中CO_2温室效应增强有关。1.940~1.960ka A.D. 地球上火山爆发增多，"阳伞效应"[①] 使全球气温下降0.3℃。1960年以来地球增温趋势加强，气候异常不断出现，旱、涝、风、雪、泥石流和森林火灾此起彼伏，海平面上升威胁着沿岸城市。

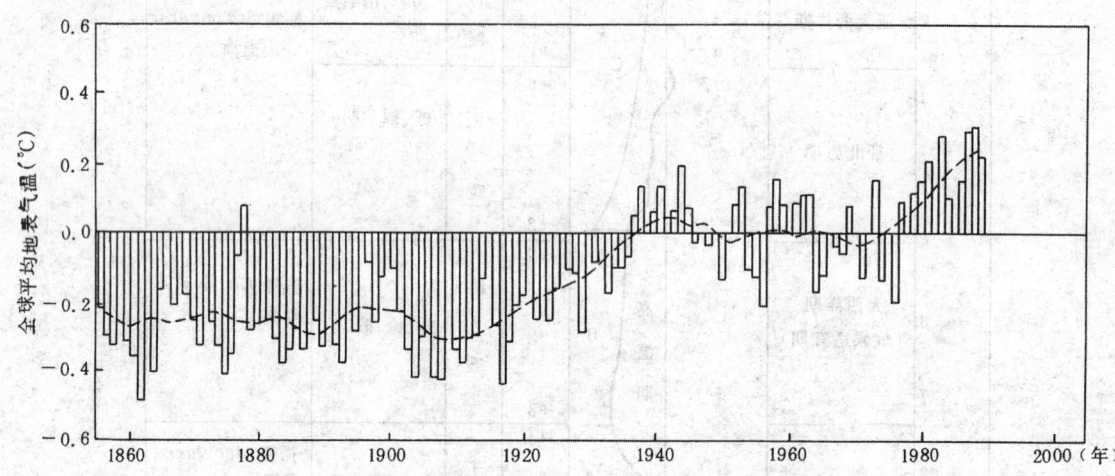

图10-15 平滑过的1856—1989年全球平均地表气温图
（据世界气候变化专门委员会—IPCC，1990）

在近期气候变化中既有全新世气候变化规律影响，也有火山活动、太阳黑子活动、人为大气污染和厄尔尼诺等作用介入。厄尔尼诺（Elnino圣婴之意）现象（弗朗西斯科、皮萨沙诺，1525）是一种海洋与大气相互作用的失衡现象。来自南极的秘鲁洋（寒）流在秘鲁沿岸表层水域被富含营养物的上涌海水取代，成为水生物的生活宝地，使鱼类大量繁殖。但每年1—2月东南风开始减弱时，这一水域的赤道反流系统的暖流南下，使水温上升2~3℃，高时可达5~6℃，这种海水升温导致大气变暖和气候变化异常的现象即称厄尔尼诺。它一般持续5个月左右，若持续时间过长导致大批鱼类死亡，并招来大量海鸟觅食。厄尔尼诺现象有从7年发展到3~4年不规则出现一次的趋势变化，它的出现使东西太平洋沿岸降水增加，发生涝灾，同时非洲和亚洲出现干旱，是一种行星波规模现象。有人认为与地球自转速度变化有关，也有人认为与大气污染有关，至今还未在第四纪沉积物中识别出相应的地质记录。

三、第四纪海平面变化

全球人口的2/3集中在仅占大陆总面积10%的沿海地带，现代全球范围的海平面升降，对沿海和岛屿地区的经济、环境和安全构成威胁[②]。20世纪以来全球海平面呈上升趋势，已引起人们广泛的关注。海平面变化是指平均海平面与陆地观察站之间高度的相对上下变动。平均海平面高度是多年的每小时潮位的平均值。目前研究海平面变化就是以陆地观察站为基础，

---

① 阳伞效应：火山爆发或陨石冲击地球，掀起大量尘云，使大气透明度下降，太阳辐射波反射回太空，导致地球气温下降。据有人研究，大规模火山活动，可使地球气温下降持续2~3a。

② 据估算海平面上升1cm，沿岸地可能淹没100km²以上，对沿岸平原和岛屿威胁尤大。此外，造成海水入侵陆地、沿岸地下水咸化、海蚀作用增强和咸水楔状入侵河口等灾害，但有利于港口水深增大和滩涂养殖业发展。

用平均海平面与陆地的相对高度变化来推断相对海平面的变化,可称为"准海平面变化"。

(一) 前第四纪海平面变化概况

前第四纪海平面变化是地质时期的长期变化的结果(图10-16),主要通过生态地层、层序地层和地震方法等认识的。地壳运动强烈活动阶段地壳隆起、陆地增生,地史上海平面急剧下降(海退);地壳长期稳定和湿润气候时期,地形逐渐被夷平,地史上海平面缓缓上升(海侵)。由于地壳运动与地形夷平相比时间相对短暂,故地史上海平面曲线呈锯齿状。500Ma BP以来,中生代白垩纪是地壳活动和大陆增生的重要时期,也是地史上的高温期,当时两极尚未形成冰盖,所以白垩纪高海平面的出现与地壳运动和环境变化关系密切,与冰川活动无关。

(二) 第四纪海平面变化标志

在全球现代海平面变化的研究系统中,地质时期(主要是第四纪)、历史时期和现代仪器测量三者缺一不可。第四纪海平面变化历史的研究,可以指出海平面变化发展趋势、变化规律和影响因素,为海平面变化预测提供重要的科学基础。

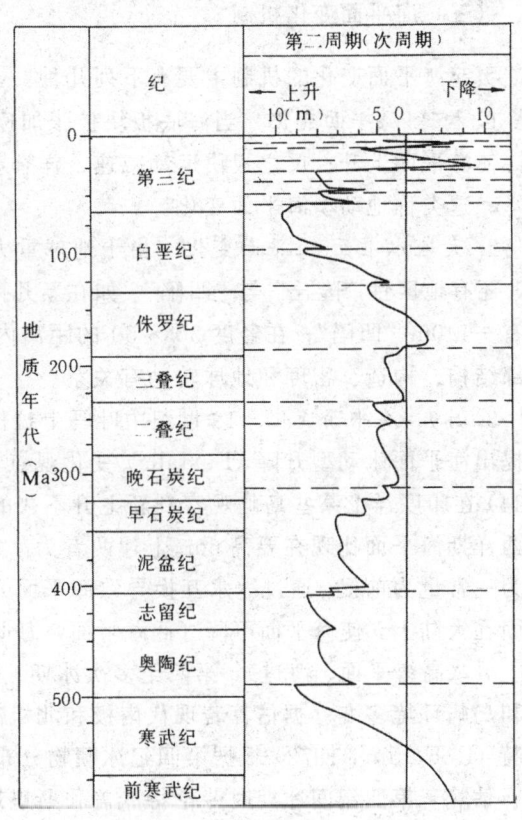

图10-16 寒武纪以来全球海平面相对变化图
(据Vail等,1978简化)

第四纪海平面变化的研究,从能够拟定的滨岸与古海平面位置和确定年代的标志入手,这些标志在陆地上是沿岸保存的海成地貌和海相沉积物,在水下大陆架上是沉没的沿岸陆地地貌和陆相沉积物。在古海平面研究主要标志(表10-5)中,由于沿岸泻湖相和湿地泥陆架上

表10-5 第四纪海平面变化标志

类 型	沉 积 物	地 貌
沉没的	泻湖沉积物、湿地泥炭、海滩沉积物、滨岸化石、珊瑚礁、牡蛎礁、沿岸沙堤,原地生长的哺乳动物化石	古河谷、三角洲、冰蚀冰积形态、灰岩溶洞,海成阶地
陆地上抬升的	海相地层(包括平原下伏海相层)、贝壳堤	海蚀穴、海成阶地、上升海滩

炭沉积所处的位置,前者接近于海平面而后者略高于海平面,两者与 ^{14}C 测龄法结合,广泛用于50ka BP以来的海平面变化研究。其他标志,则或指明古滨岸,或指出古高、低潮位(如海滩与海滩沉积物或石化的海滩岩),它们与古海平面的关系较复杂,要作具体分析。在经受新构造运动影响的地区,要根据沉积物所含的化石,估计其沉积水深,并扣除新构造运动量。由各种标志获得的古海平面变化幅度和速率是相对变化量,由于影响海平面变化的因素多,所以这种海平面的相对变化可称准海平面变化量。用大地测量、观潮仪和卫星定位系统所记录

的现代海平面相对变化最为精确,并具有重要的理论和实际价值。

(三) 海平面变化机制

引起海平面变化的机制主要有下列几种:

1. **构造-海平面变化** 当海底板块扩张加速、洋脊增长和地壳上升时,会导致洋盆容积减小,使海平面上升;反之板块运动减速、洋脊萎缩和地壳下降导致洋盆容积增大,使海平面下降。这类称地动型海平面变化。

2. **大地水准面-海平面变化** 由于地球重力不均匀,海面除其固有的大地水准球体曲率外,还有地区性"隆丘"与"凹陷"。如在新几内亚近代大地水准面有+76m"隆丘",马尔代夫有-140m"凹陷";在经度50°~60°的距离内,垂直高差达180m。这种海平面变化与地壳局部结构、构造、密度和地球转动有关系。

3. **冰川-海平面变化** 19世纪中叶马卡拉伦(Maclaren,1842)根据大洋岛屿区的珊瑚平台提出海平面水动型升降(Eustalic)变化观点,把海平面变化归因于气候变化。代利(Daly,1934)在印度洋上某些岛屿观察到新上升不久的珊瑚礁平台,指出近期海平面有过一次下降,大西洋期海平面比现在要高6m。上述两者为冰川-海平面升降论打下了基础,这一理论是以海水为一常量为前提,通过冰水互换导致海平面升降[①]:冰期时海水蒸发转移到大陆,形成冰川凝固在大陆上,使海平面下降(低海平面、海退);间冰期时冰川融化成水汇入海洋,使海平面上升(高海平面、海进),第四纪多次冰期、间冰期交替,使海平面发生多次升降,导致沿海和岛屿环境多变。据估算若现代南极和北极冰盖全部融化,则现代海平面将上升65m。弗利特(R.F.Fint,1972)根据第四纪冰碛物分布范围,并参考现代冰盖平均厚度为2 000m左右,估算若第四纪间冰期时劳伦特冰盖和斯堪地纳维亚冰盖全部融化,则可使冰期低海平面分别上升74m和34m。

4. **海温-海平面变化** 海水温度升降引起海水体积变化,导致海平面升降变化。如在厄尔尼诺发生时,赤道附近东西太平洋因水温升高海平面有1m左右的跷板式变化。

5. **沉积-海平面变化** 沉积物由河流搬运入海,使海盆容积减少,引起海平面单向上升。在堆积旺盛的河口地区较为显著。

在海平面变化过程中存在地壳因海水或沉积物负荷增加而使地球均衡调整的现象。地球是粘滞体,对海水或沉积物的增加具有一定的敏感性,使洋底岩石圈发生缓慢流变,尽管因冰水互换引起的洋底重力值只有几毫伽变化,但只要时间较长就会使海底变形缓慢下沉;冰川融化又会使地壳缓慢反弹上升。一般估计,冰水互换引起的地壳均衡值大约是融水深度的1/3,但由于地幔密度大于$3g/cm^3$(大于地壳的密度$2.7\sim3g/cm^3$)和其他因素的影响,水均衡的幅度将小于其增加水层厚度的1/3。大洋岛屿区水层厚度大于沿岸地区,故其水均衡下沉值大于沿岸地区,所反映的海平面变化更大更真实。沉积物重量所引起的均衡下沉值,估计是其沉积厚度的60%左右。由于地球各部分的密度不同和沿岸组成的物质差异,海平面升降的时期可大体相近,但各地升降幅度不同,不会有统一的全球海平面变化形态曲线。在松散沉积物组成的海岸,人工过度抽水会加快海平面上升的现象。

[①] 冰水互换过程,既有冰川的渐进融化,也有较快的冰流涌滑。后者是在间冰期时,冰流底部达到压力融点、冰川塑性流达到一定体积时,大量冰流便从冰盖滑溢到海洋中形成冰棚,冰棚裂为冰山,冰山再融化成水。100a左右冰流滑溢可以使海平面上升约20m。

从前述海平面变化机制的升降速度、最大升降量和持续时间比较（表 10-6），在第四纪 240 多万年中，由冰川体积变化、沉积作用和水温变化引起的海平面变化是最重要的。冰川性海平面变化具有全球性，而与某一地区有无冰川无关。沉积作用在堆积旺盛地点才具有重要性。水温变化在全球增温发展趋势过程中将会增大其对海平面变化的影响。

表 10-6　几种主要的海平面变化原因及其结果比较表

变化原因	海平面变化性质	最大升降速度（未作均衡补偿）(cm/ka)	中生代—新生代经过均衡补偿的最大升降量(m)	持续时间(a)
洋脊体积变化	升(+) 降(－)	<0.97	350	$10^7 \sim 10^8$
板块碰撞、挤压	降(－)	<0.22	42	$<2 \times 10^7$
海水温度变化	升(+) 降(－)	<10	7	$<2 \times 10^7$
沉积作用	升(+)	<2.6	300	10^5
冰川体积变化	升(+) 降(－)	<1000	100	10^4

引自杨怀仁"第四纪地质学"资料编，1987

（四）第四纪海平面变化历史梗概

第四纪海平面变化历史的研究，由于早期古海岸遗迹保存较差和受构造运动影响大，晚近期遗迹保存较好，故总的研究情况是早、中更新世海平面历史研究粗略，晚更新世研究较好，全新世研究详细，近代仪器研究确凿。

1. 更新世期早、中期（2.4—0.13Ma BP）海平面变化　这一时段世界各地海平面变化标志的时代越早保存越差，受到的新构造运动影响越大，有些新构造运动强烈地区，海成阶地已被后期运动抬升几十米或上百米。在地中海岸保存有较好的多级海成阶地，除西西里阶地（海拔 80~100m）沉积物中含喜冷软体动物化石北极冰岛蛤（*Cyprina islandiea*）时代属早更新世外，西西里以下多级阶地沉积物中含喜暖的风螺化石（*Strombus*），相当于多次间冰期高海平面，两级海成阶地之间相当于冰期低海平面。图 10-17 表示冰期（低海平面）与间冰期（高海平面）海平面的变化对比关系，但阶地海拔未经校正和未扣除构造运动上升量。

60 年代以来，用铀系年代法研究大西洋、地中海和太平洋等地稳定上升岛屿区的珊瑚礁阶地年代，并与深海钻孔岩芯的 $\delta^{18}O$ 曲线氧同位素阶段对照（图 10-18），可

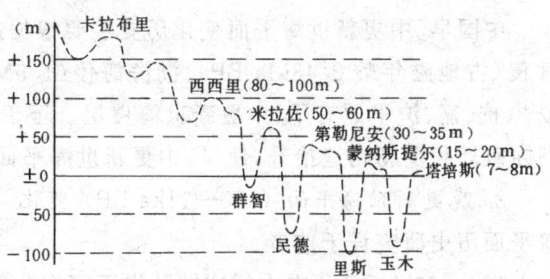

图 10-17　地中海地区海平面变化与阿尔卑斯山冰期对比关系图
（据弗伦策尔，1973）

以看出在布容正极世内（尤其是 0.6Ma BP 来）大西洋的巴巴多斯岛、日本和深海钻孔 V28-238 都反映出一系列高低海平面阶段。如 500—150ka BP 内巴巴多斯岛的海成面组（高海平面）与深海钻孔岩芯 $\delta^{18}O$ 的奇数阶段（暖）对应关系良好：阶段 11-V 组海成面、阶段 9-W 组海成面和阶段 7-X 组海成面，其起始年龄分别为 440ka BP、350ka BP 和 250ka BP，代表了中更新世几个重要的间冰期全球性高海平面时期（图 10-12 的冰期旋回 C、D、E）。

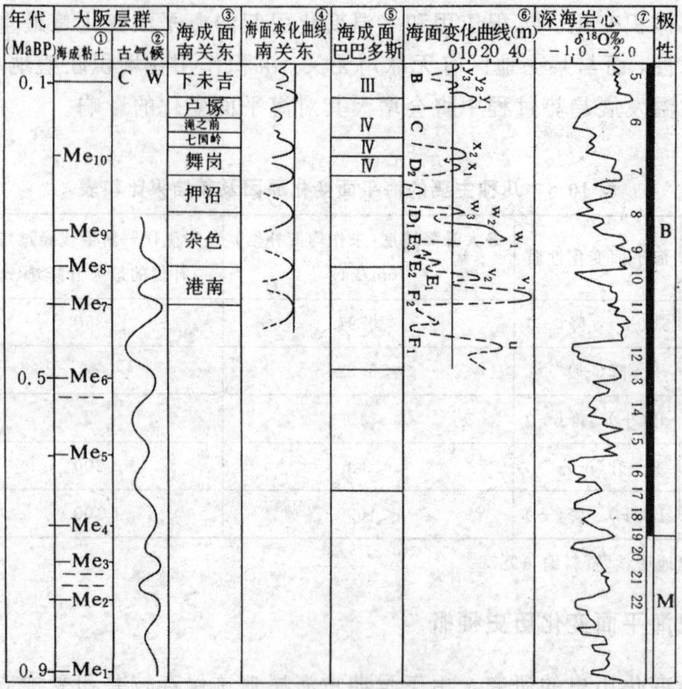

图 10-18　0.5Ma BP 来的海平面变化与深海钻孔 V28-238 氧同位素阶段对比图

(据成濑成图,1977)

①OD-1 岩芯的海相粘土,据石田(1970)的年代资料;②据太(1973)的孢粉分析资料绘制出的古气候变化曲线;③横滨西部、多摩丘陵及大矶丘陵的海成面。据町田等(1974)的资料;④据町田等(1974)的资料;⑤据 Mesolella 等(1969)及 Bender 等(1973)用 He-U 法测定的巴巴多斯岛的隆起珊瑚礁的年代;⑥据 Butzer(1974);⑦所罗门海台的深海岩芯 V28-238 中的有孔虫之 $\delta^{18}O$ 变化,数字是等级的号码,据 Shackleton 和 Opdyke(1973)。U.V.W.X.Y 为海洋半周期(高海平西),F.E.D.C.B 为大陆半周期(低海平面)。氧同位素阶段年龄见图 10-12

中国早、中更新世海平面变化历史主要根据东部平原下伏海相地层推断的。华北平原北京海侵(古地磁年龄 2.43Ma BP)、渤海海侵(1.5Ma BP)、海兴海侵(1Ma BP)和 0.7Ma BP 海侵[①];杭、嘉、沪平原有早、中更新世海侵层。至于闽、浙、鲁、冀沿岸残存的一些海成阶地,由于剥蚀破坏和受新构造抬升,使早、中更新世海平面变化历史研究变得复杂而困难。

2. 晚更新世海平面(130—11ka BP)变化　这一阶段包括末次间冰期和末次冰期,后者海平面历史研究详于前者。

130—75ka BP 的末次间冰期的海平面变化历史,据新几内亚海成阶地珊瑚礁台的铀系法测年资料,与深海钻孔 V19-30 岩芯浮游和底栖有孔虫壳 $\delta^{18}O$ 气候曲线对照(图 10-19),两者都揭示出有 120ka BP、100ka BP 和 80ka BP 3 个高海平面时期(图 10-19 有黑点处);可与大西洋巴巴多斯岛的 3 个高海成面:巴巴多斯Ⅲ(125ka BP)、巴巴多斯Ⅱ(103ka BP)和巴巴多斯Ⅰ(82ka BP)对比。新几内亚海成阶地经校正后,其中只有 120ka BP 的海平面比现代海平面高 6m,其他都低于现代海平面,并呈现下降趋势。据有孔虫和其他资料分析,120ka BP(末次间冰期初期)高海平面阶段水温比现在高 2~3℃。

---

① 中国第四纪海侵名称无统一用法,有时同一海侵名称,所属时代不同,故应注意海侵时代。

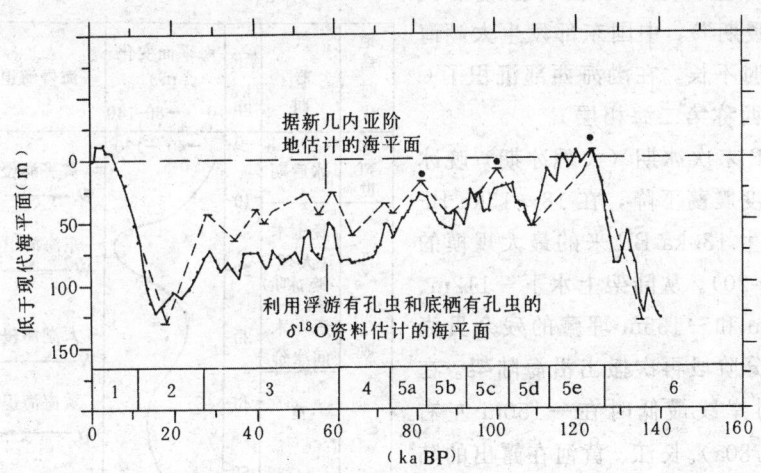

图 10-19 新几内亚海成阶地系列与 V19-30 钻孔浮游和底栖有孔虫壳 $\delta^{18}O$ 示 14ka BP 来海平面变化图
(据 N.J.Shackleton, 1986, 补充)

横标上 1、2、3、……6 为氧同位素阶段，其中第 5 阶段是复杂冰期旋回，又进一步划分为 5a，5b…5e

75—11ka BP 的末次冰期海平面波动下降趋势明显，尤其是 20—14ka BP 间世界几个大陆架上的试样 ^{14}C 年龄资料表明，世界海平面继晚更世以来的降势，在此期间达到 130ka BP 以来的最低点（图 10-20），海平面位于 $-100m \sim -135m$ 不等，如北美 $-105m$、日本 $-135m$、黑海 $-110m$、尼日利亚 $-100m$、中国 $-150m$ 左右，这是目前了解最多的一个全球沿海地带环境变化时代。由于全球性海退，各洲大陆的岛屿岸线外推几公里至几百公里不等，大部分陆架露出水面，许多近岸岛屿与陆地相联，内海形成湖或缩小，大陆面积暂时增加约 10%，气候的大陆性增强，动、植物发生相应的迁移，在露出的陆架上可形成有价值的砂矿和陆相沉积物。

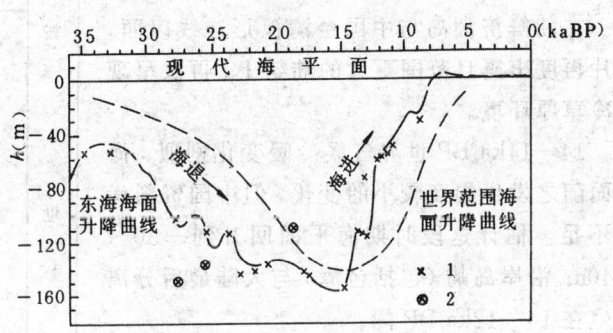

图 10-20 世界与中国晚更新世晚期海平面变化曲线
(据国家海洋局第二研究所，1978)
1. 泥炭样；2. 贝壳样

中国 130—14ka BP 海平面变化史是根据沿海陆架钻孔与平原海陆相交互地层和贝壳堤推断的（图 10-21）。130—75ka BP 的末次间冰期，中国沿岸普遍发生海侵，沉积了平原下伏的 E 层海相层（渤海称第一海相层）。这次海侵历史约经历了 35ka，海平面时有波动，最高海平面出现在 120ka BP 左右的北洋淀海侵（与巴巴多斯Ⅲ同期），海平面比现在海平面高 5~7m。据沉积物中含有现生活在黄海以南水域的伊沙伯丽蛤等暖水种化石，推断当时黄海水域水温为 18~20 ℃，比现在高 3 ℃。

70—40ka BP 间末次冰期（大理冰期）早冰阶，中国东部沿岸普遍发生海退，海水撤出黄海陆架，海岸线位于 $-75m$ 处，称黄海海退（或黄海冷期）；当时东海陆架海岸线在 $-100m$ 左右。在海水退去的陆架上约 35ka 内为荒凉的干冷草原。渤海西部沉积了 D 层陆相层。

40—25ka BP左右是一个相对温暖的气候期（"中黄海暖期"），中国东部发生太湖海侵，这次海侵历时不长，在渤海西部沉积了C层海相层（渤海西称第二海相层）。

25—14ka BP末次冰期（大理冰期）晚冰阶，海平面大幅度震荡下降，在18—15ka BP间，中国东部发生130ka BP来的最大规模的东海海退（图10-20）。从陆架上水下-112m、-136m、-141m和-155m埋藏的残余贝壳堤，可反映海水分阶段再次撤出沿海陆架。在东海陆架上当时岸线最低时在-150m左右（^{14}C16 000—14 780a）。长江、黄河在露出的陆架上往东推进，长江东进约600km，其尾闾在水深-150m~-160m左右。渤海洼地和露出的陆架上沉积了B层陆相层（包括黄土和长江三角洲沉积），北方哺乳动物（如野牛）游移其间。在朝鲜济洲岛与中国台湾弧形连线以西，这片再度出露且范围更大的陆架上，再次呈现干冷草原环境。

14—11ka BP世界气候冷暖变化剧烈，海平面随之发生幅度较小的变化，但中国资料尚欠不足，估计这段时期海平面回升到-30~-40m。沿岸岛屿（包括台湾）与大陆最后分离发生在14—12ka BP间。

3. 全新世（11ka BP）海平面变化 全新世（冰后期）是一个全球温暖期，除南北极冰盖变化不大外，世界其他冰盖和中纬山地冰川全部或大部分消融，在11—6ka BP（至5ka BP的大西洋期）全球海平面急剧震荡上升（图10-22

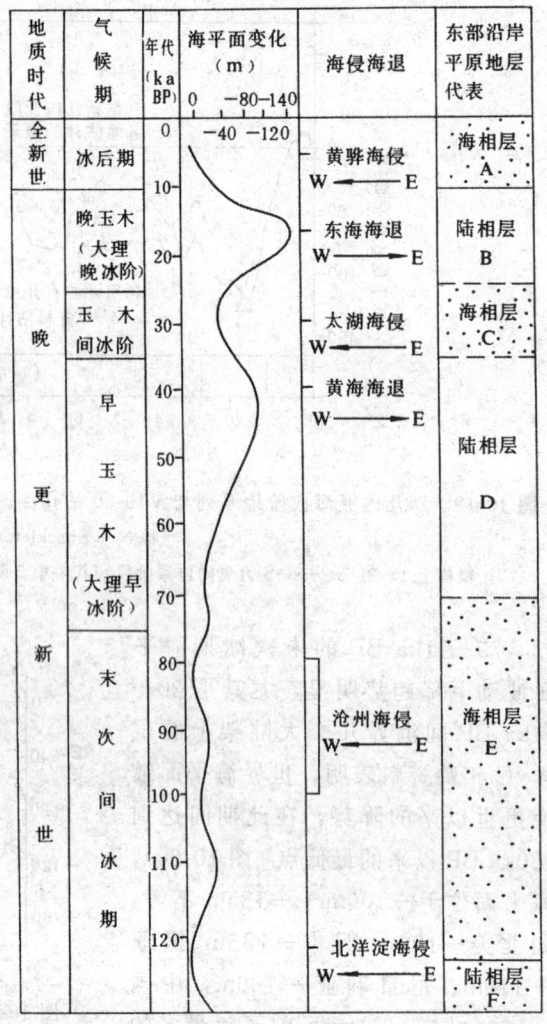

图10-21 中国东部气候与海平面与环境变化图
（据耿秀山（1981）、刘敏厚（1987）、赵松龄（1987）等资料编）

及表10-7），以后上升速度减慢并逐渐过渡到现代海平面，以上推论是建立在大量近岸泥炭（部分地区用贝壳或珊瑚亚化石）^{14}C年龄基础上的。

关于全新世海平面高度和上升方式与变化曲线形态有3种不同观点。R.W.费尔布里奇（1961）认为，到大西洋期结束时，海平面已迅速上升到现代海平面以上3m，并从那时起以后的海平面具有6m振幅。F.P.谢帕德（1963）不同意全新世有高出现代海平面3~4m的高海平面存在，认为海平面从11ka BP起从-40m逐渐上升，从4ka BP以来上升缓慢，以后接近现代海平面的位置。J.R.柯里和N.A.摩尔纳等不同于前两者，认为全新世海平面震荡稳定上升，约在5—3.6ka BP曾达到目前海平面的高度，以后则基本稳定。上述不同观点反映出不同地区全新世海平面上升的区域特点，难以用统一的全新世海平面变化形态曲线表示。J.A.克拉克（1980）在地球具有流变性质冰川与水均衡观念的基础上，提出全球全新世6个不同海平面变化区带（图10-23），其中的4个区带（Ⅰ、Ⅲ、Ⅴ和Ⅳ带）都属于中全新世曾

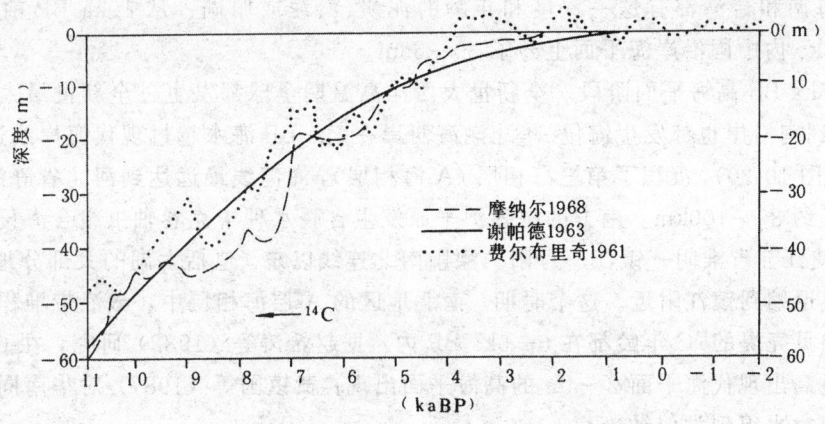

图 10-22 全新世海平面变化曲线图

(据 N.A. 摩纳尔, 1965)

表 10-7 11ka BP 以来世界海平面变化表　　　　　单位：mm

年代(ka BP)	谢帕德(1963)	斯科菲尔德(1960)	费尔布里奇(1961)	戈得温等(1958)
1	-0.5	+1	+1	
2	-1	+2	-2	
3	-2	+3	-3	
4	-3	+5	+2	
5	-4	-2	+3	0
6	-7	-0.5	0	-4
7	-10	-4	-6	-9
8	-16	-19	-16	-17
9	-22	-33	-14	-28
0	-31	-36	-32	-35
1	-40			-44

据 A. 高迪, 1976

有高出现代海平面的高海平面上升带, 只有在冰盖前缘隆起发生塌陷的下降带（Ⅱ带）和大洋沉降带（Ⅳ带）才有海平面下降的现象。中国属克拉克分区中的大陆滨岸区（Ⅵ带, 包括所有大陆）。

中国全新世海平面历史大致分为三段：

（1）10—8ka BP 海平面急剧上升阶段

在 10—8ka BP 期间, 中国东部海平面已回升到 $-15m \sim -20m$ （图 10-19）左右, 如渤海西部第一海相层（A 海相层）（图 10-20 及图 10-21）顶板在 $-10m \sim -15m$ 深度（^{14}C 测年为 10—8ka BP）; 上海地区海相泥炭层 $-20m$ （^{14}C 测年为 7.33 ± 0.45ka BP）。8—6ka BP 海平面上升到 $-5m$ 左右,

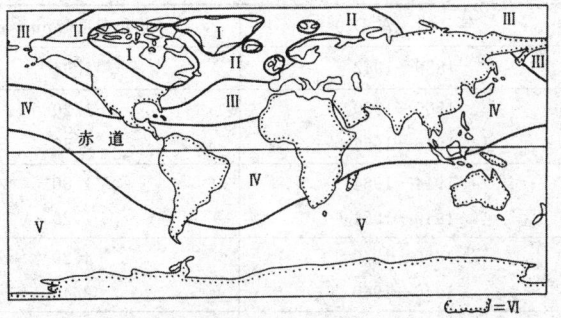

图 10-23 全新世海平面相对变化的 6 个预测带图

J.A. 克拉克 (1980)

Ⅰ. 冰原区; Ⅱ. 冰盖前缘隆起发生塌陷的下降区; Ⅲ. 隆起区（随时间变化）; Ⅳ. 大洋沉降带; Ⅴ. 大洋隆起带; Ⅵ. 大陆滨岸线区

浙江、辽东、海南和台湾都有这一深度和年龄的泥炭、淤泥或珊瑚。从10ka BP前海平面在－40m起算，2ka内中国沿岸海平面上升了30～35m。

（2）6—5ka BP 高海平面阶段　全新世大西洋高温期全球都发生过全新世最大海侵，此时，中国从北到南沿岸也都发生海侵。华北渤海西岸在5ka BP海水越过现代海岸线进入内陆，称黄骅海侵（图10-20），沉积了第三海相层（A海相层），海湾线最远达到河北省静海县西部，离现代海岸线约80～100km。南方的杭嘉沪平原发生含暖水种毕克卷轴虫组合海侵（有人称镇江海侵），使江苏省淮阴—镇江—丹阳—溧阳南北连线以东（包括太湖的大部分地区）皆成泽国，长江口退缩到镇江附近。这个时期，南北地区的A层海相层中，激浪带堆积的海滩堆积、牡蛎礁和贝壳堤的^{14}C年龄都在6—5ka BP内。据赵希涛等（1982）研究，在6—5ka BP间中国曾有过高出现代海平面2～4m的高海平面出现；黄镇国等（1987）对华南同一时期的海平面变化研究也得到类似结论。

（3）5ka BP以来海平面波动下降阶段　在距今5ka BP左右中国东部南北海平面微有波动下降，在南北沿岸都留下高度和年代从西往东递减的4道断断续续贝壳堤，北部的渤海地区从西到东为贝壳堤Ⅳ（^{14}C年龄4.7—4ka BP）、贝壳堤Ⅲ（^{14}C年龄3.8—3ka BP）、贝壳堤Ⅱ（^{14}C年龄2.5～1.6ka BP）和贝壳堤Ⅰ（正在形成中）[①]；在江苏南部称西岗（^{14}C年龄6ka BP）、中岗（4ka BP）、东岗（3.8ka BP）和新岗（正在形成中）。贝壳堤顶板高出现代海平面2～5m，底板往东倾斜，海拔高程在1～2m间，顶底高差与现代高低潮位差大体相近，反映其总的波动下降趋势，但其中也出现过1～2m的短暂的高海平面。在2.5ka Ba左右海退中钱塘江涌潮开始出现，这时中国东部海平面基本稳定在目前位置上。中国全新世海岸遗迹在天津宁河县汉沽区和河北省丰南县有保存甚好的古贝壳堤、牡蛎滩和湿地，是保护对象。

4. 现代海平面变化　现代海平面变化是指现代小冰期结束之后20世纪的海平面变化。现代海平面变化目前主要根据长期观潮仪记录资料研究。国外沿海国家有较多观测站和较长时期的记录，这些资料反映出20世纪以来全球海平面呈现轻微上升趋势（表10-8），近几年来海平面年平均上升率约为2mm/年。这一上升趋势形成的原因尚不很了解，有可能包括现代小冰期后的全球气温升高、人为活动导致CO_2温室效应加剧、区域性地壳运动和沉积作用等因素的叠加影响。

表10-8　现代海平面上升速度表

年　代（A.D.）	上升速度（mm/a）	资　料　来　源
1880—1942	1.94	古登伯格（1941）
1900—1950	1.20	费尔布里奇、克雷布斯（1962）
1946—1956	5.50	
1914—1964	1.80	斯科尔（1964）
1940—1964	1.20	
1890—1940	4.20	唐和肖（1963）
1940—1960	2.40	
1916—1962	2.50	霍金斯（197）

据 A. 高迪，1980

[①] 在渤海西沿岸：Ⅳ. 天津育婴堂贝壳堤（估计大于4ka）；Ⅲ. 巨葛庄贝壳堤（^{14}C, 3.4ka）；Ⅱ. 岐口贝壳堤（^{14}C, 1.3ka）。

我国沿海观测站少，记录时间也较短（表 10-9），但仍反映出现代海平面上升的趋势[①]。除山东半岛受构造上升影响海平面变化相对稳定外，山东半岛以北沿海（除河口区外如塘沽外）现代海平面上升速度一般小于半岛以南沿海。广西涠洲岛相对很高的海平面年上升速度可能与局部因素有关。

表 10-9 中国现代海平面变化表

站　名	观测年份	观测年数	升（+）降（-）量 (cm)	升（+）降（-）速度 (mm/a)
1. 高　雄	1904—1929	25	+5	+0.20
2. 基　隆	1904—1924	20	+2	+0.10
3. 塘　沽	1915—1981	66	+90	+0.73
4. 秦皇岛	1951—1980	29	+21	+0.72
5. 葫芦岛	1955—1981	26	+5	+0.19
6. 吴　淞	1912—1971	59	+21	+0.08
7. 营　口	1952—1971	19	+5	+0.11
8. 羊角沟	1952—1978	26	+2	+0.19
9. 龙　口	1961—1981	20	+5	+0.25
10. 烟　台	1953—1981	28	+0	+0
11. 乳山口	1960—1981	21	+0	+0
12. 青　岛	1950—1980	28	+0	+0
13. 石臼所	1968—1981	13	+0	+0
14. 连云港	1953—1981	28	-15	-0.54
15. 绿华山	1963—1981	18	+0	+0
16. 长　涂	1960—1981	21	+8	+0.38
17. 坎　门	1958—1981	23	+5	+0.22
18. 厦　门	1960—1981	21	+6	+0.29
19. 东　山	1960—1981	21	+8	+0.38
20. 汕　头	1954—1971	23	+5	+0.22
21. 榆　林	1955—1980	25	+5	+0.20
22. 涠洲岛	1960—1981	21	+22	+1.05

据王志豪，1986

四、中国第四纪气候变化概况

（一）中国第四纪冰期

中国第四纪冰期研究始于李四光教授，他在 1947 年发表了《冰期之庐山》一书，为中国第四纪冰川地质学打下了基础。经过半个多世纪的研究，尽管有关中国东部低山丘陵地区第四纪冰川研究仍有争议，但在第四纪中国东部未发育大冰盖这一点上多数人取得了共识。中国第四纪山岳冰川活动主要发生在西部高山高原区，东部有些中山区，也有过规模不大的小型山地冰川活动。中国第四纪冰期的划分如表 10-10 所列。

（二）中国黄土-古土壤系多波动气候模式

黄土是中国北方第四纪主要沉积物，黄土-古土壤系所反映的寒暖气候变化多波动模式（图 10-24），基本上代表了中国北方季风区的第四纪气候变化历史。

[①] 据报道国家海洋局最近公布的海洋监测数据表明，我国海平面继续呈明显上升趋势，我国海平面的平均上升速度为 2.6mm/年。

表 10-10 中国第四纪冰期初步对比表

冰期、间冰期 \ 地区	珠穆朗玛峰 1976	天山 1976	北京地区 1976	东北 1975	华北 1976	云南元谋 1976	湘西 1975	庐山 1947
小冰期	绒布德小冰期	皮牙子里克(土格别里齐)						
冰期	珠穆朗玛冰期	塔克拉克(破城子)	百花山	白头山	大理	大理	雪峰	
间冰期		诺什卡	马兰期	镇西—白头山	丁村期	四家村	铁山—雪峰	
冰期		台兰(克茨布拉克)	碧云寺	镇西(诺敏河)	庐山	东山	铁山	庐山
间冰期	加布拉	台兰—柯克台不爽	周口店期	洮儿河(绰纳河)	周口店期	月龙	长迹—铁山	大姑—庐山
冰期	聂聂雄拉	柯克台不爽	龙骨山	白土山—洮儿河	大姑	中山	长迹	大姑
间冰期	帕里	?	泥河湾期	白土山	公王岭期	牛王山	桐木—长迹	鄱阳—大姑
冰期					鄱阳	马头山		
间冰期	希夏邦马	?			西侯度期	元谋冰期	桐木	鄱阳
冰期						龙川-元谋		
冰期			朝阳		龙川	龙川		

据孙殿卿等，1977，简化

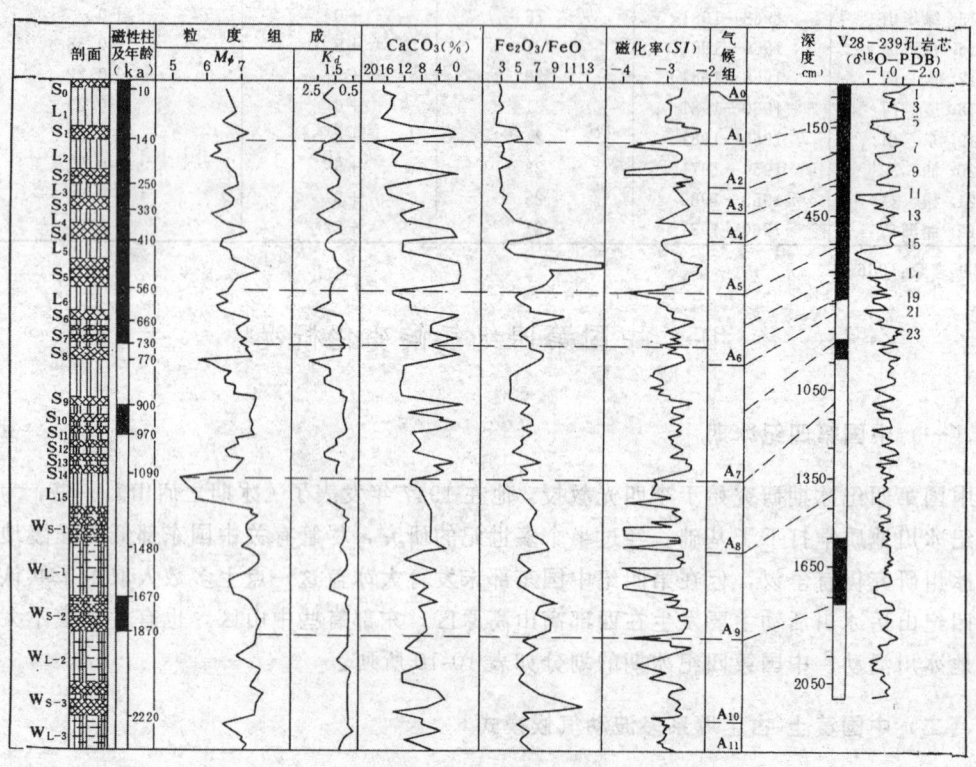

图 10-24 2.4Ma BP 以来陕西洛川黄土-古土壤系列间接气候指标的变化曲线图
(据刘东生等，《黄土与环境》，1985)

刘东生等多年来对黄河中游黄土研究，以陕西洛川黄土-古土壤系为基础，利用多种宏观、微观气候标志，揭示出 2.4Ma BP 以来的黄土沉积是在由湿润的森林草原向干冷草原、荒漠草原气候环境过渡的总趋势下，呈现有节奏的干冷与湿润（或广义的冰期与间冰期）交替的气候波动：2.4Ma BP以来黄土中记录了10个时间尺度较大的由温湿向干冷波动的气候变化旋回（A_1，A_2，……，A_{10}）及2个不完整的半旋回（A_0及A_{11}），即2.4Ma BP以来有11次冰期及11次间冰期气候在黄土高原出现。其中气候波动幅度最大的时期，位于布容正极性时中部和布容松山交界处，地层上分别相当于离石黄土内部分界和离石黄土与午城黄土的分界。旋回A_5和A_6的前半部的暖期在时间上与欧洲霍尔斯坦间冰期和克罗默暖期相当（图10-11），是第四纪黄土高原的最暖时期。从布容正极性时以来的0.7Ma BP内亚旋回增多的趋势和马兰黄土分布扩大，表明后期气候的干冷化趋势更为明显。此外，据青海柴达木盆地察尔干盐湖的资料，布容正极时内湖水的水位高低和湖水咸淡变化反映的干（冷）湿（暖）气候变化与黄土基本同步（黄麒等，1990）。

（三）中国第四纪气候变化梗概

中国地域辽阔，现代和古代气候都有明显的多样性和区域性，难以用一种单项气候事件阐述整个第四纪气候变化历史。因此，笔者以多种宏观气候标志为基础，对中国第四纪气候与环境变化的主要时段特征进行综合分析，并对一些重要时段特征用图予以说明。

中国现代气候的格局是东部从北往南依次为寒温带→温带→亚热带和热带，受季风影响气候较湿润；西部高山高原气候垂直分带明显；西北区远离海洋，属大陆性干旱区，气候干燥少雨。上述中国现代气候的格局，是在上新世气候基础上，受第四纪气候全球性变化、青藏高原强烈上升和祁连山-秦岭-大别山隆升，以及东亚季风影响的结果。

1. 中国上新世气候　中、上新世中国地貌比今日起伏小，青藏地区大部分为与东部相连的海拔1 000m以上高平原，三大地貌阶梯尚未成形。根据三趾马动物群、孢粉组合、红土风化壳和古岩溶形态等分析，中国上新世气候受行星风系影响，气候带大体呈纬向分布（图10-25），从北而南分为暖温带、亚热带和热带。暖温带南界大致在北纬42°N左右。北一中亚热带占据42°N～28°N的广大地区；此带气候东湿西干。南亚热带—热带位于青藏地区南部、珠江流域、台湾、海南岛和南海诸岛。

2. 中国早更新世（2.4—0.73Ma BP）气候　中国早更新世冷暖气候变化频繁，按气候特征大体可以分出两冷夹一暖3个气候时期，每个气候时期都包括更次级气候波动。

(1) 早更新世早期（2.4—1.8Ma BP）寒冷气候　中国西部和北部气候受全球降温影响，普遍变得比上新世冷。西部山地和东北区降温较南部早，喜马拉雅山和昆仑山较早出现小规模山岳冰川活动，以喜马拉雅山的希夏邦玛冰期开始出现为代表，冰碛物称"贡巴砾岩"，东北区有早更新世冰缘环境记录。黄土高原开始堆积午城黄土。东部平原气候仍较暖，华北平原发生"北京海侵"，部分地发育桦（占40%）林。华南气候仍较湿热，生活着亚热带、热带动植物群。

(2) 早更新世中期（1.8—0.9Ma BP）气候　这是一个以温暖气候为主的时期，西部高山、高原为间冰期气候，黄土高原堆积了午城黄土，其中S_9—S_{11}为反映气候温润的密集古土壤系，北京一带生长栎林，暖温带气候带往北扩展到北纬34°N左右。

(3) 早更新晚期（0.9—0.73 Ma BP）气候　此时中国气候以寒为主。西部希夏邦玛冰期山岳冰川有较大规模的活动。东北和华北平原北部出现冰缘冻土，据古冰楔估计当时年均温比现在低10℃左右。东部平原生长暗针叶林。黄土高原堆积了L_9层砂质黄土，估计年均温比现在低8～9℃。此时中国气候带格局与上新世不同的是东西出现差异，寒冷气候带扩大，温

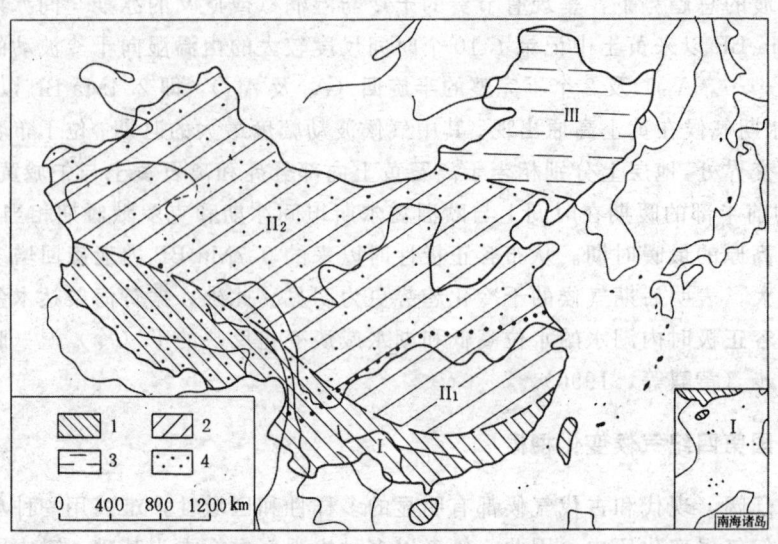

图 10-25 中国上新世气候略图

(引自 1:250 万《中华人民共和国及其毗邻海区第四纪地质图说明书》,1990,据曹伯勋,1988)

1. 南亚热带,热带(Ⅰ);2. 北亚热带、中亚热带(Ⅱ₁湿热;Ⅱ₂干暖);3. 暖温带(Ⅲ);4. 三趾马动物群分布区(Ⅳ)

热气候带缩小(图 10-26)。

3. **中国中更新世(0.73—0.13Ma BP)气候** 中更新世是中国第四纪气候波动幅度最大和冷暖变化明显的时期。冷期在西部发育了中国第四纪最大规模的山岳冰川,暖期在东部广泛发育红土。按多种气候标志可大致分为两寒夹一暖 3 个时期气候。

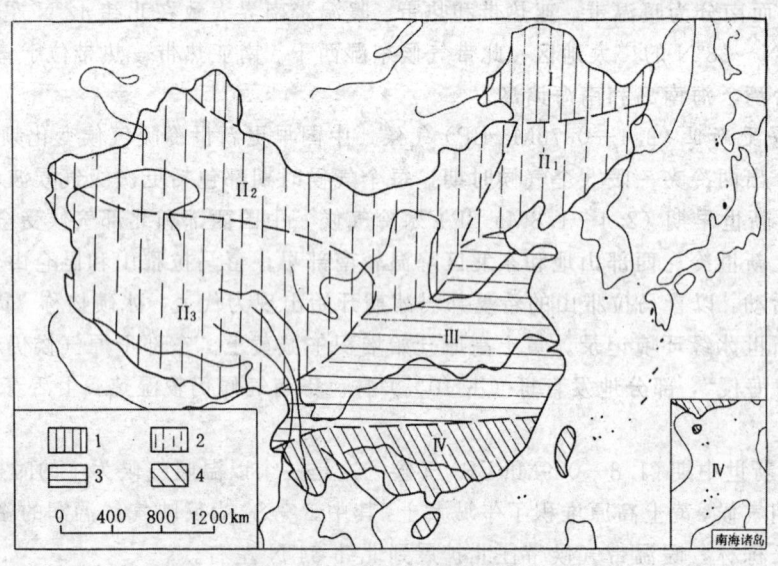

图 10-26 中国早更新世晚期气候略图

(引自 1:250 万《中华人民共和国及其毗邻海区第四纪地质图说明书》,1990,据曹伯勋,1988)

1. 寒带(Ⅰ);2. 亚寒带(Ⅱ₁半湿润;Ⅱ₂半干旱、干旱;Ⅱ₃半湿润或湿润);3. 温带(Ⅲ);4. 亚热带和热带(Ⅳ)

(1) 中更新世早期(0.73—0.60Ma BP)气候　中国气候寒冷,青藏高原对西南季风的屏障作用开始显现。在青藏高原和西北山地发生过中国第四纪以来,最大规模的山岳冰川活动,以喜马拉雅山地区聂聂雄拉冰期为代表,都属于山麓式或复式冰川,在青藏高原边缘降水较充沛地区冰川规模是现代冰川的15倍。东北和东部的一些中、低山此时也有小规模山地冰川活动,如庐山地区的大姑冰期。

(2) 中更新世中期(0.6—0.3Ma BP)气候　此时气候温暖湿润,是中国第四纪气候史上最长最暖湿的高温期(又称大间冰期)(图10-27)。在青藏高原以加布拉间冰期为代表,发育红粘土风化壳和湖积物,从后者所含栎、木兰等暖温带、亚热带植物孢粉组合推断,当时年均温比现在高5~7℃。西北黄土高原发育了著名的由2~3层棕红色壤土夹薄层黄土组成的S_5古土壤层系,属暖温带落叶阔叶森林土壤,其形成时年均温比现在高约4℃,年降水量多350mm。华北和东北区生活着0.5~0.25Ma BP著名的暖温带周口店动物群。华南、华中生活着亚热带大熊猫-剑齿象动物群,此时是中国南北动物群交汇的一个重要时期。这一时期红土虽从北至南都很发育,但秦岭—大别山以南红土普遍蠕虫化(又称网纹红土),反映华中属亚热带气候,秦岭以北属暖温带气候。中更新世温暖气候虽往北扩展,但尚未达到上新世气候格局。

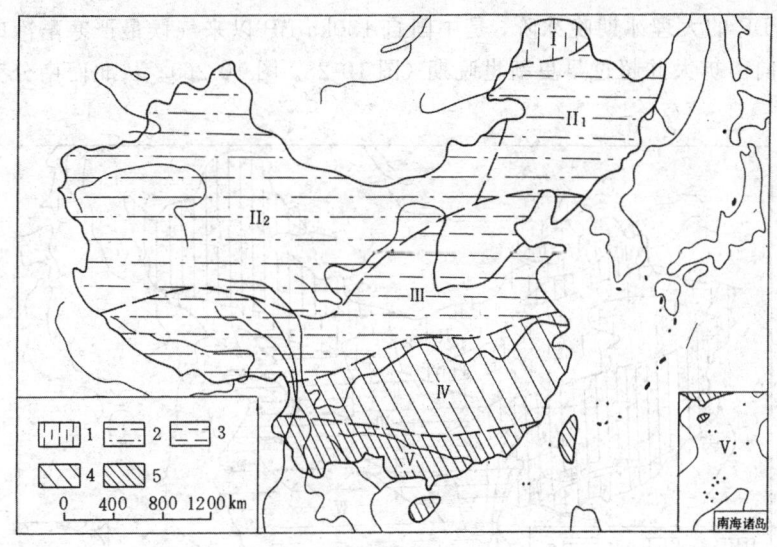

图10-27　中国中更新世中期气候略图
(引自1:250万《中华人民共和国及其毗邻海区第四纪地质图说明书》,1990,据曹伯勋,1988,略有修改)
1. 寒温带(Ⅰ);2. 中温带(Ⅱ₁半湿润;Ⅱ₂半干旱、干旱);3. 暖温带(Ⅲ);4. 北—中亚热带(Ⅳ);5. 南亚热带、热带(Ⅴ)

(3) 中更新世晚期(300—130ka BP)气候　此时青藏高原已隆升到海拔3 000m左右,中国三大地貌阶梯结构已经确立。青藏高原在西风带中成为近EW向抵柱,构成阻止西南湿润季风北上的屏障(使之只能有限地沿横断山南北向谷地北上),把西风带分为南北两支,急流的状况更为明显①。冰期北支强于南支,并与来自西伯利亚的寒流复合,强劲的干冷气流把黄土从西北吹向东南;间冰期南支强于北支,并与来自印度洋和东南部海洋的暖湿气流复合,往

---

① 据张林源研究,现代东亚季风开始形成于第四纪初期,当时青藏高原海拔约2 000m左右。中国第四纪冰期、间冰期大气环流结构分别似于现代冬季(冬季风)和夏季(夏季风),只是强度上更强大,时间持续更长。

东部和黄土高原输送一定水分和热量。从离石黄土上部此时扩大堆积到长江河谷来看,此时北支急流强于南支,中国第四纪中期长期持续的暖湿气流北移大为减弱和晚更新世干冷气流的大规模发展都始于这一时段。

4. 中国晚更新世(130—11ka BP)气候 中国晚更新世(尤其晚期)气候严寒干冷,引起中国环境巨变、生态恶化。分末次间冰期与末次冰期2个阶段(图10-21)。

(1)中国末次间冰期(130—75ka BP)气候 气候相对温暖,西部山地冰川有所退缩,黄土高原年均温比现在高约4℃,年降水多280mm(以洛川剖面S_1为准)。东部沿海平原发生小规模海侵(白洋淀海侵、沧州海侵)。

(2)中国末次冰期(750—11ka BP)气候 中国大理冰期早冰阶气候不是最寒冷阶段,但干冷气候的势头有所反映,如在西部高山高原区,地形虽高,气候虽冷,但由于得不到足够的降雪,此时山岳冰川发育规模远不及中更新世大,沿海海平面下降也不及其后的晚更新世晚期低。

45—25ka BP为相对温暖的间冰阶气候,西部高山高原有湖积物形成,黄土高原发育灰棕色壤土。华北区生活着萨拉乌苏动物群,东北区此时猛犸象相对较少。东部沿海有海侵发生(太湖海侵、沧西海侵)。

25—11ka BP的大理冰期晚冰阶,是中国自130ka BP以来气候最严寒酷冷时期,中国东部寒冷气候带向南扩大并超过早更新世晚期(图10-28、图10-26)。从北而南分为:寒带冰缘

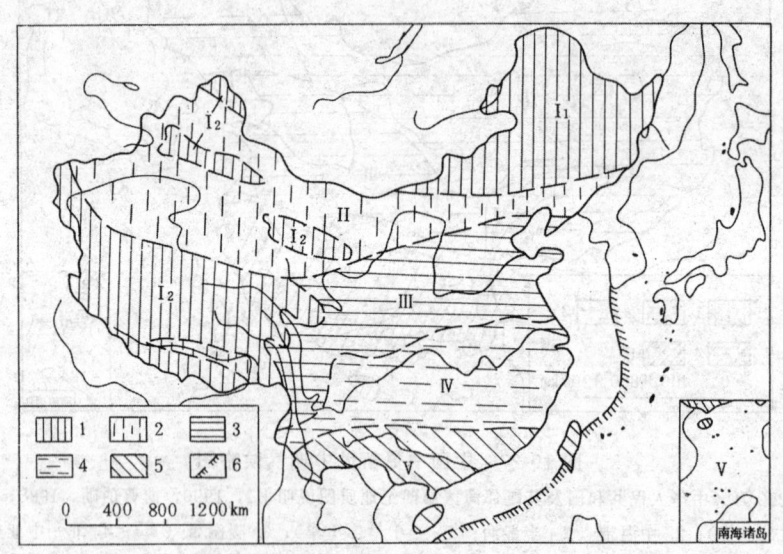

图10-28 中国晚更新世晚期气候略图
(引自1:250万《中华人民共和国及其毗邻海域第四纪地质图说明书》,据曹伯勋,1988,略有修改)
1.寒带(I_1纬度永久冻土;I_2山地、高原永久冻土);2.亚寒带(岛状冻土)(Ⅱ);3.寒温带(Ⅲ);
4.暖温带(Ⅳ);5.亚热带(Ⅴ);6.当时岸线

气候(图10-28Ⅰ),包括北纬42°N以北的东北区和内蒙古东部,发育大片永久冻土,生长干冷草原植被,猛犸象相对集中,年均温比现在低6℃以上。亚寒带气候(图10-28Ⅱ),发育不连续岛状冻土,冷、云杉林普遍下降到河谷平原,猛犸象和披毛犀共存,年均温比现在低5～6℃。寒温带气候(图10-28Ⅲ),包括北纬40°N—长江河谷以北地区,发现零星冻褶构造

和从北部游移来的披毛犀的化石多处。暖温带气候（图10-28Ⅳ），主要包括长江河谷南北地带，但受北方寒冷气候影响较大，如15—13ka BP期间，长江河谷地带常绿林一度绝迹，其年均温比现在低约5℃。由于此时海平面下降到-150m左右，所以这时也是长江及其干、支流深切的一个重要时期。长江以南温暖气候带狭缩（图10-28Ⅴ），大熊猫-剑齿象动物群分布区缩小，个体增大，红土发育势衰。中国西部山岳冰川发育有限，高山高原永久冻土却得到大规模的发展。青藏高原的珠穆朗玛冰期，由于气候干冷只发育了小型山岳冰川，其规模远小于中更新世冰川。而高原上发育了157.8万km²永久冻土（图10-28Ⅰ₂），其石环直径最大达100m，足见气候相当干冷，估计其年均温在-6℃左右。西北区山地情况也大体如此。黄土高原地处寒流劲吹前缘，使马兰黄土大面积覆盖在华北丘陵平原直到长江谷地以南。沿海地带发生大规模的海平面下降（图10-20及图10-21）。此时，中国除华南外，大部分地区都处于严寒干冷气候控制或其影响之下，与今日气候环境相差甚大。

5.中国全新世（11ka BP—至今）气候 中国全新世气候全面转暖，与全球气候变化基本相似。从植物孢粉组合的演替与山地冰川末端反映的中国全新世气候变化如图10-29所示。

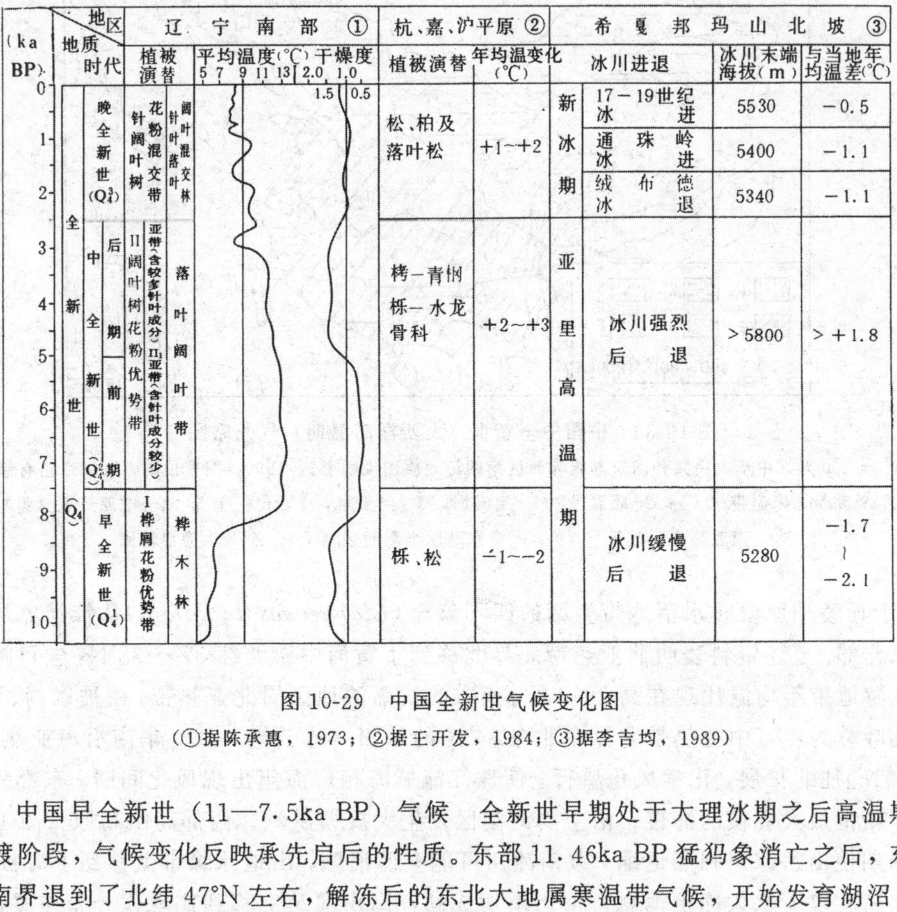

(ka BP)	地质时代	地区	辽宁南部 ①				杭、嘉、沪平原 ②		希夏邦玛山北坡 ③			
			植被演替	平均温度(℃) 5 7 9 11 13	干燥度 2.0 1.0 1.5 0.5		植被演替	年均温变化(℃)	冰川进退		冰川末端海拔(m)	与当地年均温差(℃)
0	晚全新世(Q₄³)		针阔混交带	花粉混交林	阔叶带		松、柏及落叶松	+1~+2	新冰期	17—19世纪冰进	5530	-0.5
1										通珠岭冰进	5400	-1.1
2										绒布德冰退	5340	-1.1
3	中全新世后期(Q₄²)		Ⅱ阔叶树花粉优势带(亚带含较多针叶树成分)		落叶阔叶带		栲-青冈栎-水龙骨科	+2~+3	亚里高温期			
4										冰川强烈后退	>5800	>+1.8
5	中全新世前期(Q₄²)											
6												
7												
8	早全新世(Q₄¹)		Ⅰ桦属花粉优势带		桦木林		栎、松	-1~-2		冰川缓慢后退	5280	-1.7~-2.1
9												
10												

图10-29 中国全新世气候变化图
（①据陈承惠，1973；②据王开发，1984；③据李吉均，1989）

（1）中国早全新世（11—7.5ka BP）气候 全新世早期处于大理冰期之后高温期到来之前的过渡阶段，气候变化反映承先启后的性质。东部11.46ka BP猛犸象消亡之后，东北区永久冻土北界退到了北纬47°N左右，解冻后的东北大地属寒温带气候，开始发育湖沼，泥炭层孢粉以桦为主（60%），受海洋气候的影响，桦林从东北沿海一直延至内蒙古东部。华北平原属暖温带半干旱气候，生长着桦、松树林。燕山南麓泥炭发育，往西内蒙古伊克昭盟一带气候变干。南方杭嘉沪地区属暖温带湿润气候，植被以松、栎为主，年均温比现在低1~2℃。华南亚热带、热带气候稍往北移，广东沿岸和西沙群岛生长着珊瑚。东部沿海主要大河口有小规模的海侵。西部山地冰川继承晚更新世末的衰势,天山、祁连山留下 2~4 排终碛堤。西北高原、盆地气候干燥,湖泊日益衰落(或干涸、或咸化),风力作用加强。藏北高原盆地开始堆积泥炭,藏南斯潘古尔湖出现高湖面。

(2)中国中全新世(7.5—2.5ka BP)气候 中全新世高温期(大西洋期)是中国自11ka BP以来最温暖湿润的气候阶段,年均温一般比现代要高 2~3 ℃(有的地方更高一些),降水量要多 500~800mm。此时中国温暖气候带和亚热带气候占主要地位,沿岸发生规模不等的海侵,海平面普遍上升,森林发展,冰川冻土部分或全部融化。东部东北区和华北平原北部属暖温带气候(图 10-30 Ⅱ),永久冻土南界已退到北纬 48°N 左右的大兴安岭北部布哈特旗附近,永久冻土大规模融化,沼泽泥炭发育全盛,形成今日广布的黑土和泥炭,广泛生长栎、榆组成的落叶阔叶森林植被。华北平原南部直到南宁附近属北—中亚热带气候(图 10-30 Ⅲ),6ka BP左右,热带动物亚洲象、苏门羚和孔雀动物群北迁到北纬 33°N 的河南淅川附近。7—4ka BP

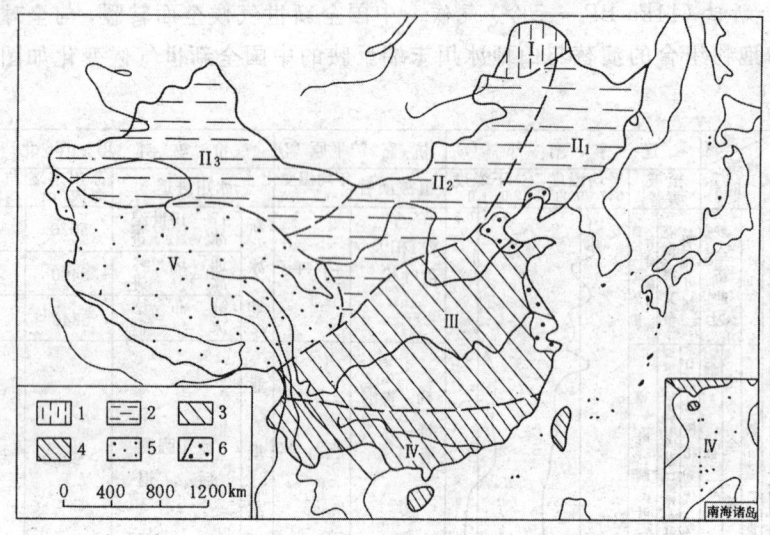

图 10-30 中国中全新世(大西洋高温期)气候略图
(引自 1:250 万《中华人民共和国及其毗邻海区第四纪地质图说明书》,1990,据曹伯勋,1988,略有修改)
1.亚寒带、寒温带(Ⅰ);2.暖温带(Ⅱ₁半湿润,Ⅱ₂半干旱,Ⅱ₃干旱);3.北—中亚热带(Ⅲ);
4.南亚热带、热带(Ⅳ);5.青藏高原半湿润区(Ⅴ);6.最大海浸范围

期间,习于丘陵平原湿暖水沼地带生活的四不象鹿(*Elapheurus davidians*)从淮河流域北迁至华北平原北部。上述资料表明北亚热带北界北移到了黄河中游北纬 37°~38°N,竺可桢估计当时黄河中游地带年均温比现在高 2~3 ℃。南方的杭嘉沪地区属北亚热带,植被以栲、青冈、栎等常绿阔叶林为主,中亚热带北界在北纬 34°N 的徐州—连云港一线。华南沿海亚热带、热带(图 10-30 Ⅳ)往北扩展,化学风化盛行,使珠江流域海相广海组出现风化间断。东部和南部沿海发生全新世最大规模的海侵;沿主要河湖区发生大规模洪泛。西部高山高原(图 10-30 Ⅴ)亚里高温期使山岳冰川强烈退缩,藏南冰川可能全部消融,山地冰缘带上移到了海拔 4 500m 左右,此高度以下永久冻土消融。河川下切成湖,高山灌丛上移到比现代分布位置高 600~900m 处。藏北"无人区"发现中、新石器时代的石器,泥炭堆积一度很盛,足见气候较温暖湿润。

(3)中国晚全新世(2.5ka BP 以来)气候 晚全新世中国气候普遍由湿暖转向干凉,构成一个次级暖冷旋回,但其间有几次更短的气候冷暖波动,在大约在 1ka BP 左右逐渐过渡为现代波动频繁的干凉为主的气候。此时植物孢粉组合中阔叶树——栎树的含量显著下降而针叶树——松树含量增加，东北冻土层中出现冰卷泥，山地冰川推进。据竺可桢用物候记录①和历史文献资料对中国自 5ka BP 以来（主要是全新世晚期）气候变化研究结果（图 10-31），划分出四冷四暖交替气候变化序列，并指出与欧洲地区差异：

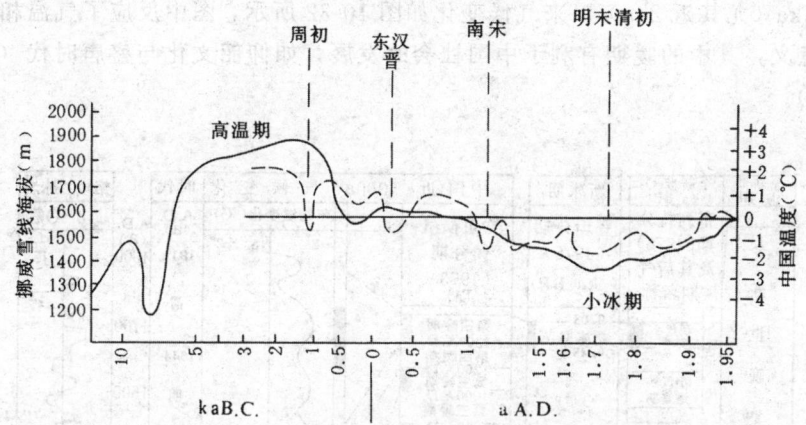

图 10-31 中国近 5ka BP 来气候变化（虚线）占挪威雪线（实线）对比图
（据竺可桢，1973，略补充）
（挪威雪线现代海拔为 1 600m 左右，水平比例尺为幂函数缩尺）

第一暖期 3000a B.C. 以前—1000a B.C. 即大约从仰韶文化期到殷墟文化期（大西洋期后期）时代。大部分时间内年均温比现在高 2℃左右，亚热带动植物能在黄河流域生长，是黄河流域中华民族文化的奠基时期。

第一冷期 1000—850a B.C. 的周初。与西欧相比中国出现短暂冷期，使汉江水面结冰。

第二暖期 770a B.C.—公元初的从春秋战国到秦、汉时代。其中春秋战国气候较暖，黄河中下游遍生竹、梅。西欧此时暖中有寒。

第二冷期 公元初—600a A.D. 的东汉、三国、南北朝时代。其中的 280a A.D. 年前后尤冷，每年阴历 4 月降霜，年均温比现在低 1~2℃左右，黄河、淮河水域冬天结冰。

第三暖期 600—1000a A.D. 的隋唐时代。这是中国 3 000a 来最温暖的气候阶段，竹、梅、柑桔可在无冰雪的西安一带生长，足见当时气候相当温暖，对所谓盛唐文化发展有利。

第三冷期 1000—1200a A.D. 的南宋时代。此时气候转冷，华北地区已不再有野梅树生长；太湖水面结冰，洞庭柑桔冻死，荔枝种植线南移等现象时有发生。这个冷期在挪威曲线上反映不明显，直到 13 世纪寒冷才开始出现。

第四暖期 1200—1300a A.D. 元代。由于气候转暖，竹子生存线又往北移到黄河中游。

第四冷期 1400—1700a A.D. 的明末清初时代与现代小冰期一致，大批亚热带柑桔冻死，江河水面封冻不时发生，寒流可抵达广东、海南，西部山地冰川、冻土有所发展扩大。这个冷期比欧洲大约要早 50a 左右。

以上气候波动在每个 400a 和 800a 周期内，又有 50—100a 周期性波动，温度变化在 0.5~1℃间。

---

① 物候记录指对气候敏感、能反映气候寒暖变化的动植物和现象，如梅花、柑桔、竹子盛衰，农作物收获，江湖水面封冻和动物迁移等的时间变化。

据张丕远等研究，1500a A.D. 以来的500a内，中国气候寒冬分别集中在1500—1550a A.D.、1601—1720a A.D. 和1831—1900a A.D.3个时段内，其间为暖冬间隔。寒冬阶段初霜期提前，终霜期退后。17世纪中期以前旱灾多于涝灾，17世纪中期以后涝灾多于旱灾，目前处在水灾多发期，其频率是近500a来的最高峰。一般洪涝之前少雨，干旱之前伴生洪涝。

中国近5ka（尤其近2ka）以来气候变化如图10-32所示，图中反应了气温相对变化的古气候与环境意义，其中的暖期有利于中国社会的发展，如仰韶文化与盛唐时代（相当于"小气候适宜期"）。

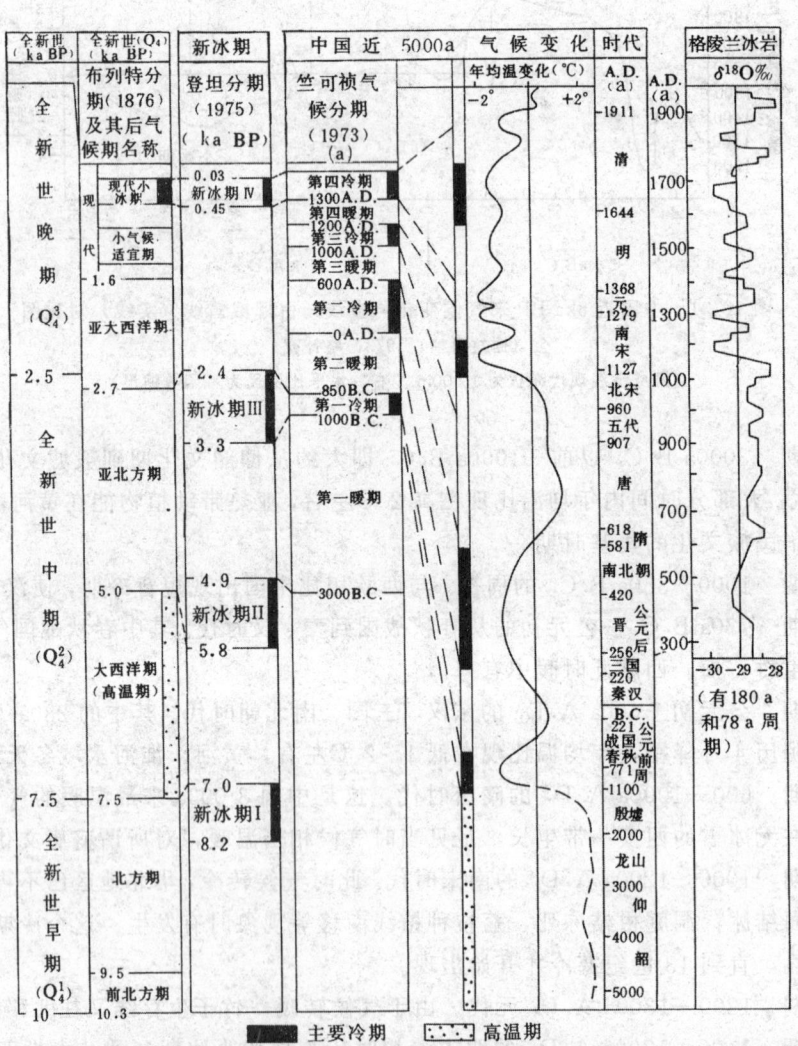

图 10-32 中国近5ka来气候变化及全新世气候分期对比图
（格陵兰冰岩芯$\delta^{18}O$ 据S.J.Johnsen等，1970）

总的来看，中国第四纪气候变化具有多种形式：西部山地高原和东北山地以冰期、间冰期为主，东北平原冰缘期多次出现，两者寒冷气候来临较早。华北以干（冷）、湿（暖）为主。华南区气温变化不及华北区大，干湿变化为主。中国的青藏高原在第四纪的加速隆升成为引起中国东西部气候分异的主要因素。东部平原北纬41~33°N间是第四纪冷暖气候频繁南北摆动的气候敏感带。

五、气候变化原因和未来气候与环境变化趋势问题探讨

(一) 气候变化原因概述

对地球气候变化原因的研究,不单是为了说明过去气候变化规律与动因,也是对未来气候与环境变化趋势探讨研究所必需的。地球气候变化原因是一个世界性的多学科都关注的问题,有关假说近200种。概括起来,引起地球不同时间尺度气候变化原因有3种因素,即宇宙的、地球的和人为的因素(图10-33)。宇宙和地球因素中都有导致不同时间尺度气候变化

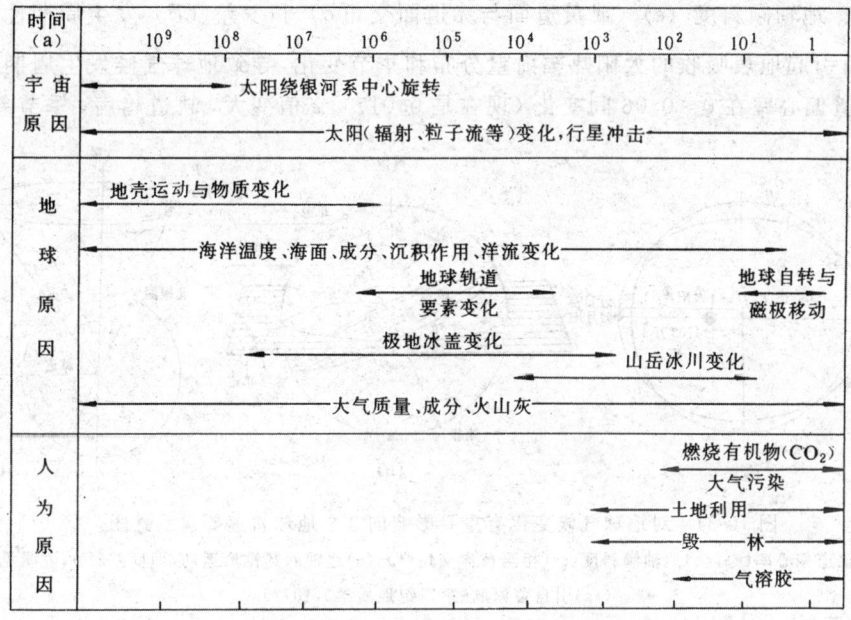

图 10-33 各种时间尺度气候变化原因图
(据 H. H. Lamb,1987,改编补充)

的动因,人为因素仅因其历史短而归入小时间尺度动因范围,但其重要性与日俱增。在气候变化系统中,各种因素单独作用或叠加作用。单因素作用在近期变化中,如火山喷发造成本世纪的短暂降温,地球自转、太阳黑子活动和磁极移动与近期10a级气候变化周期有一定的对应性;多因素叠加则反映在多波动气候变动中包含若干不同时间尺度的次级气候变化,目前有些还难以指出各级变化的对应原因。此外地球大气圈、水圈、冰雪圈、岩石圈与生物圈之间的耦合与反馈对气候变化有极为重要的影响。如大气与海洋耦合(海-气循环相依)现象,当大气变暖时,海洋必定随之变暖(但海洋巨大的热容量可以推迟全球变暖);而地-气系统也具有自身可变性,因此,即使没有温室效应气体、太阳辐射变化和火山爆发,地球气候也会变化。而反馈则是一种作用发生后,由这种作用引起的其他因素也随之而开始作用,这些因素的作用或者增强初始作用的变化,称为正反馈;或者减弱之,称为负反馈。如全球气候开始变暖后,大气中水蒸汽(一种重要的温室效应气体)含量增多,从而使大气变暖增强;又如全球气候变暖,冰雪覆盖面积缩小,地面反射率降低,使大地吸收更多的太阳辐射,也会增

强气候变暖;这些都是正反馈。而气候变暖使云量增加,云量的增加把更多的太阳辐射反射回太空,使地球气候有所变冷则是负反馈(但若云量减少2%,则呈正反馈,其增暖相当于CO_2温室效应)。现代与古代地球气候与环境变化系统中的各圈层相互作用过程中的种种耦合与反馈机制还远未研究清楚,使预测和气候预测模型建立都存在许多不确定的因素。因此,第四纪地球科学虽主要在1Ma—1ka的气候与环境研究中起主要作用,这一承前启后时段的气候与环境演变研究,对研究未来气候与环境变化绝不可少。

1. 第四纪冰期成因问题

(1)米兰科维奇假说(地球表面热分布变化说) 本世纪30年代南斯拉夫科学家米兰科维奇(Milankovich,1930)提出"热辐射分布变化说",他认为,在太阳辐射稳定前提下,由于其他行星对地球的摄动影响,引起作为流变体的地球重力场变化,进而使地球的轨道偏心率($e=\frac{c}{a}$)、地轴倾斜度(ε)(或黄道面与赤道面交角θ)和岁差(P)发生周期性变化(图10-34),从而引起地表吸收的太阳热辐射量分布和季节变化,导致地球气候发生周期性冷暖变化。地球轨道偏心率在0~0.06间变化(现在是0.017),e值变大,轨道趋扁,季节差异变大,

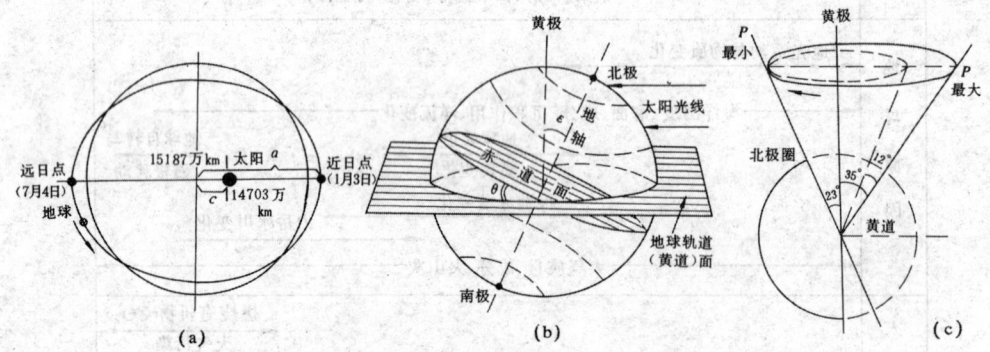

图10-34 对地球气候变化有重要影响的3个地球轨道要素示意图
(a)地球轨道偏心率(e);(b)地轴倾斜度(ε)(相当黄赤交角(θ));(c)地轴的圆锥形运动,即岁差(P),说明见正文
((c)引自曹家欣《第四纪地质学》,1977)

地球表面接受的热辐射减少;e值变化周期约96ka。地轴倾斜度(ε)在21.8°~24.4°间变化(现在是23°27′),ε值变化使太阳入射角和极圈与回归线位置变化,对地表热分布和季节有影响。ε值变小,高纬区接受的热辐射减少(高纬比赤道带变化更大)使气候变冷;ε值变化周期约41ka。岁差(P)是地轴产生摇摆不停的圆锥形运动,使地球每年到达近日点的时间滞后(或春分点西移)现象,如现在地球到达近日点是1月3日,约10ka后为7月,使季节长短发生变化;岁差变化周期约0.21Ma。上述地球轨道三要素规律性变化,使地球上接受到的太阳热辐射量和季节的相应变化,从而使地球气温出现周期性冷暖变化。米氏综合考虑了3个地球轨道要素的单独作用和叠加作用的综合影响,计算出过去0.65Ma地球上每隔10个纬度的太阳辐射量大小,编制出45°N~70°N气候敏感区的夏季辐射量变化曲线(图10-35),指出过去0.65Ma北纬65°N出现过一系列长时间的辐射量相对减少的凉夏(图10-35曲线尖端下指部分)和辐射量相对增加的暖夏(图10-35曲线尖端指上部分)。凉夏对冰川形成有利,即出现冰期;暖夏相当于间冰期。后继研究者把曲线时间延长到1Ma,称"米兰科维奇系列",有时被作为一种气候变化的天文标尺应用。J.D.海斯则根据深海钻孔岩芯$\delta^{18}O$变化反应有准10ka和准40ka变化周期现象,把地球轨道三要素变化称为"冰期启搏器"。地球轨道要素

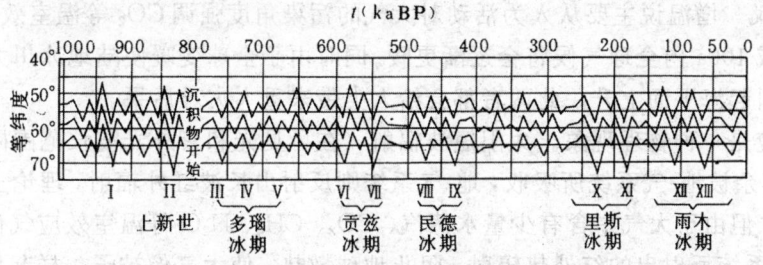

图 10-35 米兰科维奇辐射量变化曲线与阿尔卑斯冰期关系图

变化不但被用于解释更新世冰期出现的原因,也有人用来解释前第四纪沉积层中某些碳酸盐韵律层形成的机制。至于米氏假说中所提出的辐射量每减少 1/25 可使地球气温下降 4 ℃,有人认为估算过高,可能只有 1~2 ℃,但只要有足够长的时间,其累积效应也是很可观的。

(2) 辛普森假说(太阳辐射量变化说)　英国气象学家 G.C. 辛普森(Simpson,1934)与米兰科维奇相反,认为太阳是一颗变光恒星,其辐射量随时间变化,从而引起地球气温变化,导致第四纪冰期、间冰期的出现,并用 2 个太阳辐射循环解释更新世冰期成因(图 10-36)。太阳辐射量的变化与气候因子(气温、降水、降雪、蒸发、融雪、积雪等)之间存在着复杂的关系。简言之,在太阳辐射增加的早期,辐射量、气温、降雪量和积雪量等基本同步变化(图 10-36(a)),当降雪量大于消融量时(图中 A 点)对冰川形成有利,出现冰期;当太阳辐射量增加达到一定程度时(图中 B 点),降雪与融雪相等,过 B 点以后冰雪消融大于积累,冰川逐渐消融,气温也较高,即间冰期,认为用 2 个辐射变化循环可以解释更新世冰期(图 10-36 右)。辛氏假说中的大间冰期(民德-里斯)气候干冷与实际虽不符合,但认为气候变化与太阳辐射变化有关的结论是正确的。

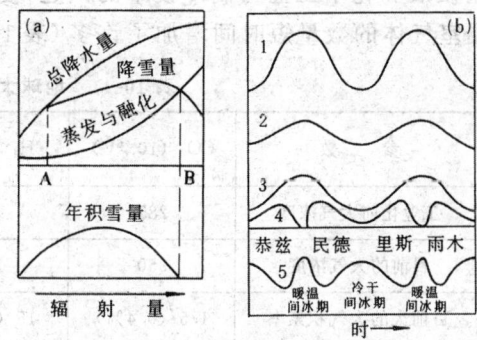

图 10-36　太阳辐射量变化与气候因子关系
(a) 和辛普森假说 (b) 图
1. 太阳辐射量;2. 气温;3. 降水量;4. 积雪量;
5. 冰川进退曲线

(3) 弗利特假说　弗利特认为,新第三纪—更新世初地壳上升(如斯堪地纳亚、阿尔卑斯山、安底斯山等等)到足够高度,大量积雪并形成冰川;冰川形成后由于太阳辐射波动变化(辛普森假说)便出现更新世冰期与间冰期气候交替变化。

关于地壳运动与气候变化关系,从现有资料来看,地史上大规模造山运动和地形巨变与 100—10Ma BP 气候变化有一定的对应关系,如 1Ga BP 以来的几次大冰期与造山运动对应较好,但 1Ga BP 以前造山运动幕比气候变化幕多。对 1Ma 时期内的气候变化仅从构造运动引起地形巨变来解释气候变化显然是不够的。极地冰盖体积消长、大气环流和洋流变化、火山爆发、厄尔尼诺现象和人为活动等,对 1Ma 级以下不同时间尺度气候变化各有不同程度的影响。

(二) 未来气候变化趋势与预测问题

对地球未来气候变化趋势的预测有 2 种相反的观点:增温说和降温说。由于近 100a 来全球年均温不断上升（图10-15），目前增温说受到世界科学界广泛注视。

1. **增温说** 增温说主要从人为活动对大气的污染角度强调CO_2等温室效应气体加剧，在未来几十年或100a内全球气候将会逐渐更暖。同时由于全球变暖使陆地冰川大量融化和海水受热膨胀而引起海平面上升。此两者都会给人类带来重大灾难后果。

温室效应是一种物理现象。太阳短波辐射（在可见光和紫外光波长范围内）除1/3反射回太空外，其余被地-气系统所吸收，地-气系统则反射出长波红外辐射，理论上反射与吸收能量保持平衡。但由于大气中含有少量水蒸汽、CO_2、CH_4、N_2O等温室效应气体，它们能吸收一部分地-气系统反射出的红外热辐射，阻止地球散热，使大气像被子一样起保暖作用，这一过程类似玻璃温室聚热，故称温室效应（Green house effect）。在地球历史上，中元古代以前由于大量火山喷出CO_2等气体，当时的大气圈为弱氧富CO_2气圈，从大规模风化和富铁矿沉积推断当时气候比现代温暖，很可能是CO_2温室效应所致。经过晚元古代—晚古生代大量碳酸盐岩石的形成，消耗了大气中大量CO_2，使大气圈成为富氧气圈，大气温度有所下降，甚至出现大的冰期。一般说来，自然产生的温室气体引起的温室效应使地球气候能保持在一个比较温暖的水平。据研究，现代地球大气层底部年均温为15℃，若无温室效应则其年均温应为$-17℃$。温室效应使地表大气增温32℃，这一增温值保持了地球上的生命活动和人类生存。现在的问题是从工业革命以来，由于大量利用化石燃料（煤、石油、天然气）、砍伐森林、农牧业发展和化学工业与制冷技术的兴起，使大气中CO_2、CH_4、N_2O和人造氯氟烃（CFC）[①]等温室气体的数量短时间增加了许多（表10-11）。如据1958—1983年夏威夷岛海拔3 000m的

表10-11 地球大气中温室效应气体含量变化

参　数	CO_2 ($10^{-6}V$)	CH_4 ($10^{-9}V$)	CFC_{-11} ($10^{-12}V$)	CFC_{-12} ($10^{-12}V$)	N_2O ($10^{-9}V$)
工业化前大气浓度	285	650	0	0	288
目前的大气浓度	350	1700	250	415	309
目前大的大气积累率	1.5 (0.4%)	15 (0.9%)	10 (4%)	17 (4%)	8 (0.25%)
大气寿命 (a)	100	10	65	130	150

据IPCC，1990，V为体积比。

Maunaloa站的系统观察（图10-37）和利用古树年轮中碳同位素与冰岩芯气泡中的古大气，结合对工业革命前大气的研究，推断18世纪以来的近100a内，大气中CO_2增加了25%，加上其他温室气体的增长，则相当于CO_2增加了50%。CO_2对气候的增温影响占温室气体效应的56.7%，所以它的影响最大，作用时间也长，属于大气中的长寿气体。CH_4的含量比CO_2少，100a内却增加了1.6倍，虽属于短寿气体，但其在20a内对气候的累积效应是CO_2的84倍。CH_4主要来自沼泽、水田、昆虫和煤与石油天然气开采。人造氯氟烃主要来自化学工业和制冷工业，数量虽少，但在20a内的积累效应是CO_2的4 000倍。上述人为活动过程，在很大程度上是把储存在岩石中的CO_2、CH_4等温室效应气体释放出来并排入大气中，这势必对地表平均说来产生一种额外的增暖现象，这就是现在所说的CO_2温室效应导致全球变暖的实质。另

---

① 人造氯氟烃（CFC）即制冷工业所用氟里昂及其代用物含氢氟烃（HCFC）等，进入大气后其Cl易于与O_3发生作用：$Cl \overset{O_3}{\rightleftharpoons} ClO$，形成不稳定ClO，一个Cl分子可与10万个$O_3$连锁反应，破坏臭氧层，使臭氧层产生空洞，从而让更多危害生物的紫外线进入大气。据研究，现在大气中氯的浓度比约为$4×10^{-8}$，臭氧空洞发生前约为$2×10^{-8}$。

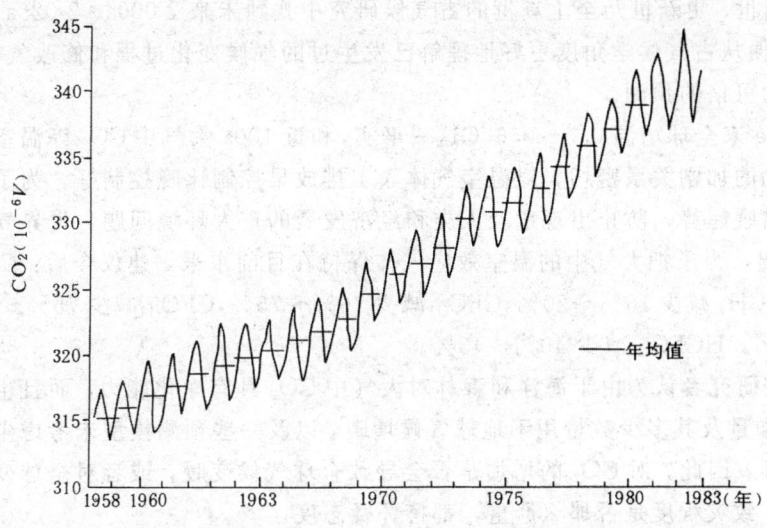

图 10-37 1958年以来夏威夷岛马拉洛亚(Maunaloa)站测得的大气中CO_2浓度变化图

外,从160ka BP以来海洋沉积物中$\delta^{18}O$、CO_2和CH_4与水温变化有良好的相关性(图10-38),表明气候变暖可以促进温室气体自然排放;过去十几万年地球年均温变化在5~7℃间,而CO_2和CH_4分别波动$85\times10^{-6}V$和$300\times10^{-9}V$。对格陵兰冰岩研究表明在末次冰期CO_2的浓度在不足100a内也有很大变化。以上现状和历史分析表明人为活动排放和自然产生的温室效应气体的叠加,对现代和未来气候变化有重要的影响。增温说对未来气候变化所作的预测,由于气候模型不同,预测结果也不尽相同,据世界气候变化委员会(IPCC)对人为活动排放温室气体现状所作模拟研究的估计,在温室效应气体排放量保持在目前水平情况下,预测到下一个世纪的2020年大气中CO_2含量将增加1倍,全球年均温将升高1.8℃(在1.3~2.5℃间最佳值);到2070年将升高3.5℃(2.4~5.1℃间最佳值),而由于多种原因影响,这种升温尚未达到平稳状况。与此同时,降水将有所增加(15%),蒸发量将发生变化。从这些预测来看,全球增温趋势在各地有所不同:陆地变化比海洋快;北极和高纬变化快,而后才影响到南极;南欧和北美升温大于全球平均值,其降水与土壤湿度将因气候干暖而下降;东南亚将变得更暖湿;而撒哈拉地区降水则略有增加。随着全球变暖趋势的发展,中纬山地和极地冰川的部分融化和海水增温膨胀将会导致全球海平面上升,预计全球海平面将以0.6cm/a的速度升高,到2050年将升高20cm(其中海水膨胀上升12cm,山地冰川融化上升8cm,其余为极冰融化上升);到下一个世纪末海平面将上升65cm。由于气象模拟中还存在多种不确定性,

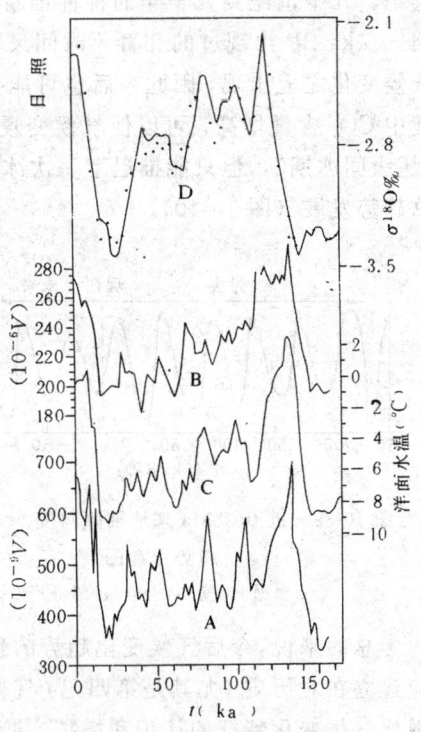

图 10-38 0.16Ma来海洋中$\delta^{18}O$、CO_2和CH_4变化的相关图

(据 N. Petite-Maire,1991)

(A)CH_4;(B)CO_2;(C)洋面水温;(D)日照

人们期望从全新世、更新世乃至上新世的古气候研究中找到未来 2 000a、2 025a 和 2 050a 气候的相似型,以便从古气候学角度更好地理解已发生过的气候变化过程和修改气候预测模式,以便能得到更为可信的预测。

鉴于近 100a 来全球增温 0.3～0.6 ℃这一事实,和近 100a 大气中 CO_2 等温室气体的增长趋势与人为活动的加剧关系密切,对温室气体人工排放早控制比晚控制好。为了缓减下一个世纪全球气候增暖趋势,防止出现危及人类和经济发展的重大环境问题,世界气候变化委员会(IPCC)提出,为了把大气中的温室效应气体保持在目前水平,建议今后:CO_2 排放量减少 60%～80%,CH_4 减少 15%～20%,CFC_{-11} 减少 70%～75%,CFC_{-12} 减少 75%～85%,CFC_{-13} 减少 85%～95%,$HCFC_{-22}$ 减少 40%～45%。

但是,有些研究者认为由于海洋和森林对大气中 CO_2 具有净化能力,而且也不清楚每年大气中 CO_2 净增量及其多少数量用于地球气候增暖,以及一些预测模型未考虑尘埃和气溶胶粒的制冷作用等,因此,对 CO_2 的增加是否会导致全球气候变暖,或者对全球变暖程度是否像预测那么大,致灾程度是否那么严重,都持怀疑态度。

2. 降温说　降温说是以第四纪气候自然变化规律为基础,认为 500ka BP 内温暖的间冰期有缩短的趋势(图 10-12);此前有的间冰期只有 10ka 多。全新世是一个温暖间冰期,这个间冰期也行将结束。另外,对地球吸收太阳热辐射影响较大的地轴倾斜度(ε)现在在往变小方向移动(图 10-39)。从上述各种情况推断:在天文周期影响下,今后全球气候有往变冷方向发展的趋势,将会出现新的冰期。至于从现在起算何时全球气候将普遍变冷? 则有从一二个世纪、几个世纪到几千年的种种推断。重要的是在今后全球气候变冷的发展总趋势中,类似 14—11ka BP 出现过的几百年时间尺度剧烈的冷暖气候波动,可能叠加在几万年级天文周期气候变化之上出现,因此今后也可能会出现气温升高 2～3 ℃的气候变暖事件。人为活动使大气中 CO_2 含量增高,可以使气候变暖增强,以至在不久的将来甚至出现比自然间冰期更暖的"超级间冰期",但只能推迟下一次冰期的到来时间,而不能改变自然因素控制下的气候变冷总趋势发展(图 10-40)。

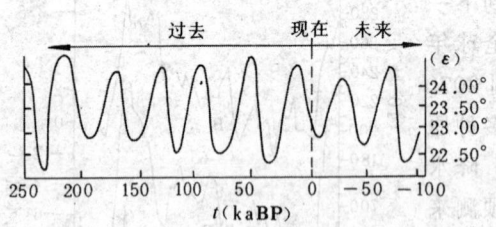

图 10-39　近 0.25Ma 来地轴倾斜度(ε)变化趋势示意图

(据 H. 海斯,1976,部份)

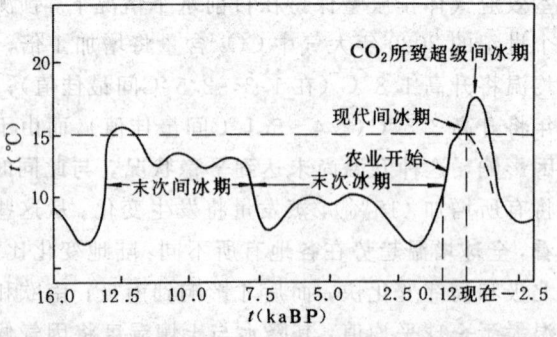

图 10-40　今后 25ka 气候变化预测示意图

(据米切尔,1977)

总的来说,今后气候变化趋势的预测研究,应建立在对历史(尤其是第四纪)气候的了解、现代气候变化特征的认识和模拟实验基础之上。全球气候变化趋势与地磁倒转变化等全球事件,对人类和生物界都可能存在潜在的重大灾难,对多种经济活动产生重大的负面影响。但全球变化事件的区域分异,将会使不同区域所受正负面影响程度上有所不同。因此应该未雨绸缪,进行长期、积极和慎重的研究,不断修正已有的认识,才能制定正确的对策。

第十一章 第四纪生物、古人类与生物地理区

一、第四纪生物界的一般特征

第四纪时间短暂，总的来看生物的演化是不明显的，但受气候与环境变化影响，植被的演替和动物的迁移改组极为常见。第四纪是人类及其物质文明的形成发展时期。上述各方面构成第四纪生物多样性的基本特征。

第四纪生物的演变是不平衡的，哺乳动物变化最大，其化石记录随时代而不同，时代越老变化越大，所包含的绝灭种类越多，而现生种类越少。第四纪哺乳动物群为地层划分对比打下了基础。植物和海洋生物的变化都小，按目前研究水平除一部分海洋微体古生物（有孔虫、藻类）在时间上的始现、再现和绝灭用于大洋地层划分外，植物、软体动物主要因其绝大多数为现生种类，一般用于气候与环境分析，不能作为生物地层划分对比的主要依据。

二、第四纪哺乳动物

（一）动物地理分区

哺乳动物是动物中最高级的一纲，从中生代开始出现，至少持续了 0.18Ga，新生代最为繁盛（新生代又称哺乳动物时代），其中人类的出现距今约三四百万年。科伯特（H.Colbet，1969）把新生代哺乳动物分为 28 个目，每个目又分若干科、属、种，其中 15 个或 16 个目现代仍然生存，其余都已绝灭。全部现代动物分属 6 个动物地理区（图 11-1）。

1. 全北界（包括古北界和新北界） 全北界的特点是无长鼻目和犀科，特别有食虫目的鼹鼠科、啮齿目的河狸科等。上新世，该区的动物种类繁多，形成从滨太平洋到地中海和西欧广大地区相似的三趾马动物群（地中海动物群、欧洲蓬蒂期动物群和中国三趾马动物群）。化石记录表明，现代全北界的许多动物是在欧亚大陆和北美大陆发展起来的，然后从这里往南辐射迁移。

2. 东方界（东洋界） 包括印巴次大陆和东南亚与中国华中、华南地区。现代主要有热带特有的印度象、印度犀、灵猫、竹鼠、水牛、猩猩、貘、长臂猿和大熊猫等。从化石记录看与全北界共有的一些种类是从全北界迁来的。

3. 热带界 包括撒哈拉以南的非洲大部和阿拉伯半岛地区。现在非洲有世界上最丰富多彩的动物群（萨旺纳草原动物群），以产河马、长颈鹿、各种羚羊、非洲象、非洲狮、鬣狗和狒狒为特征，但无鹿和熊。化石记录残缺不全。

4. 澳洲界 现代以产有袋类闻名于世，从现代还生存有单孔类的卵生动物（鸭咀兽）和有袋类在白垩纪—老第三纪曾分布于欧亚和美洲来看，现代澳洲动物最具原始性，澳洲在第

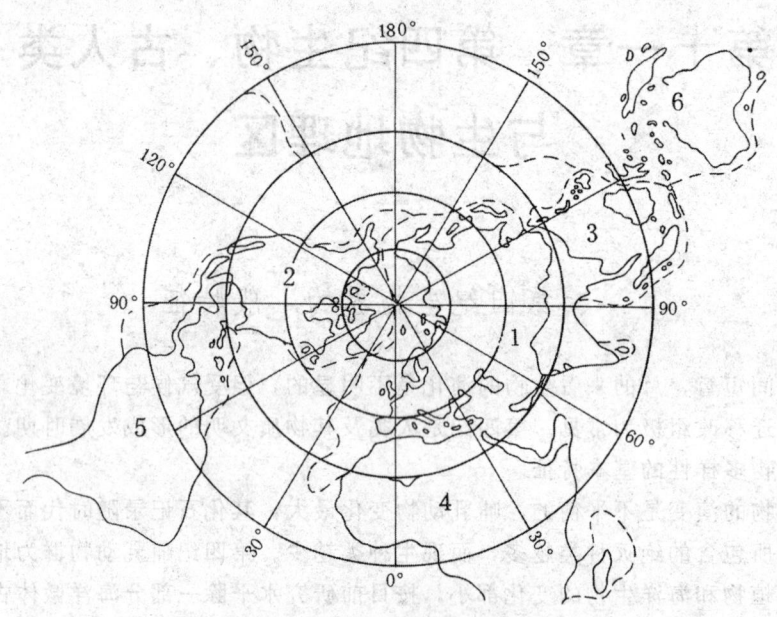

图 11-1 陆地动物的地理分区图
(引自袁复礼、杜恒俭:《中国新生代地层学》,1984)
1.古北界;2.新北界;3.东方界;4.热带界;5.新热带界;6.澳洲界

三纪以前曾是冈瓦拉大陆的一部分。

5. 新热带界 包括南美、墨西哥南部和西印度群岛。第三纪以前处于与北美隔绝状态,发展了有袋目、翼手目、食肉目和灵长类,后来全北界动物迁入并排挤原有动物,形成一个具有原始性质和有大量迁入动物组成的动物群。

上述各动物区的现代动物种群的主要差异和与古代动物的联系,反映了动物的迁移和分化与改组。引起上述动物迁移、分化、改组的原因除动物发展需求外(如觅食、避害、繁殖、种群斗争),主要受气候变化、地理环境改变和新构造运动的影响。第四纪冷暖气候变化使动(植)物发生往赤道方向和往极地方向大规模迁移,草原兴衰、森林缩小和沙漠进退等使动物发生区域性流动,迁移途中,新构造上升形成的山脉构成迁移障碍,海平面升降使陆桥(如白令海峡、巴拿马地峡区)沉浮,都是造成动物迁移的有利或不利条件。第四纪动物群就是在上述因素,尤其是气候与环境的渐变与突变的影响下,经受自然淘汰、选择、应变、迁移和改组,形成第四纪不同地区的动物组合。总的来看,高、中纬区动物的分化明显,低纬赤道地区变化不大;由于人类的狩猎与毁林活动,现代动物比更新世动物种类大为减少。

(二) 哺乳动物化石的特征

哺乳动物的骨、牙和角经过钙化而成化石,俗称"龙骨"。化石以密度大、燃烧无油脂味和微具吸水性与现代动物骨骼可以区别开来。石化很浅的亚化石上述特征不明显时,要靠原地埋藏的伴生考古材料、^{14}C 年龄测量和含氟量测量等方法确定。

哺乳动物的头骨、牙齿和角化石有重要鉴定价值。头骨由枕骨、顶骨、额骨、鼻骨、上颌骨和下颌骨等组成(图 11-2)。牙齿按功能分为门齿(i)、犬齿(c)、前臼齿(p)和臼齿

(m)，后两者合称颊齿。除臼齿外，其余为二出齿，即先生乳齿后生恒齿。牙式表示上下颌骨各一半的齿序、齿类数，乘以2即为牙的总数：

$$牙式 = \frac{i, c, p, m}{i, c, p, m} \times 2$$

如人（灵长类）的牙齿共32枚，用牙式表示为：

$$人的牙式 = \frac{2, 1, 2, 3}{2, 1, 2, 3} \times 2$$

牛的牙齿共32枚，但上牙床无门齿、犬齿，称虚位，在牙式中用0表示：$\frac{0, 0, 3, 3}{3, 1, 3, 3}$。动物牙齿的发展由多到少，如原始真兽类有44枚牙齿，人类只有32枚。由简单→复杂，在鉴定化石中有重要价值，如猛犸象的下第三臼齿上的棱脊数（齿板）早期为 $M_3 \frac{19-22}{19-22}$，中期为 $M_3 \frac{24}{24}$，晚期为 $M_3 \frac{27}{27}$。草食动物的前臼齿退化为臼齿，呈新月形或脊形，用其磨碎草料。食肉动物则犬齿发达，部分臼齿发展成裂齿，其余退化变成锥形尖齿，用于撕

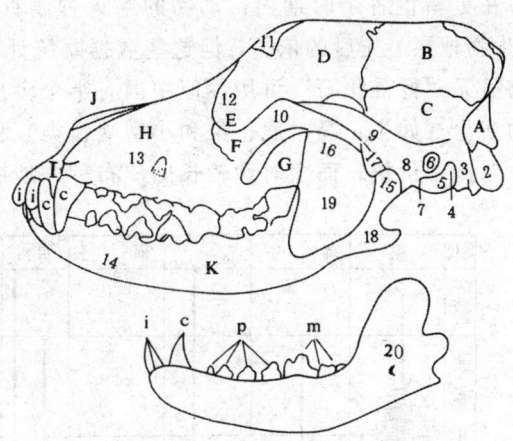

图11-2 狗的头骨，外侧面视及牙齿
（引自《中国脊椎动物化石手册》，1979）

A. 枕骨；B. 顶骨；C. 鳞颞骨；D. 额骨；E. 泪骨；F. 颧骨；G. 腭骨垂直部；H. 上颌骨；I. 前颌骨；J. 鼻骨；K. 下颌骨；1. 顶嵴；2. 枕髁；3. 副乳突；4. 茎乳孔；5. 鼓泡；6. 外耳道；7. 颞管外孔；8. 窝突突；9. 颞骨的颧突；10. 颧骨的颞突；11. 眶上突；12. 泪管的入口；13. 眶下孔；14. 颊孔；15. 下颌髁；16. 冠状突；17. 下颌切迹；18. 角突；19. 咬肌窝；20. 下颌骨孔；i、i′、i″. 门齿；c. 犬齿；p. 前臼齿，m. 臼齿。

咬。角的形状、分支数及主次支相交角度都可作为鉴定的依据。小型啮齿类具有咬凿的门齿和磨损的颊齿，门齿不断增长以补充磨损部分（如鼠），门齿与臼齿间的牙齿都已消失，常有相当大的齿隙，臼齿常呈"W"形，或挤压成"W"形（如兔）。

（三）第四纪各时期哺乳动物群特征

第四纪各期哺乳动物群（组合）是由上新世残存种类、更新世各时期特有种类（现已绝灭）和现生种类的不同比例组合而成（图11-3）。其命名可以用优势动物化石命名，亦可用产地命名。

1. **早更新世(Q_1)动物群** 有2种以上的上新世残余种类与早更新世特有种类和少数现代动物祖先象、马、牛3个属（或三者之一）的初始出现为特征，如华南的元谋动物群。豪格（Haug，1911）把现代动物中象、马、牛3个属出现视为第四纪的开始。

2. **中更新世(Q_2)动物群** 以大量更新世特有种类的涌现和一定数量的现生种类为特征，上新世种类已近绝灭，如华北的周口店动物群。

3. **晚更新世(Q_3)动物群** 以大量现生种类和少量中更新世种类为特征。

4. **全新世(Q_4)动物群** 全部是当地现生动物化石亚种组合。

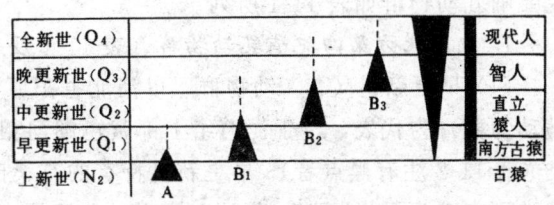

图11-3 第四纪不同时期哺乳动物群的组成图
A. 上新世残存种类；B. 早更新世特有种类；B_2. 中更新世特有种类；B_3. 晚更新世特有种类；D. 现生种类；E. 古人类，黑色区宽度代表绝灭的和现生的种属数量的变化

在更新世各个时期内,动物的绝灭种属百分比和现生种类百分比是进一步推断动物群(或生物地层)先后的依据,但这些数据既统计困难又不很准确,往往因人而异。第四纪哺乳动物虽无"标准化石"可用,但中国有半个多世纪的研究历史,积累了大量资料,有些哺乳动物演化(如牛、马、鹿、象和小型啮齿类)和化石研究程度较深入,在一定地区内对地层划分对比有价值,而穿时性较长的广布种的地层意义则不大(图11-4)。

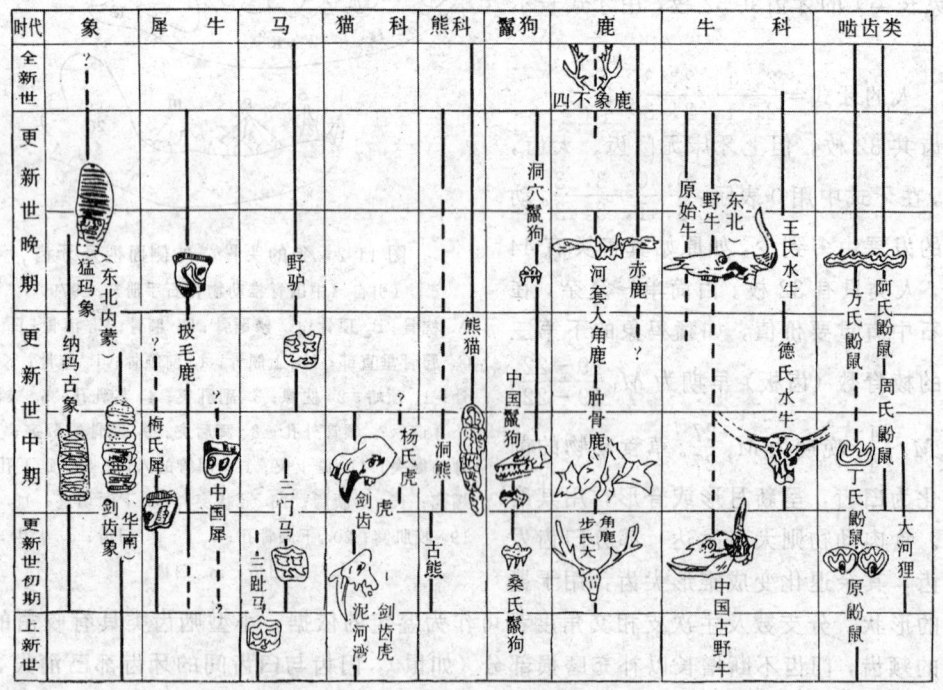

图 11-4　中国第四纪哺乳动物种属分布图
(引自河北地质学院,《第四纪地质学及地貌学年代》,1977)

(四) 中国第四纪哺乳动物群的发展和特征

中国第四纪哺乳动物群是从上新世三趾马动物群演化而来,三趾马动物群产各种三趾马(*Hipparion*)、各种大唇犀(*Chilotherium*)、多种羚羊(*Gazella*)和一些原始的啮齿类。进入第四纪后,一支演化为中国北方型动物群,另一支演化成南方型动物群。中国第四纪南北方主要哺乳动物群如表11-1所列。

1. 中国北方第四纪哺乳动物群(表11-1及表11-2)

(1) 早更新世(Q_1)动物群　以河北省阳原县泥河湾地区泥河湾动物群(长鼻三趾马-真马动物群)为代表,产于泥湾组上部黄色湖河相地层中。这个动物群含有2种上新世残余种类(表11-2注有黑点者)。早更新世特有的有桑氏鬣狗、板齿犀、步氏鹿和丁氏鼢鼠等。现代种类则有三门马、纳玛象、骆驼和野牛。绝灭属占33.3%,绝灭种占93.5%,现生种仅8%(贾兰坡,1978)。古地磁年龄在1520—1600km BP。比泥河湾动物群时代更早的有陕西渭南"沧河动物群"(薛祥熙,1981)和泥河湾地区"东窑子头动物群"(汤英俊,1983)。较晚的有周口店十二地点和十八地点动物群。泥河湾动物群与欧洲更新世"维拉坊动物群"可以对比。

表 11-1 中国华北、华南第四纪主要的哺乳动物群及其与邻区对比

时代(10ka) \ 地点	华北 年代(ka BP)		华南		缅甸	印度
全新世(Q_4)	半坡动物群(<6)		神仙洞动物群			
	扎赉诺尔动物群(8)					
—1.2— 晚更新世(Q_3)	山顶洞动物群(18)					
	萨拉乌苏动物群(40)	猛犸象-披毛犀动物群(<50)	资阳动物群 柳江动物群 马坝动物群	大熊猫-剑齿象动物群（广义）		
	许家窑动物群(60~100)					
—13— 中更新世(Q_2)	丁村动物群(150) 周口店动物群(230—460) 兰田动物群(500—650)		盐井沟动物群（狭义大熊猫、剑齿象动物群） 巴马动物群 观音洞动物群		摩可洞动物群	
—73— 早更新世(Q_1)	公王岭动物群(800—1000) 泥河湾动物群(1600—1700)		笔架山动物群 高坪动物群① 柳城动物群①		上依洛瓦底动物群	宾久尔塔特洛特
			元谋动物群(1700)②			
—240— 上新世(N_2)	河动物群(2400—3000?)					
	三 趾 马 动 物 群					

①巨猿动物群；②元谋组的3、4段；华北区年代参考王永炎等《中国黄土研究的新进展》，1985

(2) 中更新世(Q_2)动物群 以北京周口店龙骨山第一地点（猿人洞）"中国猿人-肿骨鹿动物群"即"周口店动物群"为代表，这个动物群有97种化石，分属7个目。主要特征是大量涌现更新世特有种类，如扁角肿骨鹿、纳玛象、燕山犀、洞熊、中国鬣狗等等；现代种类则有狼、褐熊及许多小型啮齿类。绝灭占63%，现生种占37%（胡长康等，1985）。多种年代学数据表明这是一个生活在0.23—0.46Ma BP间的丰富多采的动物群。近年来，在龙骨山周围又发现几处新化石点（曹伯勋，1990）。

(3) 晚更新世(Q_3)动物群 中国北方有2个时代相近但性质不同的晚更新世动物群。华北区称"萨拉乌苏动物群"，产于内蒙古自治区河套南部"萨拉乌苏组"湖相地层中，又称"赤鹿-最后鬣狗动物群"。主要成分有河套大角鹿、赤鹿、普氏野马、野驴等。东北区称"猛犸象-披毛犀动物群"，主要产于哈尔滨顾乡屯等地。其主要特征是产猛犸象（*Mammuthus primigenius*）和披毛犀（*Coelondonta antiquitatis*），占化石总数的一半左右，大批^{14}C年龄数据表明其年龄为13—40ka BP左右。

(4) 全新世(Q_4)动物群 陕西半坡和殷墟文化遗址伴生动物（或家畜）及淮河流域的四不像鹿（*Elapheurus davidians*）及其伴生动物都属于华北全新世动物群。

2. 中国南方第四纪哺乳动物群 中国南方哺乳动物群的发展顺序是"元谋动物群"、"大熊猫-剑齿象动物群"、"含真人化石动物群"，前者产于河湖层，后两者主要产于洞穴堆积，多缺乏年代数据（表11-1及表11-3）。

表 11-2　中国第四纪北方型标准哺乳类动物群主要种属表

地质时代	动物群	哺乳类动物主要种属
全新世 Q_4	四不象鹿动物群	现代动物种属
晚更新世（黄土期）Q_3	赤鹿-最后斑鬣狗动物群（在东北称猛犸象-披毛犀动物群）	河套大角鹿（Megaceros ordosianus）、王氏水牛（Bubalus wansjocki）、原始牛（Bos primigenius）、最后鬣狗（Crocuta ultima）、纳玛象（Palaeoloxodon cf. namadicus）、披毛犀（Coelodonta antiquitatis）、转角羚羊（Spirocerus kiakhtensis）、人（Homo Sapiens）、貉（Nyctereutes procyonoides）、方氏鼢鼠（Myospalax fontanieri）、野马（Fquns przewalskyi）、骞驴（Equus hemionus）、赤鹿（Cervus elaphus）、斑鹿（Pseudaxis hortulorum）、普氏羚羊（Gazella przewalskyi）、双峰骆驼（Camelus Knoblocki）等等。
中更新世（周口店期）Q_2	中国猿人-肿骨大角鹿动物群	中国猿人（Sinanthropus pekinensis）、肿骨大角鹿（Megaceros pachyosteus）、剑齿虎（Machairodus inexpectatus）、中国缟鬣狗（Hyaena Sinensis）、裴氏转角羚羊（Spirocerus peii）、巨骆驼（Paracamelus gigas）、纳玛古象（Palaeo loxodonamadicus）、三门马（Equus sanmeniensis）、居氏大河狸（Trogontheriumcuvieri）、洞熊（Ursus spelaeus）、杨氏虎（Panther ayoungi）、周口店犀（Dice-rorhinus choukoutiensis）、披毛犀（Coelodonta antiquitatis）、葛氏斑鹿雕（Pseu-daxis grayi）、德氏水牛（Bubalus teilhardi）、李氏猪（Sus lyde-kkeri）、狼（Canis lupus）、中国貉（Nyctereutes sinensis）、豹（Pantherapardus）、獾（Meles cf. leucurus）、北京麝（Moschus pekinensis）、硕弥猴（Macacusrobustus）、食虫类及许多小型啮齿类动物等等。
早更新世（泥河湾期）Q_1	长鼻三趾马-真马动物群①	中国长鼻三趾马（Proboscidipparion sinensis）、德氏后裂爪兽（Postschizotherium chardini）、板齿犀（Elasmotherium sp.）、泥河湾剑齿虎（Megantereonnihowanensis）、桑氏缟鬣狗（Hyaena licenti）、梅氏犀（Dicerorhinus mercki）、三门马（Equns sanmeniensis）、狼（Canis）、熊（Ursus）、骆驼（Camelus）、羚羊（Gazella）、羊（Ovis）、野牛（Bison）、氏真枝角鹿（Eucladoceros boulei）、丁氏鼢鼠（Myos palax tingi）等等。

① 有黑点标出的化石是上新世残余种类

(1) 元谋动物群（Q_1）　是中国南方第四纪最老的哺乳动物群，产于云南元谋盆地，元谋组河湖相地层的第三四段。这个动物群含有 9 种上新世残存种类（表 11-3）。属于早更新世的种类有元谋狼、云南马、元谋剑齿象等 9 种。绝灭种占 95.6%，所有的 23 种动物中仅有一种属于现代种。

(2) 大熊猫-剑齿象动物群（广义）　这是一个曾长期生活在中国南方亚热带地区，广泛分布且有穿时性的东洋界动物群，其主要成员有大熊猫、剑齿象、巨貘、中国犀、褐牛、水牛、竹鼠及灵长类。按其伴生动物和动物群主要成员个体大小变化从早→晚具代表性的有：

巨猿动物群（Q_1^2）　以广西柳城巨猿洞动物群为代表，其特征是大熊猫-剑齿象动物群中伴生有上新世残存种类，产巨猿和云南马，主要分子（如大熊猫）个体小，现生种类比例多于元谋动物群。

盐井沟动物群（Q_2^2）　即狭义的大熊猫-剑齿象动物群，产于四川万县盐井沟洞穴中，只有大熊猫-剑齿象动物群主要成员，无巨猿化石（巨猿此时绝灭），大熊猫个体比早更新世时稍大，而比晚更新世的小。绝灭种占约 54%，现生种占 23%。盐井沟动物群与北方周口店动物群大体同时。

表 11-3 中国南方型标准哺乳动物群主要种属表

地质时代	动物群		哺乳动物群主要种属
全新世 (Q_4)		江苏溧水神仙洞动物群	最后鬣狗（*Crocuta ultima*）、熊（*Ursus arctos*）、仓鼠（*Cricltulus sp.*）与陶片共存
晚更新世 (Q_3)	大熊猫-剑齿象动物群（广义）	柳江通天洞动物群	柳江人（*Homo sapiens*）、大熊猫（*Ailuropoda melanoleuca*）、中国犀（*Rhinoceros sinensis*）、东方剑齿象（*Stegodon Orientalis*）、巨貘（*Megatapirus*）、箭猪（*Hystrix*）、猪（*Suss*）、熊（*Ursus*）、牛（*Bovidae indent*）
中更新世 (Q_2)		盐井沟动物群（狭义的大熊猫-剑齿象动物群）	金丝猴（*Rhinopithecus roxellanae tingianus*）、长臂猿（*Hylobates (Bunopithecus) sericus*）、大熊猫（*Ailuropoda melanoleuca fovealis*）、东方剑齿象（*Setgodon orientalis*）、巨貘（*Megatapirus augustus*）、中国犀（*Rhinoceros sinensis*）、黑鹿（*Rusa unicolor*）、褐牛（*Bibos gaurus grangeri*）、苏门羚（*Capricornis sumatraensis kanjereus*）、猪（*Sus scrofa*）、水牛（*Bubalus bubalis*）
早更新世 (Q_1)		柳城巨猿动物群	巨猿（*Gigantopithecus blacki*）、似锯齿嵌齿象① （*Gomphotherium serridentoides*）、昭通剑齿象（*Stegodon zhoatungensis*）、貘（*Tapirus*）、前东方剑齿象（*Stegodon pre-orientalis*）、大熊猫小种（*Ailuropoda microta*）、云南马（*Equns yunnanensis*）、中国犀（*Rhinoceros sinensis*）
		元谋动物群	龙川始柱角鹿（*Eostylocerus lungchuanensis*）、最后枝角鹿（*Cervoceros ultimus*）、奈王爪兽（*Nestoritherium sp.*）、湖麂（*Muntiacus Lacustris*）；元谋狼（*Canis yuanmoensis*）、桑氏鬣狗（*Hyaena*）、昭通剑齿象（*Stegodon zhatongensis*）、元谋剑齿象（*S. yunnamoensis*）、山西轴鹿（*Axis shansius*）、粗面轴鹿（*A. cf. rugosus*）、复齿拟鼠兔（*Ochotonoides complicidens*）、云南马（*Equns yunnanensis*）；竹鼠（*Rhizomys*）、野猪（*Sus scrofa*）、猎豹（*Cynailurus*）、虎（*Panthera tigris*）、鹿（*Cervus*）、牛（*Bovinae indent*）

①有黑点标出的化石是上新世残存种类

含真人（智人）化石的大熊猫-剑齿象动物群（Q_3）　主要成员与盐井沟动物群相似，但各地与真人化石（长阳人、柳江人、马坝人、资阳人等）伴生。

（3）全新世（Q_4）动物群　以江苏溧水神仙洞洞穴堆积物化石为代表，与陶器共存。

以上所述中国第四纪哺乳动物主要限于东部，西北区和青藏区（大部分）虽同属古北界，但资料比东部少且研究程度低，还很值得研究。

三、第四纪植物群及其气候意义

（一）第三纪植物一般特征

新生代是被子植物时代，新生代植物是一个大型多期植物群，第四纪植物是由第三纪植物群演变而来的。

第三纪全球构造相对稳定，气候湿热，地球上呈现行星风系控制的气候-植被纬向分带（图 11-5）。北半球北纬 50°N 以北属泛北极植物区，主要生长被子植物的落叶乔木，有山毛榉属、枫杨属、榉木属、桦属、榆属、椴属和栎属；裸子植物中有冷杉属、云杉属和水杉。以南为热带、亚热带的常绿阔叶乔木，有棕榈科、樟科、木兰属、姚金娘科、罗汉松及大量硬叶栎；裸子植物有古老的银杏、苏铁和水杉等及一些蕨类植物。亚洲东部则含有柔荑花植物，如桦、榆、千金榆、枫香、胡桃等。中国早第三纪气候湿热，经长期夷平，地形起伏小，南部为东地中海槽和南海暖水域包围，境内自北而南的气候植物带为：暖温带阔叶林（42°N以北）、亚热带草原和荒漠带、热带常绿阔叶林。

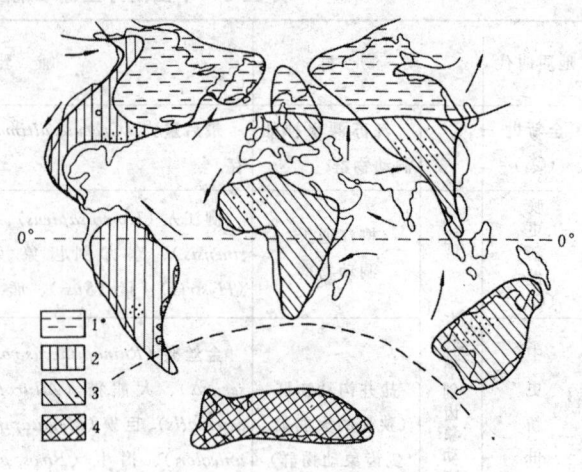

图 11-5　第三纪植物分区图
（据《中国新生代植物》，1978）
1. 泛北极第三纪植物区，2. 新热带第三纪植物区，3. 古热带第三纪植物区，4. 南极第三纪植物区。箭头示暖流，粗黑点示棕榈，细黑点示干旱区

晚第三纪极地冰流已形成并外溢，全球气候趋于变干变冷，于是北半球出现了泛北极区系暖温带植物往南排挤亚热带、热带植物势态；亚热带、热带植物分布收缩，暖湿带植物往南扩大，欧亚大陆开始出现大草原。中国晚第三纪除受上述全球性气候-植被发展总趋势影响外，还由于东地中海槽的消失，青藏地区开始隆升，以及太平洋、印度洋季风影响，发生了经向和纬向气候植被差异。贺兰山—横断山一线以东受季风和全球暖温带植物南移影响，原早第三纪的暖温带森林为温带森林-草原取代。北纬约 46°N 到长江流域地带受太平洋季风强烈影响气候湿润，亚热带落叶阔叶和常绿混交林取代了老第三纪亚热带疏林-草原。长江流域到广州—南宁一线为亚热带、热带雨林，以南为热带季雨林。此线以西，气候的大陆性明显增强，使西北区向干燥的荒漠气候植被方向发展。

（二）现代植物地带性

第四纪植物绝大部分为现生种类，植物区系与第三纪，尤其是晚第三纪没有重大差异。但受新第三纪地球气候普遍趋凉和第四纪冰期、间冰期气候交替影响，温带与亚热带植物种群分界多次南北（或沿山地上下）来回摆动，导致植物迁移过程中种类混合和部分滞留或消亡，古老孑遗种类的数量不断下降，落叶阔叶树与耐寒针叶树分布扩大，常绿阔叶树与喜暖针叶树分布不断缩小，草本植物比例增高。中国第四纪植物群就是上述各种作用过程综合作用的结果。

由于第四纪植物绝大部分为现生种类的化石亚种，因此，在利用第四纪植物（主要是植物孢子花粉组合）推断古气候时是以现代植物的气候-植被分带（区）及其生长的气候条件（年均温或最热、最冷均温，干燥度，降水量等）为参考。现代地球植物受气候影响呈现与气候适应的纬向（水平）和高度（垂向）分带（图 11-6）。纬向分带从北而南为：苔原植被带→寒温带针叶林带（泰加林）→温带落叶阔叶林带→亚热带常绿阔叶林带→热带雨林带。在

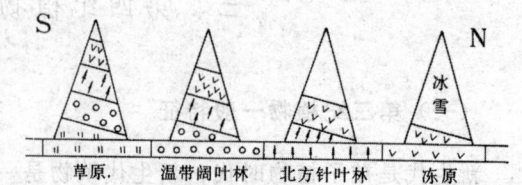

图 11-6　植物的纬度和高度分布示意图
（引自中山大学等，《自然地理学》，1979）
上．山地分带；下．纬度分带

大陆性气候显著的欧亚大陆中部和受东北信风影响的西部,分布着草原和荒漠。山地植物垂直分带在山地基部是当地纬度分带植被组合,往上依次相当于更北的纬度地带植被依次更替,不同的山地植被带组合是不同的,同一植被型越往北分布越低,如山地寒带针叶林(暗针叶林),在喜马拉雅南坡、峨嵋山和长白山其海拔高度分别为3 900～3 100m、2 650m以上和1 700～1 200m。中国现代植被分布如图11-7所示。

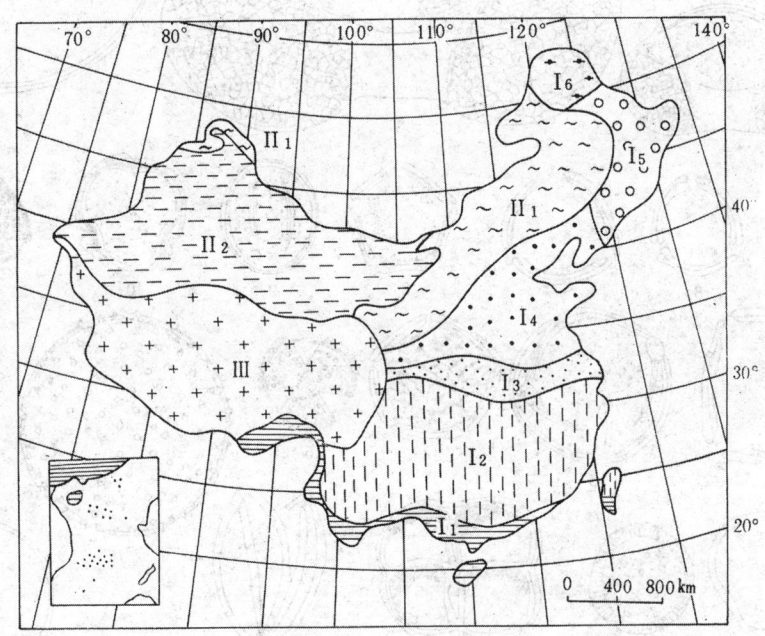

图11-7 中国现代植被分区图
(据吴征镒,1979)

I_1.热带季风雨林;I_2.亚热带常绿阔叶林;I_3.常绿落叶阔叶林;I_4.落叶阔叶林;
I_5.针叶阔叶混交林;I_6.北方针叶林;II_1.草原;II_2.荒漠;III.高原植被

(三) 第四纪植物化石

第四纪植物化石包括大化石和微体孢子花粉化石。大型植物化石在第四纪陆相沉积物保存很少,但也偶见,如陕西渭南淄河北庄村曾发现过晚更新世的云杉树杆、球果等化石(曹伯勋、地质力学所等,1965)。第四纪研究中大量用的是植物的孢子花粉化石。孢子花粉外壁由有机化合物和近似角质纤维素组成,300℃不分解,高压不变形,强酸强碱中不溶解,保存广,数量多,所以在第四纪古气候研究中得到广泛应用。孢粉试样每个取约500g(也有人加大采样量),每个试样中应有孢粉400～450粒,才能作出按百分比为基础的孢粉谱(图11-8及图11-9),使古植被推断的可信度高;若孢粉粒较少,则不宜作孢粉图谱,只能提供粗略的古气候信息。其次绝大多数第四纪孢粉化石大多数较难鉴定到种,使得用其推断古气候受到一定的限制。另外,花粉传播方式、搬运距离远近和沉积地点等对推断结论也有影响。如近树下地点堆积的孢粉化石单调,风力悬运很远,这些都不能代表该区植被特征。一般林中开阔地的封闭性盆地内连续沉积剖面中孢粉组合的演替能较好地反映该区古气候-植被变化。第四纪植物孢粉化石的种类如图11-8所示。

1. 第四纪植物群气候组合

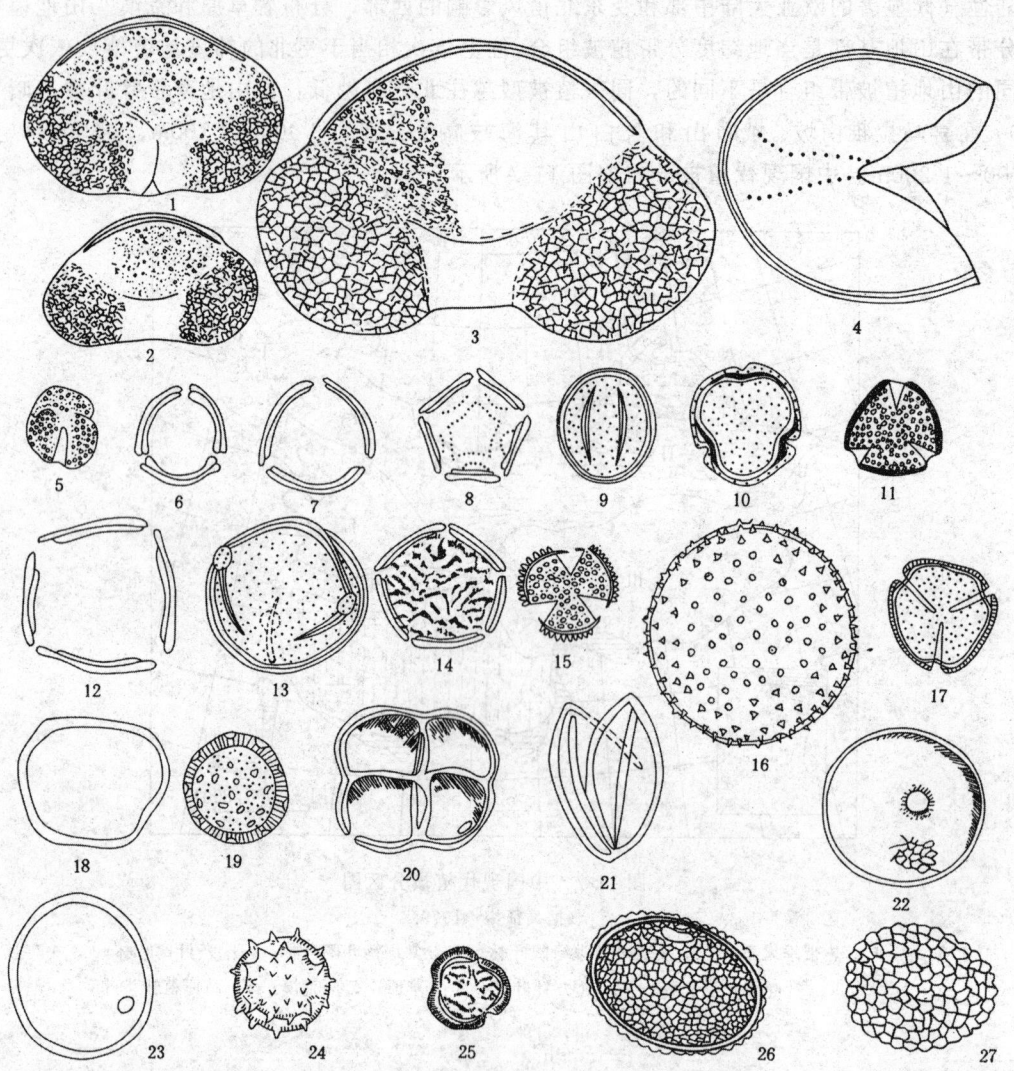

图 11-8 第四纪植物孢子花粉图

针叶树（1～4）；落叶阔叶树（5～14）；常绿阔叶树（15～17）；水生及半水生植物（18、20、21、22、26、27）；耐干耐盐草本植物（23～25）

1. *Picea* sp.（云杉）；2. *Pinus* sp.（松）；3. *Abies* sp.（冷杉）；4. *Larix* sp.（落叶松）；5. *Salix* sp.（柳）；6. *Betula* sp.（桦）；7. *Corylus* sp.（榛）；8. *Alnus* sp.（桤木）；9. *Quercus* sp.（栎）；10. *Tilia* sp.（椴）；11. *Fraxinus* sp.（梣）；12. *Carpinus* sp.（千金榆，即鹅毛栎）；13. *Fagus* sp.（山毛榉）；14. *Ulmus* sp.（榆）；15. *Ilex* sp.（冬青）；16. *Lauraceae* sp.（樟）；17. *Rhus* sp.（漆树）；18. Cperaceae（莎草科）；19. Chenopodiaceae gen. sp.（藜科）；20. *Typha* sp.（香蒲）；21. Polypodiaceae（水龙骨科）；22. *Phragmites* sp.（芦苇）；23. Gramineae gen. sp.（禾本科）；24. Compositae（Astec sp.）（菊科）；25. *Artemisia* sp.（蒿）；26. Sparganiaceae（黑三棱科）；27. potamogetonaceae（眼子菜科）

（1）冰期植物群 一般把高纬冰盖前缘和高山冰川前缘无高大乔木的苔原植被作为冰期植物群，其主要成员有八瓣仙女木（*Drayas octopetala*）、矮桦（*Betula nana*）、北极柳（*Salix palasis*）等小灌木及林下对叶虎耳草（*Saxifraga oppositifoloia*）、灰藓（*Hypum exannulaotum*）等（图 11-10）。这个植物群在欧洲广泛存在于第四纪冰期地层中，我国尚未

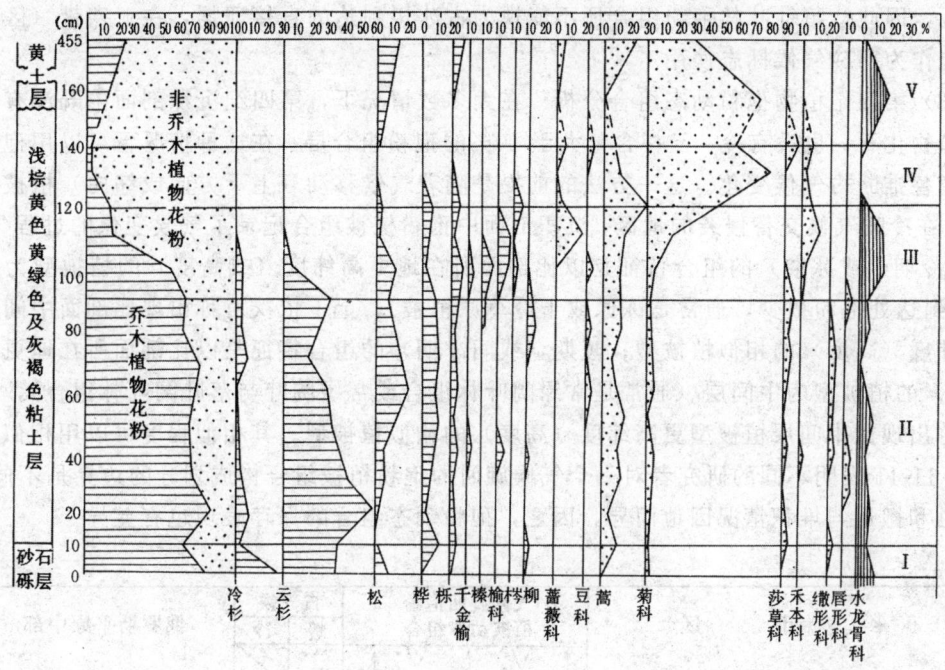

图 11-9　陕西渭南湭河晚更新世北庄村剖面孢粉图
(据中国科学院植物研究所, 1966)
Ⅰ～Ⅴ为孢粉组合带

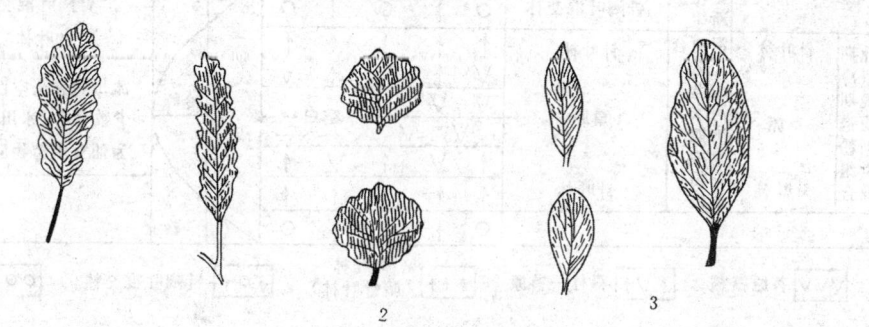

图 11-10　欧洲冰期植物群叶化石
(据 П. М. Покровскал, 1957)
1. *Dryas octopetala*（八瓣仙女木）; 2. *Betula nana*（矮桦）; 3. *Salix palasis*（北极柳）

发现过仙女木与矮桦, 现代植被的纬度带和高度带成分中也没有发现过这 2 种植物。

（2）暗针叶林组合　以云杉（*Picea* sp.）和冷杉（*Abies* sp.）为主的暗针叶林, 现代生长在北纬 40°N～70°N 欧亚大陆北部和高山海拔二三千米以上, 前者为亚寒带环境, 后者为森林生长上限, 接近高山苔（冻）原。因此, 在中纬或中低山丘陵、平原区, 第四纪沉积物中发现含冷杉、云杉孢粉达 40% 以上, 就可以推断当时寒冷气候带曾控制该地区。如在浙江省庆元县海拔 1 700m 处现生长有 6 株长势不好的百山祖杉（*Abies beshanzuensis*）, 被视为第四纪冰期森林下降的残余活证据。陕西渭南湭河海拔 500m 北庄村晚更新世 ^{14}C 23ka BP 泥炭中, 冷、云杉孢粉含量达 54%（图 11-9）, 是反映大理冰期严寒气候侵袭到丘陵平原区的证据。但是冷、云杉林的上限与高山冰雪带之间尚有 200～1 000m 高差, 在藏南现代冰川可伸到林线以下,因此,暗针叶林孢粉组合还不能视为古冰川到达的直接证据,在亚寒带(区)甚至还不能作为寒冷气候标志使用。

(3) 第四纪植物孢粉动态组合分析 在大多数情况下,第四纪沉积剖面中既没有明显的冰期植物化石,也没有冷、云杉含量大于40%的孢粉组合层,在这种情况下可以用孢粉组合动态演替推断古气候变化。这一方法的前提是随着气候移动(上下方向或纬向)植被带平行迁移,在冷暖气候交替侵袭的地区,沉积剖面中孢粉植被组合记录了气候变化的过程(图11-11)。冷期(或冰期)的组合特征是以比剖面所在地更高纬度(或高度)的植被型为中间层(冰川到达处孢粉很少,通常是冻原或干冷草原植被),上下依次对称出现比剖面中间层植被型更低纬度(高度)的相似植被型;暖期(或间冰期)的组合特征是以比剖面所在地更低纬度(高度)的植被型为中间层(通常是常绿阔叶林组合或常绿阔叶与落叶阔叶林组合),上下依次对称出现比中间层植被型更高纬度(高度)的相似植被型。其相似程度可以用相似系数表示。图11-11表明不同的研究者对一个气候旋回的孢粉植被组合构成划分的边界是不同的,而且侵蚀和搬运与堆积情况因地而异,因之,孢粉动态组合的保存表现也有差异。

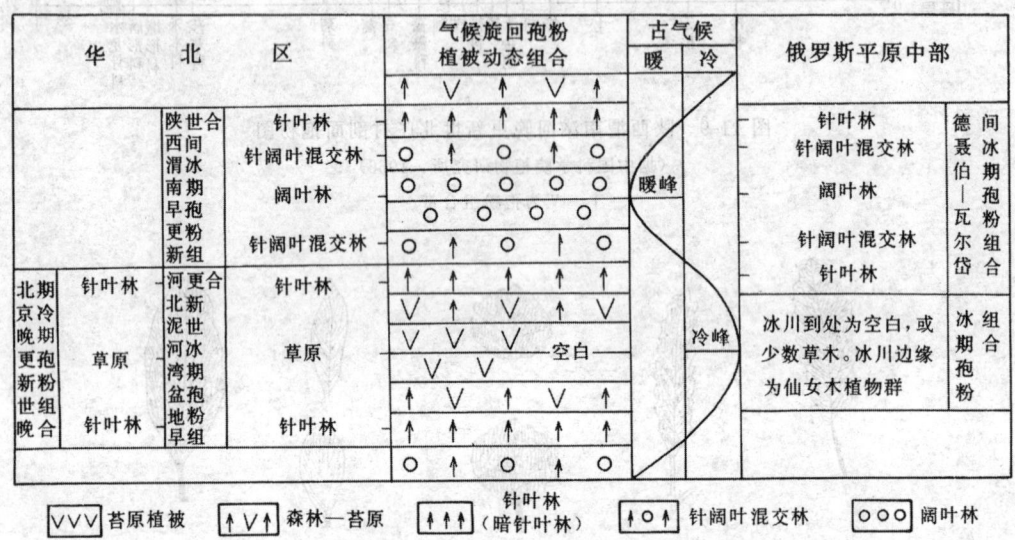

图 11-11 第四纪孢粉植被动态组合分析示意及其验证图
(据曹伯勋,(1985)、参考孔昭宸(1980)、周昆叔(1982)、徐仁(1966)、Г. H. 拉茹科夫(1965)等资料)

利用孢粉化石演替推断古气候演变,还必须研究该区表土层孢粉组合与当地现代植被的关系,以此作为推断可信度参考。

四、第四纪软体动物和微体化石的气候与环境意义

(一) 第四纪软体动物化石

第四纪海陆软体动物除少数海盆(如波罗的海、里海和黑海)由于海水淡咸转化反映出有一定程度种属和个体变化外,一般演化很不明显,因此,除在少数情况下,具备丰富的化石和种属构成时,才有助于生物地层划分对比,更多情况用于气候与环境研究。

海生软体动物受水温（或纬度）控制（图10-2），陆生软体动物对气温和湿度敏感，生态环境复杂多样（图11-12），两者可利用种属统计直方图法为环境地层（或气候地层）划分提供依据（图11-13）。

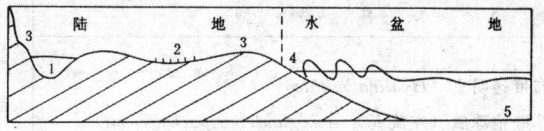

图11-12　第四纪软体动物生态示意和种类举例图
1、4. 河流和湖滨动水种类：大楔蚌（*Cuneopsis magimus*）、古丽蚌（*Lamprotula antiqua*）、对丽蚌（*Lamprotula odhner*）；2. 沼地种类：瓦蜗牛（*Vallonia* sp.）；3. 旱地种类：西口华蜗牛（*Cathaica shikouensis*）（喜冷）、汉山间齿螺（*Modontia huaiensis*）（喜湿）、光滑琥珀螺（*Succinea snigdha*）（半干、半湿）、中国虹蛹螺（*Pupilla chihensis*）（广适性）；5. 湖泊静水环境种类：塘螺（*Limnaecus*）、平卷螺（*Planorbis*）

（二）第四纪微体古生物化石

第四纪微体古生物包括有孔虫、介形虫、翼足类、超微化石和球石（Coceolithophorids）等。

1. 有孔虫　有孔虫是海生微体生物，从寒武纪至现在都有分布，第三纪达到全

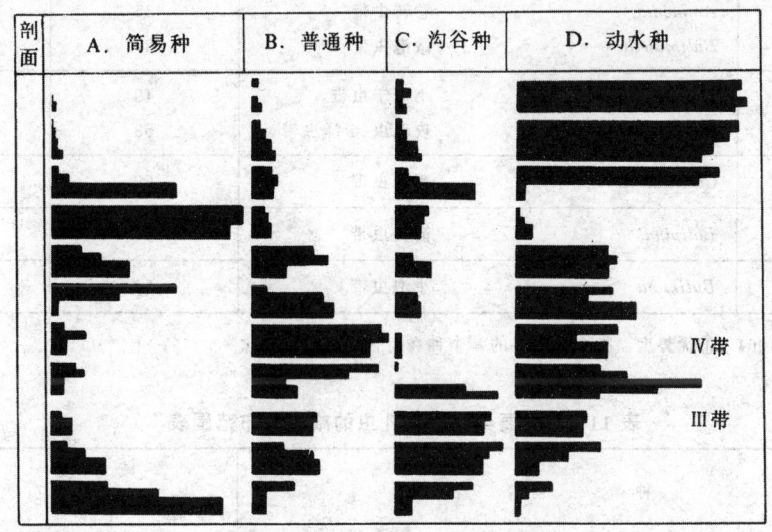

图11-13　不同环境淡水软体动物直方图
（据Sparks和West，1959，删摘）

盛，第四纪和现代海洋中也很丰富。按生态有浮游有孔虫（抱球虫）、底栖有孔虫和海陆过渡区有孔虫；按水温环境分有冷水（或高纬）水域喜冷有孔虫和暖水（低纬、赤道）喜暖有孔虫。因此，有孔虫可以为海温与古海洋环境研究提供重要资料。

喜冷、喜暖代表性有孔虫见表11-4，这些有孔虫壳旋方向（左旋示冷、右旋示暖）及其在大洋沉积层中的始见、绝灭或再现，对划分海洋第四纪地层和古海洋环境变化研究有重要的意义。底栖有孔虫与水深环境关系如表11-5所列。中国主要海陆过渡区半咸水第四纪有孔虫主要有6类（表11-6），这类有孔虫既见于河口区又见于陆地上第四纪海侵范围内残留古海沉积夹层中，其特征往往是种属贫乏（汪品仙，1975），壳小而薄，变异加强，并与陆相介形虫和轮藻共生。

2. 介形虫　介形虫是水生微体甲壳动物，生活在现代与古代各种类型海陆水域，但不能生活在冰雪及干土中。不同环境中的介形虫及其代表举例如图11-14所示。

表 11-4　第四纪代表性窄温性有孔虫举例

喜 冷 型	喜 暖 型
饰带透明虫（*Hyalina balthica*） 厚壁抱球虫（左旋壳）*Globoquadrina pachyderma* 截锥圆辐虫（*Globorolalia truncatulinoides*）	门氏圆球虫（右旋）*Globorotalia menardii* 星轮虫（*Asterorolalia*） 双盖虫（*Amphislegina*） 红拟抱球虫（*Gloigierinoides rubra*）

表 11-5　底栖有孔虫深度分带表

深度（m）	有孔虫组合		有孔虫种数	优势度[①]（%）
潮间带	*Miliammina*	斜粟虫组合	7	59
<3.6	*Ammobaculite* *Elphidium*	砂杆虫组合 希望虫组合	13 14	54
3.6~18.3	*Ammonia* *Buliminella*	卷转虫带 微泡虫带	35 37	38
18.3~55	*Nonionella* *Rosalina-Hanzawia*	小诺宁虫带 玫瑰虫-半泽虫带	49 53	28 23
55~183	*Cassidulina*	盔形虫带	69	12
183~549	*Bolivina*	箭头虫带	63	16
>549	*Bulimina*	小泡虫带	50	14

据 Walton，1964　①优势度：指个体最多的一个种在组合中所占百分比

表 11-6　主要半咸水有孔虫的咸度分布范围表

类别	种　名	咸度（%） 5　18　30　40　50
1	褐色砂粟虫（*Miliammina fusca*）	
2	梯斯布利诺宁虫（*Nonion tish buryensis*）	
2	深凹诺宁虫（*Nonion depressum*）	
3	英国先希望虫（*Prote lphidium anglicum*）	
3	冈脱希望虫（"*Elphidium*" *gunteri*）	
3	易变希望虫（"*Elphidium*" *incertum*）	
4	咸水砂质虫（*Ammotium salsum*）	
5	隆凸砂轮虫（*Trochammina inflata*）	
5	多口雅得虫（*Jadammina polystom*）	
5	卡纳利拟单栏虫（*Haplophragmoides canariesis*）	
6	华克卷转虫（*Ammonia beccarii*）	

（据 Murray，1968，Levy，1971 改编）（摘自《地层古生物论文集》第二辑，1975）
1. 低盐沼地、河口；2. 河口；3. 泻湖；4. 半咸水及残留海；5. 沼泽；6. 半咸水与近岸

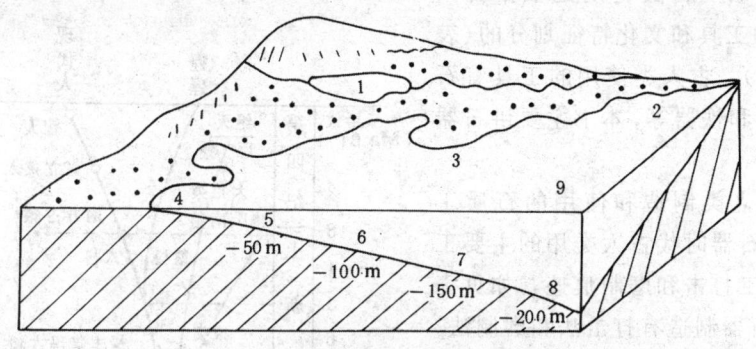

图 11-14 介形虫生态环境示意图
(引自河北地质学院《第四纪地质学及地貌学》,1977,据侯佑堂)

陆地和过渡带:1.淡水湖:土星介(*Ilyocypris*);玻璃介(*Candona*);2.河口淡水及半咸水:女星介(*Cypridea*);3.半咸水湖:正星介(*Cypridis*);柏神介(*Cytherissa*);丽神介(*Cytheridta*)。

海域:4.水深 0~-20m:光面介(*Albileris*);5.水深-20~-50m:多肢介(*Polycape*),丽花介(*Cytherides*);6.水深-50~-100m:克瑞介(*Krithe*),艳神介(*Cythereis*);7.水深-100~150m;巨星介(*Macrocypris*),小女神介(*Cytherella*);8.水深>200m:海神介(*Bythucythere*);9.浮游介形虫:凹花介(*Cypridina*),夏壁介(*Conchagciu*)

有孔虫、介形虫和其他微体古生物化石常常组成环境分析的综合指标。

五、古人类与古文化期

(一)古人类发展阶段与文化期

1. **人类发展概况** 人类是从猿类发展演化而来(图 11-15),从猿到人经过一个漫长而复杂的进化过程,至今也只是对这一过程有粗略的了解。人的出现是从类人猿能直立行走开始,促进了手脚分化,学会制造工具,大脑日益发达,智慧逐渐丰富,终于在与自然斗争和劳动中发展成现代人类。现代分子生物学的研究表明,人和猩猩的血型、血浆蛋白和染色体数与形状相似,很可能是从同一祖先平行演化的结果。大约在 8—1.4Ma BP 万年间,地球上动植物多样性的亚热带、热带森林中生活着以素食为主的森林古猿,称为腊玛古猿类(*Ramapithecus*),在印度、非洲和中国都发现过这一类化石,如 1978 年在云南禄丰发掘到禄丰腊玛古猿和西瓦猿头骨及大量牙齿化石。古猿与古人类化石的区别是猿齿排列成"U"形,有巨大犬齿,犬齿高出其他牙齿,闭口时上下犬齿交错,上犬齿在后。上新世地球气候变凉趋势的发展,使森林面积缩小,迫使部分古猿从树上下至地面生活,从而促进了它们的发展。大约在距今 300 多万年时,非洲出现了南方古猿(*Australopithecus*),南方古猿的髋骨结构具有能直立行走的特征,犬齿小而不高出其他牙齿,人类学家据此把南方古猿划入灵长类的人科(Famly,Hominoidae)。但不是所有南方古猿都演化成人类,只有身高 1.2~1.3m,脑量约 450ml 的纤细型南方古猿阿发种才演化成人类,而粗壮南方古猿鲍氏种(如"东非人")则未演化成人类。中国南方第四纪身高 2m 多的巨猿(*Gigantopithecus*)是粗壮古猿的一个旁支,在更新世中期绝灭。现在世界许多地方传说的"巨人"和"雪人"是否是粗壮型古猿的孑遗,因到目前为止尚无直接证据,还是一个待解之谜。带有颊齿的人类颌骨化石,是鉴定古人类最重要的材料。

2. 古文化期　古文化期是根据古人类制造、使用的工具和文化特征划分的（表11-7及表11-8），古人类使用的工具有石器、陶器、铜器和铁器等，本书主要讲石器时代。

石器是古人类制造和使用的石质工具，是漫长的石器时代古人类用的主要工具。石器有人工打击和磨制痕迹，如贝壳纹、裂纹等。石器制造有打击法和磨制法，打击法有直接打击，即用石块砸击、碰击、锤击另一石块而成；间接打击法是用木棒压在石块上，用石锤打击木棒，从石料上剥下石片而成。磨制法是把粗糙加工的石器在砂石上磨制而成，这种石器一般较小而较精致。石器按用途分有用于剥离兽皮用的刃状刮削器，用于砍、切和砸击物体的砍砸器、尖状器，用于投掷的石球石核，以及万能工具石斧等等。石器的发展趋势是从加工粗糙→加工精细，从一器多用→分工使用，从打制→磨制。

含有石器、陶器和村社遗址等古人类遗存的沉积层称文化层，与一定的地区文化遗存特征相应的时代称文化期。石器时代按石器的演变分为旧石器时代、中石器时代和新石器时代。旧石器时代占第四纪99%的时间，又进一步分早、中、晚期。中石器时代和新石器时代属全新世。对中石器时代是否独立划分，有不同意见。

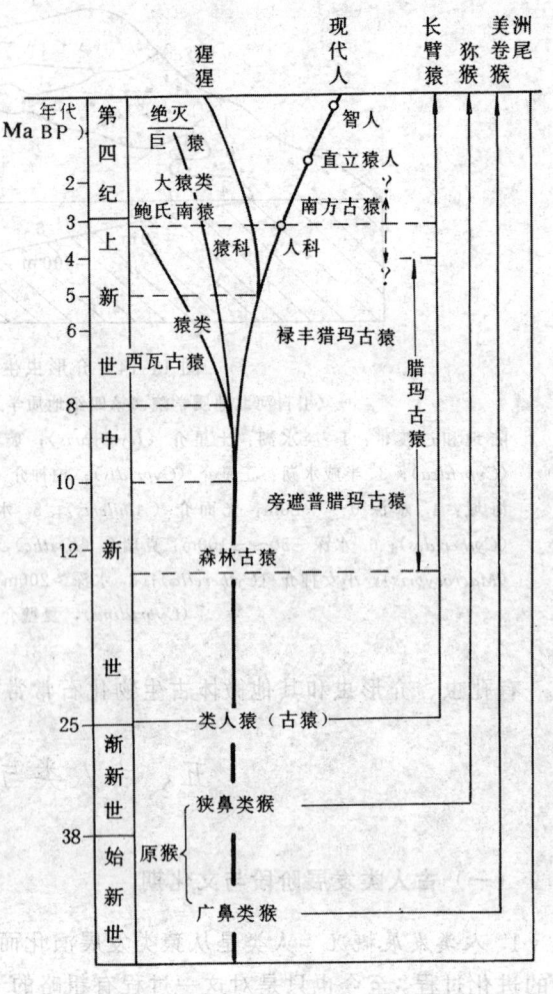

图 11-5　人类发展谱系图
（据李宝国，1994，补充）

（二）人类发展阶段及其文化特征

1. 早期猿人阶段及其文化特征　早期猿人是1—3Ma BP间的古人类，非洲有肯尼亚卡特勒湖岸的"1470"号人头骨（2.8Ma BP）、坦桑尼亚奥都维河谷的"东非能人"（1.8Ma BP）和"莱托利尔人（3Ma BP）等等原始的古人类。在肯尼亚含这一时期人类头骨的火山灰层（K.B.F.）中，发现一些砾石砸击成的原始石器，这是迄今所知人类最早砸制的石器。

中国这一时期的古人类化石是在云南发现的1.7Ma BP的"元谋人"左右上内门齿各一枚（钱方等，1965）。旧石器时代早期文化，以河北阳原县官亭2.5Ma BP的小长梁文化期的222件石器和山西芮城1.8Ma BP的西侯度32件石器为代表。

2. 晚期猿人阶段及其文化特征　晚期猿人是1—3Ma BP间古人类，称直立猿人，主要代表有：印度尼西亚的爪哇猿人（*Pithecanthropus*）（杜步亚，1891）、中国猿人（*Sinanthropus pekinesis*）（裴文中，1927）、兰田猿人（*Sinathropus Lantianensis*）（吴汝康，1966）等。

表 11-7 古人类发展阶段与古文化期表

年代 (ka BP)	地质 时代	古人类发展阶段 (ka BP)		古文化期 (ka BP)		欧洲文化期
3	全新世 Q_4	现代人		新石器时代		
6				中石器时代		
8						
10	晚更新世 Q_3	智人 (真人)	晚期智人 (新人)	旧石器时代	晚	马格达林期 梭鲁特期 欧利纳期
			—— 50 ——		—— 50 ——	
130	中更新世 Q_2		早期智人 (古人)		中	莫斯提期 阿舍利期
			—— 300 ——		—— 300 ——	
730	早更新世 Q_1	猿人	晚期猿人		早	舍利期 前舍利期
			—— 1 000—1 500 ——			
			早期猿人 (南方古猿)			
2 400			3 000		3 000	

表 11-8 中国古人类及古文化期①表

年代 (ka BP)	地质时代		石器时代 (ka)	古文化期及古人类	古人类阶段
3	Q_4		历史时期	殷墟文化	现代人
			新石器	仰韶文化	
				半坡人及其文化	
6			中石器	扎赉诺尔人及其文化	
1		Q_3^2	旧石器时代 晚	小南海文化	晚期智人
	Q_3			山顶洞人及其文化	
				峙峪文化	
				河套人及其文化	
				资阳人	
				柳江人	
50		Q_3^1	中	许家窑人及其文化	早期智人
				丁村人及其文化	
130		Q_2^2		长阳人及其文化	
	Q_2			马坝人及其文化	
				大荔人	
300		Q_2^1	早	和县猿人	晚期猿人
				北京猿人及其文化	
730				匼河文化	
				兰田猿人	
	Q_1		—— 1 000 ——	元谋人	早期猿人
				西侯渡文化	
2 400				小长梁文化	

①尤玉柱把从小南海文化开始划为新石器时代,无中石器时代

引自 1:400 万《中华人民共和国及其毗邻海区第四纪地质图说明书》,1990,略有修改

1927年裴文中在北京周口店龙骨山第一地点（猿人洞）发掘中，发现第一个完整的中国猿人头盖骨化石（图11-16），以后经过多年的发掘，在第一地点共发掘出40多个不同年龄和性别部分个体的化石，多层灰烬层与烧骨和烧砾，丰富多样的伴生哺乳动物化石，以及数以万计的石器。中国猿人头盖骨低平，眉骨突起并在鼻腔之上连结在一起，下颚和牙齿粗壮，牙齿排列近马蹄形，颌骨后缩，这些具有猿的性质。中国猿脑量为1 075ml，大于爪哇猿人（850ml）比现代人稍低（1 345ml）。手足高度分化，完全直立行走。会用火烧食物，能制造大量工具，这些又具有人的特点。据吴汝康等研究，中国猿人身高约1.5m左右，二三十人一群，以洞穴为家，具有猿的头部和人体特征的原始古人类。中国猿人的发现完全确立了猿人在从猿进化到人的过程中的过渡地位，这一迄今最完备齐全的发现和最深入的研究，使周口店龙骨山第一地点成为联合国和中国的重点文物保护地，但可惜的是第一个中国猿人头盖化石下落至今不明。

晚期猿人文化属于旧石器时早期的后阶段文化，中国以中国猿人文化为代表。第一地点制造石器的石英、燧石和砂岩大都取自当地河床砾石（图11-17），大部分为第一次加工，少数有第二步加工修整痕迹，以砸击制造为主，石器形状有一定的分化。灰烬层有灰色、黑色和红色，质地疏轻，烧骨和烧石表明中国猿人将火用于烧食物和御寒，是人类文明进步的一大标志。

3. 智人阶段及其文化特征　智人是300—10ka BP间古人类，这时的人类脑量已达到现代人水平（真人），有比猿人更高的智慧。分早、晚两个阶段。

（1）早期智人（古人）（*Homo sapiens*）　是50（或70）—300ka BP间古人类。国外代表是尼安德特人（*Homo neanderthalensis*），世界各地发现甚多。中国这一阶段发现的古人类有大荔人、马坝人、长阳人、丁村人等等，其中大荔人和马坝人是从晚期猿人往智人过渡的重要代表。这个阶段古人的类猿特征已不显著，脑量达到现代人水平。

早期智人相应的文化属于旧石器时代中期文化，中国以山西襄汾丁村文化为代表。

（2）晚期智人（新人）　是50—10ka BP间人类。这个时期人类的地区差异已显露出来，如欧洲的克鲁玛农人（*Homo Gro-magnon*）与欧洲白种人特征接近，中国的山顶洞人则具有黄种人特征，南非新人与非洲黑人相似。

晚期智人文化属于旧石器时代晚期文化，其特点是小型石器多，出现了骨器（图11-18）。晚期智人具有一定的艺术能力，世界各地发现的大量洞穴壁画大都属于新人的杰作；会缝制兽皮作衣，出现了装饰品和葬礼。

现代各洲人种从何而来？迁移说认为是从非洲起源然后迁往各地。系统说则认为世界各地人种是从多地区起源的，没有远距离扩散，当地的现代人种是由当地较古的人类（新人、古

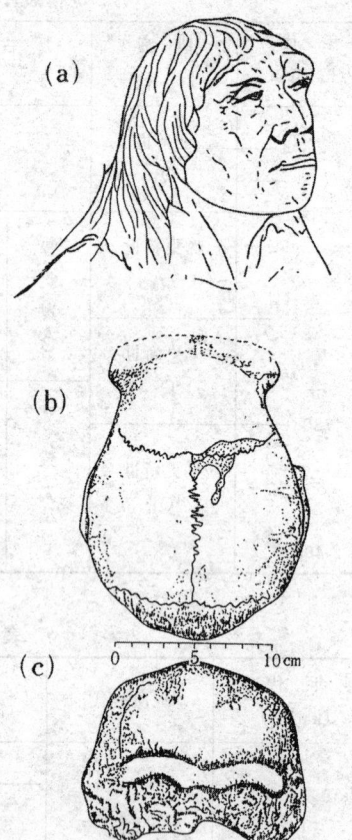

图11-16　中国猿人头盖骨化石和复原像

〔(a)、(b) 引自杜恒俭、陈华慧等，《地貌学及第四纪地质学》，1981；(c) 引自吴汝康《人类起源和发展》，1977）〕

(a) 女性复原图；(b) 化石俯视；(c) 化石正面视

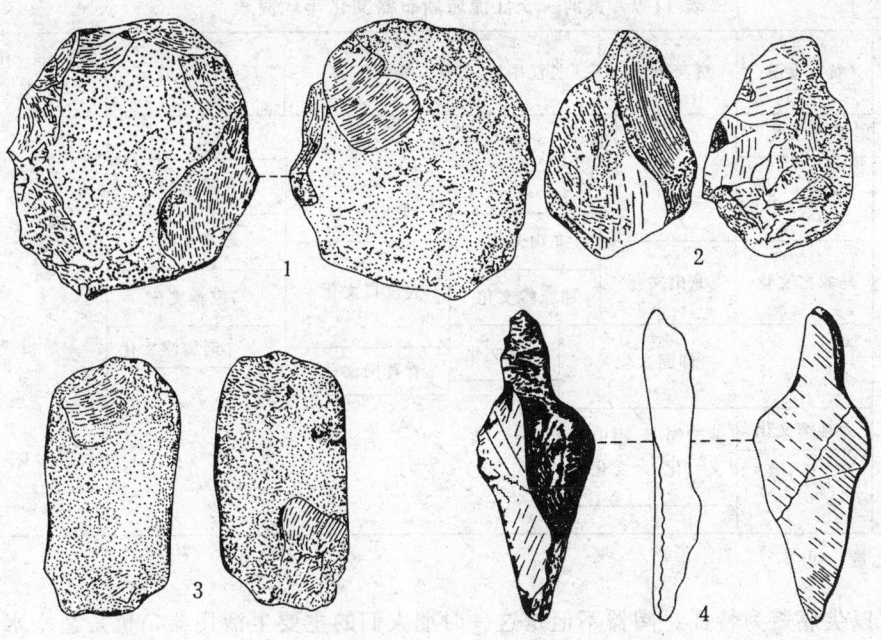

图 11-17 中国猿人使用的石器图
(据裴文中,1929)
1. 扁圆砾石石器,×1/3;2. 有第二次加工痕迹的燧石石器,
×1/2;3. 长形砾石石器,×1/3;4. 似箭头状石器,×1/2

人乃至直立猿人)直接演化而来。

4. 中石器时代和新石器时代文化

(1)中石器时代文化① 中石器时代约 10—8 ka BP 左右。中国以东北区满州里的"扎赉诺尔文化"为代表,石器细小,出现箭镞状石器。除东北区外,沿长城一线和在喜马拉雅山麓都有发现。

(2)新石器时代文化 新石器时代的标志是出现了陶器和原始农业,种植谷物和饲养家畜,其时间约为 8—3 ka BP,3 ka BP 以后属于历史时期。中国新石器时代遗址遍及全国各地,数以千计,遗存内容比旧石器时代丰富,且复杂多样,文化分期因地而异(表 11-9),各地文化发展的特殊性和不平衡性也越来越明显。以下以黄河中游为例。

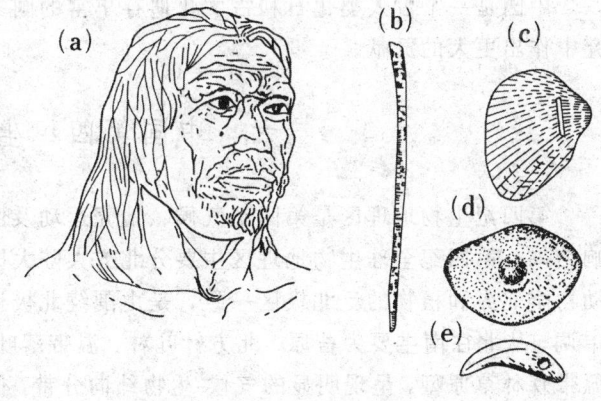

图 11-18 山顶洞人及其文化图
(引自吴汝康,《人类起源和发展》,1980)
(a)山顶洞人复原像;(b)骨针;(c)穿孔贝壳;
(d)穿孔砾石;(e)穿孔动物牙齿

仰韶文化 1921 年发现于河南渑池仰韶村,代表黄河中游地区 5 000~3 000 a B.C. 文化。以磨制的石斧、石铲和打制的石刀为主要工具,手制红色陶器上绘有黑色或红色花纹,

---

① 关于中石器时代有一种意见认为不是一个独立的文化期,可并入新石器时代。

表 11-9 黄河、长江流域新石器文化年代简表

时代＼分区	黄河上游	黄河中游	长江中游	黄河下游	长江下游	年代 (ka B.C.)
青铜时代	四坝文化	商 文 化				1
新石器时代	齐家文化			龙山文化	良渚文化	2
	马家窑文化	龙山文化	龙山文化	大汶口文化	崧泽文化	3
			屈家岭文化		马家浜文化	
		仰韶文化	大溪文化	青莲岗文化	河姆渡文化	4
						5
	大地湾文化	斐李岗文化	磁山文化			6

据安志敏,1984

称为彩陶,以尖底瓶为特征。陶器不但是这一时期人们的主要生活用器,也是艺术水平的代表物。根据比仰韶文化更早些的半坡文化遗址村社的埋葬特点分析,半坡到仰韶文化期间属于母系社会阶段。

龙山文化 1928年发现于山东历城龙山镇,为 3—2ka B.C. 间分布在黄河下游的文化。仍以磨制石器为主要工具,轮制黑色或灰色陶器带有"绳纹"或"方格纹",称绳陶。原始农牧业比仰韶文化发达。从村社遗址和埋葬制度分析已进入"父系社会"。

中国是一个古人类化石和古文化遗存丰富的国家,有条件在人类及其文化形成发展的研究中作出更大的贡献。

六、中国第四纪生物地理区

第四纪生物地理区是第四纪气候、地壳运动及由两者引起的环境变化对生物界的综合影响结果。第四纪全球生物地理区主要分北方大陆大区和南方大陆大区。北方大陆大区与现代动物全北界和植物的泛北极区一致,是由围绕北极地区的一大片连续地区构成,生态环境较单调,从北往南主要为苔原、北方针叶林、温带落叶阔叶林和草原,相应的动物群为苔原型、温带森林草原型,呈现明显的气候-生物纬向分带,但强烈上升区和大陆中心地区发生了区域变异。南方大陆大区包括动物区系中的热带界、新热带界、东洋界、澳洲界和植物区系的亚热带与热带分布区;南方大陆大区由于有海洋隔离,与北方大陆大区相比,生物的区域差异大于纬向分带,动、植物远比北方大陆大区丰富多彩。由于动植物的多样性为人类形成发展提供了物质条件,但是现代生态环境的严重破坏,也会制约人类社会的发展。

中国地处北半球东南部,第四纪生物地理区的形成和发展除受全球因素影响外,青藏高原的强烈上升和秦岭-大别山地的隆起,对中国第四纪生物地理区的形成发展起重要作用。

根据中国大陆及邻近海域第四纪生物群形成发展与环境变化,把中国第四纪生物地理区分为北方生物地理区和南方生物地理区,根据每个生物地理区生物群形成发展的差异,又分若干生物地理省(图11-19)。

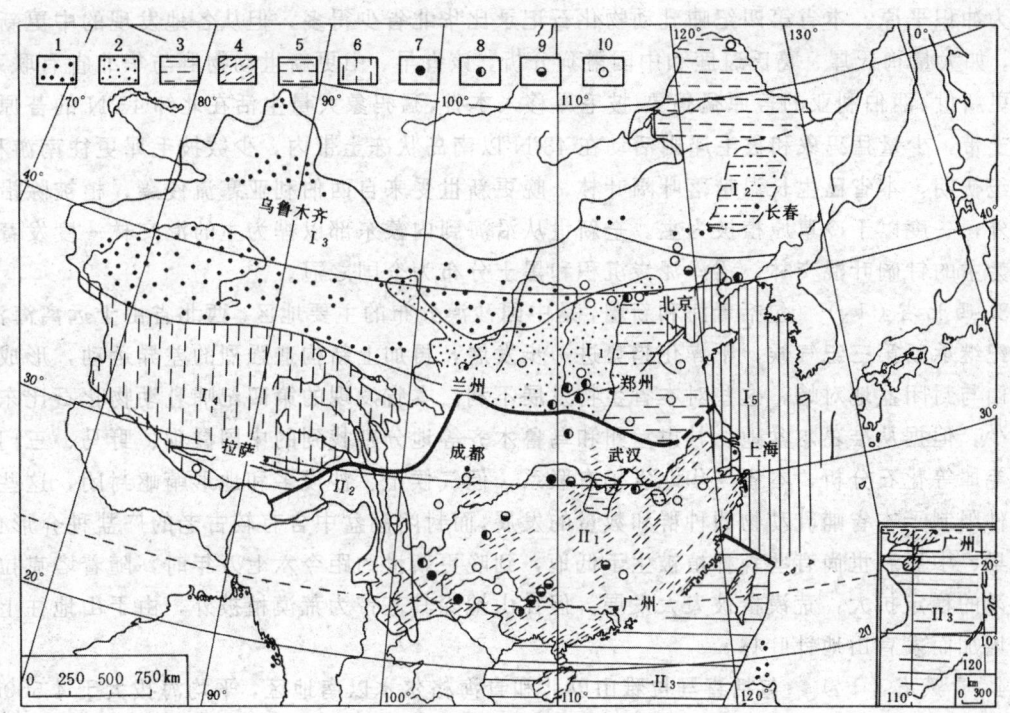

图 11-19 中国第四纪生物地理分区图
(据曹伯勋,1989)

北方区 I_1.华北省,I_2.东北省,I_3.西北省,I_4.青藏省,I_5.北部海域省;华南区 II_1.华南省,
II_2.横断山省,II_3.南方海域省;1.沙漠;2.黄土;3.冲积层;4.红土;5.纬度冻土;6.高原冻土;
7.古猿;8.猿人;9.古人;10.新人

(一) 中国北方生物地理区

中国北方生物地理区属于全球北方大陆大区一部分,位于古北界和泛北极区系南部。进一步又分 5 个生物地理省,各省特征简述如下。

1. 华北省(I_1) 包括黄土高原和华北平原,是中国黄土主要堆积区。第四纪哺乳动物是由上新世森林草原型三趾马动物群演化而来,早更新世泥河湾动物群和中更新世周口店动物群以奇蹄类、偶蹄类、肉食类、长鼻类和啮齿类为主,属森林草原型,肿骨鹿是这个省特有标志动物。到晚更新世随气候干冷趋势加强,黄土堆积扩大,温带草原动物和小型啮齿动物占据主要地位。喜干旱型软体动物 Cathaica 属遍布全省。第四纪初,本省已形成以栎、榆、和鹅耳枥等为主的温带落叶阔叶林,其中混生少数亚热子遗种类,如山核桃、山毛榉等。在冷暖气候波动过程中,冷期,本省大型动物趋于单调,但野马可南迁到澎湖,披毛犀游移到华北。针叶树数量增多,山地暗针叶林下降到河谷平原,草原扩大,孑遗种属减少。暖期,大型多样的华南亚热带动物移入本省,亚热带树种如山核桃、枫香和漆树等在本省能适应生长,喜湿型旱生软体动物 Metodonta 属遍及全区。在多次冷暖气候波动影响之后,亚热带植物孑遗种类越来越少,喜暖和喜冷典型动物,前者如貘和印度象后者如燕山尖齿鼠等都退出本区。本省有北方早、中、晚更新世标准的哺乳动物群产地多处。

2. 东北省(I_2) 包括东北三省和内蒙古自治区东部。大兴安岭北有纬度冻土,中部和南部为冲积平原。本省第四纪哺乳动物化石记录比华北省少得多,但从各地发现的中更新世化石,如大量梅氏犀、葛氏斑鹿和中国鬣狗分析,该省早、中更新世动物群与华北省有联系。到晚更新世,西伯利亚的苔原猛犸象-披毛犀移入本省,猛犸象大量生活在北纬43°N的苔原连续冻土带,少量猛犸象和披毛犀则活动在43°N以南岛状冻土带内,少数披毛犀更往南游移。第四纪初期,本省已生长温带落叶阔叶林,晚更新世受来自西伯利亚寒流侵袭,植被除沿海地带外,一度以干冷草原植被为主。全新世从沿海到内蒙东部以桦为主的混交林一度发育为以桦为主的针阔叶混交林,沼泽泥炭沉积和黑土分布为全国之冠。

3. 西北省（I_3）　包括青海和新疆,是中国沙漠分布的主要地区。西北省由于远离海洋,第四纪继承新第三纪气候,干燥化趋势进一步发展,再加上新构造强烈的差异运动,形成载雪高山与封闭盆地对峙,这些对本省生物发展不利。本省发现的第四纪哺乳动物化石比东北省还少,但据从准葛尔盆地、甘肃兰州和乌鲁木齐等地分别找到的中国鬣狗、野马、三门马和披毛犀等化石分析,本省与华北省仍有联系,但气候干、沙漠多和地形崎岖封闭,这些环境条件限制了本省哺乳动物的种群和数量的发展,而封闭湖盆中含有较古老的广盐种介形虫。本省早、中更新世尚有些森林植被生于低地,到晚更新世约距今六七万年时,随着塔克拉玛干沙漠的稳定扩大,荒漠植被大大发展。但在山地除其基带为荒漠植被外,由于山地往上降水量增加而发育山地针叶林。

4. 青藏省（I_4）　包括喜马拉雅山以北和青海格尔木以南地区,平均海拔大于4 500m,发育有150万km^2高原冻土,是世界上著名的高寒高原。本省在新第三纪时为海拔1 000多米高的平原,与其以东地形高差比今日小得多,其上生长有亚热带植被,南部生活着含有印度次大陆成分的三趾马动物群。中更新世初高原隆升到2 000m左右,尚未大量隔绝来自南部印度洋的暖湿气流,发育了中国境内规模最大的聂聂雄拉冰期山地冰川,可能是因这次大规模冰川的发育和地形抬升较高较快,所以即使在冰川之后温暖的加布拉间冰期,红土沉积物中,也很少找到哺乳动物化石,这个问题仍有待研究。但从高原几处找到的晚更新世化石和现存的一些动物来看,本省仍属古北界,但由于隆升和气候干冷化,一方面抑制了生物种、群和数量发展,同时出现适应环境变化的特殊种类,如牦牛、藏羚、藏狐和两栖类高山蛙等。本省植被进入第四纪以来每况愈下,早、中更新世尚有不多的针阔叶混交林,晚更新世以来随着高原强烈隆升和气候干冷化加强,广大高原区主要发育灌丛和草甸植被,针叶林仅存于某些河谷地带。

5. 北部海域省（I_5）　包括台湾以北古渤海、古黄海和古东海及沿岸第四纪海侵区。古渤海与古黄海水域第四纪以来发生多次海侵,随海侵多次出现,以各种卷轴虫（暖水卷轴虫丰度最高）、星轮虫、假轮虫等组成的温带"古渤海有孔虫群"种数近百种。南部古东海水域,有孔虫群总数比北部多一倍,除含北部种类外,还有丰富的滨海—浅海和较多深水种类,如小泡虫、葡萄虫及少量浮游有孔虫（如圆辐虫）,暖水种有孔虫比北部也多（林景星,1981）。浅水海生双壳类在北部以北温带水域广泛分布的 *Potamocorbula* 组占优势,在南部则以南北方混合型 *Paphia*（*parotapes*）*undulata-Timoclea* 组合为主,河口区牡蛎繁生,有时组成贝壳堤（黄宝仁,1985）。

（二）中国南方生物地理区

中国南方生物地理区,属于全球南方大陆大区的一部分,位于东洋界北缘,是中国第四纪红土主要分布区。上新世这一地区的三趾马动物群含有与印巴次大陆同类相似的动物,带有东洋界的特点。本区分3个生物地理省。

1. 华南省（II₁）　包括秦岭—大别山以南的华中、华东、广西和云贵高原。华南最早的第四纪哺乳动物群是元谋动物群，含相当多的曾生活在北方上新世的动物，如湖麂等小型草原种类，但也有一定数量东洋界成员，如豪猪、小灵猫、猎豹、水鹿和褐牛等，这表明北方上新世末气候开始先变凉时，有些动物迁到了本省，但这时中国南北动物群分化尚不很明显。华南省的大熊猫-剑齿象动物群是亚热带东洋界动物群，往东一直延伸到台湾、日本和菲律宾。这个动物群从早更新世初延续到晚更新世，但其主要成员（大熊猫、巨貘）的个体和伴生动物随时代而有变化。在中更新世（约0.3—0.5Ma BP）中国东部气候最暖时，这个动物群中的主要分子大熊猫迁到了北纬40°N左右的周口店，表明南北方2个性质不同的动物群有一定程度地交流。到晚更新世时整个中国受到寒冷气候侵袭时，大熊猫-剑齿象动物群分布区缩小，主要成员的个体增大，这反映出本省相对稳定的亚热带气候受全球和区域气候变化影响，仍有一定程度冷暖波动。现代中国境内大熊猫仅残存在川陕边境的有限山区，象只生活在西双版纳，貘则迁往更南的赤道附近，这与更新世中、晚期相比，变化仍引人注目。华南省从上新世以来形成的亚热带、热带植物群，第四纪以来没有重大变化：长江流域为亚热带常绿阔叶林或与落叶阔叶林组成的混交林，南宁—广州一线以北为亚热常绿阔叶林，以南为热带、亚热带常绿阔叶林，海南岛与南海诸岛为热带雨林。但在第四纪末次冰期时，云贵、华中和华南山地植被带中的北温带针叶树种比例有所增加，甚至云贵高原的一些河谷盆地出现纯针叶林（冷、云杉林），即使地处西南的元谋盆地的早更新世亚热带、热带雨林孢粉组合（棕榈、野木瓜、桑、姚金娘科、卫矛科等）中，山地针叶林树种含量也有比例增高阶段。本省是中国发现灵长类化石最多的地区，从腊玛古猿到晚期智人都有发现，因此，有人推测中国云南—印度北部之间的地带可能是人类发祥地之一。

2. 横断山省（II₂）　包括横断山南北纵向谷地带与西藏林芝以东及亚东地区。本省虽山高谷深，但长期受循谷北上海洋季雨之惠，第三纪以来的热带植物群无大变化。由于青藏高原隆升影响植被的垂直分带明显，尤以喜马拉雅山南坡为最清楚（表11-10）。沿谷北上，越往北地形越高，动植物中的古北界种类所占比例越大。本省由于地貌和气候条件特殊，成为中国境内珍稀动植物的庇护所和宝库，一些古老种属如银杏、杜仲、金钱松和无患子科在寒冷气侵袭中国时，它们隐匿于此，暖期又从这里繁衍开去，珍稀动物小熊猫、金丝猴、长臂猿和懒猴等东洋界珍稀动物栖息于此。本省与西藏南部木材蓄积量居全国之冠。

表11-10　喜马拉雅山珠穆朗玛峰南北坡垂直自然带表

南　坡	北　坡
海拔5 500m以上高山冰雪带	海拔6 000m以上高山冰雪带
海拔5 500～5 200m高山寒冻冰碛地衣带	海拔6 000～5 600m高山寒冻冰碛地衣带
海拔5 200～4 700m高山寒冻草甸垫状植被带	海拔5 600～5 000m高山寒冻草甸垫状植被带
海拔4 700～3900m亚高山寒带草灌丛草甸带	海拔5 000～4 000m高原寒冷半干旱草原带
海拔3 900～3 100m寒温带针叶林带	
海拔3 100～2 500m山地暖温带针阔叶林混交林带	
海拔2 500～1 600m山地亚热带常绿阔叶林带	
海拔1 600m以下低山热带季雨林带	

（引自中山大学等，《自然地理学》，1979）

3. 南部海域省（II₃）　南部为古南海，包括台湾以南广大水域。第四纪发育亚热带、热带滨海—浅海的珊瑚、有孔虫和瓣鳃类生物群,古南海有孔虫群种类繁多,种数在300种以上,有大型有孔虫,如双盖虫及马刀虫;小型底栖有孔虫,如星轮虫、假轮虫,其数量远大于北部海域(I_5);此外,还有数量较多的浮游有孔虫,如抱球虫、拟抱球虫和圆球虫等,截锥圆辐虫则大量出现在台湾更新统地层中。这一海域的瓣鳃类以 *Tridacna-Hippopus* 组合为主,为与热带珊瑚礁共生的暖水种类。

从以上中国第四纪生物地理区的形成发展和特征可以看出,海域的南北分区第四纪以来变化不大。陆区东部早更新世南北区动物群有一定差异,但不很明显,中更新世才出现明显的南北动物地理分区,一直延续到现在,其间受气候变化影响只有南北区动物交流,分区性质基本不变。陆区西部大面积隆升打断了中国的气候-生物纬向分带代之以垂直分带。西北区因远离海洋接近欧亚大陆中心,使气候-生物往干燥-荒漠植被方向发展;青藏高原大面积隆升到降水线以上且与海洋暖湿气流隔绝,发育了150万 km^2 冻土,大大加强了气候-生物往干冷化方向发展。

中国第四纪气候-生物纬向分带因西部山原的隆升被打乱后,动植物一改第三纪的东西向交流而为南北向交流,并主要通过大别山以东淮阳丘陵和南襄狭道进行。中国第四纪古人类也因西部青藏高原的隆升,逐渐从植物多样性的西南往东转移并往北辐射,这种趋势对中国以后的发展也有一定的影响。

第十二章 第四纪地层

一、第四纪地层划分对比方法

第四纪地层是第四纪地壳发展过程中各种事件的综合记录。有关第四纪的各种理论和实践活动,都应该以地层作为基础。由于第四纪时间相对短暂,地球气候、沉积过程、地壳新构造运动及与此相关的地球表层物理环境、化学环境和生态环境有一定的特殊性,所以在第四纪地层划分对比研究工作中,既沿用一些前第四纪地层学方法,也要注意第四纪地层的形成特点,应该使用适合的第四纪地层学方法和加强年代学方法的应用。对记录丰富、沉积较厚和连续性较好的剖面要深入研究。

(一) 区域第四纪地层相对顺序的拟定

在研究一个地区的第四纪地层时,首先要按沉积层接触关系、地貌位置高低和风化程度等拟定区域地层形成先后的相对顺序。地层接触关系有连续沉积、侵蚀切割、过渡、假整合与不整合等(图12-1)。只有在研究沉积层接触关系和弄清楚各层形成先后相对顺序之后,才能为进一步进行地层划分对比打下基础。

(二) 第四纪地层划分对比原则和方法

第四纪地层划分对比(二者原则与方法相同)是在一定的范围内(地区性、半球性或全球),根据第四纪主要发展事件,如哺乳动物演化、气候变化、人类及其文化形成发展、区域地貌历史和新构造运动幕等的相似与差异,并配合年代学数据,对地层进行不同时间尺度的

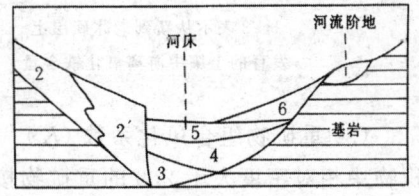

图 12-1 第四纪沉积层接触关系
和地貌位置及相对顺序示意图
从老到新:1.强烈风化的高阶地冲积层;2.被切割的风化洪积层,2及2'为同时异相沉积;3~5.连续沉积层;6.未风化的最新沉积物

异时性(划分)和同时性(对比)分析综合研究,确定研究区第四纪地层的地质时代,并与研究较深的标准剖面或邻区对比。应该注意两点:①同一时代地层可能包括若干不同的沉积物成因类型;②可能一种沉积物成因类型划分为不同时代地层。其次,现代第四纪地层研究必须要有年代学数据以提高地层的时间精度以便和半球或全球事件接轨。另外,典型剖面应以出露的地表剖面为准,钻孔岩芯有局限性,不能作为标准地层剖面。

主要第四纪地层划分原则方法有以下几种。

1. **岩石地层学原则与方法** 利用第四纪沉积物颜色、岩性、结构、构造、成因和风化程度的差异划分地层的方法称为岩石地层学方法。岩石地层学方法是根据堆积物形成的气候-时间不同、沉积物的上述特征不同的原则划分对比地层的,具体方法是综合研究下列岩性地层

标志：

（1）颜色　第四纪沉积物颜色受粒度、有机质、氧化物、钙质、沉积环境、古气候和时间等因素影响。在同一地区内地表露头的颜色如果主要受风化和时间因素影响，则随其表生游离氧化铁的多少（图12-2），表现为从深红→红色→红黄→黄色，具有从老→新的地层意义，但对埋藏在地下未受风化部分则不适用。

（2）砾石风化程度　同一岩性或岩性相似砾石风化程度（百分比）或砾石风化圈（皮）厚度平均值与标准差，均可作为地层划分依据（图12-3）。

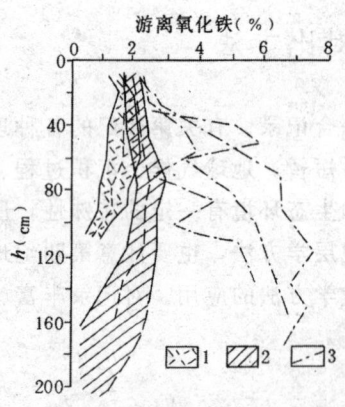

图 12-2　发育在不同冰碛层
上土壤中游离氧化铁含量图
（据 E. Willam 和 S. Scatt，1976）
1～3表示从新到老冰碛层上
发育的土壤中游离氧化铁含量

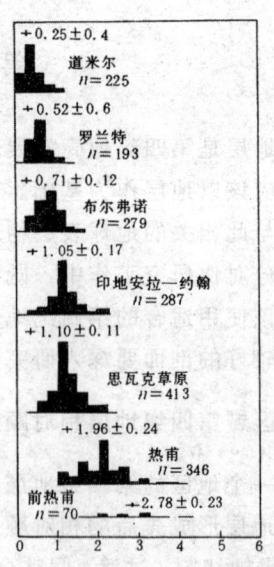

图 12-3　不同时期冰碛中玄武岩
碎屑风化皮平均值和标准差图
（据 Cpepheu, C. Portoa，1975）
n 为砾石个数，数字为平均风化皮厚度 mm。

（3）重矿物组合风化系数（K）　第四纪沉积物中相对密度大于 2.9 的重矿物按其抗分化能力分为最稳定矿物、稳定矿物、较稳定矿物和不稳定矿物（表12-1），并以各自百分含量表示，其相互之间的数量变化，可以反映沉积物重矿物组合的总体风化特征。可用风化系数（K）表示重矿物组合风化程度，计算方法之一为：

$$K=\frac{最稳定矿物（\%）+稳定矿物（\%）}{不稳定矿物（\%）+较稳定矿物（\%）}$$

K 值越大，重矿物组合风化程度越高。

表 12-1　常见碎屑沉积物中重矿物抗风化能力分类

最稳定的矿物	稳定矿物	较稳定矿物	不稳定矿物
锆石、金红石、电气石、尖晶石、褐铁矿、黄玉、白铁矿、锐钛矿、锡石、独居石、刚玉、石英、高岭石、石榴石	磁铁矿、赤铁矿、钛铁矿、符山石、榍石	透辉石、透闪石、白云母、绿泥石、黝帘石、褐帘石、绿帘石、金云母、硬石膏、硬绿泥石、夕线石、钾长石、酸性斜长石	辉石类、普通角闪石、蓝闪石、硅灰石、橄榄石、基性斜长石、黑云母、钠闪石

（4）沉积物风化标志层结构构造特征　古土壤层类型及其厚度和间距、网纹构造大小和风化侵蚀面等可以作为岩石地层划分依据（表12-2）。沿沉积物中标志层（古土壤层、泥炭层、

风化层面、含水层、隔水层、火山灰层和海（湖）相夹层）追索，是野外和钻孔岩芯划分对比地层的重要岩石地层学方法。

表 12-2 第四纪岩石地层单位划分对比实例表

时代	地点 内容		安徽省巢湖市槐林咀	安徽省枞阳县戚家矶
中更新世	望城岗组	上段	上部：浅棕红色重粘土（上网纹红土） 下部：棕红色、浅棕红色含细粒的砾石（粗泥砾）	红色粘土泥砾上段： 上部：红色粉质轻粘土 下部：棕红色砾卵石
		下段	上部：棕红色含砂重粘土，具浅灰绿色斑纹（下网纹红土） 下部：浅棕红色含砾砂的轻粘土（细泥砾）	红色粘土泥砾下段 红色蠕虫状含砾重粘土

2. **地貌学原则与方法** 各种层状地貌，如多级河流和海（湖）阶地、多级溶洞与多级山地夷平面，是内外地质营力相互作用的产物，按照不同时期内外营力差异沉积环境不同的原则，层状地貌与其上的沉积物特征研究相结合，可用以划分第四纪地层。图12-4是利用河流阶地高度和冲积物岩性、结构、构造和风化程度结合划分地层的例子。在利用不同高度洞穴堆积物划分地层时，要注意可能出现洞穴高度与其中堆积物时代不协调和沉积间断现象，前一种情况表明洞穴形成后未完全封闭或经后期破坏，晚期生物和堆积物得以混入，出现高处洞穴堆积物时代晚于低处洞穴时期现象。

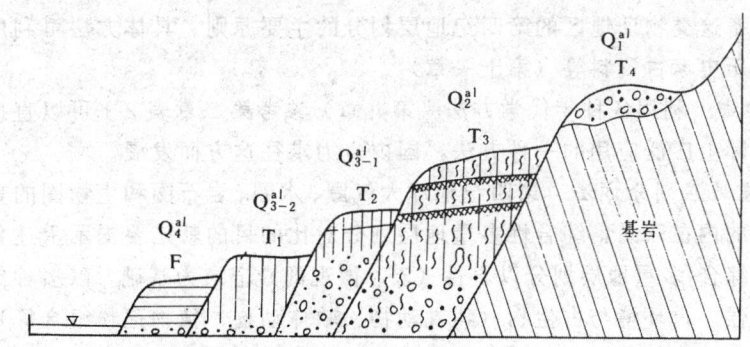

图 12-4 用河流阶地结合沉积物特征划分第四纪地层略图

F.Q_4^{al}未风化的冲积物组成河漫滩；T_1.Q_{3-2}^{al}黄色厚层亚粘土与砂砾组成T_1阶地；T_2.Q_{3-1}^{al}薄层黄色亚粘土（含一层灰色古土壤）和砂砾组成的T_2阶地；T_3.Q_2^{al}棕红色亚粘土（含两层红色古土壤有网纹构造）及半风化砂砾层组成T_3阶地，含有中更新世哺乳动物化石；T_4.Q_1^{al}强烈风化的红色砂砾层

3. **构造地质学原则与方法** 在新构造运动强烈地区，新构造运动的强弱变化可以作为第四纪地层划分的原则。具体方法与老地层划分一样，主要利用新老地层的不整合和假整合接触关系与断裂切过老地层而被新地层覆盖等事件判断新老关系。

4. **古气候学原则和方法** 第四纪全球性或大区域性气候的冷暖（或干湿）旋回变化既有时间先后，又有一定的发展趋势特征，因此可以作为第四纪地层划分对比的原则。具体方法是，在沉积剖面中利用多种冷暖（或干湿）气候标志（见第十章）的交替出现划分气候地层

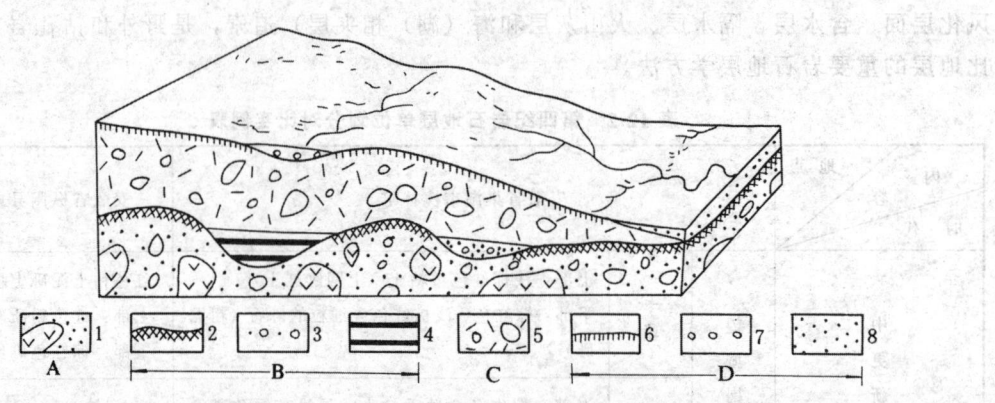

图 12-5 第四纪冰期与间冰期地层示意图
1. 强烈风化含巨砾的老冰碛物；2. 红粘土风化壳；3. 微红色风化冲积砂砾；4. 湖沼粘土与泥炭；5. 微风化的晚期冰碛物；6. 灰黑色古土壤；7. 冲积砂砾；8. 坡积物。A. 早期冰期地层；B. 间冰期地层；C. 晚期冰期地层；D. 冰后期地层

(图 12-5)，或者利用冰川谷与河谷组成的谷中谷地貌、终碛堤的排列与破坏情况划分地层。第四纪植物孢粉组合，可以作为所划分气候地层的主要辅助证据。

5. **古生物地层学原则和方法** 第四纪哺乳动物群的演化和哺乳动物群组成随时代而变化，是第四纪古生物地层划分对比的主要原则，其他生物化石只能作为地层划分辅助手段（第十一章）。哺乳动物法在实际应用中的困难，往往在于一个地区难于找到一定数量有鉴定价值的化石，因此，熟悉中国在这方面的研究成果有一定的帮助。

6. **古人类、古文化和历史考古原则和方法** 古人类演化、古文化进展和历史所记录的变化都可以作为具备这类物证地区的第四纪地层划分的主要原则。具体方法可利用新旧石器时代古文化遗存及历史考古资料等（第十一章）。

7. **年代学方法** 利用各种年代学方法（第九章）参考第二章表 2-1 可以直接划分年代地层，这是目前国际上广泛应用的一种方法，国内也力求往这方面发展。

8. **综合-多重地层划分方法** 第四纪地球大气圈、水圈、岩石圈和生物圈的重大变化事件都具有一定程度的内在联系，综合性多重地层划分对比的目的就是要揭示上述各圈层演化历史之间的关系。综合-多重地层划分以岩性（宏、微观的）记录为基础，以多种年代学方法为必要条件，古气候、古环境与古生物（哺乳动物、软体动物、植物孢粉组合等）事件不可缺少（事件地层），其余视具体剖面材料决定。综合多重地层剖面上各种事件分界的一致或不一致，可以反应各种事件的同时、超前或滞后关系。图 12-6 是一个例子。

二、第四纪下限问题与第四纪地层分期方案

（一）第四纪下限问题

第四纪下限问题即上新世(统)与更新世(统)的分界(N/Q)问题，这是第四纪研究中一个长期未能完全解决的基本问题。众多的研究者都力图用一种全球性事件（如气候或生物）的等时线来定义第四纪下限，但由于这些事件在地球上各部分出现的穿时和时差现象，因而至今国际上关于上新世与更新世分界问题尚未取得一致的意见。传统上地层分界的划定是以海相地

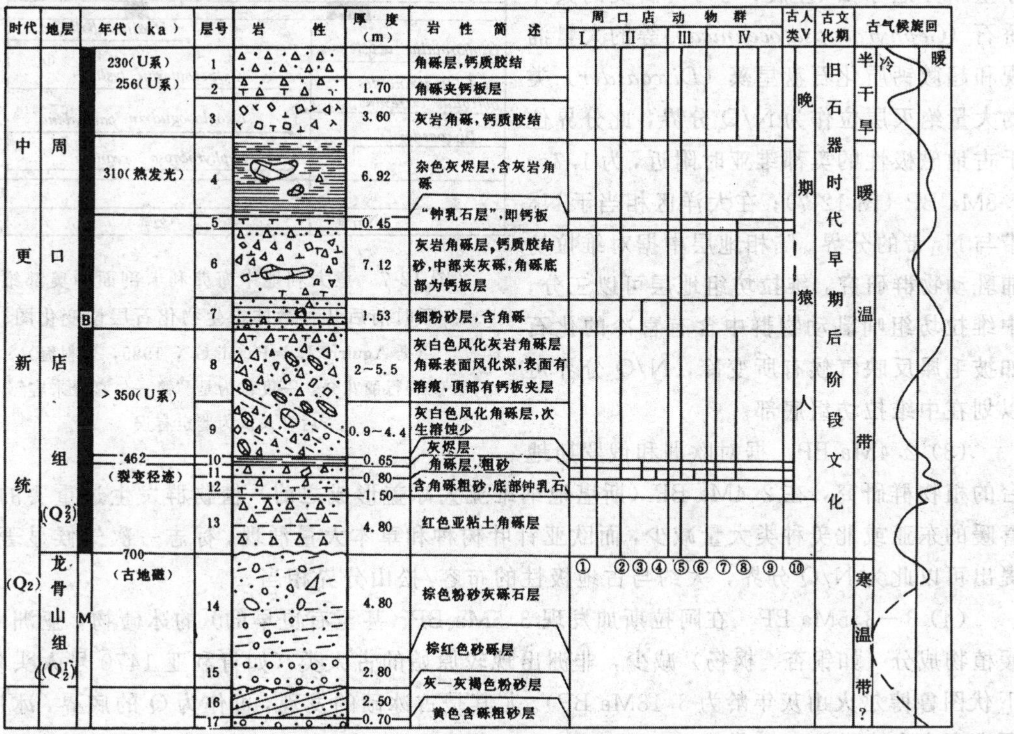

图 12-6　北京周口店猿人洞剖面多重地层划分图
(岩性、化石和年代资料据《北京猿人遗址综合研究》，1985；龙骨山组据杨子庚，1985)

Ⅰ．上新世残存种类：①剑齿虎（*Machalrodus inexpectatus*）；Ⅱ．早更新世常见种类：②三门马（*Equus samen-iensis*），③李氏野猪（*Sus lydekkeri*），④巨副驼（*Paracamelus gigas*）；Ⅲ．中更新世较进步类型：⑤肿骨鹿（*Megaloceros pachyosteus*），⑥大丁氏鼢鼠（*Myospalax epitingi*）；Ⅳ．新出现的种类：⑦洞熊（*Ursus* cf. *spelaeus*），⑧狐（*Vulpes* sp.），⑨最后鬣狗（*Crocuta ultima*）；Ⅴ．古人类：⑩北京猿人（*Homo erectus pekinensis*）

层为基础的，但对于陆相地层发育的第四纪下限问题，研究海陆地层记录都应该重视。

1. 国际第四纪下限问题研究情况　因研究者的依据不同，有关第四纪下限问题有下列 4 种意见：

(1) 0.7—0.8Ma BP　按照第四纪首次出现冰川活动作为第四纪开始的原则，早期把第四纪下限划在阿尔卑斯恭兹冰期冰碛层底部，其古地磁年龄为 0.73Ma BP，或以欧洲"克罗默层"底部为界，其年代为 0.8Ma BP。以后由于发现比恭兹冰期更老的冰碛物，现在除少数人持这一观点外，大部分第四纪冰川地质学家都放弃这一观点。

(2) 1.8Ma BP 左右　1948 年在国际地质大会伦敦会议上，按气候-生物地层原则提出，第四纪下限在海相地层中，以意大利地中海沿岸卡拉布里层底部含有北方型喜冷软体动物化石 *Artica islandica*（北极冰岛蛤）和喜冷有孔虫 *Hyalina balthica*（饰带透明虫）出现为标志，即 N/Q 分界划在卡拉布里层底部，其下为上新世阿斯蒂层。陆相地层则划在含有最早出现象、马、牛化石的维拉坊组河湖相层底部。1982 年国际第四纪联合会的 N/Q 界线小组委员会根据对意大利地中海沿岸另一地点海相地层弗利卡剖面的研究，建议以喜冷底栖有孔虫波罗的饰带透明虫（*Hyalina balthica*）、浮游有孔虫厚壁新方抱球虫（左旋）与可可石类的大洋桥石（*Gephyrocapsa oceanica*）等的大量涌现和超微钙质化石盘星藻（*Discoasder*）类的大量绝灭层位作为N/Q分界,此分界位于古地磁极性的奥都维亚时附近,为1.7～1.8Ma BP（图12-7）；在大洋区相当于N_{21}带与N_{21}带的分界。陆相地层中据对维拉坊哺乳动物群研究,维拉坊组地层可以三分,中维拉坊组哺乳动物群中含有喜冷的化石如披毛犀反映气候有所变冷,N/Q分界可以划在中维拉坊组底部。

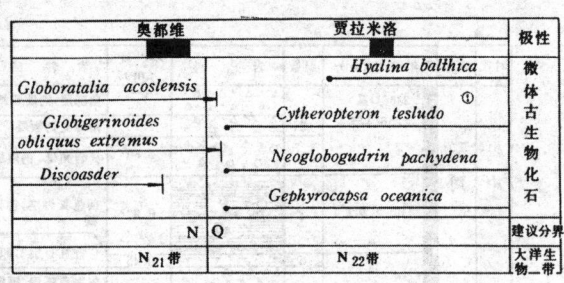

图12-7 意大利地中海弗利卡剖面中奥都维亚时前后几种微体古生物化石层位变化图
（据 Aguirre E.，Pasini G.，1985，资料编）
①爬行丽花介，一度认为是"第一位喜冷来客"，后有人认为鉴定有误

(3) 2.4Ma BP 据对欧洲和俄罗斯地台的植物群研究,在2.4Ma BP（斯堪地纳维亚大冰盖形成之前）植物群发生过重要的变化,喜暖的东亚或北美种类大量减少,而欧亚针叶树种和草本大量涌现,标志一次气候显著变冷,提出可以此为N/Q分界,大约与古地极性的布容/松山分界相当。

(4) 3—3.5Ma BP 在阿拉斯加发现3.5Ma BP（甚至有更早的）的冰碛物,亚洲北部喜暖植物成分（如银杏、枫杨）减少,非洲出现较原始的古人类（如肯利亚1470号人头骨化石下伏图鲁博尔火山灰年龄为3.18Ma BP）。尤其是古冰碛的发现,可作为Q的底界,冰川地质研究者大多支持这一意见。

以上几种第四纪下限方案虽未能解决N/Q分界的统一下限问题,但都揭示出第四纪地壳发展中的重大客观事实,把第四纪下限问题的研究推进了一大步。

2. 中国第四纪下限问题研究情况

(1) 1948年,中国采纳伦敦会议方案,把第四纪下限放在含有性质上与欧洲维拉坊动物群相似的泥河湾动物群的河湖相泥河湾层底部。1959年全国地层会议肯定了这一意见。

(2) 近些年来,随着国际国内第四纪下限问题研究的深入,中国第四纪下限出现了上提和下移2种趋向：①北方的早更新统泥河湾组（Q_1）、三门组（Q_1）和南方的元谋组（Q_1）一分为二,并把N/Q分界上提到早更新世地层中部,其依据或哺乳动物群或古地磁年龄。②第四纪冰川地质工作者则提出把N/Q分界下移,其依据是发现约3Ma BP冰碛,认为这是中国第四纪最老的冰期。此外,南京雨花台组中发现上新世植物化石,而认为整个雨花台组应划入上新世。总的说来,中国第四纪下限问题的研究与1958年前相比有一定的进展（表12-3），但亦未取得统一意见。

(二) 第四纪地层分期方案

1932年国际第四纪研究联合会（INQUA）提出一个以古生物地层与古气候地层并举的第四纪地层划分方案（表12-4）。该方案的古生物地层学原则上应理解为包括海、陆相生物地层；古气候学则以从暖→冷的冰期旋回为原则。其中晚更新世—全新世部分,即包括晚更新世的末次间冰期、末次冰期和冰后期,一直沿用至今。

上列方案历时甚久,不足之处明显,如并列的统时间尺度相差很大,阿尔卑斯地区恭兹冰碛古地磁年龄不大于0.73Ma BP,而表中仅反映了N/Q分界的0.7—0.8Ma BP方案,没

表 12-3 中国第四纪下限研究简况表

地质时代	极性(Ma BP)	河湖相生物地层		北方洞穴	气候岩石地层		平原	冰期
		北方	南方		北方	南方		
早更新世(Q_1)	松山 2.47	上(黄)泥河湾组 Q / 泥河湾组 Q / 下(绿)泥河湾组 Q	元谋组(三、四段) Q / 元谋组(四个段) Q / 沙沟组(一、二段) Q N	12地点 / 18地点	午城黄土 Q	雨花台组 Q	夏垫组 Q	红崖冰期
上新世(N_2)	高斯 3.4 吉尔伯特	N / 清河组 N		顶盖层 N / 14地点	静乐红土 / 保德红土 N	雨花台组 N	顺义组 N	Q / N

表中双实线为全国地层会议规定,单实线一般沿用分界,虚线为各家提出的意见

表 12-4 国际第四纪划分方案表

时代	方案	国际第四纪地层划分方案	
		生物地层学方案	古气候学方案
新生代	第四纪(Q)	全新世或全新统(Q_4)	冰后期
		晚更新世或上更新统(Q_3)	玉木冰期(W)
			里斯-玉木间冰期(R-W)
	更新世	中更新世或中更新统(Q_2)	里斯冰期(R)
			民德-里斯间冰期(M-R)
		早更新世或下更新统(Q_1)	民德冰期(M)
			恭兹-民德间冰期(G-M)
			恭兹冰期(G)

INQUA, 1932

有年代学数据和未反映气候变化的多波动性等等,是方案固有的和以后研究进展反映出的种种不足之处。但在新方案提出之前对这一国际方案还应有所了解。

关于第四纪地层单位问题,国外第四纪沉积物年龄测量技术运用较广,一般多用古地磁极性配合其他年龄值作沉积物或第四纪重要事件的年龄标尺。我国广大平原区钻孔剖面的第四纪地层划分,一般按 1990 年颁布的《中国地层指南及中国地层指南说明书》建立岩石地层单位"组",再配合以古地磁极性和其他年龄值。在实用中,常可在分统基础上划分出若干

(三分或二分）次级单位，如全新统（Q_4）可分为早期（Q_4^1）、中期（Q_4^2）和晚期（Q_4^3）各段等。

三、中国第四纪地层

关于国外第四纪地层的主要情况，在第十章的第二、四节和本章第二节都已提到，不再赘述。

（一）中国第四纪地层区域特征

中国地域广阔，地貌复杂多样，气候有明显的地带性和新构造运动活跃，使中国第四纪地层具有下列特征。

1. 第四纪地层的分布、厚度、沉积类型和旋回性受新构造运动制约　第三纪末期以来，青藏高原的强烈隆升，形成我国从西→东的阶梯状大地形与 NE、EW 向平原和盆地沉积区，沉积厚度一般达几百米。在继承性沉降堆积区，第四纪沉积常继承新第三纪堆积作用，形成相似的沉积类型。在这一类盆地第四纪沉积的正旋回粒度韵律与新构造间歇性运动有关。

2. 第四纪地层的特点受气候控制　由于中国地貌和气候的纬向和径向变化特点，由此形成中国第四纪地层的区域性（或地带性）特征。西部强烈上升的气候干燥和干冷区主要以冰川、冰水、洪积、风积和盐湖沉积为主。东部华北半干旱区黄土极为发育，华南则有亚热带红土和受亚热带气候湿热化的红土砾石随处可见，东北河湖沉积普遍，沿海地带不同程度地沉积了第四纪海相地层。有所谓东蓝（海洋）西白（冰川）南红（红土）北黄（黄土）和东北黑（沼泽土）的区域沉积优势特征。

3. 沉积物成因类型复杂多样　中国第四纪沉积物有海相、陆相、海陆过渡相、构造成因、火山成因和人工堆积 6 个系列，其中以陆相沉积物分布最广泛；每个系列中又包含若干个沉积物成因类型。在不同的地质、地理环境中有不同的优势沉积物成因组合：平原（山间盆地或断陷谷）沉降区河流、湖泊和沼泽成因堆积物最为常见；低山丘陵区风化、片流和重力堆积物占优势；上升的剥蚀山地冰川、冰水、洪流、泥石流和重力堆积物极为常见；沿海和陆架则有过渡相和海相沉积物。我国第四纪火山堆积主要见于东北、西南或断裂带，而东部人工堆积物很普遍。

（二）中国第四纪区域地层简述

近 20 多年来，中国第四纪地层研究的主要进展表现在：

(1) 黄土地层研究达到国际先进水平。

(2) 平原区第四纪地层划分对比应用了年代学（尤其是古地磁学）和孢粉资料，提出了若干以钻孔资料为基础的地区性年代-气候地层单位。

(3) 部分地区代表性剖面由于有了年代学数据，提高了地层单位的时间精度。

(4) 由于新的哺乳动物化石的发现，一些地层的划分有重要变化。

(5) 第四纪海相和海陆过渡相地层研究取得新进展。

按中国第四纪地层区域特征分为：华北区、东北区、西北-青藏区、西南区、华南-东南区、东部平原区和邻近海域 7 个主要地层分区，以下对每个地层区的主要地层特征加以简述，并列出该区内扼要对比关系（主要为堆积区）。

1. 华北区　本区包括豫、冀、晋、陕和陇东地区，其中有黄土高原和汾渭谷地等主要第四纪地层堆积区。以黄土、河湖相地层为主，部分地区洞穴地层发育。

1）代表性地层　有生物地层和黄土-古土壤地层两类。

（1）生物地层

Ⅰ．下更新统泥河湾组（Q_1）　代表性剖面在河北省阳原-蔚县盆地的泥河湾。早期泥河湾组指含有泥河湾动物群（长鼻三趾马-真马动物群）（第十一章）的一套河湖相砂砾、砂与粘土沉积物，为广义的泥河湾组。

近些年来的研究表明，原泥河湾组从岩性上可以分为以黄褐色砂砾及砂质粘土为主的上泥河湾组（又称为黄泥湾）和下部以灰绿色砂质粘土、粘土夹泥灰岩为主的下泥河湾组（又称绿泥河湾）。泥河湾动物群产于上泥河湾组中，在下泥河湾组中发现东窑子头动物群。上、下泥河湾分界与古地磁松山、高斯分界接近，年龄约 2.4Ma BP。东窑子头动物群中含较多的上新世种类。其绝灭属约为 75%（泥河湾动物群为 33.3%），绝灭种为 100%（泥河湾动物群为 93.5%）。下泥河湾地层的时代，置于上新世（N_2）或上新世与早更新世（Q_1）过渡阶段，尚无定论。

在汾河-渭河谷地早更新世河湖相砂砾、砂土分布广泛，早期称三门组，后亦分为上三门组（黄三门）与下三门组（绿三门）。在下三门组的灰绿色砂质粘土中发现与东窑子头动物群性质相似的酒河动物群。

Ⅱ．中更新统周口店组（Q_2）　代表性剖面是北京周口店龙骨山第一地点（中国猿人洞）洞穴地层。第一地点洞穴堆积物厚 40 多米，主要为石灰岩角砾与砂土交替沉积，夹砂砾与石钟乳层。从上→下分 17 层，1～13 层产周口店动物群（中国猿人 肿骨鹿动物群）（第十一章及图 12-6），称周口店组。据多种年代学方法测试，周口店组属布容正极性时，年代为 0.46—0.23Ma BP，属中更新世中—晚期地层。

Ⅲ．上更新统萨拉乌苏组（Q_3）　代表性剖面在内蒙鄂尔多斯的乌审旗。萨拉乌苏组为一套湖相灰黄色砂质粘土夹风砂沉积，产萨拉乌苏动物群（第十章），含这一哺乳动物群化石的还有冲积层和黄土。根据这一动物群化石的 ^{14}C 年龄，萨拉乌苏组年代为 40ka BP。

Ⅳ．全新统（Q_4）　含半坡动物群或殷墟动物群亚化石及新石器时代文化遗存的黄土、冲积层和湖积层。

（2）黄土-古土壤地层　根据黄土岩性和古土壤类型、特征和接触关系，并配合年代学方法，黄土高原区已建立起了黄土-古土壤层地层划分方案（图 12-8）。刘东生等（1985）把中国黄土分为：

早更新世午城黄土（Q_1）　代表剖面在山西隰县午城柳树沟，午城黄土位于含三趾马哺乳动物群的上新世红粘土层顶部侵蚀面上，厚 50m。颜色较红且均匀，岩性较致密（故有石质黄土之称），含多层钙质结核层。产泥河湾动物群成分化石。其底界与古地磁极性世的松山/高斯（M/G）分界面接近，古地磁年龄约 2.4Ma BP。

中更新世离石黄土（Q_2）　代表剖面在山西离石县陈家崖，厚 75m。离石黄土内又为一侵蚀面分为两部分：

离石黄土下部（Q_2^1）　色较红，含十几层褐色土型古土壤，古土壤较薄，间距较小，与午城黄土以侵蚀面分开，顶部为 3 层密集古土壤（S_5—红三条）叠置的古土壤系。含肿骨鹿等化石。

离石黄土上部（Q_2^2）　色较浅，土质较疏松，含 5～6 层红色古土壤层，其间距较大，古

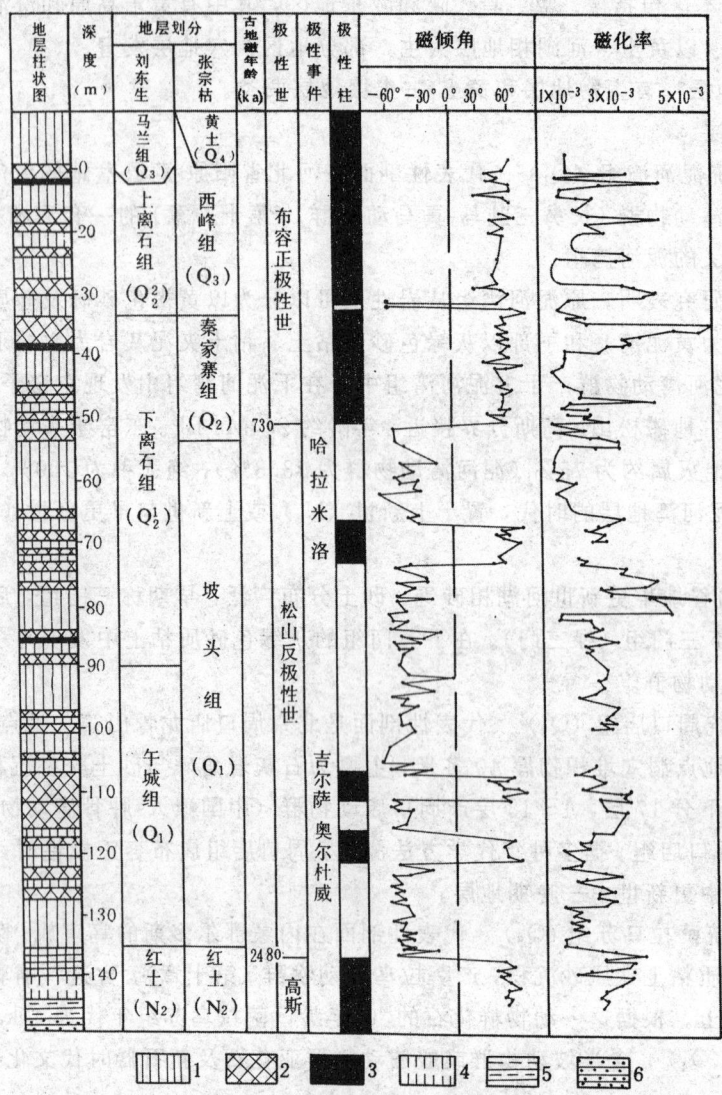

图 12-8 陕西洛川黄土层钻孔岩性综合柱状图
(据《1:250万中华人民共和国及其毗邻海区第四纪地质图说明书》，1991)
1. 黄土; 2. 古土壤; 3. 钙质结核; 4. 红粘土; 5. 泥岩; 6. 砂岩

土壤结构较清晰。含较多方氏鼢鼠化石。与上覆马兰黄土以一侵蚀面分开。

上更新世马兰黄土（Q_3） 马兰黄土一名原指北京斋堂马兰峪次生黄土，现广泛用以称中国晚更新世黄土。马兰黄土为灰黄、姜黄或黄褐色，粒度较粗，质地疏松，层理不明显，垂直节理发育。

全新世黄土（Q_4） 灰黄色粉砂质黄土，含有一层灰黑色古土壤层。

华北区第四纪地层对比情况如表 12-5 所列。

2. 东北区 本区包括辽宁、吉林、黑龙江三省。地表全新世沼泽堆积广布，平原地下更新世冲积和湖积堆积较厚，山地有冰川、冰水沉积，玄武岩喷发从上新世末一直延续到现代，临海大河口有海陆过渡相沉积。本区部分古生物地层以华北区为依据，但地层的区域性分异明显。

表 12-5 华北区第四纪地层对比概况表[①]

古地磁(ka)	时代	黄土高原	汾渭盆地		鄂尔多斯	大同—阳原		周口店[②]	
布容正极性时	全新世(Q_4)	黄土堆积	冲积层	黄土堆积	湖沼化学堆积 风积砂	冲积层		洞穴层	
—10~12—					黄土堆积			山顶洞	
	晚更新世(Q_3)	马兰黄土	丁村组	西峰组	萨拉乌苏组	冲洪积层	黄土堆积 夹玄武岩	新洞	东岭子洞
—150—									
	中更新世(Q_2)	离石黄土	黄土堆积	秦家寨组		小渡口组	黄土堆积 夹玄武岩	第13地点	第1地点 1层—13层 太平山
—730—			坡头组上段			泥河湾组 上段		第12及第18地点	14层—17层 北坡东洞
松山负极性时	早更新世(Q_1)	午城黄土	三门组	(黄段)		(黄泥河湾)			
—2 480—						泥河湾组 下段		上砾石层	
高斯正极性时	上新世(N_2)	红土		(绿段)		(绿泥河湾)		第14地点	

① 表12-5~表12-12参考张宗祜等《1:250万中华人民共和国及其毗邻海区第四纪地质图说明书》地层资料简化、补充和修改。

② 据曹伯勋、田明中、袁铃声《北京周口店新发现的洞穴堆积物研究》，1994

(1) 下更新统白土山组（Q_1） 上部为棕褐色砂土，下部为红色及白色砂砾，分选差，含冰川砾石。上下总厚度为5~30m或更厚。在大小兴安岭山麓组成二级阶地，往平原变为冲积、湖积物，伏于平原下40~50m或更深。

(2) 中更新统（Q_2） 东北区中更新统是平原区主要含水层，一般地面出露零星，多埋于地下10~30m，各地建组命名不同。

荒山组和林甸组 荒山组分布在松嫩平原东部，可二分：上荒山组（Q_2^2）为灰黄—棕黄色黄土状亚粘土，厚4~18m，热发光年龄为0.2—0.4Ma BP；下荒山组（Q_2^1）为黄绿色、灰白色冲积砂砾层，厚10~25m，属布容正极性时。林甸组分布于松嫩平原西部地下25~30m，东部为灰白色~灰黄色冲积砂砾层；往西变为常含钙质条带及结核，有机质含量较高的黑绿色湖相砂质粘土。

在下辽河平原，中更新统称郑家店组，为冲积、洪积砂砾、含砾砂与亚粘土，夹薄层海相层，总厚度达百余米，埋深达150~250m左右。三江平原区中更新统称向阳川组，上部为黄土状亚粘土，含铁锰质结核；下部为灰褐—灰黑色砂层及砂砾层，厚度为40～80m，最厚达100多米。

(3) 上更新统（Q_3） 顾乡屯组（Q_3）和榆树组（Q_3）。顾乡屯组是东北区著名上更新统地层，总厚一般为20～50m。松嫩平原顾乡屯组可三分：上部黄土状亚砂土、亚粘土，含钙质结核，厚度为1～5m；中部灰黑色淤泥质亚粘土，厚度为2～6m，中层顶部^{14}C及热发光年龄为23ka BP；下部砂及砂砾层，厚度为5～10m，其顶部热发光年龄为50ka BP左右。顾乡屯组中、下部含有著名的猛犸象-披毛犀动物群化石（第十一章）。榆树组分布在下辽河平原，厚度约70m，埋在地下约30m处，为灰色、灰绿色细粒沉积，夹两层海相层。

(4) 全新统（Q_4） 平原区地表主要为冲积和湖积砂砾、砂、亚粘土和泥炭、淤泥；在辽河口为海陆相互层。山区有块状熔岩堆积，最晚的老黑山玄武岩喷发活动发生在1719—1721a A.D.。

东北区第四纪地层对比如表12-6所列。

表12-6 东北地区第四纪地层分区对比简表

地层时代		地区	小兴安岭	松嫩平原	下辽河平原	三江平原	长白山
全新世	Q_4	Q_4^3	老黑山玄武岩	冲积层	冲海积层	冲积砂砾层	冲积层
		Q_4^2	冲积层	昂昂溪文化层	海积层	新石器遗迹亚砂土层	冲湖积层
		Q_4^1	龙门山玄武岩	温泉河组	冲海积层	冰场组	湖积层
更新世	Q_3		尾山玄武岩	顾乡屯组	榆树组	别拉洪河组	明月镇洞穴堆积
			冲积层	哈尔滨组			南坪玄武岩
			五大莲池旧期玄武岩				二道岗冰碛层冲积层
	Q_2		药泉山玄武岩	荒山组	郑家店组	向阳川	白头山粗面岩上老黄土
			冲积层	林甸组			
			东焦德布山玄武岩				老布克冰碛层
	Q_1		白土山组		田庄台组	山前砂砾石层	军舰山玄武岩（岗头组）
							四等房冰碛层
上新世	N_2		东华组	泰康组	明化镇组	玄武岩	

3. **西北-青藏区** 本区包括新疆、青海、甘肃西部和西藏。从新第三纪以来地壳一直强烈上升，造成巨型隆起的青藏高原和载雪高山与封闭盆地对峙的祁连山-天山山地。气候随地壳上升不断向干冷方向发展，动植物界每况愈下。本区是中国现代和第四纪冰川与冻土最发育的部分，山地和山前第四纪冰川和冰水沉积物广泛发育。盆地内则以洪积、冲积、冰水沉积、

风积和盐湖积地层为主。

1) 山地冰川地层　天山、昆仑山、阿尔泰山和祁连山等高山区，第四纪一般至少有 4～5 次冰川扩展阶段，形成 3～5 期冰碛层及其间的间冰期地层（通常晚更新世冰碛层均可分为 2 期）。以东昆仑山为例：

下更新统（Q_1）惊仙冰碛层　主要为冰碛砂砾和冰水砂堆积，最大漂砾直径可达 1～2m；上覆的羌塘组灰色与灰黄色河湖相砂砾及砂层和亚粘土层为间冰期沉积物（表 12-6）。

中更新统（Q_2）纳赤台冰碛及冰水砂层　岩性松散，厚度达 100m，分布很广。

上更新统（Q_3）冰碛层　分为 2 期：早期称西大滩冰碛、冰水砂砾层；晚期称本头山冰碛，为冰碛碎石与黄土；二者间的间冰期沉积物为喜水性芦苇化石层。

全新统（Q_4）冰川沉积物　如昆仑山小冰期冰川扩展形成的 3 道终碛，高差从 10～20m 至 100～200m。

天山与上述情况类似。

2) 盆地　青藏高原以北一系列近 EW 向或 NW 向盆地中堆积了较厚的第四纪沉积物。在以断裂地貌为界的受新构造差异控制的山前（或盆地边缘）发育很厚的粗粒沉积物，而且更新统地层之间多以角度不整合接触，或更新统地层有构造变动。

下更新统西域砾石层（Q_1）　为黄褐色砾石层，普遍出露在准噶尔南缘，厚达 2 000m，其中曾发现三门马化石（*Egunas sanmeniensis*）。西域砾石层与上覆早更新世晚期"五梁司层"、"玉门砾石层及其上覆更新统"酒泉砾石层"均成不整合接触。

中更新统（Q_2）　一般在山前（或盆地边缘）为洪积、冲积砂砾层（有的地方与冰碛层过渡），往盆地中部过渡为河湖相细砂夹粘土层，厚度在 50m 以下。在准噶尔南缘的中更新统乌苏群（Q_2）亚粘土层中，发育微红色土壤层，采集到纳玛象化石。

上更新统（Q_3）　新疆群为黄土、风成砂、砂砾层与灰黑色砾石层，后者是构成戈壁滩的基础（旧称戈壁组）。在有些地点的砾石层和黄土中有石膏；在东天山北麓乌鲁木齐附近上更新统（Q_3）仓房沟组河湖相砂层中采集到猛犸象、披毛犀、古菱齿象和普氏野马等化石。

全新统（Q_4）　有风成砂、冲积层、洪积层和湖积层。

3) 青藏高原　青藏高原平均海拔 4 500m 以上，普遍发育冻土，周边山地现代冰川发育。第四纪本区以冰川冰水地层和湖相地层为主；高原东缘为南北向深切峡谷系，主要有少量冲积层和洪积层。本区近些年来发现为数不多的中—晚更新世哺乳动物化石。

(1) 藏北地区　第四纪湖积、洪积和寒冻风化沉积层发育，前者厚度达几十米至一百多米。以色林错—班戈错一带为例：

下更新统猪头山组（Q_1）　为浅棕粘土与红色钙质胶结的砂砾岩，厚度为 10～65m。下伏上新统丁青组（N_2）砂岩与粘土互层。

中更新统夏穹错组（Q_2）　红色砂砾与砂层夹粉砂粘土，厚度为 10～120m。

上更新统同旧藏布组（Q_3）　黄土状亚粘土，产马、软体、介形类及硅藻化石，厚度为 10～30m。

全新统班戈组（Q_4）　灰绿色碳酸盐粘土或文石水菱铁矿堆积，间夹棕色粘土，厚度为数米至十余米。

在扎文部地区有十四级湖阶地砂砾层，分属下更新统（十一～十四级）、中更新统（七～十级）、上更新统（四～六级）和全新统（一～三级）。

(2) 藏南地区　第四纪堆积物零星，主要为冰碛、冰水沉积、冲洪积及洪积。以帕里盆地为例：

下更新统—上新统贡巴砾岩（$Q_1—N_2$）　为灰褐色砾石层，夹蓝灰色粉砂及砂。砾径一般小于10cm。厚度大于200m。属高斯正极性时。

中更新统聂拉木冰碛层（Q_2^1）　为风化较深的巨砾和漂砾为主组成的冰碛层；顶部为棕黄色砂土夹石块。

上更新统冰碛层　在海拔4 300～4 400m处称基隆寺冰碛层（Q_3^1）；海拔4 600～4 700m称绒布寺冰碛层（Q_3^2）；两者间有棕黄色砂土沉积，土中有时夹有机质。

全新统冰碛（Q_4）　分布于现代山地冰川外围。

西北-青藏区主要地区第四纪地层对比如表12-7所列。

表12-7　西北-青藏区主要第四纪地层对比表

地层时代 \ 分区	昆仑山	准噶尔盆地	藏北		藏南	河西走廊	青海湖-共和盆地
			色林错—班戈错	申扎—文部	帕里盆地		
全新世（Q_4）	现代冰川 昆仑冰期 间冰期	冲积层 洪积层 湖积层 风积层 泥火山沉积层	班戈组	湖积层（一级阶地） 湖积层（二、三级阶地） 湖积层（四级阶地）	冲洪积层 冰积层	冲积层 洪积层 风积层 湖积层	布哈河组
晚更新世（Q_3）	本头山冰期 间冰期 西大滩冰期	新疆群 仓房沟组黄土	同旧藏布组	湖积层（五级阶地） 湖积层（六级阶地）	绒布寺冰碛层 间冰期（古土壤） 基龙寺冰碛层	戈壁组	二郎尖组 马兰组
中更新世（Q_2）	间冰期（强烈侵蚀期） 纳赤台冰期	乌苏群 宁家河组（？）	夏穷错	湖积层（七～十级阶地）	间冰期 聂拉木冰碛层	榆林组	共和组 离石组
早更新世（Q_1）	羌塘组 惊仙冰期（？）	王梁司层 西域组	猪头山组	湖积层（十一～十四级阶地）	贡巴砾岩	玉门组	五泉山组
上新世（N_2）	红石梁组	独山子组	丁青组		湖相泥岩	疏勒河组	贵德群

4．西南区　本区包括云南、贵州、广西及四川等地。除丽江盆地有第四纪冰碛层外，本区以冲积、洪积和湖积地层为主，广西和四川东部有第四纪不同时期的洞穴堆积。云南腾冲有多期第四纪火山喷发。洞穴地层划分以含哺乳动物化石洞穴为标准，洞外堆积根据岩性和地貌与洞穴地层对比确定时代。

1）西南与华中洞穴及湖相生物地层

(1) 下更新统元谋组（Q_1） 标准地点在云南元谋盆地龙江以东的东山山前地带。

(2) 早期研究者把元谋盆地一套厚度为 695m 的河湖相砂砾、砂与粘土互层岩系，分为 4 段 28 层，根据其中的元谋动物群化石，划归下更新统（第十一章），建立了元谋组（广义）。后续研究者趋向于把含元谋人门齿化石和云南马化石的上部第三、四段重订为元谋组（狭义），其下第一、二段划入上新统（N_2）。第三段和第二段分界的古地磁年龄在 2.48Ma 左右。

2) 广西柳江地区，沿江不同河拔高度的洞穴堆积与河流阶地冲积层有下述对比关系：

(1) 下更新统（Q_1） 含柳城巨猿动物群的洞穴红色含角砾砂土（Q_1^2），可与柳江第五阶地冲积层对比。

(2) 中更新统（Q_2） 含笔架山动物群的洞穴堆积（Q_2）与柳江第三、四阶地红色冲积砂砾和网纹红土时代相当。

(3) 上更新统（Q_3） 含晚期古人类——柳江人和哺乳动物化石的柳江洞穴堆积灰褐色砂质粘土（Q_3），与柳江第二阶地黄色冲积砂砾属同期地层。

(4) 全新统（Q_4） 有来宾巴拉洞穴堆积与第一阶地冲积层对应。

3) 四川盆地 四川盆地是西南区最大的堆积区，以冲积砂砾堆积为主。

上新统—下更新统（N_2—Q_1） 有大邑砾石层和昔格达群，前者为广布于川西山前地带的冲、洪积砂砾层；后者为安宁河谷断陷河湖相沉积。二者厚度都在 500m 左右，均受构造变动，代表盆地周边上新世—早更新世末构造活动期。

中更新统雅安砾石层（Q_2） 上部有网纹结构，产东方剑齿象化石，广泛分布在盆地主河高阶地区。

上更新统广汉组（Q_3） 黄色冲积砂砾、粉砂层和"成都粘土"，均富含钙质结核，前者 ^{14}C 年龄为 30ka BP 左右，后者 ^{14}C 年龄为 23—16ka BP 左右。

全新统（Q_4）为大河第一阶地冲积层，在资阳黄鳝溪沱江一级阶地冲积层中发现过 6.55ka BP 左右的资阳人化石。

洞穴地层以四川盐井沟洞和湖北西部长阳洞堆积为代表（第十一章）。

西南区主要第四纪地层对比如表 12-8 所列。

5. 华南-东南区 本区包括鄂、湘、赣、皖、苏、闽、浙、粤、台湾及海南等省区，地处中国大地貌上的第三阶梯丘陵区，属北亚热带—热带气候。本区是中国上新世—第四纪红土的主要分布区。

(1) 上新统—下更新统雨花台砾石层（N_2—Q_1） 从南京溯长江而上，在沿江的南京、安庆、黄冈、宜昌等地长江三级阶地上有一套灰白色、灰红色砂砾层，含少许玛瑙砾石，砾石磨圆度良好，以南京雨花台最为典型，称雨花台砾石层，早期研究者划归早更新统（Q_1）。后来在南京雨花台的砾石层中发现上新世植物化石单子豆叶（Podogonium sp.），于是主张把雨花台砾石层划入上新统（N_2），但部分研究者则认为雨花台砾石层中仍有部分属于早更新世（Q_1）。本书暂将雨花台砾石层（广义的）时代置于上新世—早更新世（N_2—Q_1）。这个问题涉及的是早更新世有无统一的长江问题，很值得深入研究。

(2) 中更新统网纹红土（Q_2） 长江及其主要支流谷地和丘陵区，发育有网纹（蠕虫）化红土、红土碎石或红色砂砾层，厚度从几米至 30 多米。网纹（或蠕虫）构造，是湿热气候条件下堆积物中形成的次生白色粘土条带，沿垂直剖面方向，白色粘土条带大小、数量、产状及伴生铁锰结核均有变化。网纹构造可发生在不同时代的母岩（白垩纪—第四纪红色砂土质岩石）和不同成因（冲积、坡积、残坡积）堆积物中，有穿时性，在上更新统（Q_3）黄土状

表 12-8 西南区主要第四纪地层对比表

地层时代 \ 分区	洞穴与湖相生物地层			四川盆地	川东南—黔东	丽江盆地	腾冲盆地
全新世（Q_4）	来宾迁江巴拉洞穴堆积物			冲积层	冲积层（一级阶地）	现代冰碛层	安山岩
晚更新世（Q_3）	长阳洞穴堆积	柳江洞穴堆积		"成都粘土"	冲积层（二级阶地）	大理冰碛层	安山质玄武岩
				广汉组		木坚桥间冰期堆积	玄武岩
						丽江冰碛层	
中更新世（Q_2）	盐开沟洞穴堆积	笔架山洞穴堆积		雅安砾石层	冲积层（三、四级阶地）	大具间冰期堆积	
						金江冰碛层	
早更新世（Q_1）	元谋组（广义）	四段	柳城巨猿洞穴堆积	大邑砾石层	冲积层（五级阶地）	松毛坡组	蛇山组	英安山岩
		三段						
上新世（N_2）		二段						
		一段						

堆积的下部仍有蠕虫状构造出现，但其主要形成时期在中更新世。

（3）上更新统下蜀组（Q_3） 主要为黄色粘土、砂质粘土，含铁锰和钙质结核，垂直节理发育，具有黄土性质，发育有 1~2 层古土壤层，以南京附近下蜀镇剖面为代表。在河谷区，下蜀土具有冲积层二元结构，下部为砂砾层，厚度达 20 多米；在丘陵坡地和平原、湖区则为黄土状沉积，有坡积和河湖积，后者如四川"成都粘土"。

（4）全新统（Q_4） 以冲积砂砾和河湖相棕灰色、棕黑色粉砂为主夹灰色淤泥。

江西庐山地区 李四光（1937）曾根据堆积物特征、相互关系和湿热化程度不同，从早到晚划分为：①鄱阳冰碛——绛色泥砾，湿热化深，较坚硬，白色网纹多。②大姑冰碛——赭（棕）色泥砾，质地较松散，湿热化程度较浅，白色网纹较少。在姑塘镇曾见（李四光，1937）其中包裹有残余的（鄱阳期）绛色泥砾。③庐山冰碛——黄色泥砾、无网纹构造。

在华南沿海 下更新统湛江组（Q_1）为海陆相与火山喷出物的混合堆积物。中更新统北海组（Q_2）为棕红色土及砂砾石，其中所含玻璃陨石及雷公墨的裂变径迹法年代约为 0.7Ma BP。上更新统陆丰组（Q_3）滨海相细砂层不整合于风化壳之上。晚更新世末雷州半岛有多期"湖光岩火山岩"（玄武岩）喷发。全新统（Q_4）在珠江三角洲地区主要为滨海淤泥（横栏组）和雷虎岭火山喷出堆积。

台湾东西平原第四纪海相地层发育：上新统—下更新统（N_2—Q_1）西部称卓兰组，东部称大港口组，为厚度均达 1 000~2 500m 的灰色砂、泥质岩系，含有钙质超微化石及有孔虫化石。西部平原的崁崞山组为青灰色—灰色细砂及粘土，含海相超微化石和陆生哺乳动物化石，如剑齿象与中国犀等，厚度为 300~2 000m，属下—中更新统。东部平原中更新统厚度为 300

~3 000m 的砾石夹砂及粘土层，含超微化石，称卑南山组（Q_2）。台湾的上更新统（Q_3）东西部分均以台地上堆积的红土、砾石、砂和珊瑚礁为主。全新统（Q_4）有平原冲积层和沿岸珊瑚礁。

华南区—东南区的第四纪洞穴堆积，以湖北建始高坪早更新世晚期（Q_1^2）含巨猿洞穴、安徽和县中更新世含猿人洞穴（Q_2）、湖北长阳晚更新世（Q_3）含长阳人洞穴和江苏溧水回峰山神仙洞全新世（Q_4）顶部含陶器的沉积物为代表。

华南区—东南区第四纪地层对比如表 12-9 所列。

表 12-9 华南区—东南区主要第四纪地层对比表

地层时代＼分区	长江中下游亚区				东南区—华南区沿海及丘陵				台 湾	
	长江谷地	江汉平原	洞庭湖平原	鄱阳湖平原	丘陵区	洞穴堆积	沿海地区及海南岛		西部平原	东部平原
全新世（Q_4）	冲湖积层	近代冲淤积层	冲湖积层	芜湖组 上 中 下	冲积 洪积 崩塌堆积 残坡积	江苏溧水神仙洞（顶部）	灯笼沙组（烟墩组） 万顷砂组（鹿回头组） 横栏组（灯楼角组）	雷虎岭火山岩	冲积层 珊瑚礁	
晚更新世（Q_3）	下蜀组	「成都粘土」	云梦组	白水江组	大桥组 下蜀组戚家矶组 龙海组 上 下	湖北长阳洞	陆丰组	田洋组 八所组	湖光岩火山岩	台地堆积、石灰岩礁
中更新世（Q_2）	网纹红土、红土砾石		喜溪窑组	白沙井组		同安组 天宝组	安徽和县洞	北海组	石峁岭火山岩	大南湾组 奚斛山组 上段 下段	米仓组 卑南山组
早更新世（Q_1）	雨花台组		卢演冲组	汨罗组	安庆组	佛昙群（N_2-Q_1）	湖北建始高坪洞	湛江组	湛江火山岩	卓兰组	大港口组
上新世（N_2）			掇刀石组	N/R			佛昙群（N_2）			垦丁组	利吉组

6. **东部平原区** 包括海河—黄河平原、淮北平原、苏北平原和杭嘉沪平原，是中国东部第四纪主要堆积区。山前广布不同时期洪积层，中部为各大河流冲积层与湖沼沉积，沿海地带有海相和海陆交互相沉积。堆积厚度一般在 200～300m，较厚者达 300～400m，最厚约为 500m。邵时雄等（1989）从水文工程地质实践需要出发，在研究黄、淮、海平原（即除杭嘉湖平原南部以外的本区）时，用岩石地层学、年代地层学、气候地层学（孢粉组合）、生物地层学综合方法，对几十个专门用以第四纪地质研究的钻孔岩芯和近 900 多个尚存有干缩样品

表 12-10 东部平原区主要堆积区第四纪地层划分对比

极性期	距今年(ka BP)	地质时代		古气候性质	海侵期	火山活动	燕山—太行山前区	津沽—冀南—鲁北区	黄河平原区	淮北平原区	苏北平原区	杭嘉沪平原区	地方性似统单位	组合带	华北区海相地层 (Ma BP)(王乃文,阎希贤 1983)
布	10～12	全新世 (Q_4)	Q_4^3	温	I		河间组		濮阳组	蚌埠组	淤尖组	如东组	F	X	Ostrea elongata, O. Cuculata(0.005)
			Q_4^2	温暖			高湾组							IX	Stomoloculina multangula(<0.01)
			Q_4^1	寒温	II	∨∨∨	杨家寺组						E	VIII	Quinguelocullina cultrata Elphidinonion incertum (0.03—0.04)
松	150	晚更新世 (Q_3)	Q_3^2	冷夹暖	III	小山期 ∨∨∨	西甘河组		惠	茆塘组	新兴组	嘉善组		VII	Pseudorotalia Schoeteriana Sigmoilina inculta(0.1)
			Q_3^1	暖	IV	无棣期 ∨∨∨	肃宁组	兴济组	民	潘集组	东台组	全塘组	D	VI	Ammonia becarii(0.3)
J	730	中更新世 (Q_2)	Q_2^2	冷夹暖	V	杨庄期 ∨∨∨			组			嘉定组	C	V	Spiroloculina terguemiana Rotalia microannectens(1)
			Q_2^1	暖			饶阳组	辛集组	开封组					IV	Evolutononion shanxiens(1.5—1.7)
O	970	早更新世 (Q_1)	Q_1^2	冷	VI	沧州期 ∨∨∨				桃园组	骆港组	安亭组	B	III	Globigerina pachyderma, G. bulloides, Globorotallia inflata, Hyalinea bultica(2.26), Coccolithus pelagicus, Emiliania huxleyi
山	1 870		Q_1^1	暖	VII	∨∨∨?								II	Discorbis yunchengensis, Nonion dopressulum(2.5)
		上新世 (N_2)		冷		2～3期	明 化 镇 组			宿 迁 组		盐城组	A		Amonnia tepid
高斯	2 480			暖										I	Evolutononion weiheense(2.5—3.0)

据邵时雄等(1989)和王乃文等(1983)资料编

的钻孔岩芯进行研究,并利用标志层(淋溶淀积层、混粒结构、铁锰结核、土层色序、海相层、火山堆积层和紫色层等)对平原第四纪地层进行大区和小区分层对比,提出了本区第四纪地层的划分方案和地层层序对比(表12-10)。在上述以钻孔资料为基础的第四纪地层划分对比方法中,古地磁学方法用以确定N/Q和Q_1/Q_2分界,采用^{14}C法和热发光法划分Q_3和Q_4地层分界,孢粉分析对每个时期气候地层的进一步划分必不可少。

7. 中国海域第四纪地层　中国海域第四纪地层研究主要用古地磁学、沉积学、岩石地层学、生物-气候地层学和年代学等原则方法,对海洋钻孔岩芯进行划分对比,并与邻区陆相地层对比。

以台湾岛南端北西向断裂为界,北部海域(包括渤海、黄海和东海)第四纪沉积较厚,渤海中央盆地估计最厚达600m,东海200~450m居多,黄海海陆沉积达100多米,冲绳海槽西侧沉积厚度估计很大。南部海域(以南海为主,包括南海诸岛)第四纪沉积较薄,一般在100~500m。因南北海区气候不同,北部海域第四纪为碎屑堆积,南部海域普遍发育生物碎屑和礁灰岩堆积,西沙群岛的第四纪礁灰岩系厚度达280m。

中国海域第四纪各期地层划分的年代学、沉积学和生物-气候学特征如下:

(1) 全新统(Q_4)　北部海域陆架区常为海相层,厚几米至一二十米,一般可三分,底部^{14}C年龄10—12ka BP,其下常为晚更新世陆相层。如渤海渤中12号孔(表12-11),该孔反映晚更新世末期海平面曾大幅度下降,进入全新世海平面回升,沉积了最近一次大规模海进沉积物。中国南部海域的沿岸地带,如广东珠江口三角洲,全新统为没于水下的冲积层、河口沉积和三角洲沉积,厚度为25m。而南海陆坡半深海区和深海平原区,全新统为0.48~1m的灰色生物碎屑软泥。

表12-11　渤海渤中12号孔第四纪综合地层表

时代	深度(m)	岩性	孢粉组合	气候期	微体化石组合	沉积相
全新世(Q_4)		灰色粘土质粉砂和砂质粘土	栎属-松属 松-桦-禾本科	温湿期	缝裂希望虫-先希望虫	海相层
		灰色粉细砂	松-桦-禾本科			
晚更新世(Q_3)	10	黄褐色粉砂质粘土	柏科-苔藓 柏-水松-藜 草-禾本科	冷干期	小玻璃介-土星介 毕克卷转虫—山西九字虫组合	陆相层
	20	黄褐色、灰绿色细砂、中细砂顶部为灰色砂质粘土	松-藜科-禾本科	温湿期	有壳变形虫 毕克卷转虫-山西九字虫组合	海相层
	30	灰色粉砂质粘土	栎-藜科-禾本科		缝裂希望虫-先希望虫-毕克卷转虫	
		灰色细砂				
	40	灰黄色粘土亚粘土	松-禾木科	凉干期	土星介	陆相层
	50	灰色粉砂质粘土	砾-柳-水 龙骨科-藜科	温湿期	毕克卷转虫-亚易变筛九字虫	海相层

(2) 上更新统(Q_3)　北部海域陆架从下而上多为:海相层\陆相层\海相层\陆相层交替层(表12-11),厚度为三四十米,底部海相层年龄在130—150ka BP均可。海相层一般含

有滨、浅海有孔虫化石，如毕克卷转虫-山西九字虫组合，孢粉组合中栎属较多。陆相层一般产陆生淡水介形虫化石，如小玻璃介、土星介组合。孢粉组合中以松、柏、藜科为主。南海海域半深海和深海平原上更新统（Q_3）为生物碎屑软泥沉积，如南海 V3 孔晚更新世沉积厚度约 5.50m，夹数层薄层火山灰沉积层，称尖峰组，热发光年龄 90—134.9ka BP。该孔利用 *Globigerinoides Sacculiger* 壳 $\delta^{18}O$（PDB）测量，可分出 6 个氧同位素阶段，记录了末次间冰期和末次冰期冷暖气候变化旋回，可与深海钻孔 V28-238 的氧同位素 1—6 阶段对比，后者的第 5 和第 6 阶段分界年龄为 0.128Ma，与 V3 孔开始的热发光法年龄数据接近。

（3）中更新统（Q_2）　以古地磁 B/M 界限为界，如南黄海 QC_2 孔的 B/M 分界以下的泰山组（Q_2），从下而上为近岸沉积\滨海沉积\湖泊沉积。

（4）下更新统（Q_1）　B/M 界限到 M/G 界限之间，如南黄海 QC_2 孔从 B/M 界限（79.82m）到贾拉米洛亚时（−91.33m）为海相层称"三余组"，相当于早更新世晚期地层，更早的地层尚未揭露。

中国海域主要第四纪地层对比如表 12-12 所列。

中国第四纪地层综合对比概况如表 12-13 所列。

表 12-12　中国第四纪海域地层对比简表

时代	渤中 12 孔①	渤海 BC_1 孔②	黄海③		南黄海 QC_2 孔④	东海冲绳海槽⑤（894 站）	东海 DC_2 孔⑥	珠江三角洲⑦		南海深海平原⑧
全新世（Q_4）	海积层	浅海沉积层	老黄河口层		平山组 上 中 下	青灰色含有孔虫粉砂、浊流层	浅海相层	三角洲沉积层		灰色软泥
			胶州湾层					河口湾沉积层		
			獐子岛层							
		湖沼沉积层	海州湾层				冲积层			
晚更新世（Q_3）	陆相层	湖积层	晚海洋岛层		达山组 上段	青灰色粉砂质粘土	沼泽相层	陆相层		尖峰组 砂、粉砂与淤泥互层，夹火山灰薄层。
			黄海层					三角洲沉积层		
	海积层		早海洋岛层							
		浅海沉积层	连云港层			青灰色浊流层	滨海相层			
	陆相层	湖沼沉积层	晚成山头层				湖沼相层			
		滨海沉积层	黄海槽层							
		湖沼沉积层	早成山头层				冲积层			
	海积层	浅海沉积层	灵山岛层		下段	深灰色浊流层	滨海相层			
		湖沼沉积层								
		浅海沉积层								
中更新世（Q_2）		湖沼沉积层			秦山组 上 中 下		湖沼相层			
		滨海沉积层								
		近岸沉积层								
早更新世（Q_1）					三余组 上 中 下					

①大港油田地质研究所，1985；②中国科学院海洋研究所，1985；③刘敏厚等，1987；④郑光膺，1988；⑤据张宗祜等，1991 简化；⑥黄福庆，1984；⑦地质矿产部南海指挥部，1981；薛万俊、霍春兰，1991

表 12-13 中国第四纪地层综合对比概况表

地质时代	距今年代(ka)	极性	生物地层(ka BP) 北方	生物地层(ka BP) 南方	古人类和古文化	北京周口店地区洞穴	岩石地层 黄土高原	岩石地层 南方丘陵河谷区	堆积平原地层 华北平原	堆积平原地层 杭嘉沪	堆积平原地层 东北平原	东部沿海海侵 海侵及层(ka BP)	东部沿海海侵 生物组合带(ka BP)	冰期 东部	冰期 珠峰北坡
全新世(Q₄)	—11—	布	半坡动物群 (¹⁴C<6)		半坡人文化及扎赉诺尔人及其文化		黄土	冲积层湖积层	河间组▲南湾组杨家寺组	如东组	泥炭层冲积层	黄骅海侵 A(5)	X(5)	冰后期	绒布德小冰期 亚里高温期
晚更新世(Q₃)			山顶洞动物群 (18)¹⁴C 萨拉乌苏¹⁴C(40) 披毛犀猛犸象¹⁴C(<50)	资阳动物群 柳江动物群	小南海文化,山顶洞人及其文化 河套人及资阳人,柳江人	18ka BP(¹⁴C) 山顶洞 49ka BP(TL) 98ka BP(U) 新洞 19ka BP(TL) 东岭子洞 110ka BP(U)	马兰黄土	下蜀土(长江下游) 成都粘土(长江上游)	惠明组	嘉善组	颜乡组 别拉洪组 哈东滨组	太湖海侵 C(30) 沧州海侵 E(80~100)白洋淀海侵(120)	IX(<10) VIII(30~40) VII(100)	大理冰期 大理I 同冰段 大理II	绒布寺冰阶 吉隆寺冰阶
中更新世(Q₂)	—130—	松山 J	许家窑丁村(150) 周口店动物群(230~460)(周口店组)	长阳动物群(60~100) 盐井沟动物群 观音洞动物群	许家窑人丁村人 河套人及资阳人 马坝人 大荔人 许家窑人及其文化 北京猿人及其文化 和县猿人蓝田猿人	230ka BP(U)第1地点 13层 460ka BP(F) 240ka BP(U)	离石黄土 上部 下部	白沙井砾石层 网纹红土红土砾石层	开封组▲ 兴济组 辛集组 (津南鲁北)	全塘组 嘉定组 安亭组	荒山组 向阳川组(三江松嫩平原) 白土山组	海侵 海兴海侵(1 000) 渤海海侵(1 500)~1 700	VI(300) V(1 000) IV(1 500~1 700)	庐山-大理间冰期 庐山冰期 大姑-庐山间冰期 大姑冰期	加布拉冰期 聂聂雄拉冰期
早更新世(Q₁)	—730—	O	公王岭动物群(800~1 000) 泥河湾动物群(1 700)(泥河湾组上段) 元谋动物群(元谋组三、四段)	笔架山动物群 高坪动物群柳城动物群	元谋人 小长梁文化	第12地点 第18地点 上砾层(顶盖)	午城黄土	雨花台砾石层	明化镇组	盐城组	泰康组东华组	北京海侵(2 300) 顺义组	III(2 260) II	鄱阳-大姑间冰期 ? 鄱阳冰期	希夏邦马冰期
上新世(N₂)	—2 400—	高斯	清河/东窑头动物群(2 400~3 000?)(清河组) 沙沟组(元谋组一、二段)			第14地点	静乐红土保德红土						I		

▲为平原区下伏地层。A、C、E为华北Q₃-Q₄海侵层。 ¹⁴C. 放射性碳年龄;TL. 热释光年龄;U. 铀系年龄;F. 裂变径迹年龄。

第十三章 新构造运动

"新构造"一词最早由舒尔茨（С.С.Шульц，1937）提出，1948年奥勃鲁切夫（В.А.Обручев）正式提出"新构造学"。我国新构造运动研究始于50年代初期，1956年中国科学院组织了第一次新构造运动座谈会，1957年中国第四纪研究委员会第一届学术会议，专门讨论了新构造运动及编制中国新构造运动图的问题。

一、新构造运动的概念

对新构造运动的概念存在着不同的看法，主要是对新构造运动发生的时限认识不一致，大致有以下几种意见：

(1) 第四纪时期发生的构造运动是新构造运动。
(2) 从新第三纪开始至现代的构造运动为新构造运动。
(3) 新第三纪和第四纪前半期发生的构造运动是新构造运动。
(4) 新构造运动不应给予时间限制，只要是造成现代地形基本特点的构造运动都应叫新构造运动。

目前大多数研究者认为，新构造运动是新第三纪以来所发生的地壳构造运动；其中有人类历史记载以来的构造运动称为现代构造运动（Н.И.尼古拉耶夫，1955）。由新构造运动所造成的地层、地貌和构造变形或变位叫做新构造（即新地质构造）。而在地震和工程地质领域常用的活动构造，强调的是现今仍在活动的构造，如有地震发生。

新构造运动和老构造运动并无本质的差别，但新构造运动具有许多不同于老第三纪以前构造运动的特点：①近数十年来，越来越多的资料证明，新构造运动在空间分布、强度、周期等方面，都具有自己的特点。②新构造运动的结果可由现代地形及各种现代外力作用的地质现象不同程度地表现出来。③由于新构造运动是现在人类可以直接观察和测量的构造运动，便于对地壳构造运动形成和发展的原因、过程和机理等进行研究，使我们能够更好地理解过去地质时代中的构造运动。④新构造运动研究的任务，不仅是要查明新第三纪以来构造运动的历史与现状，更重要的一点是据其运动规律预测新构造运动的发展趋势及未来的变化。⑤新构造运动有一套新的研究方法，包括地貌学、考古学、大地测量学、地震学、地球物理学和空间遥测技术等①②。

新构造运动是地球环境变化的重要因素之一，与重大灾害关系密切，它的研究对大型工程建设、核电站、地震预报、城市规划、环境及防灾减灾和砂矿研究等都具有实用价值。

---

① 何浩生、何科昭等，1985，新构造运动与新构造。
② 谢宇平，1988，新构造运动。

二、新构造运动的表现

新构造运动具有与老构造运动相同的表现形式,诸如地层变形、变位、岩浆活动、第四纪沉积物厚度变化和地球物理改变等。但由于新构造运动的时代新,且尚在进行中,因而新构造运动还明显地或隐蔽地反映在地貌上,并可进行直接观察与仪器测量。新构造运动的主要表现如下。

(一) 地质表现

新构造运动最明显、最直观的表现是新地层(新第三系—第四系)的变形和变位。新构造运动造成的地层变形,往往是低角度(几度—十几度)的倾斜变形或宽缓的拱形变形(图13-1)。较强烈的褶皱变形仅出现在大型压扭性活断层旁侧,或由地震液化作用造成的局部揉皱。新断裂构造大都为脆性破裂。发育于前新第三纪基岩中的新构造断裂的断层带规模较小,一般宽几厘米至几米,断层泥发育;构造岩松散并以角砾岩为主。在实际工作中,对基岩中新断裂的识别是比较困难的。由于把断裂活动视为一次热事件,近来采用石英形貌法和电子自旋共振测年法,来测定断层泥的形成年龄。大型工程都要求了解其有关断裂50ka来有否活动的情况。

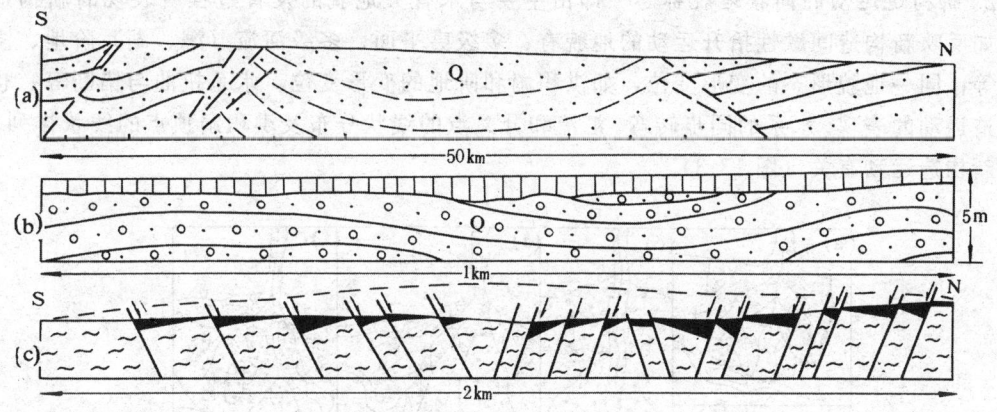

图13-1 第四纪地层中的褶皱与断层图
(a) 甘肃南山北部河西走廊中段第四纪地层中逆掩断层与褶皱(据袁复礼,1959);
(b) 河南新郑第四纪地层中的宽缓褶皱(据于丕休,1957);
(c) 河南密县老地层中断裂差异运动(黑色为第四纪沉积物)(据于丕休,1957)

(二) 地貌标志

1. **新构造运动的直接地貌标志** 即新构造地貌,它是新构造运动直接作用的结果,如:断层崖、断块山、新第三纪以来形成的断陷盆地等。在活动的走滑断层带往往形成特有的地貌组合,如线性谷(或槽地)河流断错或扭曲、断层陡坎、断陷塘、阻塞脊等(图13-2)。根据对断层崖的观察和研究,其形态和坡角的变化,可以反映断层崖形成时代的长短。原始断层崖的崖脊一般是一条直线,随着时间的增长,由于剥蚀作用,逐渐变形成尖棱形、浑圆形,时间愈长愈圆滑。断层崖地形面的主坡角,最初与断层面倾角(一般是高角度)相同,随着时间的推移而趋于平缓。据 Wallace（1977）对美国干旱的内华达州等地大量断层崖倾角变化与时间关系资料统计结果发现，如果断层崖自由面的倾角开始为 60°，0.1ka 后变成 35°，1ka 后变成 25°，10ka 降为 20°，0.1Ma 后为 15°，1Ma 为 10°或低于 10°。

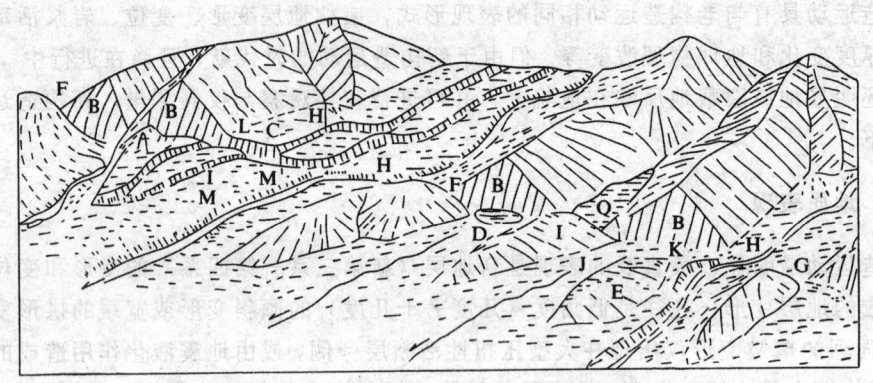

图 13-2 沿走滑断层发育的地貌形态略图
(据日本活断层研究会，1980)
B. 断层三角面；C. 低断层陡坎；D. 断层池沼；E. 小丘；F. 断层鞍部；G. 地沟；H. 错断河流；
I. 阻塞脊；J. 断头河；K. 风口；L. 错动山麓线；M—M. 错动阶地

2. 新构造运动的间接地貌标志　即由主要与水有关地貌的发育过程所表现的新构造运动。如反映新构造间歇性抬升运动的地貌有：多级夷平面、多级河流（海、湖）阶地、多层溶洞等；同一地貌形态的变形变位，如洪积扇和阶地的变形变位、水系扭曲与错断等，也是新构造运动的表现。水系的同步转弯、汇流和分叉点的线状分布及洪积扇顶点的线状排列，也常与新构造运动有关（图 13-3）。

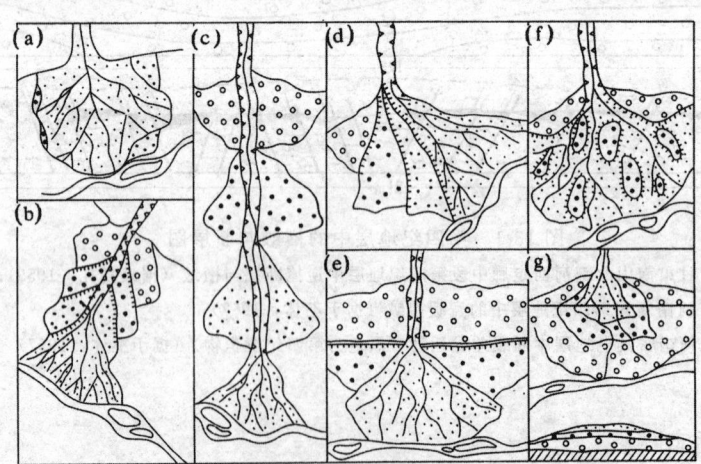

图 13-3 洪积扇迁移示意图
(引自北京大学，《地貌学原理》，1965)
1、2、3. 第四纪不同世代的洪积扇；4. 现代洪积扇；5. 河谷下切地段；6. 洪积阶梯；7. 断层崖
(a) 洪积扇加叠；(b) 洪积扇顶向山前位移；(c) 串珠状洪积扇；(d) 洪积扇偏转；(e) 断层通过洪积扇引起的锥顶位移；(f) 普遍上升引起的洪积扇嵌入；(g) 不断缩小的加叠洪积扇

（三）沉积物标志

新第三纪以来沉积物的分布、成因类型、岩相及厚度都受到新构造运动的控制。因而，新第三纪以来的沉积物在很多方面记录了新构造运动的历史。

1. **沉积物的分布与新构造运动** 新构造运动决定着现代地形的基本轮廓。新第三纪及第四纪堆积物大都分布于现在地形的低洼处，如海盆、湖盆、平原及山间盆地，而这些地区大部分都是新构造运动的下降地区。所以，厚度较大的、面积较广的新第三系—第四系分布区代表着新构造运动以沉降为主；而与新第三纪—第四纪堆积区相邻的物源剥蚀区[①]，则是新构造运动的相对抬升区。

2. **沉积物成因类型和岩相与新构造运动** 沉积物的成因类型和岩相受一定的自然地理环境的控制，而自然地理环境则主要是由构造运动和气候因素决定的。所以，在排除了气候因素对沉积物的成因类型和岩相影响后，才可以用于新构造运动的研究。新构造运动决定着外力过程的性质和强度，如在强烈抬升的高原和山岳地区，地形切割强，坡度大，所以常形成重力堆积物、山岳冰川堆积物和洪积物等；而在沉降运动的平原和盆地区，则以湖沼沉积物和冲积物等最为发育。

新构造运动的特点反映在沉积物的岩相结构上，如在平原区河流冲积层中，一个河床相与河漫滩组合，是地壳一段稳定时期的产物，如果出现多个河床相与河漫滩组合的叠加，则反映新构造运动的间歇性沉降；而巨厚的河床相（几十米至几百米）则代表了地壳的连续性下降。又如，在山前洪积物中，如果扇顶相和扇形相的界限不断向平原方向移动，则代表山地上升或盆地相对在不断下降。

3. **沉积物的厚度与新构造运动** 沉积物的厚度取决于堆积区与其物源区（剥蚀区）的相对高差和两者之间的距离，高差越大，距离愈近，其沉积厚度也就越大。地形的高差是受新构造运动控制的，所以新第三纪—第四纪沉积物的堆积速度与厚度，一定程度上代表新构造运动的速度与幅度。在堆积区与物源区之间由倾向堆积区的正断层分割，且该断层为活断层时，沉积物的堆积速度最快，其厚度也最大，如我国东部的汾渭断陷盆地，新第三系以来的沉积物厚度达 2 000 余米。

在利用沉积物的厚度和夷平面高度研究新构造运动时，应注意以下两个方面：①利用松散沉积物厚度估算地壳下降幅度时要考虑沉积物压缩量和地壳均衡补偿；②利用夷平高度估算地壳上升幅度时要考虑地壳剥蚀量和均衡补偿。此外，气候变化也可能影响到沉积厚度，而使沉降幅度估算失误。

（四）地震

地震主要是地应力的局部积累和突然释放，岩石在弹性固态下进行的构造运动。地震的分布和发生与新构造时期以来强烈活动的构造带有关。

1. **地震分布带** 研究表明，全球破坏性地震集中分布于 4 条地震带上（图 13-4）。

（1）环太平洋地震带 该带是全球地震活动最强的地区，全世界大约 80% 的浅源地震和 90% 的中源地震及几乎所有的深源地震都集中于此带上。所释放的地震能量约占全球地震释放总能量的 80%。环太平洋地震带是中、新生代以来地壳活动性较大的地带，现代地形反差

[①] 剥蚀区一词，既指没有第四纪沉积发育的地区（如基岩山地），也指堆积区（如平原）中第四纪某一时期沉积缺失的地区，如平原中无全新统地层的地区即可视为全新世剥蚀地区。

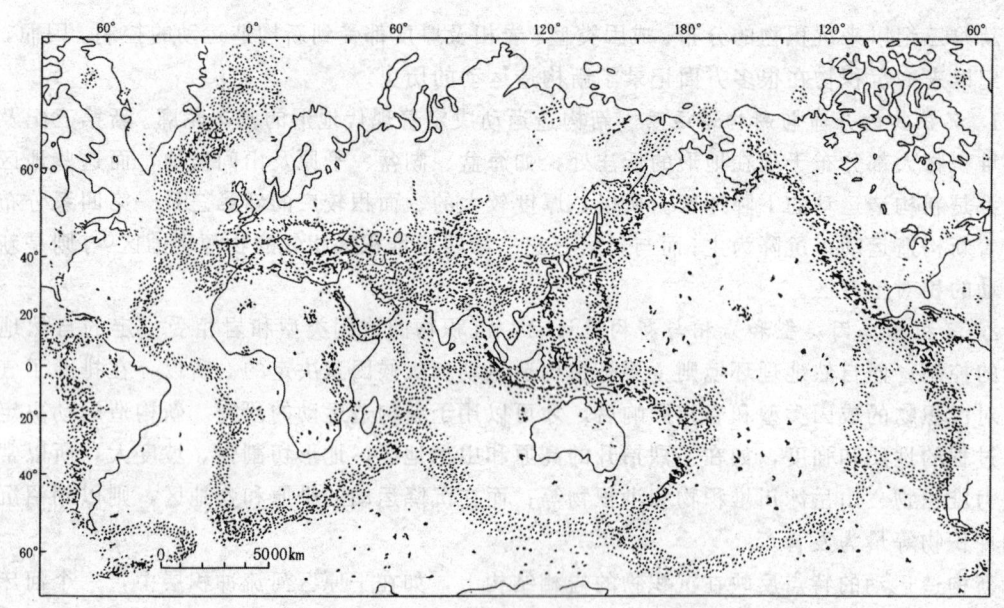

图 13-4 世界地震震中分布图
(引自曹家欣,《第四纪地质学》, 1977, 据 C, Ouicer)

强烈。其中,西太平洋的岛弧-海沟地带不同震源深度的地震由海沟朝大陆方向有规律地分布表明,该带本身就是一条深入地下 700 多公里的超壳断裂带。

(2) 地中海-喜马拉雅地震带 该带地震所释放的能量占全球地震总能量的 15%。除环太平洋地震带外,几乎所有的中源地震和浅源强震都发生在此带内。地中海-喜马拉雅地震带也是典型的中、新生代构造活动带,地形起伏剧烈,地震活动的强烈地段往往集中在构造地貌急剧变化的部位。

(3) 大洋中脊地震带 沿各大洋中脊的中央分布的地震均为浅源地震,释放的能量也较小。海洋地质研究表明,这些地区是最新的大洋地壳,沿其轴部是一条张性大断裂,不断有岩浆的侵入和喷出。

(4) 大陆裂谷地震带 大陆裂谷系是指由区域性大断裂产生的规模很大的地堑构造带,如东非裂谷、红海地堑、贝加尔湖地堑及我国的汾渭地堑等。它们都是新生代以来因断裂活动而形成的断陷盆地,强烈的差异运动是它们的共同特点,同时表现为负的布格重力异常和高的热流值。

我国破坏性地震的分布同样聚集在新构造运动强烈的地带,如隶属于环太平洋地震带的台湾地区;位于地中海-喜马拉雅地震带上的喜马拉雅山地区;另一个是作为我国大陆地壳厚度、地质构造格架和地貌特征等的重要分界线的 SN 向构造带;此外,NNE 向活断层广泛发育的华北地区,也是强震的分布区(图 13-5)。

2. 地震与断层 大量事实表明,地下断层活动引起地震,而地震作用又可产生地表断层,即地震断层。绝大多数的浅源地震与活动断层密切相关。根据我国大陆地区地震地质研究,两者之间具有如下特点:

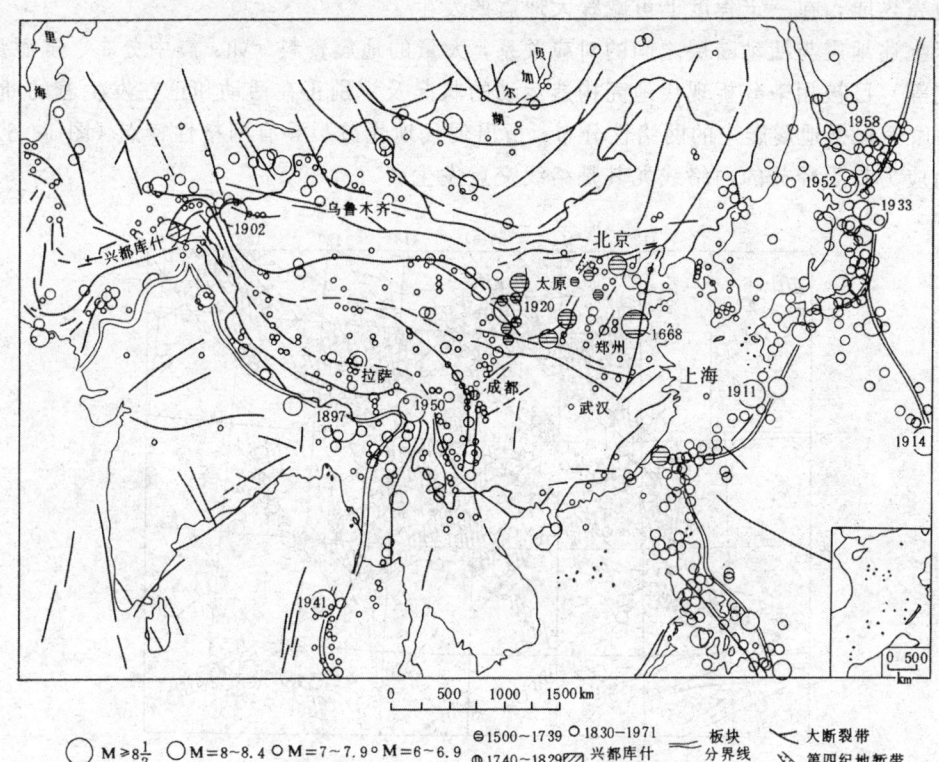

图 13-5 中国及其邻区 1500 年—1971 年强震震中分布图
(据时振梁等,1974)
M. 里氏震级

(1) 绝大多数强震的震中座落于活动的大断裂上或其附近。

(2) 许多破坏性强震(一般大于 6.5 级或 7 级)形成的地震断层与当地主要断裂走向一致,甚至大体重合。如 1973 年炉霍 7.9 级地震形成的地震断层带长 90km,宽 20~150m,总体呈 NW305°方向,地震时表现为左旋扭动,与鲜水河断裂的展布和活动方式有很大的一致性,而从一些未形成明显地震断层的地震震源力学分析来看,震源错动面的产状也大部分和地表大断裂带相一致。

(3) 曾经发生过多次强烈地震的大断裂,大都为切过震源破裂位置的深大断裂。

(4) 我国绝大多数强烈地震的极震区和等震线的延长方向与当地大断裂的走向一致。

地震与断层活动密切相关,但并不是所有的断裂活动都伴有地震发生,这主要取决于断层的运动方式。野外观察和实验研究表明,断层活动方式主要有 2 种:①相对稳定的滑动,即蠕动,如土耳其的安纳托里亚断层,以 2cm/a 的速度蠕动;我国 1974 年—1976 年,在苏、鲁、皖、豫等省先后出现与蠕动有关的大面积"地裂"现象。这种类型的断层活动,一般不伴有破坏性地震。②断层两盘互相粘住,使滑动受阻,当应力积累到等于或大于摩擦力时,断层两盘便发生突然的相对错动,这种运动方式称为粘滑,这是地震发生的断层运动机制。这 2 种断层活动方式,在不同的活断层或同一活动断层的不同部位或同一断层在不同的时间内,可以 1 种活动方式为主,也可能由 2 种方式周期性交替。在大地震到来之前,在发震断裂带常常会出现蠕动现象,而实际的发震部位则是蠕动段之间的闭锁段。沿断裂带的温泉活动有助于释放地壳热能,在一定程度上可减缓大地震的发生。

由于上述地震与活动断层之间的对应关系,大量的地震资料(如:震中分布、震源深度、地震机制等)已被用来分析现代地壳构造运动的状况及识别正在活动和正在发生着的断裂系统。丁国瑜等根据地震震中的网络性分布,指出现代地壳破裂具有网格性特点(图 13-6),强震多沿地应力易于释放的网络线尤其是络线交点发生。

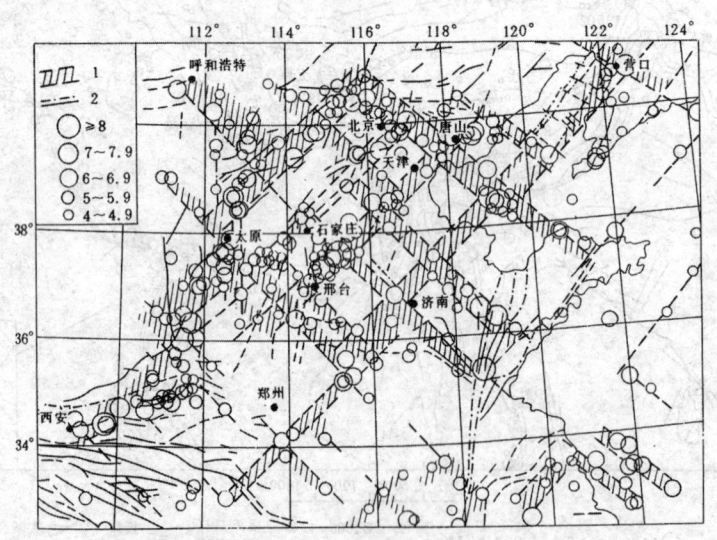

图 13-6　华北地区地震震中的网络性分布图
(据丁国瑜,1979)
1. 地震活动较密集地带；2. 主要断裂线

(五)火山活动

火山活动也是新构造运动主要表现形式之一,地球上火山活动的时空分布也是不均匀的。新生代以来,世界上的火山带与环太平洋地震带和地中海-喜马拉雅地震带的分布一致。与之相关的我国新生代火山活动带主要分布于滨太平洋两岸的中国东部大陆板内断陷盆地及周围山地和西部的喜马拉雅山地区。火山活动带是确定构造活动带的重要证据之一,被作为板块、亚板块边界划分的主要依据。有的温泉也可能是火山活动的标志。

(六)大地测量与地球物理异常

1. **重力异常**　大量的测量结果表明,地球表面的重力异常随地而异,其变化与地球的运动、地壳物质密度的大小及物质的运移有关。因而重力异常也是地壳新构造运动的反映。

前已提及,地形起伏是地壳新构造运动总体结果的体现,故中国(1°×1°)的布格重力异常图与地表地形特点具有明显的相似性。如我国大陆地貌的 2 条重要的界限,即沿贺兰山、六盘山、龙门山、横断山脉一线的第一阶梯和沿大兴安岭、太行山、雪峰山一线构成的第二阶梯,均是显著的重力梯级带,恰好又是活动的深大断裂带。重力异常带与活动构造带有着很大程度的相关性。这是因为,沿断裂带往往是断块间差异活动最强烈的地段,具有特殊的地质、地貌特征,同时也是第四纪岩浆活动的通道,因而具有明显的地球物理场异常。我国东部呈 NNE 和 NE 向展布的活动断裂,如太行山山前断裂、沧东断裂、宝坻断裂、郯庐断裂等,都具有明显的重力异常。

2. **磁异常** 一般较大的断裂构造,多半是岩浆活动的通道或停滞的场所,因此在磁场图上常形成线性、串珠状或雁行状磁异常带。根据国家地震局物探大队的研究,我国华北断块区的磁异常多为 NE 和 NNE 向,与重力异常带的位置和方向基本一致。各主要断裂带均有较明显的磁异常,如著名的郯-庐断裂,就是首先由航磁异常发现的。

3. **大地测量** 大地测量资料是新构造运动最直观且最精确的反映。大地测量法是根据一些基点和基线,有选择地布置一些测线或测线网而测定现代构造运动的方法。大地测量分为水准测量和三角网测量。前者是研究地壳垂直方向上现代构造运动的表现,后者是测定地壳水平运动的常用方法。一次大地测量资料不能反映出新构造运动的变化,必须经过较长时间间距的重复测量,并将几次测量资料进行比较,才能反映出该时距内现代构造运动的方向与强度。2 次重复测量之间的时距越短,重复测量的次数越多和历史越长,对新构造运动的性质、方向、强度的反映也就越精确。由于重复测量的时距越短,构造形变量越小,这就要求测量的精度越高。最宏观的地壳水平运动速度测量,是不间断地利用航天遥感器对地球各部分之间的距离进行测量。

4. **地形形变和地壳形变图** 是大地形变测量研究的重要成果,是新构造运动研究的重要基础资料。根据对中国大陆的研究,形变速率等值线梯度与活动断裂有较好的一致性(图 13-7)。分析地壳垂直形变与地震活动两者的关系表明,地震带的分布大多与形变梯度带相吻合。

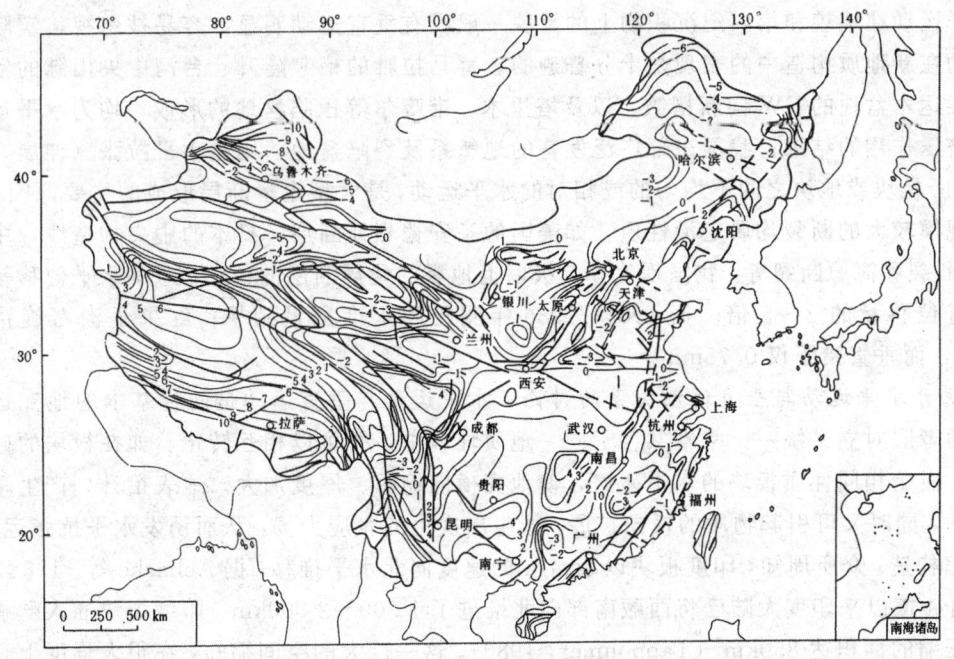

图 13-7 中国现代地壳垂直形变与活动断裂关系图

(引自马杏垣主编《中国岩石圈动力学纲要——1:400 万中国及邻近海域岩石圈动力学说明书》,1987)

(单位 mm/a)

三、新构造运动的类型和强度

（一）新构造运动的类型

新构造运动类型的划分，目前尚无统一的标准。但根据新构造运动的力源及其直接造成的地表效应，地壳垂直运动和水平运动是新构造运动最基本的类型，其他运动（如褶皱运动、断裂运动、火山运动、地震活动等）是这两种基本地壳运动的具体表现形式和作用结果。

1. **垂直升降运动** 地壳的垂直升降运动是新构造运动表现最明显、最易于观察和研究的形式，如河谷地带的谷中谷现象、多级河流阶地、多级夷平面和多层溶洞等。大面积范围内，地壳的升降运动往往是不均匀的，常见情况有：中间抬升幅度大，边缘相对较小，称为大面积拱形抬升运动，如鄂尔多斯地块；某一侧抬升幅度比另一侧大，则称为掀斜或翘起运动，如青藏高原；如若存在较大规模的断裂，在隆起的过程中就会沿断裂发生差异升降运动，我国山西、太行山、华北平原就是这种差异性断块运动的例子。

2. **水平运动** 板块构造学说据古地磁、海底钻探、海底热流及海底地质等成果的分析，证实了地球岩石圈板块在作长距离的水平位移，其幅度以数百公里计。现代地壳运动的测量结果也表明，地球表面的最大位移是水平运动，其速度以cm/a计，而垂直运动速度以mm/a计。

水平运动在地貌和第四纪沉积物上的反映一般没有垂直运动明显，容易被忽视，实际上水平运动在新地质构造中的表现是十分普遍的。喜马拉雅的褶皱隆升、台湾中央山脉的褶皱抬升、柴达木盆地的EW向新褶皱，以及塔里木、准噶尔等压陷盆地的形成，均为水平运动产生的挤压作用的结果；我国东部广泛发育的地堑系及裂陷盆地，则是水平拉张（伸展）运动的产物。板块或地块之间不均匀的或相对的水平运动，是大型走滑断层形成的主要原因，地球表面规模较大的断裂均属走滑性质，如美国的圣安德烈斯断层，日本的中央构造线，中国的郯-庐断裂和海原断裂等。我国现代6.5级以上地震的地震断层的位移表明，水平位移量一般是垂直位移量的2～5倍。据1984—1986年测距和水准测量结果：红果子沟右旋错动8.48mm，而垂直错距仅0.75mm。

3. **关于水平运动与垂直运动关系的讨论** 水平运动与垂直运动是两种基本的地壳运动形式。两者既对立又统一，常常共存于同一地质环境中，并可以相互转化。如在板块的碰撞带附近，由于相同性质板块的水平碰撞，使地壳横向缩短、厚度加大，地表抬升，产生垂直升降运动，同时又可引起物质的横向扩展，派生出次生的张应力场，从而诱发水平抗张运动，形成裂陷构造。众所周知，印度板块以5cm/a的速度向北水平推移，据Achache等（1984）的资料，自碰撞以来印度大陆已将西藏南部向北推进了1 500～2 000km，印度板块插入欧亚板块后所压缩的面积达850km^2（Tapponnier，1986）。这一巨大的空间缩短，在很大程度上是由水平-垂直运动的相互转换而调整或吸收的。首先是两板块的碰撞，在喜马拉雅带中形成了许多逆冲断片的叠置和褶皱，使喜马拉雅山强烈抬升，这种水平运动向垂直运动的转换，大约吸收掉500km的缩短量（丁国瑜，1989）。其次两板块的碰撞还引起青藏高原的隆起和地壳增厚，据研究，自上新世以来，青藏高原上升了约2 000～3 000m以上（马杏垣，1986），从而使一部分水平推挤量被垂向隆起或地壳加厚所消耗。地壳的增厚和地表抬升，又形成局部的EW向拉张作用，在喜马拉雅山带以北至西藏南部发育了一系列SN向的裂陷盆地，从盆地宽度等计算的拉张速度大致为 1~2cm/a，又使一部分侧向缩短量被吸收掉。

在俯冲板块边界上，如环太平洋地区，当洋块与陆块相向水平运动发生碰撞后，洋块俯冲，在海沟处产生下降运动；由于板块俯冲而造成岩浆侵入和喷发及上冲和俯冲板块的重叠引起地壳厚度加大，发生垂直上升运动。由于朝向海洋一侧为自由边缘，地壳的抬升必然引起物质向海方向扩散，从而形成弧后扩张环境，又是一种新的水平运动。我国东部的盆地、平原、山地、丘陵，就是在这种环境下生成的。总的来看，多数人认为地壳以水平运动为主。

除了水平和垂直运动外，近年来，还发现广泛存在的地块旋转运动，如日本的以相模湾为中心的旋转运动，我国鄂尔多斯地块的旋转等。旋转运动既可引起水平运动，也可导致垂直运动，也是一种十分重要的地壳运动形式。

（二）新构造运动的强度

新构造运动的强度是由新构造运动的速度（率）和幅度来描述的，两者是统一的。运动幅度是地壳在一定时期内上升（或下降）的总量；速度即单位时间内的幅度，新构造运动的速度包括似速度和真速度。

1. 新构造运动似速度　它是根据新构造运动遗迹所代表的综合幅度而计算出来的速度。往往表示一个较长地质时段内的新构造运动速度。它有如下特性：

（1）似速度是一种平均值。因为在一段长的时期内，构造运动的速度变化常常是很大的。

（2）似速度是一种综合值。由于计算的时期较长，在此期间构造运动的方向可以是变化的（如震荡式的上升和下降运动），而这种方向的变化过程又很难查清。因而计算某一时期的地壳运动值（上升值或下降值），常常是该时期内不同运动方向、运动幅度的代数和。

（3）似速度通常小于真速度。在较长的时期段，构造运动的遗迹常会遭受一定程度的破坏和改造，这样，一部分构造运动的结果，就会在计算中被遗漏。

用于确定新构造运动似速度的方法很多。从理论上讲就是其运动标志的升降幅度和地质时代或年代学方法的结合。其中，地质-地貌法和历史-考古法是两种最常用的方法。如《中国岩石圈动力图集》以新构造时期前形成的夷平面上升高度作为新构造运动的隆升幅度，以新第三纪—第四纪的沉积厚度作为下降总幅度，编制了中国新构造时期升降幅度图。

2. 新构造运动真速度　是直接观察或测量得到的构造运动速度。它可以观察到构造运动的细节，如构造运动方向和速度的变化情况。真速度的获取，一种是跨活动构造带连续监测，一种是定时观测和重复大地水准测量。显然，真速度的精度是随观察和测定方法的精度与观察时距的长短而不同的。

四、新构造

新构造运动形成的地质和地貌的构造形态和变位，即新构造。新构造的显示是多方面的。主要有：①像老构造一样由构造面（新第三纪—第四纪岩层面、断裂面、节理面等）变形变位显示；②由地形面（夷平面、阶地位相图等）变形变位显示；③下降区由新地层厚度变化显示；④由地貌形态的空间排列、错位、高度变化或扭转等显示。研究上述各种显示标志在空间上的形态，即可确定新构造特征。到目前为止，尚无一套统一的、严格的新构造形态名词体系。主要的新构造类型如下：

（一）隆起构造

大区域长期上升运动所形成的构造，面积可达数百平方公里或更大。隆起构造内部的差异性很小，但通常核部上升幅度最大，边部常有断裂伴生。根据新第三纪—第四纪地层面或山地大范围夷平面等的变形和变位分析，这类构造有的在核部有补偿性地堑，有的则成单斜状隆起等（图13-8）。中国的鄂尔多斯高原（黄土高原）是一个周边有断裂伴生的典型拱形隆起构造例子（图13-9）。

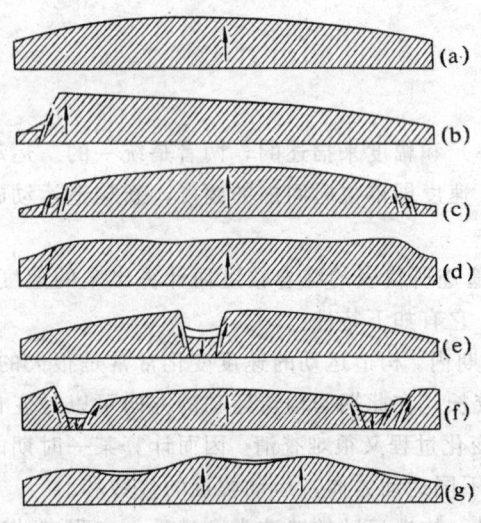

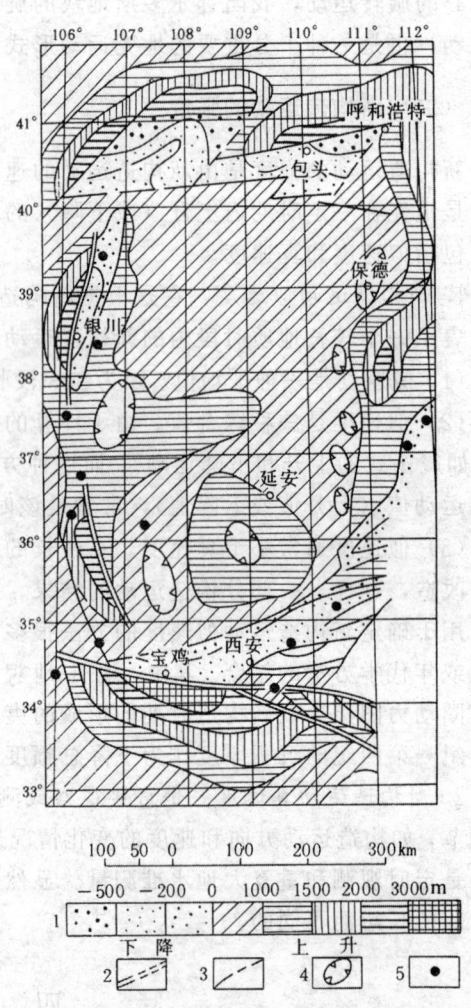

图 13-8 大面积拱形构造示意图
（引自北京地质学院，《中国区域地质》，1963）
(a) 简单拱形隆起；(b) 翘起或单斜断块隆起；(c) 拱形隆起边缘伴有断裂；(d) 地块隆起；(e)、(f) 补偿性地堑；(g) 波状隆起

（二）拗陷构造

大区域长期下降运动所形成的构造，方向与大面积隆起相反，这一类构造主要由分析平原（或盆地）新第三纪—第四纪沉积厚度等值线或被上述地层掩埋的古地形面起伏来识别。根据大多数平原（或盆地）沉积物厚度变化，这类构造的边部有时两边伴生断裂，有时一边无断裂，或者被一系列断裂控制，垂直断裂方向上沉积厚度变化大，基底起伏不平，有的沿断裂一侧沉积很厚。根据平原（或盆地）基底断裂及其控制的新沉积物厚度变化，可分出一系列次级凹凸（图13-10）。

图 13-9 鄂尔多斯拱形隆起示意图
（引自北京地质学院，《中国区域地质》，1963）
1. 新构造运动幅度；2. 新构期活动的深大断裂及推测部分；3. 新构造期活动的断层及推测部分；4. 隆起部分中相对拗陷的盆地；5. 强烈地震的震中

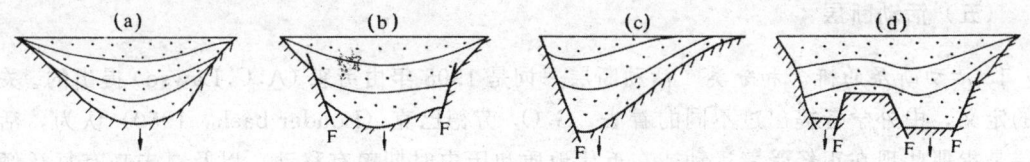

图 13-10 平原（大盆地）区常见新构坳陷及沉降中心位置图
(a) 均匀坳陷；(b) 地堑式坳陷；(c) 不对称坳陷；(d) 复杂坳陷（包括次级凹凸）。其中充填的新第三纪—第四纪沉积物厚度变化反映坳陷特征，箭头示 N→Q 沉降中心，F 为断裂，斜线为前新第三纪岩层

（三）断块构造

断块构造是指新构造运动产生的盆、岭相间的地貌-构造形态，与大面积隆起相比，断块构造的两相邻断块具有地形高度和沉积两方面的明显差异。这种构造绝大多数是在老的断块构造基础上发展而成的。根据相邻断块的高度和沉积差异，断块构造有 2 种基本类型：

1. **强烈差异断块** 相邻两断块地貌高度和沉积状况差异强烈，断块位移大（图 13-11a），中国的祁连山是这类构造的典型。在那里山地顶部保存有抬升的不同时期夷平面；或同一时期夷平面被断开后处于不同高度。山间盆地和山前则堆积了较厚或很厚的第四纪沉积物。断层崖或断层线崖地貌随处可见①。

2. **微弱差异断块** 相邻两断块的位移不大，运动幅度也小，但沿断裂带常有火山活动、温泉和地震发生（图 13-11(b)），显示断块的活动性主要具有"破裂构造"特点。如小兴安岭山麓西南侧从都德到铁力的近 NW 向断裂带，地貌上表现不明显，但沿断层方向发育了第四纪的沙秃火山群、五大莲池火山群、尖山火山群和二光山火山群等。

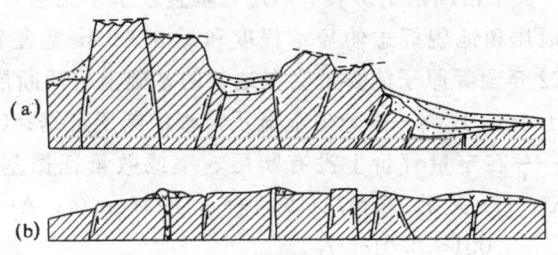

图 13-11 断块构造示意图
（引自北京地质学院，《中国区域地质》，1963）
(a) 差异性断块构造；(b) 破裂构造

（四）挤压褶皱和断裂构造

在新第三纪和第四纪沉积盆地区，因受山地新构造时期的挤压，常沿盆地边部产生一系列挤压小褶皱和逆断层（图 13-12）。

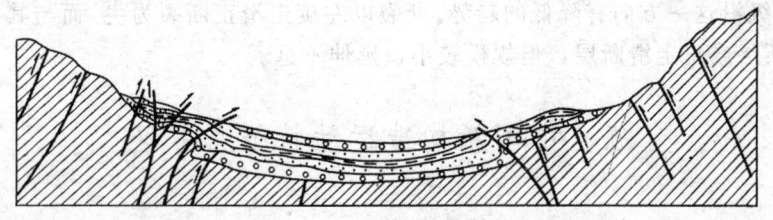

图 13-12 挤压褶皱构造
（引自北京地质学院，《中国区域地质》，1963）

---

① 断层崖地貌是由断层活动直接形成的。断层线崖则是沿断裂走向一侧（无论是上升盘或下降盘）软弱岩层被蚀低后另一侧坚硬岩层发育的陡坎。

（五）活动断层

1. *活动断层的概念和分类*　活动断层一词是1908年由劳森（A.C.Lawso）提出的。关于它的定义，中外学者提出过不同的看法。G.O.劳德巴克（Louder baek，1950）认为，活动断层是指那些现在正经受着运动或在近代地质和历史时期曾有移动，以及在未来有复活倾向运动的断层。J.R.肖尔茨和A.R.克拉维斯（Schultz and Cleaves，1955）从地震的角度提出，如果地震记录表明某断层发生地震，此断层就是活断层。美国原子能委员会1973年把"能动断层"这一术语具体规定为：①在30ka和5ka内有过一次或多次活动的断层；②它们和能动的断层有联系；③沿该断裂带仪器记录到小震活动和多次的历史地震事件，或该断裂发生过蠕动。1975年国际原子能机构在引用美国原子能委员会规定时，又增加2条规定：①在晚第四纪有过活动；②该断裂有地面破裂的证据。此外，有的研究者又为活动断层增加了大地测量标准、地球物理和工程标准等等。根据多数研究者的意见，活动断层可理解为近代地质时期（第四纪）和历史时期有过活动（位移或古地震），现代正活动或将来有可能活动的断层。一般大型工程要求了解50ka来断层活动史。在活动断层的各种标准中，地质标准是前提。G.O.劳德巴克把地质标准的具体内容规定为：包括新鲜的或年青的断层陡坎，河流或冲积扇的水平错断，纵向洼地（非侵蚀结果）或下沉池塘的线状排列，以及现代沉积的形变或位移。历史和现代地震活动也是判断活动断层的重要因素。

关于活断层的分类，断层（垂直或水平位移）活动速率（每年或每千年位移）、断层的构造地质和地貌标志的显示程度和近5—50ka重复活动次数活动速率是分类的重要条件。如1972年国际原子能委员会在地貌的基础上将活断层分为四类：A类——高运动速率，每1ka大于1m；B类——地形上显示清晰的断层证据；C类——地形上显示不清晰的断层证据；D类——在定量评价上没有断层速率或数量证据基础。美国按活动速率把活断层分为五类：AAA——大于10cm/a；AA——1～10cm/a；A——0.1～1cm/a；B——0.01～0.1cm/年；C——0.001～0.01cm/a。

2. *中国主要活动断裂*　我国活动断裂极为发育（图13-13）。以南北带为界，西部在印度板块向北的推挤和欧亚板块阻抗夹持下，形成一系列以逆冲、逆掩为主的近EW向断裂和NWW—NW、NEE—NE向逆走滑型的巨大活断裂带，同时发育了规模较小的近SN向的正断层或走滑正断层；西部断层位移速率多在6mm/a以上。东部则以NNE—NE向走滑正断层或正走滑断层和NWW—NW向走滑断层的组合为特征；东部断层位移速率为5mm/a以下。东南沿海大陆边缘活动断裂，自台湾往福建、广东方向由NNE走向逐渐转为NE—NEE走向，地震的震级沿这一方向有降低的趋势。断裂以左旋走滑正断裂为主，而与其共轭的NW向断裂多为正断层或正走滑断层，但规模较小，延伸不远。

五、中国新构造运动特征与分区

（一）中国新构造运动特征

1. *中国新构造运动的间歇性*　自新第三纪以来，中国的新构造运动存在着明显的间歇性特点，即强烈的活动时期与相对宁静时期交替出现。主要表现在以下几个方面：

（1）*地貌发育的阶段性*　由于新构造运动的强烈与相对平静的振荡性交替，从而形成了

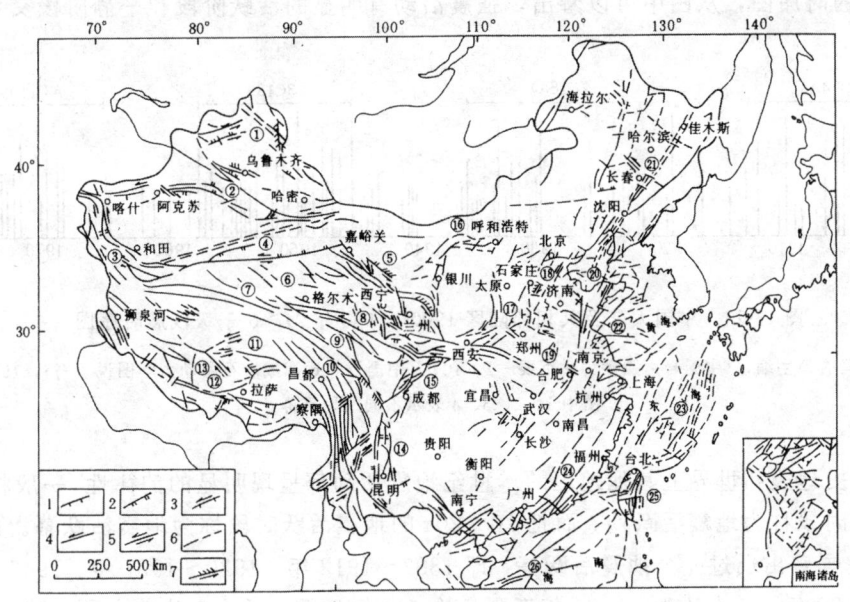

图 13-13 中国主要活动断裂图

(据邓启东,1982)

1.正断层;2.逆断层;3.平移正断层;4.平移逆断层;5.平移断层;
6.性质不明、推测及隐伏断层;7.地震断裂或裂缝带:
①西域断裂系;②天山断裂系;③西昆仑断裂系;④阿尔金断裂系;⑤祁连断裂系;⑥柴达木断裂系;⑦昆仑-秦岭断裂系;⑧河西断裂系;⑨巴颜喀喇断裂系;⑩金沙江-红河断裂系;⑪班公湖-怒江-澜沧江断裂系;⑫雅鲁藏布江断裂系;⑬西藏张裂系;⑭康滇断裂系;⑮龙门山断裂系;⑯河套断裂系;⑰汾渭断裂系;⑱下辽河-华北断裂系;⑲皖、鄂、湘断裂系;⑳郯-庐断裂系;㉑东北-华北 NW 断裂系;㉒苏北-黄海断裂系;㉓东海断裂系;㉔东南沿海断裂系;㉕台湾断裂系;㉖南海断裂系

一系列的多旋回地貌,如多层夷平面、多级洪积台地、多级河流阶地、多层溶洞等(参考有关章节)。

(2) 第四纪沉积的间断与韵律性 新构造运动的间歇性,不但造成地层的沉积间断、不整合或侵蚀面,而且还使沉积物呈现韵律性(或旋回性)特点。沉积物的韵律性,主要表现在粒度和成因类型的有规律更替两个方面。沉积物粒度从下往上粗→细的变化,粗粒沉积反映新构造上升引起地形的切割和起伏增大,细粒沉积则与继之而来的地壳相对宁静阶段地形的夷平阶段一致。我国许多盆地第四纪沉积物具有复式韵律沉积特点,反映了相邻山地的多次上升历史,是研究山地地貌发展重要的相关沉积物。

(3) 断层的间歇性活动 大量活动断层呈现活动→平静→再活动的历史,是新构造断裂活动的普遍规律。断层活动时常伴有地震。如我国郯-庐断裂的沂沭段,全新世以来有过 3 次剧烈活动时期,分别为 3.5ka BP、7.4ka BP 和 11ka BP,平均重复间隔约为 3 000a。贺兰山东麓山前断裂,全新世以来曾发生过 4 次快速错动事件,分别发生于 211a BP、2 630±90a BP、6 330±80a BP、8 420±170a BP,其平均重复间隔为 2 706a。

(4) 地震活动的韵律性 本世纪以来世界地震台网和我国地震台网对于我国 $M \geqslant 6\frac{3}{4}$ 级地震可以达到全区测定,均有仪器记录。图 13-14 是中国大陆及其相邻区 1900—1980 年 $M \geqslant$

$6\frac{3}{4}$ 级浅震的时序图,从图中可以看出,强震活动有明显的活跃阶段和平静阶段交替。

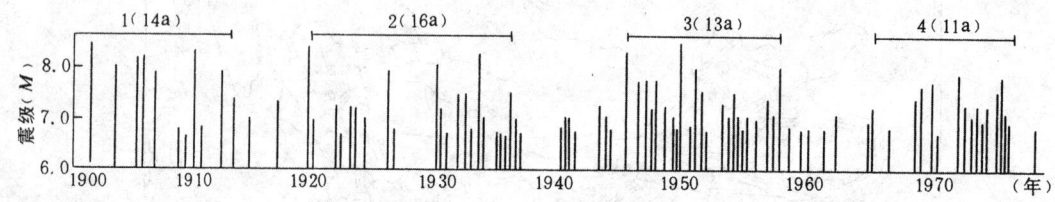

图 13-14　中国大陆及其相邻陆区 1900—1980 年 $M > 6\frac{3}{4}$ 级浅震时序图

(引自马杏垣主编,《中国岩石圈动力学纲要—1:400 万中国及邻近海域岩石圈动力学图说明书》,1987)

图中 1、2、3、4 表示不同的地震幕

我国历史地震和世界上其他地区的本世纪地震活动都呈现明显的韵律性。一般将 200a 左右地震活跃时段称为地震活跃期,而把 10~20a 的地震活跃时段称为地震活跃幕。自 1897~1980 年来我国曾出现过 4 个地震活跃幕,即 1897~1912 年、1920~1937 年、1946~1957 年和 1960~1980 年。有人认为,1985 年新疆乌恰 7.4 级地震,可能意味着中国大陆已进入第 5 个地震活跃幕。

(5) 火山活动的多期性　与地震活动一样,火山活动也具有明显的期次划分。如我国东部新生代火山活动自始新世以来,可划分为三期:

第一期为早第三纪的火山活动,活动年代为 71.5—28.5Ma BP (吴利仁,1985),主要为玄武岩浆沿断裂带的裂隙式喷溢。

第二期为晚第三纪,是中国东部火山活动的高潮期,以陆相裂隙式喷溢的宁静流动式为主。主要产物为碱性玄武岩类,伴有拉斑玄武岩类,该期的火山活动年龄为 23.8—2.6Ma BP。

第三期为第四纪火山活动,其强度和范围远不及前 2 期,可以说是新生代火山活动的尾声阶段。喷发类型为中心式爆发,多数表现为火山锥地貌,如:五大连池火山群、镜泊湖火山群、长白山火山群、山西大同火山群、山东蓬莱火山群等。该期火山活动的年代为 1.48Ma BP。

2. 中国新构造运动的继承性与新生性

1) 新构造运动的继承性　新构造运动的继承性是指新构造运动继承了老构造运动的方向和性质等特点。中国新构造运动的继承性主要表现在以下几个方面:

(1) 构造格局的继承　中生代燕山运动形成的大地构造格架,控制了中国现代地貌的总体格局。新构造运动的构造格局明显地继承中生代构造格架。因此,研究一个地区的老构造基础,是研究该区新构造运动必要的重要前提。

(2) 运动方向的继承　从垂直运动来看,中生代构造运动的上升区,新构造运动时期继续上升,如青藏高原;中生代的下降地区新构造时期继续下降,如华北平原。

(3) 构造类型的继承　在我国西部,较稳定的地块在新构造期仍然为差异性运动较微弱地区,而地槽山地则普遍表现为强烈的差异运动。对我国现代地形起控制作用的断裂,大部分是老断裂在新构造时期的重新活动。

2) 新构造运动的新生性　是指新构造运动对老构造的改造或形成新的构造。中国新构造运动的新生性主要表现在:

(1) 我国东部构造应力场的改变,第三纪以来我国东部处于太平洋西侧弧后扩张的地球动力学环境中，位于内陆的中国东部，中生代燕山运动的挤压构造应力场被引张应力场所取代。在这些地区广泛发育的伸展构造，就是这种引张应力场的产物。

（2）某些一度稳定的地区，如天山、祁连山等，在新构造运动时期又强烈活动。

（3）若干下降地区在新三纪以后转为隆起。如柴达木盆地的发育从印支期后开始，大致经历了侏罗纪—始新世的山前拗陷阶段，渐新世—中新世的大型坳陷盆地阶段，到上新世第四纪的缓慢抬升和褶皱阶段。

（4）一些新的断陷盆地生成。新构造运动时期，在我国东西部有一系列新的断陷盆地。如华北区在经过晚白垩世—早第三纪初的隆起剥蚀之后，华北亚板块发生了强烈的裂陷。在翘升的贺兰山、阴山、秦岭山系与整体上隆的鄂尔多斯地块之间，形成了银川、河套与渭河地堑系。往东介于紫荆关-武陵山断裂带和郯-庐断裂带之间发育了包括华北盆地和渤海在内的地堑系。我国西部的地堑系或裂谷主要是第四纪形成的，如西藏第四纪SN向地堑系，阿尔金山地堑系、祁连山带地堑系等。

（二）中国东西部新构造运动的差异

新构造运动时期，中国东西部处于不同的构造环境。西部受印度板块和欧亚板块的碰撞，处在强烈的挤压应力环境，开始了一个大陆岩石圈内的俯冲、地壳缩短与加厚的过程。东部位于亚洲大陆与太平洋板块俯冲带的后部，处于走滑-引张力的作用下。因此，东西部新构造运动的表现在许多方面存在差异。

1. 升降幅度的差异 西部在强大的板块挤压应力作用下，地壳加厚并迅速隆升，自中、上新世以来喜马拉雅地区的上升幅度一般在4 000m以上，藏北地区一般在3 000～4 000m之间。在整体隆升的基础上，还形成了一些大规模的裂陷，在大型裂陷盆地的边缘，如塔里木盆地南北两侧，准噶尔盆地南缘，隆起和下沉的相对高差达1 000～12 000m。东部为滨太平洋弧后差异升降区，以大兴安岭—太行山—雪峰山东麓一线为界，以西为上升区，以东为下沉区。上升最强烈在华北西部，最大幅度为1 000～2 000m；东北上升幅度为700m。沉降的幅度各地不一，东北为200m，华北平原为300～500m。最大的下沉区为鄂尔多斯隆起周围的深断陷，如汾渭断陷、银川断陷、河套断陷等，渭河盆地第四系最大厚度达2 000m，银川盆地也在1 600m以上。

2. 活动断裂构造样式与活动速率不同 中国西部活动断裂总的是逆冲-推覆和走滑断裂的相互联系与制约，前者近EW向，后者为NE和NW向，同时发育次级的近SN北向正断层和走滑正断层。而中国东部则以NNE—NE向走滑正断层和NWW—NW向走滑断层的组合为特征。断层两盘相对位移速率，西部为6mm/a以上，东部为5mm/a以下。水平与垂直运动速率之比，东部一般水平运动是垂直运动的2～3倍，西部一般为6～7倍。

3. 构造盆地类型差异 中国东部海域及内陆由于处于弧后扩张环境，新生代构造盆地均属裂陷伸展的构造类型。中国西部，则由于印度板块与欧亚板块的推挤，受相背逆冲断裂控制的压陷盆地发育，如塔里木、准噶尔等大型压陷盆地。另外，由于SN向推挤使岩石圈物质横向流展，派生出次生的引张应力场，在特定地区造成SN向裂陷伸展构造，如西藏块体南部的近SN向的地堑系和当雄-羊八井等SN向地堑系就是突出的代表。沿一系列大型走滑断层，还发育了各种类型的拉分盆地、楔状盆地等，如阿尔金断裂带的矩形、楔形盆地，昆仑山与阿尔金山之间的苦牙克裂谷，以及滇西北由于NE向的小金河和金汀河走滑断裂的活动，造成2条NW—NNW向拉分地堑带等。

4. **岩浆岩类型差异** 中国东部新生代主要是基性火山岩建造,且钙碱性玄武岩系列、拉斑玄武岩系列和碱性玄武岩系列都存在。玄武岩类的成分受地壳的混染程度小,基本上是地幔部分熔融的产物。在碱性玄武岩类中,含有幔源橄榄岩类的捕虏体,其活动方式,以喷溢为主,侵入活动很弱。相反,中国西部以超基性—基性、中酸性和酸性的侵入岩类为主,火山活动次之。在火山岩类中,除基性玄武岩类以外,中性火山岩类也占有一定的地位。西部的酸性侵入岩中,含有较高的挥发组分和水分,酸性较强。这些特点说明,西部地区的酸性侵入岩,主要是地壳重熔的产物。

5. **地震活动特征差异** 中国西部地震活动频度高,震级也高,震中分布密度也高,复发周期短,强度分布不均匀,8级以上地震多发生在地壳厚度变化大的梯度带附近。东部的地震活动主要集中在华北和东南沿海一带,特点是强度大、复发周期长,与西部区相比地震活动强度相差一个量级。

在震源深度方面,西部震源深度范围绝大部分在10~50km之间,优势分布是10~30km,由南向北深度变浅,如青藏高原南部为15~70km,中部为10~40km,北部为10~30km。东部地区震源深度一般是5~30km。

6. **形变特征不同** 大量的形变测量资料表明,中国的形变特征也存在着一个以SN构造带为界的东西部差异。在西部垂直升降等值线轴的方向大体为NW走向;在东部的这种升降长轴则以NE向为主。

(三)中国新构造运动区域特征

根据新构造运动的发展、运动强度、运动方式及区域构造、深部构造和地震活动状况等特征,黄汲清、马杏垣等将我国划分为2个构造域、6个构造区和20个构造亚区(图13-15)。

1. **特提斯喜马拉雅新构造域(Ⅰ)** 位于中国SN构造带(大致在银川—昆明一线)以西。处于印度板块与亚洲大陆板块的碰撞挤压区。新构造时期地壳发生了明显的加厚、缩短与抬升,形成了以逆冲断层、压陷盆地、大型走滑断层和挤压构造等为主的构造型式。大致以帕米尔—昆仑山—祁连山为界,又可分为新疆新构造区($Ⅰ_1$)和青藏新构造区($Ⅰ_2$)。

(1)新疆新构造区($Ⅰ_1$) 地壳厚度44~56km,在整体抬升的基础上,发育了主要受NE、NW向2组断裂控制的压陷性断块盆地,如塔里木盆地、准噶尔盆地、伊犁和吐鲁番等盆地,控盆断裂多具逆冲和走滑性质。与压陷盆地相邻的是强烈隆起的断块山(如天山、祁连山等),隆起和下沉幅度相差1 000~12 000m(马杏垣等,1986)。该构造区自北而南又可分为:阿尔泰亚区($Ⅰ_1^1$)、准噶尔亚区($Ⅰ_1^2$)、天山亚区($Ⅰ_1^3$)、塔里木亚区($Ⅰ_1^4$)及阿拉善亚区($Ⅰ_1^5$)。

(2)青藏新构造区($Ⅰ_2$) 地壳厚度52~72km。中、上新世以来整体抬升,上升幅度达2 000~3 000m。局部有差异性断块沉降。新生代晚期岩浆活动甚为活跃,断裂十分发育,多为具走滑性质的压性弧形断裂。在柴达木盆地的更新世地层中,还发育了一系列NW向褶皱。此外由于SN向推挤使岩石圈物质横向流展,派生出次生的横向引张应力场,在藏南形成了一系列近SN向的张性构造盆地。此区进一步分为:祁连-青海亚区($Ⅰ_2^1$)、藏北亚区($Ⅰ_2^2$)、藏南亚区($Ⅰ_2^3$)、川滇亚区($Ⅰ_2^4$)。

2. **滨太平洋新构造域(Ⅱ)** 位于南北构造带以东的大陆地区。根据沉积盆地的分布和构造活动性,可分为:内蒙-东北新构造区($Ⅱ_1$)、华北新构造区($Ⅱ_2$)、华南新构造区($Ⅱ_3$)和东南沿海及南海海域新构造区($Ⅱ_4$)。

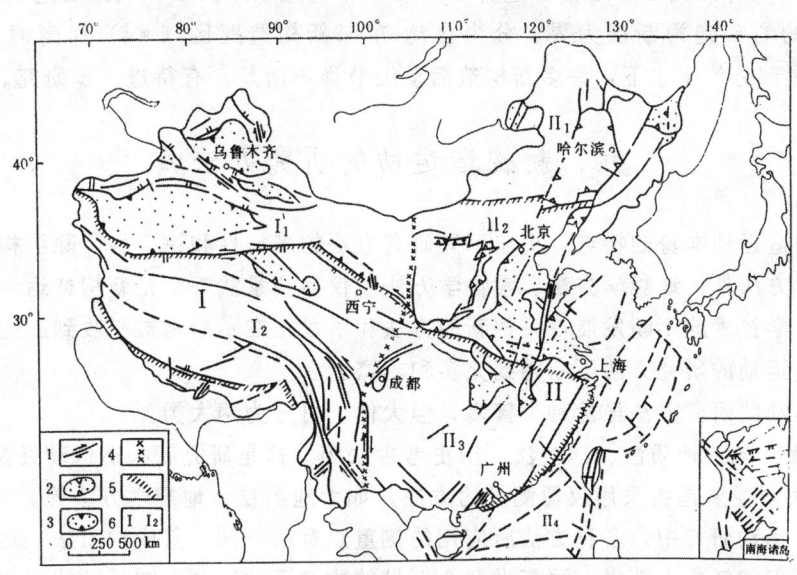

图 13-15　中国新构造分区及主要活动断裂分布图

(引自马杏垣主编，《中国岩石圈纲要——1：400万中国及邻近海域岩石圈动力学图说明书》，1987)

1. 断裂及走滑方向；2. 拉张型盆地；3. 挤压型盆地；
4. 一级新构造单元界线；5. 二级新构造单元界线；6. 构造单元代号

Ⅰ. 特提斯喜马拉雅新构造域：Ⅰ₁. 新疆新构造区，Ⅰ₂. 青藏新构造区；Ⅱ. 滨太平洋新构造域：Ⅱ₁. 内蒙—东北新构造区，Ⅱ₂. 华北新构造区，Ⅱ₃. 华南新构造区，Ⅱ₄. 东南沿海和南海海域新构造区

(1) 内蒙-东北新构造区（$Ⅱ_1$）　本区新构造的最大特点是火山活动强烈，如著名的五大莲池、长白山等。地震活动相对较弱，本世纪有少量6级地震和一次7.3级地震。但震源较深，吉林地区是我国唯一的深震活动区，发育有松嫩盆地。上新世以来，山地最大抬升幅度约700m，盆地最大沉降幅度不足200m。区内地壳厚度较稳定，约34km。本区进一步细分为内蒙-大兴岭亚区（$Ⅱ_1^1$）、松嫩盆地亚区（$Ⅱ_1^2$）、三江盆地-长白山亚区（$Ⅱ_1^3$）。

(2) 华北新构造区（$Ⅱ_2$）　是中国东部新构造活动最强的地区。发育有汾渭、河套、银川、华北等断陷盆地，新构造时期沉积厚度一般为300～500m，最大达2000m（如渭河盆地）。地震活动频繁，强度大（至今已知$M \geqslant 8$级地震6次，7.9～7级地震11次，6.6～6级地震43次）。在大同、沧州、海兴、无棣等地见有火山活动。以大青山—燕山一线作为其北界，南界为秦岭-大别山。本区可进一步分出大青山-燕山（$Ⅱ_2^1$）、鄂尔多斯（$Ⅱ_2^2$）、黄淮海-下辽河盆地（$Ⅱ_2^3$）、辽东-黄海-胶东（$Ⅱ_2^4$）等亚区。

(3) 华南新构造区（$Ⅱ_3$）　本区新构造时期以整体缓慢上升为特征，晚第三纪以来大多数盆地均已结束沉积，仅有江汉-洞庭盆地、南阳盆地及沿海港湾沉积盆地仍有沉积。最大抬升幅可达1000m，一般为几百米，最大沉降幅度不过200m。除东南沿海外，本区很少发生$M \geqslant 5$级的地震，为少震、弱震区。广东和海南岛等地见有火山活动。本区又可分为两湖-川贵（$Ⅱ_3^1$）及华南-东南（$Ⅱ_3^2$）2个亚区。

(4) 东南沿海及南海新构造区（$Ⅱ_4$）　属欧亚板块的边缘海，中国大陆架部分。新生代以来构造活动强烈，广泛发育一系列与岛弧平行的线状褶皱与逆断层。如在台湾岛上可见左旋走滑断层，形成强烈的挤压带。台湾岛是本区最主要的抬升区，自晚第三纪（蓬莱造山运

动）以来，中央山脉的内部隆起幅度超过 2 500m；本世纪以来大于 6 级地震达 30 次。大致以台湾岛南端的右旋走滑断层为界，分为台湾-东海新构造亚区（III_4^1）和南海新构造亚区（III_4^2）。本区大部分位于水下，许多新构造活动细节尚不清楚，有待进一步研究。

六、新构造运动的研究方法

由于新构造运动本身的特点，决定了其研究方法的多样性和综合性，除了构造地质学中使用的地质学方法外，地貌学方法、考古学方法及仪器测量法等都是新构造运动研究的常用方法。随着科学技术的不断发展，一些新的方法和手段正在不断地被吸收到新构造的研究中来，使新构造运动的研究方法不断得到充实和丰富。

新构造运动的研究方法虽然种类繁多，但大体上可分为两大类：
1. *定性法* 包括地质法、地貌法、历史考古法等。这是研究新构造运动最基本的方法。
2. *定量法* 主要是指采用仪器测量的方法，如大地测量、地震学方法等。

在新构造运动研究中，各种方法所应用的侧重点有所不同。其中地质法、地貌法应用最为广泛，它不仅能解决上新世、更新世及全新世的构造运动问题，在活动构造（如地震和活火山等）研究中也不可缺少；历史考古法主要用于解决全新世尤其是有文字记载到开始有仪器记录之间时段的构造运动问题，也可涉及到一部分的更新世；仪器测量则只能解决目前正在活动着的构造运动问题（表 13-1）。

表 13-1 新构造运动研究方法的应用时限表

研究方法		N	Q_1	Q_2	Q_3	Q_4	
定性法	地质法						现
	地貌法						
	历史考古法					1 000a	在
定量法	仪器法					100a	

常用的研究方法及其主要内容如表 13-2 中所列。这些方法的使用随研究地区新构造运动的表现特征而不同。

在海域地区，由于岩石圈表面被厚层海水覆盖，以构造地形和火山地形为主，首先应采用地球物理方法，以探明水下洋壳的表面形态及岩石圈的各种地球物理性质，再用地质法和地貌法分析新构造运动。

新构造运动研究是一个复杂的课题，仅靠个别方法所获得的资料往往是不全面的，所作的结论很可能具有片面性，因此在工作中应注意各种方法的综合分析（表 13-2）。

表 13-2　新构造研究的常用方法及研究内容表

方法	研究内容		研究目的
地质构造法	构造变形分析　N—Q 地层的变形变位 岩浆活动分析　N 以来火山活动带、火山口带状分布 沉积物分析　沉积厚度、成因类型与岩相等研究	地震危险性区划与中长期地震地灾预报背景	研究新构造时期地壳运动的类型、强度、活动特点及发展和变化规律 查明新构造的空间展布及类型
地貌法	河流地形研究　水系格式和河道变迁研究；河床纵剖面研究；河流阶地研究（横剖面、纵剖面），先成河谷地段 洪积扇研究　洪积扇单体形态异常；洪积扇组合形态特征及变形变位 岩溶地貌研究　层状溶洞研究、岩溶期与岩溶地貌组合研究 夷平面研究　高度与时代；变形变位 海岸地形研究　海成阶地、海蚀凹槽的分布与高度 构造地貌研究　断层崖、断块山、断陷盆地		
考古法	古文物研究　古文化遗址分布的古今对比；古建筑的破坏原因与变形、变位 古文字记载　历史地震、群发性古崩塌、古滑坡		研究历史时期以来新构造运动的特征
地球物理探测	地震、重力勘探　深部构造、隐伏活断层 精密重磁测量　重力场与磁场变化 大地电磁　电阻异常带、磁场强度的异常变化 地热　地热流异常带、温泉的线状排列 水声探测及探地雷达　隐伏断层分布、地下水与断裂活动关系	地震及地灾预报	查明隐伏断层的存在及其性质，主要用于工程稳定性评价和区域活断层追索；新构造运动的深部过程研究
地球化学测量	α径迹测量　土层氡气相对密度分布 γ射线测量　γ射线强度变化 断层气测量　土层或泉水中的 Rn、He、Ar、N_2、CO_2、H_2 等气体浓度		揭示隐伏的活断层 地层前兆观测
形变测量	卫星大地测量　甚长基线干涉测量；多普勒三角测量；全球定位系统 大地水准测量　区域形变测量；跨断层水准测量		新构造运动的现今活动特点，求取运动速率、幅度
地震学	地震观测　震中分布、震源深度分布与构造的关系 震源机制　震源断面分析；震源应力场分析 强震等震线与地质构造研究 古地震研究		研究活断层的活动特点，分析断层的破裂过程，研究新构造与地震发生的关系

第十四章　地貌和第四纪地质工作方法

在航空和卫星照片判读基础上进行野外观察研究，是地貌和第四纪地质最基本和最重要的工作方法。在开发和掌握前人研究资料及航空、卫星照片提供的信息之后，要做到心中有数。观察路线要穿越河流阶地、山前、山坡、分水岭和第四纪沉积物天然与人工露头发育的河流侵蚀及人工切坡等地段。在平原（盆地）区要有一定数量浅钻揭露平原下伏第四纪沉积物，必要时可以运用物探方法（地震法、电测法等）了解地下（或水下）一定深度的松散沉积物岩性、厚度和构造特征。各种研究成果都应汇集编制成第四纪地质图或地貌图。

一、航空、卫星照片的应用

（一）航空、卫星照片在地貌和第四纪地质研究中的应用

1. **宏观研究**　每幅卫星照片拍摄的地面面积约185km×185km，相当于1：5万航空照片千余张，有利于区域地貌第四纪地质研究，便于对各类地貌形态和第四纪沉积物的组合及其分布规律进行综合性分析对比，对编制小比例尺第四纪地质图和地貌图极为有利。

2. **多方式成象，信息丰富**　除常见光成像的航空照片外，多波谱卫星照片（第4谱段为$0.5\sim0.6\mu m$，第5谱段为$0.6\sim0.7\mu m$，第6谱段为$0.7\sim0.8\mu m$，第7谱段为$0.8\sim1.1\mu m$）及红外影像，假彩色合成照片和雷达扫描照片等，可为第四纪地质和地貌研究提供丰富的信息。

3. **动态研究**　根据不同时期的航空、卫星照片可以对冰雪线、冰川、海岸线、河道、沙丘、三角洲和湖泊等的变化进行定性或定量研究。

4. **光照条件有利，可以获得较好的立体感**　航空照片立体镜下判读太阳高度角为25°左右拍摄的卫星照片，均可以获得地貌形态较好的立体感，对地貌研究有利。

5. **提高编图速度**　利用航空和卫星照片可以提高各种比例尺第四纪地质图和地貌图的编制速度。

（二）地貌、第四纪沉积物判读标志

1. **地貌判读标志**　地貌的形态特征与其成因和空间分布，是航空和卫星照片地貌判读最重要的直接标志。各种外力作用的侵蚀地貌和堆积地貌，如河流的河道类型、河漫滩、阶地、水系、三角洲、牛轭湖；洪流的冲出锥、洪积扇或洪积平原；海岬与海滩、沿岸流、沙嘴、沙洲；冰川侵蚀地貌和堆积地貌；风蚀和风蚀地貌；岩溶地貌；湖泊地貌；火山与熔岩地貌和夷平面等等，都可在航空照片或不同谱段卫星照片上根据形态、空间分布、相互关系和成因条件等识别和圈定。

2. **第四纪沉积物判读标志**　有直接标志和间接标志

直接标志 各种沉积物在航空、卫星照片上反映的色调(10级：白、灰白、淡灰、浅灰、灰、暗灰、深灰、淡黑、浅黑、黑；可目视判读或用仪器判读)和沉积物地貌形态特征是直接判读标志。均匀白色→灰白色调通常为粗粒沉积物、干沙砾或干土壤；均匀灰黑→暗色一般为粘土、有机质沉积物和含水砂砾等。不均匀色调(如斑状色调)，反映沉积物粒度不均匀，表面地形崎岖，冻土局部融化，冰碛物表面积水等。带状色调与沉积物的空间分布形状有关，如天然堤、河漫滩、阶地、洪积扇和湖岸沉积物等有关。"花生外壳"状影象反映地表岩溶发育。紊乱色调反映沉积物岩性变化无一定规律或堆积地形表面微地貌复杂等。此外，也要考虑色调的多因素引起的可能变性。

间接标志 主要指沉积物上生长的植被、发育的土壤和某些人工标志(如耕地)。这些间接标志随沉积物成因类型、岩性岩相变化和地形起伏而变化。

采用多谱段卫星照片对比分析，如一般第5谱段和第7谱段卫星照片可用于研究区别含水和不含水的新老沉积物，第5谱段对海水透视能力较强(一般达10m，有时可达几十米)，可用于研究海岸线、湖岸线和三角洲。红外照片由于能摄下不同物体或同一物体不同时间的热辐射，可用于研究地表岩溶和地下河。雷达扫描照片对了解干燥沉积物及其内部结构有一定的价值。应用假彩色合成照片或利用彩色密度分割判读技术，则会取得更为丰富的信息。

注意研究不同第四纪沉积物之间色调界线的性质，如两者截然分开，一般为不同成因或不同时代沉积物；两者逐渐过渡，则可能反映同一时代沉积物的岩相逐渐变化或难以划开。

二、野外观察研究

(一) 地貌的观察、分析与描述

野外地貌观察研究的主要内容包括：地貌形态特征、形态测量、物质组成、成因证据和确定地貌类型之间的相互关系，并在地形图(或航空、卫星照片)上标定。

1. **地貌形态的观测与描述** 对地貌形态应从定性、定量2个方面进行观测和描述。定性观察主要包括地貌的几何形态(如扇形、三角形、锥形等)、规模(面积、长度、宽度)、空间分布及切割程度等。地貌形态记录应有选择地采用摄影、作剖面或素描图等，并附以必要的文字描述。定量测量主要是测量地貌形态的相对高度和地形面坡度(图14-1)。必要时利用地形图或航空、卫星照片对地面割切深度和割切密度进行统计。

由于观察到的地貌有不同的相对等级和组合，记录时一般都循着由远→近，由大→小，先整体后局部的顺序进行。

2. **分析地貌成因** 对堆积地貌，首先是要查明组成该地貌的第四纪沉积物的成因和时代，同时认真观察其地貌形态、地貌组合，并结合与其相关的剥蚀地貌进行综合分析。对于剥蚀地貌要根据地貌形态特征与动力作用、地质构造和岩性的关系，以及相关沉积物的成因进行综合分析研究。

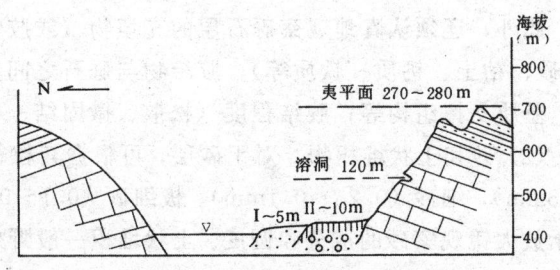

图14-1 地貌形态测量记录略图
(阶地等为相对高度)

3. **确定地貌形成顺序** 根据不同

地貌形态的分布、相对高度、接触关系（对接、切割、叠置、掩埋等）划分出地貌形成的相对顺序。地貌形成的相对顺序是确定地貌形成地质时代的基础。

（二）第四纪地质的观察研究

在野外调查中对于出露的剖面（天然的或人工的），按下列顺序进行观察研究。

首先应对露头进行必要的清理工作，用铁铲去掉表层最新风化与重力滑塌覆盖物。其次，在地形图（或航空、卫星照片）上标出露头位置。然后对剖面按颜色、岩性、结构、构造、产状和内含物等进行详细的分层和编号。最后，及时对各层按下述要求进行详细描述、测量、制图、取样和采集化石等。

1. 沉积物的颜色　分为原生色（形成时的颜色）和次生色（生成后由于风化等作用形成的颜色），前者一般比较均匀，后者常呈斑点或斑纹状，在裂缝或空洞处更加明显。一般以描述原生色为主，并指明干、湿色。若单色不足以鉴别，多用深、浅程度对主、次色进行描述，如浅黄色、灰绿色、浅灰蓝色等。必要时应按统一色标对照描述。

2. 岩性

（1）砾石层　研究砾石的砾性、砾径、砾向、砾态、表面特征和砾石风化程度（表14-1）。

表 14-1　砾石测量统计表

时间　　　地点　　　测量人

编号	砾石成分	各轴长度			扁平面产状		圆度					风化程度				其他特征
		长轴 (a)	中轴 (b)	短轴 (c)	倾向	倾角	0	Ⅰ	Ⅱ	Ⅲ	Ⅳ	未	弱	中	强	

为了较准确、客观地反映砾石层的上述特征，野外常用砾石统计方法。即在重要剖面（或地点）的不同层位砾石层中，各选一代表性露头，清除出约 $1m^2$ 的新鲜露头面，上置 $1m^2$ 大小线网（网格单位为 $10cm×10cm$），按网格逐个测量研究砾石 $100～300$ 个。研究最好按下列工序进行：测砾石扁平面（有时还要测 a 轴）产状→砾径（以 mm 为单位）→砾态→砾石表面特征→打碎研究砾石岩性和风化程度。$5～20cm$ 大小的砾石测量结果有较好的代表性，巨砾因在水体中易于旋转，巨砾间细砾为后期冲填物，二者对砾向研究无意义。

此外，还须认真地观察砾石层的充填物（或胶结物）和固结程度。应指出胶结物的成分（如砂、粘土、钙质、铁质等）；胶结物与砾石之间量的对比关系；沉积结构（如颗粒支撑组构、基质支撑组构等）；胶结程度（松散、微固结、半成岩和成岩）等。

（2）砂和土状堆积物　对于砂层，可根据其粒径分为：粗砂（$2～0.5mm$）、中砂（$0.5～0.25mm$）、细砂（$0.25～0.1mm$）、极细砂（$0.1～0.05mm$）、粉砂（$0.05～0.005mm$）。并借助于放大镜观察砂的成分和圆度。土状堆积一般野外观察时可分为：砂土、亚砂土、亚粘土、粘土，其野外鉴别方法如表 14-2 所列，再用室内粒度分析资料订正。

（3）有机沉积物　应分为泥炭、有机质淤泥和含有机质碎屑等进行描述，并指出有机沉积物的含水性、有无大型植物化石（如树杆、叶、果实）等。

表 14-2 野外砂-土状沉积鉴定特征表

陆相沉积名称	肉眼观察或放大镜观察情况	干土性质	湿土性质	颗粒含量（%） <0.01 mm	颗粒含量（%） <0.002 mm	与海相沉积相应的名称
砾石	2mm 颗粒含量大于50%	碎裂	—	—	—	
砂土	几乎全部为大于0.25mm 的颗粒	松散的	在湿度不大时具有明显的粘浆性，过渡潮湿时即处于流动状态	5	<2	砂
粘土质砂	几乎全部为大于0.25mm 颗粒组成，少数为粘土	松散的		5～10		淤泥质砂
亚砂土	大于 0.25mm 颗粒占大多数，其余为粘土	用手掌压或掷于板上，易压碎	非塑性，不能搓成细条，球面形成裂纹破碎	10～30	2～10	砂质淤泥
亚粘土	占多数的粘土颗粒中，偶见大于0.25mm 颗粒	用锤击或用手压，土块易碎	有塑性，不能搓成细长条，弯折时断裂，可以捏成球形	30～50	10～30	淤泥
粘土	同类细粘土，不含大于 0.25mm 的颗粒	硬土不易被锤击成粉末	可塑性，有粘性和滑感，易搓成直径小于1mm 细长条而不断，易搓成球形	>50	>30	粘土质淤泥

部分按 M·M·费拉托夫，1957

（4）化学沉积物 除描述成层的化学沉积物之外，更应注意对薄层铁壳、铁锰结核、钙质结核、薄层石膏等进行观察与描述。

3. 结构和构造 沉积物的结构、构造，对确定成因和环境有重要的价值。野外工作中应着重于以下两个方面的观察与描述。

（1）应区分层理的类型，如水平层理、斜层理、交错层理、透镜状层理、波状层理等，并对层理的产状和物质组成进行测量和描述。

（2）剖面中各种沉积物配置所反映的特征性构造，如：冲积层的"二元结构"，冻土的"扰动结构"、"古冰楔构造"、"古地震楔"，冰水湖的"纹泥构造"和古冻土的"多角形构造"等。

4. 厚度测量 第四纪沉积物厚度一般较小且变化大，对重要的沉积物厚度，要求测量到厘米。注意厚度变化，并确定厚度变化的性质。一般将层理厚度超过 50cm 的称为巨厚层，10～50cm 的为厚层，2～10cm 的为中厚层，0.2～2cm 的为薄层，小于 0.2cm 为微细层。

5. 接触界线 详细地观察层与层的接触界线性质和起伏。特别要注意侵蚀面、角度不整合面、层与层间过渡性质等的研究和描述。

6. 采集化石和试样[①] 所采集的化石和各种试样应分类编号，并及时标在剖面图上。各种样品均应附有标签，并装入样品袋和保留标签存根。

[①] 第四纪陆相堆积物（如洞穴和河湖相沉积物）中有时含丰富的小哺乳动物化石，可用筛选法（把含化石土放在筛子里浸于水中轻洗）可获得有价值的化石材料。

(三) 作剖面图

剖面图是野外地貌第四纪地质调查研究工作的原始资料，也是研究成果的重要基础。一切剖面图应有图名、比例尺、方向、高度和图例等基本要素。第四纪剖面图的比例尺应选择适当，可用大比例尺描绘，水平与垂直比例尺可不相同。应客观地反映剖面上第四纪沉积物的岩性和产状、相关的地貌、基岩主要特征和各种取样点与化石采集位置。地貌、第四纪剖面图有以下几种类型。

1. 实测剖面图 实测剖面可用经纬仪或皮尺测制，前一方法用于大型工程剖面，后一方法经常在野外研究时应用。图上应如实标明所观察到的第四纪沉积物的岩性、结构、构造、地层的相互关系和产状等，必要时还要局部放大表示细微的结构、构造。地貌内容包括堆积物组成的地貌形态及下伏古地形特征。基岩内容一般只表示主要的岩性、产状和时代。由于第四纪沉积物岩性、岩相、厚度和产状变化大，在测大比例尺第四纪剖面时，应该在露头上布置若干点，用皮尺控制上述各方面的变化，不要在实测剖面图上信手勾描（图14-2）。

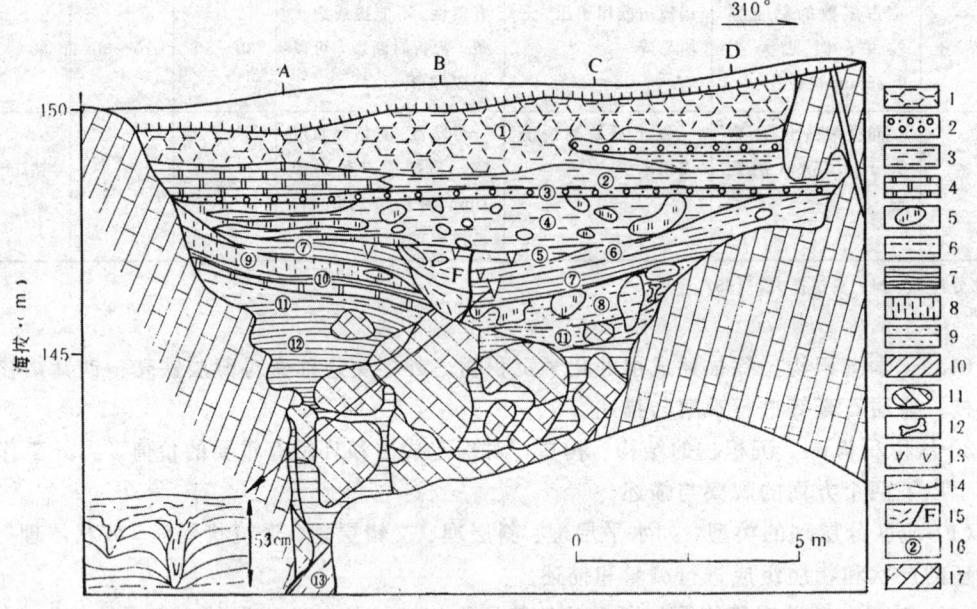

图14-2 周口店太平山北坡下更新统实测剖面图
（A—D为垂向控制点位置，可用皮尺控制）

1. 红粘土及团块钙质结核；2. 砂砾；3. 亚粘土；4. 层状钙质层；5. 钙质结核；6. 亚砂土；7. 灰色粘土；8. 黄色亚砂土；9. 砂与亚粘土互层；10. 红色粘土；11. 灰岩角砾；12. 哺乳动物化石；13. 古冰楔遗迹；14. 现代土壤；15. 断层及断层角砾；16. 层号；17. 奥陶系灰岩
①—③. 中更新统（Q_2）；④—⑬. 下更新统（Q_1）；左下角为第⑦层中古冰楔

2. 信手剖面图 这种剖面图的内容、图式与实测剖面完全相同，只不过它是用目估或步测的方法信手完成的。它不是把整个剖面上所有的内容都准确地按比例表现在剖面上，而是经过概括后，表现最主要的地质内容，在野外观察中要经常作信手剖面图。

3. 综合剖面图 在野外调查工作过程中或基本完成的时候，作者在分析大量实际资料的基础上加以科学抽象概括而编制成的一种综合性工作图件，不是成果图件。综合剖面图既能反映工作区的地貌和第四纪沉积物的类型，形成时代，发生、发展和分布情况，同时也体现出作者对该区地貌第四纪地质发生、发展规律的认识。综合剖面只有垂直比例尺，水平方向则只要求表示地貌的相对规模大小。

这种剖面图上不同时代的各种类型地貌与沉积物的分布、接触关系及与地貌单元的关系应按高度表示清楚。

4. 编制剖面图　在山间盆地和平原区，由于第四纪沉积厚度大，各时期的地层互相叠加，地形起伏小，切割微弱，无法直接测制地质剖面时，常利用露头和钻孔资料编制第四纪地质剖面（图14-3）。编制剖面图时应注意下列问题：

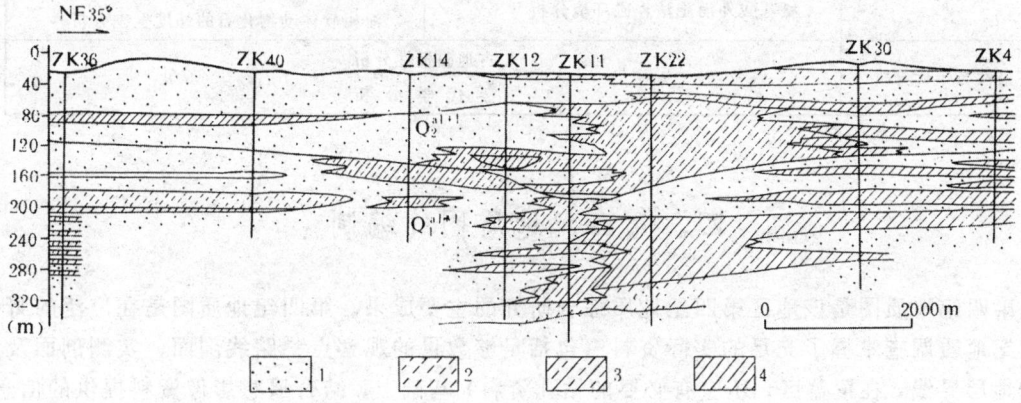

图14-3　山西运城附近第四纪地质剖面图
（据王大纯等，1964）
1. 砂土；2. 亚砂土；3. 亚粘土；4. 粘土

(1) 应认真研究盆地和平原边缘的第四系发育特点，对推断平原和盆地内第四纪地层的成因及地层划分极为重要。

(2) 详细研究和掌握钻孔资料，先根据单个钻孔中的岩性、颜色、风化程度、古土壤特征等，进行地层划分和成因分析。然后再对钻孔作横向对比和连接。连接时应据标志层或地层分界线从边缘开始，逐渐移向盆地或平原中心。

(3) 对埋藏的不同时代沉积体，如洪积透镜体、湖沼沉积、古河道及河间洼地沉积层等的形态要给予特别注意。如有必要时，可以岩性成分（%）、厚度、平均粒径、互层比特征等为变量，进行统计，作半定量分析，划分出上述各种沉积体。连接时应根据实际材料，并考虑各沉积体的合理布局，并使其接近自然状态。

三、室内实验室工作的选择

现代第四纪和地貌研究的实验室分析项目甚多，大体有4类：常规分析、成因-环境分析、古气候分析和极性与年代测量（表14-3）。常规分析是为多种实践服务的，如地质、矿产、建材、农业、环境、土地利用和水文工程地质等，在经济条件允许时尽量满足其各项要求。一般情况下，成因-环境分析以砾石组构和砂土粒度分析为主（在软体化石丰富时可以软体化石的生态分析为主），其余为辅。孢粉分析是当前古气候研究的主要基础。古地磁和年代学测量数据是当代水平的第四纪研究成果和与国际接轨的一个重要标志。总之，应该根据任务和经济条件选择必要的室内研究项目，不必求多求全。

表 14-3 第四纪和地貌研究室内分析表

项目\沉积相	陆相沉积物	海相沉积物
常规分析	粒度分析，矿物分析，粘土分析，化学分析，生物化石分析	
成因-环境分析	砾石（或砂）统计组构分析，石英砂电子显微镜扫描，软体化石生态分析	
	古 土 壤 分 析	氧同位素分析
古气候分析	孢粉化石分析 氨基酸外消旋法，磁环境分析	有孔虫种属组合分析， 海相软体动物化石的纬度生态分析
极性与年代分析	古地磁极性分析 年代学分析	

四、第四纪地质图的编制

第四纪地质图是该地区第四纪地质综合研究的主要成果。第四纪地质图是在广泛的野外第四纪地质调查掌握了充足的实际资料（包括足够数量的观察点、路线剖面、实测剖面及主要的地层界线，在覆盖区，还应有必要的钻孔资料）基础上，结合遥感影像资料提供的信息，在选定比例尺的地形图上编制的。

（一）第四纪地质图的基本内容

第四纪地质图主要是反映地表及一定深度第四纪地层的岩性、成因、地层时代及其产状的图件。对前第四纪基岩露头视其与第四纪地层的关系而分类归纳表示。第四纪构造、第四纪矿产点、人类文化遗存点、动植物化石点、各种采样点及区域第四纪主要事件（如古冰川分布线、海侵界线、火山、湖泊扩展界线等）也应表示在图上。

（二）图例

第四纪地质的图例是按规定的地层代号、成因类型代号、岩性花纹符号和其他记号表示第四纪地质图的内容。

图例一般按地层时代、成因、岩性及专门性图例的次序安排。地层时代符号从上→下由新→老；然后是第四纪不分层（Q）；最后是前第四纪基岩。如图例放在图的下方，则一般由左→右从新→老排列。对成因类型图例的排列，一般把同一时代形成的不同成因类型按其分布的地貌位置，由分水岭向河谷或由山区向平原和湖与海的方向依次排列，如按残积、坡积、洪积、冲积、湖积或海积的顺序。对冰川、风积及岩溶堆积等特殊成因，可按其在不同地区所处地貌部位安排相应的位置。岩性图例多按碎屑沉积物、化学沉积物、生物沉积物的顺序排列。其中碎屑沉积物尚可按由粗→细划分的顺序排列。

凡图面上表示出的第四纪地质内容（或现象）均应无遗漏地以图例表示。图内没有的内容不可列入图例。

（三）第四纪地质图编制方法

1. 地层年代　一般按第四纪地层分期方案进行划分，地层时代用 Q_1（下更新统）、Q_2

（中更新统）、Q_3（上更新统）和 Q_4（全新统）表示①。若研究深化，资料充足时尚可进一步将各时段细分，如全新统可进一步分为 3 个时段，分别表示为 Q_4^1、Q_4^2 和 Q_4^3。时代合并的地层可以表示，如 Q_{1+2}（表示下、中更新统因研究需要合并）。时代延续的未分地层表示如 Q_{3-4}（示上更新统与全新统未分层）。第四纪未分层用 Q 表示。前第四纪基岩多按研究需要归纳表示，如中生代、老第三纪、新第三纪等。

2. 成因类型　在单色图上用英文字母符号表示，如单成因冲积层的代号为：al——冲积层；pl——洪积层；dl——坡积层等。混合成因用 2 种代号的组合表示，如 pal——洪冲积层（冲积为主）；dlp——坡洪积层等。成因不明的地层用 pr 表示（表 2-8）。

在着色图（多色图）上，常用颜色表示沉积物成因，如坡积层用黄色，洪积层用桔黄色，冲积层用橄榄绿色等。用同一颜色的深浅，表示不同时代的相同成因的地层，年代越老，颜色越深。对混合成因则用相应的底色表示主要成因类型，次要成因类型用相应颜色的线条加于底色之上。如以橄榄绿色为底色，加上桔黄色的线条表示以冲积为主的洪冲积层。

在第四纪地质图中，常将地层时代、成因类型综合表示，如 Q_1^{al}——下更新统冲积层，Q_2^{pl}——中更新统洪积层等。

3. 岩性　通常用花纹符号表示出露于地表表层的一套第四纪地层的岩性。

4. 年代资料　应在图例中说明。若有系统的古地磁极性资料，还应附上古地磁极性表；一般在柱状图上应标明各种年代方法及数据。

5. 其他　人类文化遗存点、动植物化石点、第四纪矿产点、采样点、钻孔及重要的地貌界线和地貌标志等，都需用专门符号表示，有时还辅以数字说明（图 14-4）。

第四纪地质图上所表示的地下掩埋地层（或沉积体）方法如图 14-5 所示。

五、地貌图的编制

地貌图按比例尺可分为大比例尺（大于 1∶5 万）、中比例尺（1∶10 万～1∶50 万）和小比例尺地貌图（小于 1∶50 万）。各种比例尺地貌图主要表示内容如表 14-4 所列。大比例尺地貌图应在野外地貌调查基础上编制；中比例尺地貌图可部分实测，部分利用资料（如遥感资料）编制；小比例尺地貌图则综合各类资料编制而成，并适当进行野外路线验证。

表 14-4　不同比例尺地貌图表示的内容表

比例尺	地貌形态			地貌成因	地貌形成时代
	形态要素和微地貌	基本形态	形态组合		
大于 1∶5 万	部分形态要素	主要表示内容（Ⅳ级）	少数形态组合（Ⅲ级）与分区结合②	外力成因为主，少数活动的构造地貌	地质时代为主，少数基本形态测定年龄
1∶10 万～1∶50 万	——	部分表示内容（Ⅳ级）	主要表示内容（Ⅲ级）与分区结合	综合内、外力成因为主，少数活动构造地貌	地质时代为主
小于 1∶100 万			主要表示内容（Ⅰ、Ⅲ级）	内力作用为主结合外力	构造-地貌史

Ⅰ、Ⅱ、Ⅲ、Ⅳ为地貌相对等级

---

① 国际约定用 Q_1、Q_2、Q_3、Q_N，中国一般用 Q_1、Q_2、Q_3、Q_4，也有人建议用 Q^1p、Q^2p、Q^3p 和 Qh 表示。
② 地貌分区即地貌区划，是根据地貌形态、成因和发展的相似性与差异性将地貌进行区域划分，每个分区都有其特有的地貌形态、成因与组合。

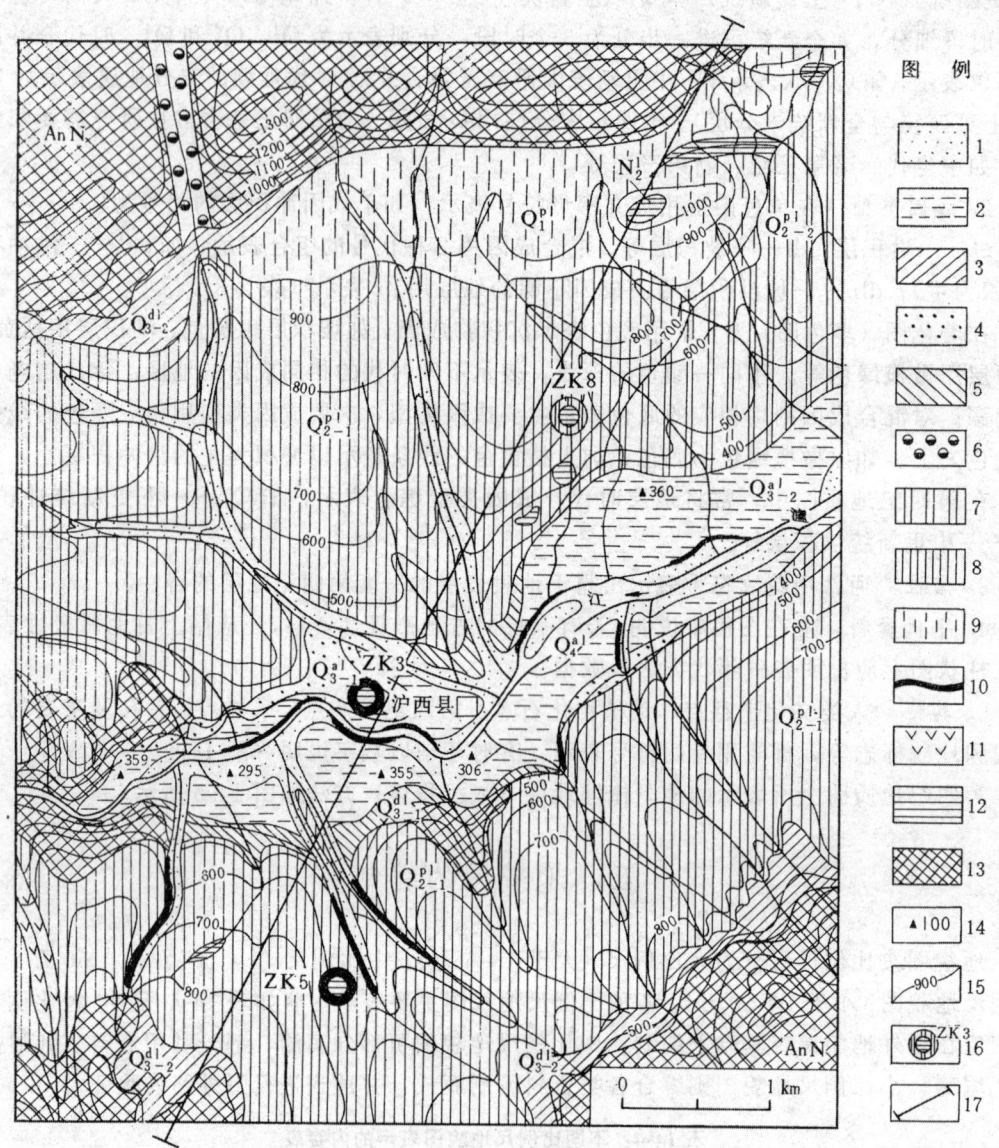

图 14-4 泸江两岸第四纪地质图
（据杜恒俭、曹伯勋，1958 年修改）

1. 全新统（Q_4^{al}）冲积砂砾层；2. 上更新统（Q_{3-1}^{al}）第一阶地冲积砂砾、黄土；3. 上更新统（Q_{3-2}^{dl}）第二坡积角砾、黄土；4. 上更新统（Q_{3-2}^{al}）第二阶地冲积砂砾、黄土；5. 上更新统（Q_{3-1}^{dl}）第一坡积黄色亚粘土；6. 中更新统（Q_2^{al}）残余冲积砂砾；7. 中更新统（Q_{2-2}^{pl}）洪积黄土（第一洪积扇）；8. 中更新统（Q_{2-1}^{pl}）洪积亚粘土夹砂砾（第二洪积扇）；9. 下更新统（Q_1^{pl}）洪积亚粘土、砂砾（第三洪积扇）；10. 下更新统（Q_1^{lal}）湖河沉积粘土、砂、砾石；11. 第四纪（Q^{eld}）残坡积角砾；12. 上新统（N_2）湖泊沉积红色粘土；13. 新第三纪前（AnN）基岩；14. 标高点；15. 等高线（m）；16. 钻孔及编号可按地层时代表示（如本图），亦可按 $\dfrac{地层}{深度}$ 表示；17. 作剖面方向

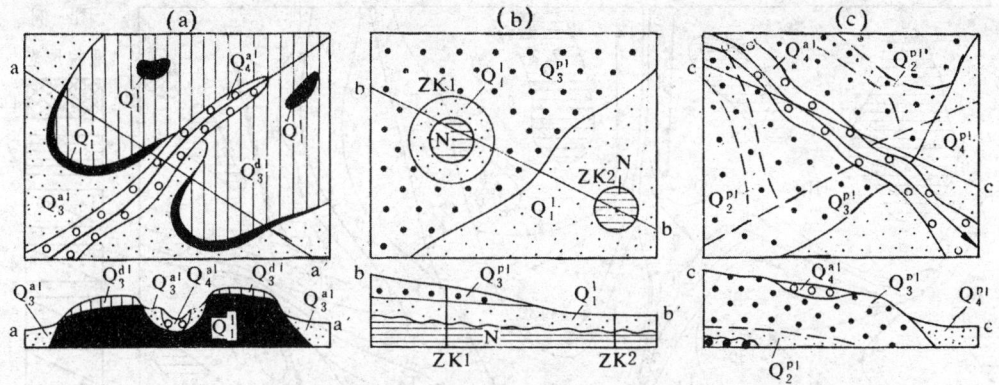

图 14-5 第四纪地质图上表示地面以下地层（或沉积体）的方法略图

(a) 在陡坎下出露下伏较老地层时，可沿陡坎和侵蚀沟露头分布带扩大（每层不宽于 1mm）表示。
(b) 平坦地区有钻探资料处，用同心圆法表示该孔揭露的地下地层。同心圆半径为除地表层外所有地下层厚度的总和，按比例表示。
(c) 有大量钻孔资料足以圈定地下地层（或沉积体）分布范围时，地表地层界线划实线，并表示其岩性。地下地层用不同的线段（或不同颜色线条）表示其分布，其岩性表示与否视情况而定

（一）普通地貌图

1. **基本内容**　普通地貌图主要表示研究区的地貌形态类型和特征、地貌成因和地貌形成时代，即一般所称地貌图，它和地貌分区图不同。

2. **图例**　普通地貌图的图例是用规定的颜色和符号表现地貌图的内容。图例能体现研究区的地貌研究程度及编者的指导思想和编图原则。

图例的安排一般先根据地貌相对等级和形成的物质基础与成因，划分出较大型的地貌单元（Ⅰ、Ⅱ…），再按构成地貌的岩性及形态类型，划分出次一级的地貌单元（I_1、I_2…；II_1、II_2…）。这些地貌单元一般都是地貌形态组合类型。如一级单元有构造侵蚀中山（Ⅰ）、构造剥蚀低山（Ⅱ）和堆积平原等（Ⅲ）；构造侵蚀山地可进一步分为变质岩中（低）山（I_1）、花岗岩中（低）山（I_2）、碎屑岩中（低）山（I_3）及穿越各地貌单元的河谷地貌单元等。

3. **地貌图表示方法**

（1）地貌形态　一般用地形等高线作底图，以表示较大的地貌形态特征、高度和坡度。若用无等高线底图，则应标明系统高程以反映地形的主要起伏。

（2）地貌成因类型的表示方法　用数字如Ⅰ、Ⅱ、Ⅲ等表示地貌成因类型（地貌单元），也可以用线条符号和颜色来表示。一般把堆积地形与第四纪成因色谱协调起来，并在图例中加以说明。

（3）地貌年代的表示方法　对地貌的地质年代一般用地质年代代号（如 Q_1、Q_2、Q_3、Q_4）直接表示，并可以颜色深浅相区别，色深则表示时代老，色浅表示时代新（图 14-6）。若地貌年代具有同位素年龄数据，则在图例中用数字表示说明。

（二）专门地貌图

从实用角度以一种（或几种）成因地貌为主要对象，测编的地貌图属于专门地貌图。如

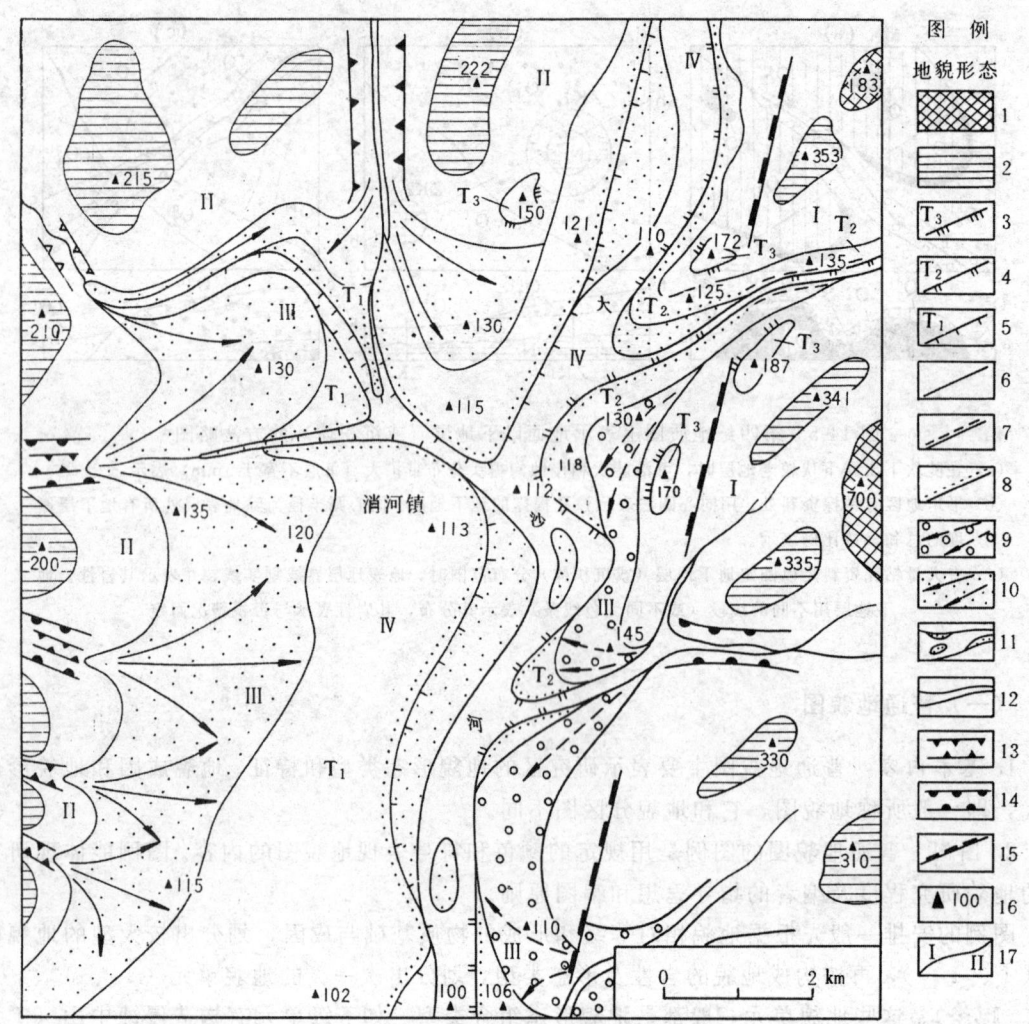

图 14-6 大沙河中游地貌图
（赵良政，1993年）

1. 白垩纪—早第三纪高夷平面；2. 晚第三纪低夷平面；3. 第三阶地（Q_1）；4. 第二阶地（Q_2^2）；5. 第一阶地（Q_3^1）；6. 侵蚀阶地前缘；7. 基座阶地前缘；8. 堆积阶地前缘；9. 早期洪积扇（Q_3^1）；10. 晚期洪积扇（Q_3）；11. 河漫滩与河床（Q_4^2）；12. 蚀侵沟；13. 峡谷；14. 宽谷；15. 断层陡崖；16. 地形标高点（m）；17. 地貌类型界线；地貌形态组合类型：Ⅰ. 由花岗岩组成，中等上升的侵蚀-剥蚀低山；Ⅱ. 由砂岩组成，微弱上升的侵蚀-剥蚀低山；Ⅲ. 山前洪平原、台地；Ⅳ. 侵蚀-堆积河谷地形

河谷地貌图、地滑地貌图、岩溶地貌图、地面坡度图、地表割切密度图等。

专门地貌图一般选择与工程地质、地质灾害、农田水利、土地利用和砂矿等有关的地貌为主要研究对象，图上要求标测出与实践活动有关的主要地貌形态、成因及其发展阶段。此外，还应研究与工程（或矿产）有关的现代动力作用过程。图 14-7 是滑坡地貌成因类型图，就是为铁道修建和防灾应用为目的的专门地貌图。该图以重力作用地貌为主要研究对象，图上主要标测了不同发展阶段的滑坡，以及影响滑坡的现代侵蚀、水流和重力作用，是一张有重要实用价值的专门地貌图（图 14-7）。

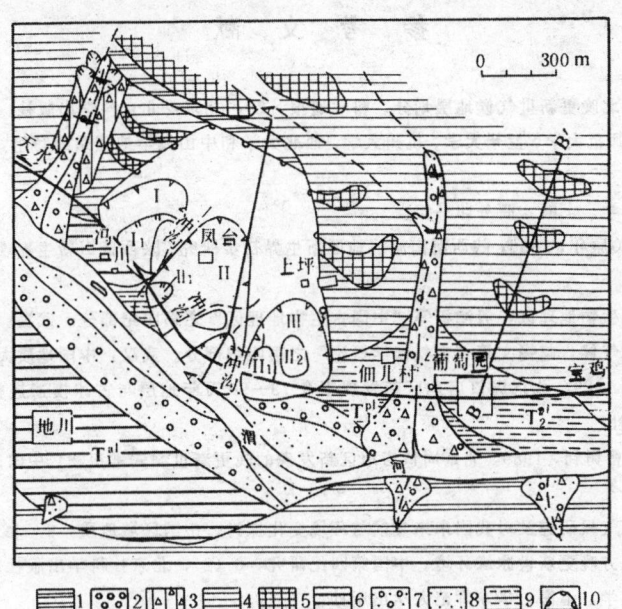

图 14-7 K1348 滑坡地貌成因类型图
(据铁道科学研究院西北研究所，1978)

1. 崩、塌坡；2. 岩堆；3. 泻溜坡；4. 侵蚀剥蚀坡；5. 剥蚀面；6. 阶地；7. 高河漫滩；
8. 低河漫滩及河心洲；9. 洪积阶地；10. 古错落；11. 老滑坡；12. 现代滑坡；13. 支沟，
冲沟；14. 泉；15. 裂点；16. 居民区；17. 地形断面；18. 地貌界线；19. 现代冲沟堆积

参 考 文 献

安芷生、卢演俦，1984，华北晚更新世气候地层划分。科学通报，29，北京：北京科学出版社。
北京大学、南京大学、上海师范大学、兰州大学、杭州大学、西北大学和中山大学地理系编写组，1978，地貌学。北京：人民教育出版社。
曹家欣，1983，第四纪地质学。上海：商务印书馆。
曹伯勋、刘士蓉、赵不亿、关康年，1966，陕西渭南游河地区新生界初步研究。陕西蓝田新生界现场会议论文集，北京：科学出版社。
曹伯勋，1989，中国第四纪生物地理区，殷鸿福等"中国古生物地理区"之第四纪部分。武汉：中国地质大学出版社。
曹伯勋，1989，中国第四纪气候，赵锡文等"古气候学概论"之第四纪部分。武汉：中国地质大学出版社。
曹伯勋、田明中、李长安，1989，北京周口店地区新发现距今73—90万年地层与古冰楔遗迹初步研究。科学通报，34（7），北京：科学出版社。
曹伯勋、田明中、李长安、曹树钊，1989，北京周口店地区新发现的晚更新世洞穴堆积物。中国区域地质，2，北京：地质出版社。
曹伯勋，1990，中国第四纪气候研究及对我国未来气候与环境变化探讨。中国区域地质，2，北京：地质出版社。
崔之火等，1985，论我国北方晚更新世冰缘环境。中国第四纪研究，6（2），北京：科学出版社。
陈业裕，1989，第四纪地质学。上海：华东师范大学出版社。
陈承惠，1965，辽东半岛普兰店附近古莲子的全新世沉积物孢粉分析。中国第四纪研究，4（2），北京：科学出版社。
陈德牛，1965，黄土地层中蜗牛化石组合及其意义。第三届全国第四纪学术讨论会论文集，北京：科学出版社。
杜恒俭、陈华慧、曹伯勋，1981，地貌学及第四纪地质学。北京：地质出版社。
杜恒俭、李鼎容、王安德，1980，关于上新世—更新世界限问题。地质科技在发展中，66，北京：地质出版社。
丁国瑜，1981，中国内陆活动断裂基本特征初步探讨。中国活动断裂，北京：科学出版社。
第一次全国^{14}C学术会议论文编辑组，1984，第一次全国^{14}C学术会议论文集。北京：科学出版社。
龚高法等，1983，历史时期的气候研究方法。北京：科学出版社。
孔昭宸等，1980，北京地区距今30 000—10 000年的植物群发展和气候变迁。植物学报，22（4），北京：科学出版社。
国家地震局，1981，亚欧地震构造图（1：500万）及说明书。北京：地质出版社。
耿秀山，1981，中国东部晚更新世以来的海水进退。海洋地质与第四纪地质，青岛：海洋地质与第四纪地质编辑部。
何浩生、何科昭、朱祥民、朱昭宇，1989，滇西北金沙江河流袭夺的研究。现代地质，3（3），北京：中国地质大学出版社。
何培元等，1992，庐山第四纪冰期与环境。北京：地震出版社。
黄镇国等，1984，海平面研究。广州：广东科技出版社。
黄万坡，1960，中国猿人洞穴的特征。古脊椎动物与古人类，2（1），北京：科学出版社。
贾兰坡等，1985，旧石器时代考古论文集。北京：文物出版社。
计宏祥，1979，从哺乳动物化石来探讨元谋人生活时代的自然环境。古脊椎动物与古人类，17（4），北京：科学出版社。
李四光，1947，冰期之庐山。前中央研究院地质研究所专刊，乙种第2号。
李吉均、文世宣、张青松，1979，青藏高原隆起的时代、幅度和形式讨论。中国科学（B），6，北京：科学出版社。
李长安、曹伯勋，1993，楔状体——一种重要的第四纪环境标志。地质科技情报，3。
李永昭，1973，中国第四纪冰期探讨。地质学报，北京：科学出版社。
刘东生，1985，中国第四纪地层和更新统上新统界线。中国第四纪研究，6（2），北京：科学出版社。
刘东生等，1985，黄土与环境。北京：科学出版社。
刘东生主编，1991—1992，黄土·第四纪·全球变化。1、2，北京：科学出版社。
刘敏厚，1987，黄海晚第四纪沉积。北京：海洋出版社。
刘兴诗，1982，四川盆地的地文期。第三届全国第四纪学术会论文集，北京：科学出版社。
刘宝珺等，1980，沉积岩石学。北京：地质出版社。
林景星，1982，中国第四纪有孔虫群。第三届全国第四纪学术会议论文集，北京：科学出版社。
卢耀如，1973，中国岩溶发育规律及若干水文地质工程地质条件。地质学报，1，北京：科学出版社。
马杏垣等，1987，中国岩石圈动力学纲要（1：400万中国及邻近海域岩石圈动力图及说明书）。北京：地质出版社。

闵隆瑞、陈华慧,1985,中国第四纪古地理图说明书(王鸿祯等"中国古地理图集之第四纪部分")。北京:中国地图出版社。
南京大学地理系地貌教研室,1974,中国第四纪冰川与冰期问题。北京:科学出版社。
裴文中,1964,中国第四纪哺乳动物群的地理分布。古脊椎动物与古人类,6(6),北京:科学出版社。
秦蕴珊等,1987,晚更新世以来长江水下三角洲的沉积构造与环境变迁。沉积学报,5(3)。
任美锷,1959,云南西北部金沙江河谷地貌与河流袭夺问题。地理学报,25(2),北京:科学出版社。
孙殿卿等,1977,中国第四纪冰期划分与第四纪地层层位关系的探讨。科学通报,24(7),北京:科学出版社。
孙孟蓉,1984,云南元谋盆地元谋组孢粉组合的初步研究。周兴国等"元谋人",昆明:云南人民出版社。
孙湘君、吴玉书,1987,长白山针阔叶混交林的现代花粉雨。植物学报,30(5),北京:科学出版社。
孙建忠,1984,中国北方大理冰期地层初步对比。第四纪冰川与第四纪地质论文集,1,北京:地质出版社。
孙建忠、赵景波,1991,黄土高原第四纪。北京:科学出版社。
邵时雄、王明德,1991,中国黄淮海平原第四纪地质图(1:100万)及中国黄淮海平原第四纪岩相古地理图(1:200万)及说明书。北京:地质出版社。
施雅风、王靖泰,1982,中国晚第四纪的气候、冰川和海平面变化。第三届全国第四纪学术会议论文集,北京:科学出版社。
铁道部科学院西北研究所,1977,滑坡防治。北京:人民铁道出版社。
田明中、曹伯勋,1990,湖北黄岗晚更新世孢粉动态组合的统计分析及气候性质。地球科学,15(5)。
童国榜,1992,中国第四纪孢粉植物群的分布。海洋地质与第四纪地质,12(3),青岛:海洋地质与第四纪地质编辑部。
王开发、徐馨,1988,第四纪孢粉学。贵阳:贵州人民出版社。
王乃梁,1981,我国新构造运动研究的回顾与展望。地质学报,36(2),北京:科学出版社。
王永焱、笹岛贞雄等,1985,中国黄土研究的新进展。西安:陕西人民出版社。
王飞燕、王富葆、王雪瑜,1990,地貌学及第四纪地质学。北京:高等教育出版社。
王强,1983,渤海湾西岸第四纪海陆变迁。海洋地质与第四纪地质,3(4)。青岛:海洋地质与第四纪地质编辑部。
汪品仙,1985,我国东部海陆相过渡地层。中国第四纪研究,6(1),北京:科学出版社。
吴锡浩等,1982,东昆仑山第四纪冰川地质。青藏高原论文集,北京:地质出版社。
徐馨、沈志达,1990,全新世环境。贵阳:贵州人民出版社。
薛祥煦,1981,陕西渭南一早更新世哺乳动物群及其层位。古脊与古人类,19(1)。北京:科学出版社。
杨钟健,1949,上新统更新统分界。科学,31,北京:科学出版社。
杨钟健,1955,脊椎动物的演化。北京:科学出版社。
杨怀仁等,1987,第四纪地质学。北京:高等教育出版社。
杨子庚,1963,对中国新构造基本特征的认识。中国地质,11。
杨子庚,1991,中国东部陆架第四纪时期的演变及其环境效应。北京:科学出版社。
袁复礼、杜恒俭,1984,中国新生代生物地层学。北京:地质出版社。
袁道先,1988,岩溶学词典。北京:地质出版社。
尤玉柱,1984,论华北旧石器晚期遗址的分布、埋藏及地质时代问题。人类学报,3(1)。北京:科学出版社。
余素玉,1989,沉积岩石学。武汉:中国地质大学出版社。
赵良政,1988,庐山早更新世冰川作用构造特征与辨析。地球科学,13(6)。
赵树森,1986,$^{234}U/^{238}U$法测定石笋年龄。中国岩溶,5(2)。桂林:岩溶地质研究所《中国岩溶》编辑部。
赵希涛,1984,中国海岸演化研究。福州:福建科技出版社。
赵松龄等,1978。关于渤海湾西海相地层与岸线。海洋与湖沼,9(11)。北京:科学出版社。
周明镇,1964,中国第四纪哺乳动物群区系的演化。动物学杂志,6(6),北京:科学出版社。
周慕林等,1988,中国的第四系,中国地层。北京:地质出版社。
曾昭璇、曾宪珊,1985,历史地貌学浅论。北京:科学出版社。
张家诚,1976,气候变化及其原因。北京:科学出版社。
张宗祜,1982,水文地质工程地质与第四纪地质,第三届全国第四纪学术会议论文集。北京:科学出版社。
张宗祜等,1990,中华人民共和国及其毗邻海区第四纪地质图(1:250万)及说明书。北京:中国地图出版社。
张林源,1984,第四纪冰期与季风气候的演变。兰州大学学报丛刊,30~34。兰州:兰州大学出版社。
张嘉尔,1985,长江下游晚冰期孢粉组合和气候旋回问题,中国第四纪冰川冰缘讨论会论文集。北京:科学出版社。

郑洪汉，1991，中国北方晚更新世环境。重庆：重庆出版社。
中国地质学会第四纪冰川与第四纪地质专业委员会，1987，第四纪冰川与第四纪地质论文集，1、2、3。北京：地质出版社。
中国地理学会、中国第四纪委员会，1985，中国第四纪冰川冰缘学术论文集。北京：科学出版社。
中央气象局气象科学研究院天气气候研究所，1981，全国气候变化学术讨论会文集。北京：科学出版社。
中国科学院西藏科学考察队，1976，珠穆朗玛峰地区科学考察报告（1966—1968）。北京：科学出版社。
中国科学院古脊椎与古人类研究所，1991，参加第十三届国际第四纪大会论文集。北京：科技出版社。
中国科学院（自然地理）编辑委员会，1979，中国自然地理（动物地理）。北京：科学出版社。
中国植被编辑委员会，1980，中国植被。北京：科学出版社。
中国科学院植物研究所等，1966，陕西蓝田地区新生代古植物研究。陕西蓝田地区新生代现场会议论文集，北京：科学出版社。
中国科学院地质研究所孢粉分析组，1984，第四纪孢粉分析与环境。北京：科学出版社。
中国科学院中澳第四纪合作研究组，1987，中国—澳大利亚第四纪学术讨论会论文集。北京：科学出版社。
中国地质科学院水文地质工程地质研究所，1976，中国岩溶（图册）。上海：上海人民出版社。
中国科学院沙漠研究所，1980，中国沙漠概论。北京：科学出版社。
中国地质学会地震专业委员会，1981，中国的活动断裂。北京：地震出版社。
中国第四纪研究委员会，1985，中国第四纪海岸线学术论文集。北京：海洋出版社。
中山大学、兰州大学、南京大学、西北大学、北京大学地理系编，1978，自然地理学。北京：人民教育出版社。
A. 高迪，1977，邢嘉明等译，1981，环境变迁。北京：海洋出版社。
B. K. 库荣、B. A. 季亚科诺夫，1970，四川地理研究所译文集，1976，古泥石流与泥石流预报。成都：四川地理研究所。
C. A. 雅可甫列夫，1958，第四纪沉积的研究与地质测量方法指南（上）。北京：地质出版社。
H. E. 赖内克、I. B. 辛格，1973，陈昌明等译，1979，陆源碎屑沉积环境。北京：石油工业出版社。
Bradley, R. S., 1985, Quaternary paleoclimatology methods of paleoclimatic reconstruction.
Emiliani, C., 1955, Pleistocene temperature. J. Geol., 63.
Flint, R. F., 1971, Glacial and Quaternary geology. New York.
Henning, G. J. and Grum, R., 1983, ESR dating in Quaternary geology. Quat. Sci. Rer. 2.
Lamb, H. H., 1977, Climate: present, past and future. Climatic history and the future. 2. London.
Shackleton, N. J. and Opdyke, N. D., 1973, Oxygen isotope and paleomagnetic stratigraphy of Equatorial Pacific core. 28—238: Oxygen isotope temperature and ice volumes on a 10^5 year and 10^6 year scale. Quat. Res. 3.
West, R. C., 1977, Pleistocene geology and biology, Second edition, Lagman London and New York.